算法不难

图解+Python实现

林进威◎编著

清華大学出版社
北京

内容简介

本书结合 300 多幅示意图与 70 个算法示例（Python 实现）直观地讲述 36 种常用经典算法的相关知识和 9 种经典算法思想，帮助读者深入理解相关算法的原理与设计思想，为后续学习高级算法夯实基础。

本书分为 5 章。第 1 章介绍算法的基本概念以及如何正确使用和设计算法等相关知识；第 2 章介绍排序算法的基本思想以及冒泡排序、选择排序、插入排序、希尔排序、归并排序、快速排序、堆排序、计数排序、桶排序和基数排序十大排序算法；第 3 章首先介绍图算法的基础知识，然后介绍路径搜索、广度优先搜索、深度优先搜索、最小生成树、单源最短路径、最大流等常用图算法。第 4 章介绍字符串处理算法的相关知识，涵盖字符串基础知识以及字符串判断、字符串匹配、字符串排序和字符串压缩等。第 5 章介绍枚举、递推、递归、分治、贪心、动态规划、迭代、回溯和模拟九大算法思想的原理与应用。

本书内容丰富，讲解循序渐进，适合有一定 Python 语言基础的算法入门人员阅读，也适合其他算法爱好者和程序设计从业人员阅读，还可以作为高等院校相关专业算法课程的教材。

图书在版编目（CIP）数据

算法不难 ：图解+Python 实现 / 林进威编著.
北京 ：清华大学出版社, 2024. 10. -- ISBN 978-7-302
-67509-9

Ⅰ. TP312.8

中国国家版本馆 CIP 数据核字第 2024FT2219 号

责任编辑： 王中英
封面设计： 欧振旭
责任校对： 胡伟民
责任印制： 刘海龙

出版发行： 清华大学出版社
网　址：https://www.tup.com.cn，https://www.wqxuetang.com
地　址：北京清华大学学研大厦 A 座　　邮　编：100084
社 总 机：010-83470000　　邮　购：010-62786544
投稿与读者服务：010-62776969，c-service@tup.tsinghua.edu.cn
质量反馈：010-62772015，zhiliang@tup.tsinghua.edu.cn

印 装 者： 涿州汇美亿浓印刷有限公司
经　销： 全国新华书店
开　本： 185mm×260mm　　**印　张：** 19　　**字　数：** 480 千字
版　次： 2024 年 11 月第 1 版　　**印　次：** 2024 年 11 月第 1 次印刷
定　价： 79.80 元

产品编号：107415-01

前言

算法是程序设计的灵魂。好的程序通常对应一个或多个算法逻辑。算法是技术人员掌握了基本的程序设计语言和数据结构之后需要进一步掌握的知识。学习算法可以丰富编程逻辑，拓展编程思想，提升编程能力等。一个编程人员或者计算机科研工作者不懂算法可能不会影响其日常工作，但是他们如果想将技能提高到更高的层次则会受阻。因此，学习算法对计算机编程从业人员和科研工作者乃至高校学生十分重要。但是计算机算法比较抽象，不容易用形象和清晰的语言阐述其逻辑与原理，这给人们的学习带来了不小的困难。为了帮助更多的人更好地学习算法，让他们在学习的道路上少走弯路，笔者将自己多年学习算法的经验和心得进行了总结，编写了这本书。

本书的重点在于阐述清楚算法学习的方法，让读者学习起来事半功倍。本书用图解的方式直观地讲述算法的相关知识，让抽象的算法理论变得清晰、形象、直观，让深奥的算法知识变得浅显易懂，非常适合算法学习的入门人员阅读。本书将算法的核心思想与学习的要点与难点用大量的示意图进行简单明了的讲解，读者借助这些示意图，再结合文字讲解和大量的代码示例进行演练，即可较为轻松地理解并掌握相关算法的设计原理与逻辑构建思想。本书用简单易懂的 Python 语言实现每个算法示例，让读者通过编程实践理解算法的相关知识与应用，而且也降低了学习算法的难度，让读者的学习更有成就感。

本书内容丰富，讲解由浅入深、循序渐进，可以帮助读者深入理解常用经典算法的原理与设计思想，为后续学习高级算法夯实基础，尤其在人工智能高速发展的今天，也能为读者从事相关领域的工作做好知识积累与能力铺垫。

本书特色

- **图解教学**：专门绘制 300 余幅示意图，将抽象的算法原理用形象、直观的方式展现出来，读者理解起来更加容易，学习效果更好。
- **算法典型**：深入分析常见的 36 种经典算法，涵盖排序、图和字符串等算法，并深入剖析 9 种经典算法思想，帮助读者深入理解相关算法的构建逻辑。
- **示例丰富**：详解 70 个算法示例，并用 Python 语言实现，每个算法至少对应一个示例，便于读者将算法理论与编程实践结合起来，从而提高编程水平。
- **注释详细**：对所有算法示例中的核心程序代码都进行详细的注释，便于读者更加清晰、深入地理解程序的运行逻辑。
- **循序渐进**：按照“算法基础→排序算法→图算法→字符串算法→经典算法思想”的学习顺序安排内容，讲解由浅入深，由易到难，学习梯度平滑，更容易掌握。

本书内容

第 1 章算法基础，主要介绍算法的基本概念以及如何正确使用和设计算法等相关知识，让读者对算法的基础知识有初步的了解。

第 2 章排序算法，主要介绍排序算法的基本思想，以及冒泡排序、选择排序、插入排序、希尔排序、归并排序、快速排序、堆排序、计数排序、桶排序和基数排序这十大排序算法的相关知识，让读者系统掌握常用排序算法的基本原理与构建逻辑。

第 3 章图算法，首先介绍图算法的基础知识，涵盖图的定义与分类、有向图与无向图、完全图与非完全图、连通图与非连通图、加权图与非加权图、循环图与非循环图，然后介绍路径搜索、广度优先搜索、深度优先搜索、最小生成树、单源最短路径、最大流等常用的图算法，让读者初步掌握图算法的基本原理与构建逻辑。

第 4 章字符串算法，主要介绍字符串处理算法的相关知识，涵盖字符串基础知识以及字符串判断、字符串匹配、字符串排序和字符串压缩等算法，让读者对这类常用的数据处理算法有基本的了解。

第 5 章经典算法思想，主要介绍枚举、递推、递归、分治、贪心、动态规划、迭代、回溯和模拟九大算法思想的原理与应用，让读者站在更高的层次上对算法设计与实施有更加深刻的理解。

读者对象

- 计算机算法入门人员；
- 计算机算法爱好者；
- 想提升编程水平的人员；
- 想用 Python 实现算法的人员；
- 程序设计从业人员；
- 信息技术科研人员；
- 高等院校相关专业的学生。

配套资源获取方式

本书涉及的源代码等配套资源有 3 种获取方式：一是关注微信公众号“方大卓越”，回复数字“31”自动获取下载链接；二是在清华大学出版社网站（www.tup.com.cn）上搜索到本书，然后在本书页面上找到“资源下载”栏目，单击“网络资源”或“课件下载”按钮下载；三是扫描以下二维码在作者的 GitHub 页面上下载。

售后支持

由于笔者水平所限，加之写作时间较为仓促，本书可能还存在一些疏漏和不足之处，敬请广大读者批评与指正。读者在阅读本书时如果有疑问，请发电子邮件到bookservice2008@163.com。

林进威
2024 年 8 月

目录

第 1 章　算 法 基 础

算法，从狭义上讲就是用于计算的方法。算法不是计算机科学独有的，其除了存在于计算机科学领域，还存在于其他众多领域，如数学、物理、逻辑学及工学等。从广义上讲，可以将算法看作解决问题的方法或者步骤。在日常生活中，同一个问题可能存在多种解决办法。例如从一个地方到另一个地方，有多种路线都能到达终点。也就是说，对于同一个问题或者应用情景，算法可以有多种，而不同的算法所达到的效果可能不同。人们总是期待追求更加高级的算法出现，因此对于高效率算法的不断研究就诞生了算法学。

1.1　什么是算法

所谓入行先入门，要学习算法，首先要理解什么是算法，什么情况下需要用算法，怎样使用算法，算法能给我们带来什么。知其所以然，懂其方法，方能灵活应用，通其门路，以致融会贯通。

1.1.1　思维与逻辑

思维是一种人类特有的行为。思维由大脑产生、演变与进化。与思维相近的就是想法。想法也是由大脑产生的。相对于其他动物而言，人类可以有想法，还能由初级的想法进化成思维。思维可以看作想法的升级，是一种深层次的想法。

思维一般是人类大脑中产生的对某种事物的深层次想法。而逻辑则是在思维的基础上更加高级的一系列想法。逻辑具有连续性，主要用于处理某种或者某一类问题。从学术研究的角度来说，研究逻辑的学科称为逻辑学。

逻辑学研究的是人类思维的规则与规律。

由认知到想法，由想法到思维，由思维到算法，是一系列的进化升级过程，是一个由简单到复杂的过程，如图 1.1 所示。在设计与构思算法的过程中，人类首先通过对外界事物的观察与接触获得对事物的认知，然后从认知中提取出事物发展的规律而形成思维，然后在思维的基础上，提炼出用于解决问题的初级方法，在此基础上再构思出具体用于解决问题的策略或攻略，这种策略或者攻略就是人们常说的算法。算法侧重的是实际应用，也就是实施。

由认知到算法，就是逻辑与思维产生的过程。如图 1.2 所示，初看之下，观察者容易在大脑中形成思维，图中有 4 个矩形或称为正方形。4 个正方形就是图 1.2 给人们的第一印象，也是最直观的印象。

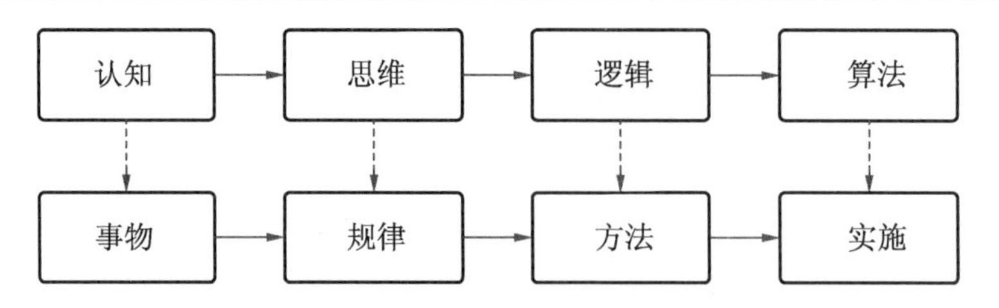

图 1.1　思维逻辑与算法的关系

现在给图 1.2 增加故事场景（或者称为故事背景），构成图 1.3。这里将具体问题体现出的情景环境和问题成立与发生的条件称为故事场景或者故事背景。

如图 1.3 所示，有一个行人想从地点 A 行走到地点 B。可以看出，一共有 4 条快速路径。行人可以选择这 4 条路径中的一条从 A 点快速到达 B 点，当然还有其他可以到达的路径，但是不在快速路径的考虑范畴内。

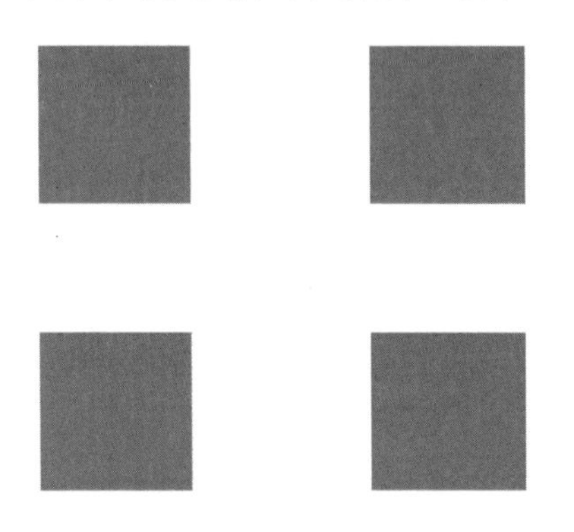

图 1.2　简单的 4 个矩形

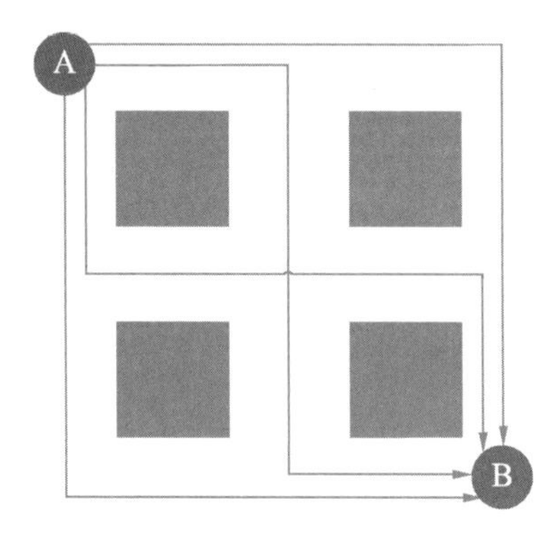

图 1.3　具有故事背景的 4 个矩形

在特定的情形下，行人由 A 点快速到达 B 点的路径就是基于本问题的解决方案，也就是基于本问题的算法。不同的行走方式对应问题的不同解决方案和问题情境的不同算法。这些算法最终达到的效果是一样的，都是到达目的 B 点，但是走不同的路径达到 B 点的时间可能不一样，也就是有快有慢，这反映了不同的算法可能具有不同的执行效率。

在评价算法的好坏时，将执行效率较高的算法称为好算法，将效率较低的算法称为差算法。执行效率是评定一个算法好坏的重要标准。从思维与逻辑的研究角度上看，高效率算法表示用于解决某一问题的思维与逻辑是高效的。只有高效的思维与逻辑，才能设计出高效的算法。

1.1.2　算法的特性

通常来讲，算法具有以下 5 个特性：

- 输入项；
- 输出项；
- 确切性；
- 可行性；
- 有穷性。

算法的上述 5 个特性可以结合图 1.4 进行理解。

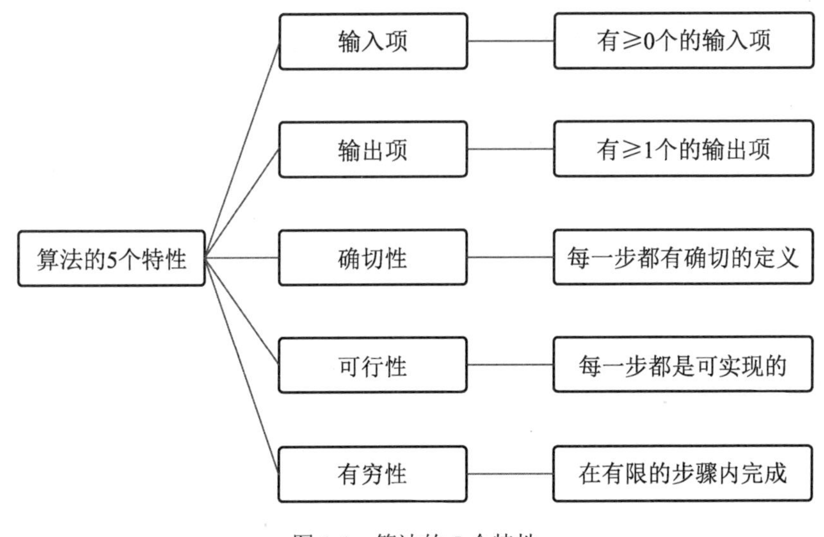

图 1.4　算法的 5 个特性

下面详细介绍算法的 5 个特性的关键点。

- 输入项：每一个正确的算法至少有 0 个输入项。也就是说，任何一个正确的算法可以有输入项，也可以没有输入项。
- 输出项：每一个正确的算法至少有 1 个输出项。也就是说，任何一个正确的算法都必须有输出项，可以有一个或者多个。
- 确切性：每一个正确的算法，其每个步骤都具有明确的目的，都是定义清楚的。
- 可行性：每一个正确的算法都是可行的，也就是说，正确的算法总是可以获得预先设想的结果，算法的每一步都应该是可执行的。
- 有穷性：每一个正确的算法的执行步骤都是有限的，对应的执行时间也是有限的，也就是说正确的算法不能一直无限执行下去。

在上面的分析与总结中，强调的是正确的算法的特性。如果某些算法不能同时满足上面的 5 个特性，一般将这类算法称为异样算法或者错误算法。在生产与生活中，算法设计追求的一般都是正确的算法。

1.1.3　算法与数学

从广义上来讲，算法用于研究如何将逻辑步骤与方法结合起来解决逻辑问题，而数学则用于研究如何用数字描述或者解决问题。我们将二者的关系看作部分交集的关系，如图 1.5 所示。

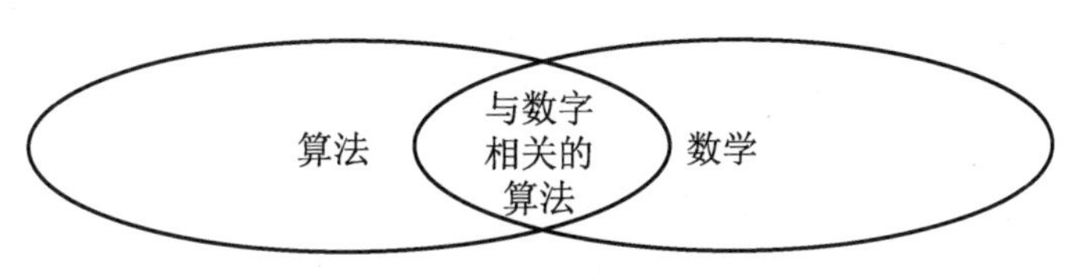

图 1.5　算法与数学的关系

如图 1.5 所示的算法与数学不是子集包含的关系，不能简单地将算法等同于数学。也就是说，二者只是具有交集的两个集合。从严格的定义上讲，不是所有的算法都会用到数学，而数学，除了研究算法，也研究其他与数字相关的领域。

总体来说，算法研究的是方法，而数学研究的是数字科学。但是二者有非常密切的关系。正确理解算法与数学的关系有利于读者后面学习相关的算法原理，对以后进行算法设计与开发研究大有裨益。

在本书的后几章中会详细讲述各种算法的逻辑实施原理，会频繁地使用数学知识。要学好算法，数学基础必须扎实。除此之外，还需要具有清晰的逻辑思维。本书会通过循序渐进的讲述，带领读者深入学习算法的相关知识。

需要注意的是，由于计算机编程算法本身涉及的数学知识非常多，笔者不能在一本书内大篇幅地讲述相关的数学基础知识，所以读者在学习本书的过程中也可以参考相关的数学书籍，充实自己的数学知识，以便更好地学习算法的原理。

1.1.4 算法与计算机科学

本书所讲述的算法属于计算机编程设计算法。计算机编程算法是算法科学现今应用最广泛的领域。也就是说，本书讲述的算法侧重于利用计算机编程逻辑与思想，实现分析问题与解决问题的目的。

如图 1.6 所示，学者在研究计算机科学的时候，常将计算机的构成分为两大部分，一是硬件，二是软件。通常来讲，计算机硬件可以分为机内硬件与机外硬件两大类。机内硬件就是组成计算机的电子电路及相关设计采用的元器件。这些电子电路是计算机得以运行的基础。

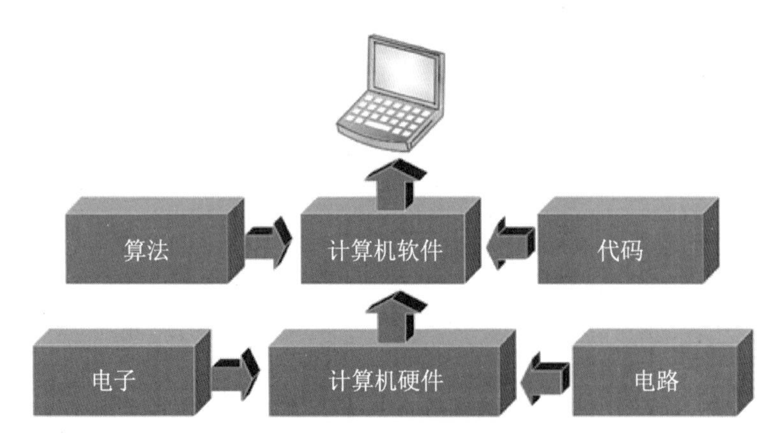

图 1.6　算法与计算机的关系

计算机的机内硬件一般不可或缺，但是计算机的机外硬件却是可有可无的。计算机的机外硬件一般称为计算机外设，一般用于拓展计算机的硬件功能，以实现计算机原来无法实现的功能。常用的计算机外设有打印机、复印机与扫描仪等。

如果说，计算机的硬件是计算机的骨架与血肉，那么计算机的软件将当之无愧地称为计算机的灵魂。人们与软件最直接的接触就是查看编写软件的代码。计算机软件由代码与算法构成，其中的算法体现了逻辑与思维。

1.2　正确使用与设计算法

自从有了第一个算法，算法学者就没有停止过对算法的研究，并且不断有优秀的学者加入算法学习与研究当中。经过多年的研究与发展，目前已经存在许多优秀的算法。然而，这不可避免地出现了两种情况：一是算法太多，怎样才能高效地选择优秀、切题的算法来解决对应的问题；二是问题多种多样，如果需要创新设计算法，怎样才能设计出高效而优秀的算法。

本节将带领读者从以上问题出发，一步步地了解与掌握如何正确地使用与设计算法。所谓“磨刀不误砍柴工”“万丈高楼平地起”，学习算法设计也是一样的，夯实基础很重要。

1.2.1　从问题出发

人们设计算法的最终目的是使用算法来解决问题。一般来说，高效而可行的算法都是紧密结合实际的，也就是从实际出发，联系问题背景，实事求是地解决问题。

因此，优秀算法的第一要义是联系实际，从问题出发。这是设计算法的基本出发点和落脚点。为什么联系实际，从问题出发这么重要呢？下面来看一个故事背景。

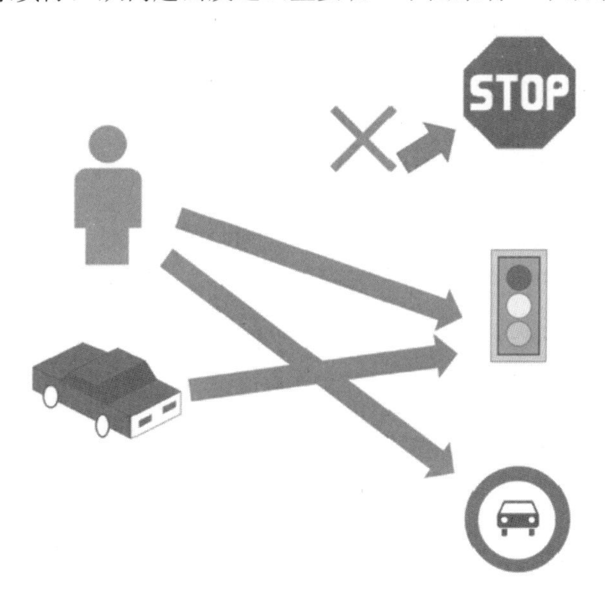

图 1.7　实际选择路径问题

如图 1.7 所示，假设一个行人与一辆汽车都想从甲地出发到达乙地。其中有三条路可以选择：第一条是标志有禁止通行的断尾路；第二条是装有红绿灯的正常道路；第三条是标志有车量禁止通行的人行小路。从实际出发，通过分析问题可以知道，对于行人而言，可以走第二条或者第三条路，而对于汽车而言，只能走第三条路。

行人和汽车同样都是从甲地到达乙地，但是可以选择的方案数量是不同的。进一步讲，如果分析问题的目的是更快地到达目的地，在路程等其他不影响结果的情况下，行人与汽车分别选择第三条路与第二条路最合适，也就是效率最高。

针对不同的问题对象与问题产生的背景，从问题出发，结合实际设计出的算法才是理想的算法。这就是为什么从问题出发是设计高效算法的根本基础的原因。这与用来盖楼的算法一般不适合用来爬山，用来开车的算法一般不适合用来开船的道理是一样的。

总之，在设计算法之前，必须结合问题产生的背景，仔细分析问题产生的环境，弄清楚问题的需求，从问题本身出发，才能设计出好算法。

1.2.2 永远追求效率

如果说从问题出发是设计高效算法的基础，那么追求效率就是设计高效算法的终极目标。而使用算法高效地解决问题，就是设计高效算法的目的。

为什么算法设计要以追求更高的效率为目标呢？这是由算法的应用属性决定的。算法被设计出来就是用于解决问题的。

人类在解决问题的过程中，总是希望采用更低的成本或者付出最小的代价来获得最大的收益，这也决定了算法作为一种用于解决问题的方法，从“出生”的那一刻起就需要不断地被优化、改进。

一旦某个算法不能通过优化改进的方法解决当前的问题，该算法将会退出“历史”的舞台。

一个算法，从设计出来到被使用再到被淘汰，就是该算法的生命周期。图 1.8 很好地展示了算法的完整生命周期。任意一个算法的生命周期都是相对于某个具体问题而言的，并不是相对于时间而言的。

举个简单的例子，用于处理黑白电视噪声的算法可能当今不再流行，但是在一些生产或使用黑白电视机的地方仍然是存在的。因此，考虑算法的生命周期时，应该遵循算法设计的第一要义：从问题出发。

一个完整的算法生命周期包括 4 个部分：开始、测试与使用、优化与改进、结束。

算法设计者从问题出发，结合问题的实际需求，设计出基本的算法模型。设计出来的算法模型还未经过实际验证，因此还需要进行测试与使用。

在测试与使用的过程中，要不断地评估目前的算法是否满足生存需求，如果是，则该算法就可以继续存活下来，否则，该算法将会被淘汰。

在算法满足最基本的生存需求后，还需要对算法不断地优化与改进，使得该算法可以满足实际的运行需求。只有满足需求的算法才能继续运行下去，这是一个优胜劣汰的过程。

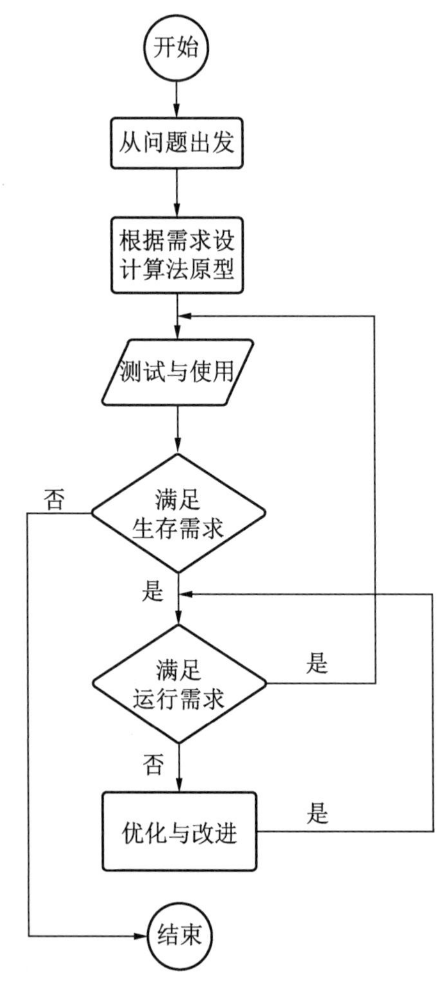

图 1.8 算法的生命周期

随着技术的发展，新的需求不断出现，运行标准也不断提高，很可能算法今天能满足运行需求，明天就满足不了需求。一旦满足不了新的运行需求，算法就会被淘汰。

为了避免被淘汰，唯一的方法就是持续地进行优化与改进。一般来说，算法的生命周期都很长，这是由最初设计算法时的高效率要求决定的。但是，新的算法总是会不断地产生，站在巨人的肩膀上，优秀的新算法会越来越多。

1.2.3　算法评测与复杂度

学习或者研究计算机算法的实际目的就是进行程序设计，从产品的角度来看就是进行软件开发。并不是所有的程序或者软件都需要用到算法，但是在高级程序设计与大型软件开发中一般都会用到算法。

注意，这里所讲的算法，如无特殊说明都是指计算机编程算法。

人们总是希望采用的算法是高效、可行的，也就是该算法在生产或生活中能够高效率地产出价值，或者高效率地获得想要的结果。这些能够在同等条件下取得更好的效果的算法就称为高效的算法，而其他在同等条件下需要更多消耗的算法，则称为低效算法。

因此，人们评价算法的好坏，主要是以算法的执行效率作为标准的。在相同条件下，算法的执行效率越高，说明该算法更好。

算法的效率高低，主要通过两个重要的复杂度来表示。第一个是时间复杂度，第二个是空间复杂度。

注意： 时间复杂度不是指算法运行需要消耗多少时间，空间复杂度也不是指算法运行需要占用系统多少内存。

1. 时间复杂度

时间复杂度也称为时间复杂性。对于一个特定的算法而言，时间复杂度是一个函数，该函数用于定向描述该算法的运行时间。也就是说，某个算法的时间复杂度并不是一个定值，而是一个可以变化的动值。

时间复杂度一般使用大写希腊字母 O（omicron）来表示，并规定，时间复杂度函数不包括这个函数的低阶项和首项系数。使用大写的希腊字母 O 表示时间复杂度的方法也称为大 O 时间复杂度表示法，简称大 O 法。

实际上，大 O 时间复杂度并不代表代码真正的执行时间，而是用于表示算法执行时间随数据规模变化的渐变趋势，也叫渐进时间复杂度，简称为时间复杂度。

大 O 时间复杂度一般以大 O 时间复杂度函数的最高阶数进行划分，主要可以分为以下几种类型：

- 常数阶 $O(1)$；
- 对数阶 $O(\log N)$；
- 线性阶 $O(n)$；
- 线性对数阶 $O(n\log N)$；
- 平方阶 $O(n^2)$；
- 乘积阶 $O(nm)$；

- 立方阶 $O(n^3)$；
- k 次方阶 $O(n^k)$；
- 指数阶 $O(2n)$；
- 阶乘阶 $O(n!)$；
- 幂方阶 $O(n^n)$。

如图 1.9 所示，当算法处理的数据规模相同时，不同类型的时间复杂度的大小不同。上述时间复杂度的大小通常为：

$$O(1) \leqslant O(\log N) \leqslant O(n) \leqslant O(n\log N) \leqslant O(n^2) \leqslant O(nm) \leqslant O(n^3)$$
$$\leqslant O(n^k) \leqslant O(2^n) \leqslant O(n!) \leqslant O(n^n)$$

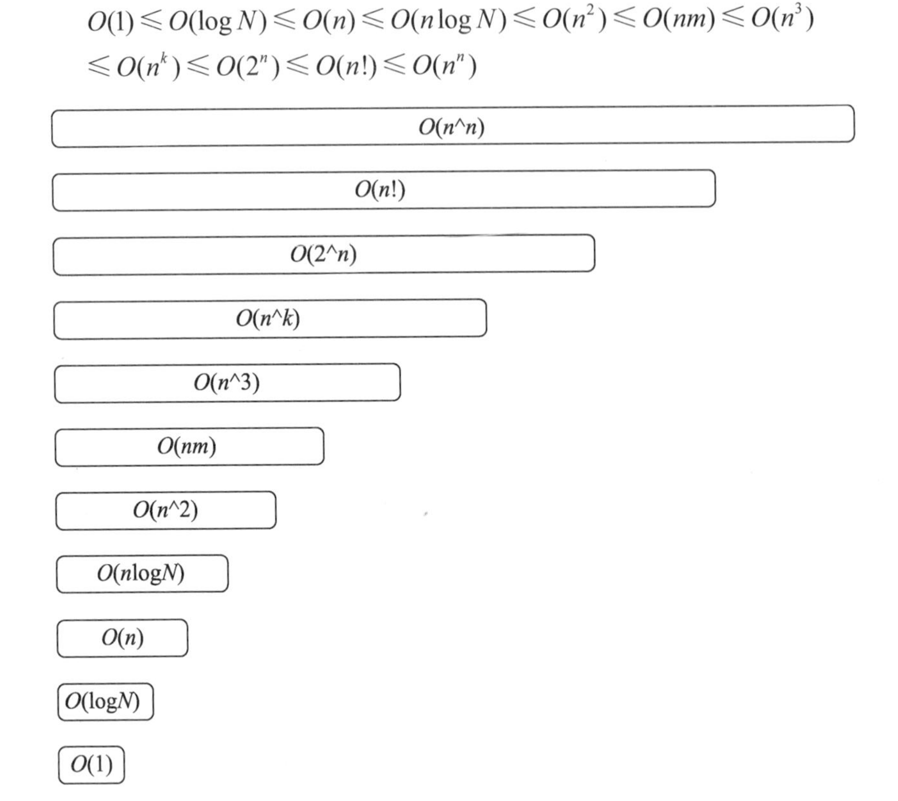

图 1.9　时间复杂度大小云梯示意

在算法执行的过程中，遇到的循环迭代次数越多，该算法的时间复杂度就越大。

使用 O 阶数的大小来描述算法的时间复杂度是比较形象的。下面通过一个例子来说明。

如图 1.10 所示，用黑色箭头来表示某个算法的执行轨迹。该算法的执行轨迹是从左上角运动到右下角。图中的圆圈代表算法的执行节点，一个执行节点代表一个或者一类执行步骤。黑色线代表算法的运算轨迹。

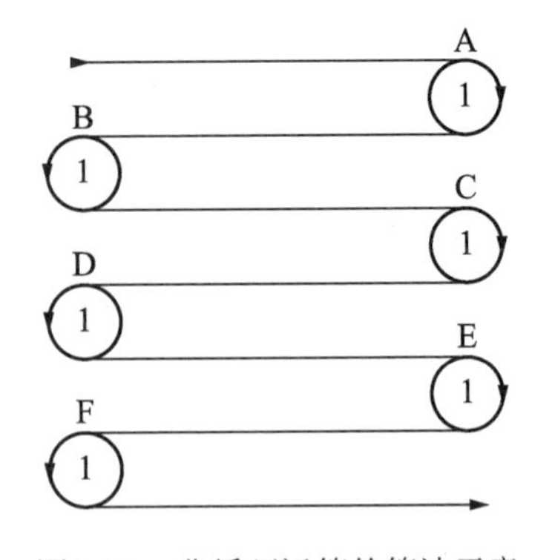

图 1.10　非循环运算的算法示意

圆圈中的数字代表算法在该执行节点的执行次数，也就是在该执行节点的循环次数。

也就是说，当算法执行到某个执行步骤的时候，如果该执行节点没有循环，那么算法将不会停留，继续向前，就像流水一般。如图 1.10 所示，如果某算法在所有的执行节点都没有停留下来进行循环，那么该算法在所有的执行节点的执行次数都是 1。

这种不循环的算法的时间复杂度都是常数阶 $O(1)$。这类算法的特点就是一条路走到底，不循环，将此类算法称为单路算法。

由于计算机处理器的计算速度是非常快的，所以算法的执行时间差异一般只有在大量数据被循环处理时才体现出来。

如果某个算法存在任意一个执行节点的执行次数大于 1，那么该算法就不是单路算法。不属于单路算法的算法就是存在循环执行节点的算法，称为循环算法。

如图 1.11 所示，在算法的执行轨迹中，存在执行节点的执行次数大于 1 的情况，也就是算法的执行轨迹存在循环。对于存在相同的执行轨迹与执行节点的两个算法，如果一个是单路算法，一个是循环算法，那么循环算法的时间复杂度大于单路算法。

那么，怎样衡量不同算法的执行时间呢？

一个简单的准则是，假设某算法一共有 n 个执行节点，各节点每次循环的执行时间分别用 $T_1, T_2, T_3, \ldots, T_n$ 表示，对应的每个执行节点的执行次数分别为 $F_1, F_2, F_3, \ldots, F_n$，算法的执行时间为 T_s，则

$$T_s = T_1F_1 + T_2F_2 + +T_3F_3 + \cdots + +T_nF_n$$

如图 1.12 所示，将循环运算与非循环运算相结合，其中，非循环运算用循环次数 1 表示，使用 T_{s1}、T_{s2}、T_{s3} 分别表示图 1.10、图 1.11 与图 1.12 所示算法的执行时间，$N_a \ldots N_f$ 分别代表节点 A…F 的执行次数，各节点上的圆圈内的数字表示该节点每次循环执行的时间，则有：

$$T_{s1} = 1N_a + 1N_b + 1N_c + 1N_d + 1N_e + 1N_f$$
$$T_{s2} = 1N_a + 2N_b + 3N_c + 4N_d + 5N_e + 6N_f$$
$$T_{s3} = 6N_a + 2N_b + 1N_c + 8N_d + 1N_e + 9N_f$$

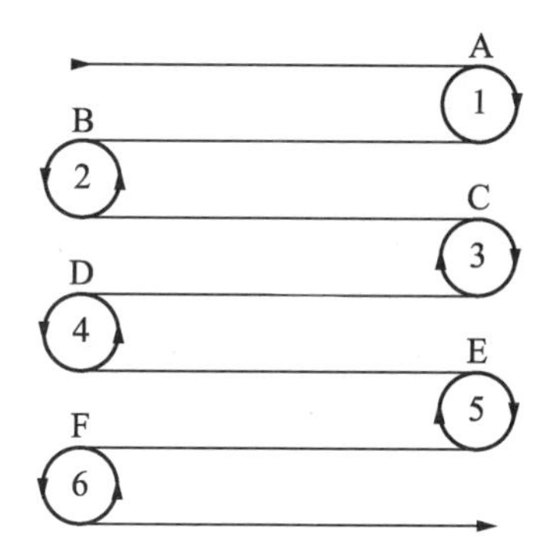

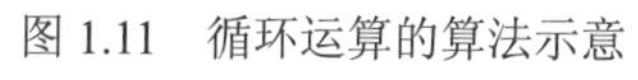
图 1.11　循环运算的算法示意

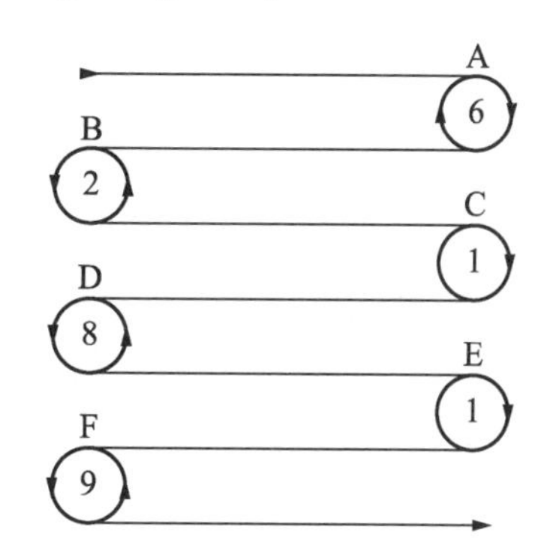

图 1.12　循环运算与非循环运算相结合的算法示意

由于未规定 $N_a \ldots N_f$ 的具体数值，所以无法判断 T_{s1}、T_{s2} 与 T_{s3} 的大小。

现在假设：

$$N_a = N_b = N_c = N_d = N_e = N_f = m$$

则有：

$$T_{s1} = 6m$$
$$T_{s2} = 21m$$
$$T_{s3} = 27m$$

即：

$$T_{s1} > T_{s2} > T_{s3}$$

2. 常见的时间复杂度

1）常数阶 $O(1)$

特性：常数阶算法不存在任何循环结构。

常数阶算法不存在循环结构，即所有的执行节点的执行次数都是 1。结合计算机的高速处理特性，常数阶算法的执行步骤都被依次快速地执行，整体的执行步骤可以认为是多个简单步骤的累加。

示例代码：

```
a = 1
b = 2
c = 3

print(a, b, c)
```

输出：

```
1 2 3
```

2）线性阶 $O(n)$

特性：在线性阶算法中存在最高重叠循环数为 n 的循环结构。

在线性阶算法中存在循环结构，而且在每次循环中，当前循环都不会改变算法的总循环次数。在大 O 法中，最高重叠循环数就是算法函数中的最高阶次数。也就是说，线性阶算法的各个执行节点的执行次数的最大值是 n。

示例代码：

```
a = [0, 1, 2, 3, 4, 5, 6, 7, 8, 9]
b = 1
c = 2

print(b)

for i in a:
    print(i, end=' ')

print('')
print(c)
```

输出：

```
1
0 1 2 3 4 5 6 7 8 9
2
```

3）线性对数阶 $O(n\log N)$

特性：在线性对数阶算法中存在最高重叠循环数为 $\log N$ 的循环结构。

在线性对数阶算法中存在循环结构，而且随着算法执行次数的递增，算法的总循环次数将按照对数关系递增。

示例代码：

```
i = 1
a = 3
n = 1000

while i < n:
    i = i * a
    print(i, end=' ')
```

输出：

```
3 9 27 81 243 729 2187
```

4）平方阶 $O(n^2)$

特性：在平方阶算法中存在最高重叠循环数为 n^2 的循环结构。

在平方阶算法中存在循环结构，而且随着算法执行次数的递增，算法的总循环次数将按照平方幂关系递增。

示例代码：

```
a = 3
b = 3

for i in range(a):
    print(i, end=' ')

print()

for j in range(b):
    print(j, end=' ')

print()

for i in range(a):
    print()
    for j in range(b):
        print('i = ', i)
        print('j = ', j)
```

输出：

```
0 1 2
0 1 2

i = 0
j = 0
i = 0
j = 1
i = 0
j = 2
```

```
i = 1
j = 0
i = 1
j = 1
i = 1
j = 2

i = 2
j = 0
i = 2
j = 1
i = 2
j = 2
```

5）乘积阶 $O(n \cdot m)$

特性：在乘积阶算法中存在最高重叠循环数为 $n \cdot m$ 的循环结构。

在乘积阶算法中存在循环结构，而且随着算法执行次数的递增，算法的总循环次数将按照乘积关系递增。

示例代码：

```
a = 2
b = 3

for i in range(a):
    print(i, end=' ')

print()

for j in range(b):
    print(j, end=' ')

print()

for i in range(a):
    print()
    for j in range(b):
        print('i =', i)
        print('j =', j)
```

输出：

```
0 1
0 1 2

i = 0
j = 0
i = 0
j = 1
i = 0
```

```
j = 2

i = 1
j = 0
i = 1
j = 1
i = 1
j = 2
```

6）立方阶 $O(n^3)$

特性：在立方阶算法中存在最高重叠循环数为 n^3 的循环结构。

在立方阶算法中存在循环结构，而且随着算法执行次数的递增，算法的总循环次数将按照立方关系递增。

示例代码：

```
a = 2
b = 3
c = 2

for i in range(a):
    print(i, end=' ')
print()

for j in range(b):
    print(j, end=' ')
print()

for k in range(c):
    print(k, end=' ')
print()

for i in range(a):
    print()
    for j in range(b):
        for k in range(c):
            print('i =', i, 'j =', j, 'k =', k)
```

输出：

```
0 1
0 1 2
0 1

i = 0 j = 0 k = 0
i = 0 j = 0 k = 1
i = 0 j = 1 k = 0
i = 0 j = 1 k = 1
i = 0 j = 2 k = 0
i = 0 j = 2 k = 1
```

```
i = 1 j = 0 k = 0
i = 1 j = 0 k = 1
i = 1 j = 1 k = 0
i = 1 j = 1 k = 1
i = 1 j = 2 k = 0
i = 1 j = 2 k = 1
```

7）k 次方阶 $O(n^k)$

特性：在 k 次方阶算法中存在最高重叠循环数为 n^k 的循环结构。

在 k 次方阶算法中存在循环结构，而且随着算法执行次数的递增，算法的总循环次数将按照 k 次方的关系递增。

k 次方阶算法与平方阶算法和立方阶算法类似，只不过幂变成了 k。当 k=2 时，k 次方阶算法与平方阶算法相等。当 k=3 时，k 次方阶算法与立方阶算法相等。

示例代码：

```
a = 2
b = 3
c = 2
...
# k 个范围的变量
...
h = 3

for i in range(a):
    for j in range(b):
        ...
        ...
        for k in range(h):
            pass
            # k层 for循环
```

8）指数阶 $O(2^n)$

特性：在指数阶算法中存在最高重叠循环数为 2^n 的循环结构。

在指数阶算法中存在循环结构，而且随着算法执行次数的递增，算法的总循环次数将按照指数关系或者类似于指数关系递增。

指数阶时间复杂度没有具体的循环结构规则，一般通过数学归纳法与泰勒级数缩放比较得到。

9）阶乘阶 $O(n!)$

特性：在阶乘阶算法中存在最高重叠循环数为 $n!$的循环结构。

在阶乘阶算法中存在循环结构，而且随着算法执行次数的递增，算法的总循环次数将按照阶乘关系或者类似于阶乘关系递增。

阶乘阶时间复杂度没有具体的循环结构规则，一般通过数学归纳法与泰勒级数缩放比较得到。

10）幂方阶 $O(n^n)$

特性：在幂方阶算法中存在最高重叠循环数为 n^n 的循环结构。

在幂方阶算法中存在循环结构，而且随着算法执行次数的递增，算法的总循环次数将按照幂方关系或者类似于幂方关系递增。

幂方阶时间复杂度没有具体的循环结构规则，一般通过数学归纳法与泰勒级数缩放比较得到。

3. 空间复杂度

空间复杂度描述的是某个算法在运行过程中临时占用存储空间大小的情况。一般用 $S(n)=O(f(n))$描述空间复杂度。

与时间复杂度一样，空间复杂度也是衡量一个算法优劣的重要指标。

算法的空间复杂度 $S(n)$定义为该算法所耗费的存储空间的情况。与时间复杂度类似，空间复杂度也可以表示为问题规模 n 的函数。

通常用 $S(n)$表示算法的空间复杂度，用 $f(n)$表示算法运行时所需的存储空间，n 为数据规模，则有：

$$S(n)=O(f(n))$$

因为描述的是算法所占存储空间的渐进趋势，所以空间复杂度本质上是渐近空间复杂度。

这里说的算法执行时所占用的存储空间，除了算法本身需要的存储空间外，还有一些辅助存储空间。这些辅助存储空间的作用一般是存储对算法数据进行操作的算法工作单元，以及一些算法所需的辅助信息。

算法执行时所需的存储空间可以分为以下两类。

- 固定空间：主要包括指令空间（也称为代码空间）和数据空间（用于存储常量与变量）。该空间的存储大小与算法的输入、输出数据的数据量和数据规模无关。固定空间是不可变化的，属于静态空间。
- 可变空间：主要包括算法在执行时，系统为算法动态分配的存储空间，以及进行递归运算时所需的空间。该空间的存储大小与算法的输入、输出数据的数据量有关，也就是随着输入数据量和输出数据量的大小变化而动态改变。

简单地说，算法的存储空间主要可以归纳为如图 1.13 所示的结构。

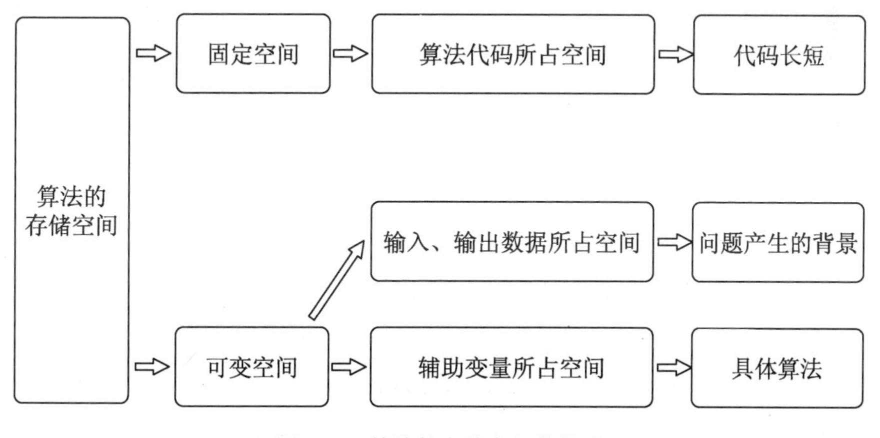

图 1.13　算法的存储空间的构成

固定空间由算法代码所占的存储空间的大小决定，具体的决定要素是算法代码的长短，也就是代码量的多少。

可变空间主要由两部分决定，一是输入、输出数据所占用的空间，该空间的具体决定要素是问题产生的背景。也就是说，输入、输出数据所占用的空间大小根据不同的问题背景而不同；二是辅助变量所占用的空间，该空间的具体决定要素是具体的算法实施步骤，也就是算法设计。

一般使用大 O 法表示空间复杂度。常用的空间复杂度有 $O(1)$、$O(n)$与 $O(n^2)$三种。

在分析算法的空间复杂度时，应重点分析算法在执行过程中有没有新建的维度存储空间。维度存储空间一般以维度存储空间变量的形式体现。对于 Python 算法而言，维度存储空间变量的表现形式可以是列表、元组和字典。

1）空间复杂度 $O(1)$

特性：算法在执行时，算法空间复杂度为一个常量，而且算法所占用的存储空间不会随着数据规模的变化而改变。

示例代码：

```
a = 1
b = 2
c = 3

print(a, b, c)
```

输出：

```
1 2 3
```

上述代码虽然定义了较大的值，但是没有新建的维度存储空间变量，因此算法的空间复杂度没有受到影响。

2）空间复杂度 $O(n)$

特性：算法在执行时，其空间复杂度为一变量，而且算法所占用的存储空间会随着数据规模的变化而发生线性改变。

示例代码：

```
a = 1
b = 2
c = [4, 5, 6]

print(a, b, c)
```

输出：

```
1 2 [4, 5, 6]
```

上述代码中的变量 c 定义为一维列表，在内存中新开辟了一段存储空间，而且新开辟的存储空间随着变量 c 的长度变化而改变。假设列表变量 c 的长度为 n，则随之变化的算法的空间复杂度为：

$$S(n) = O(n)$$

上面的示例代码中的 n=3。

3）空间复杂度 $O(n^2)$

特性：算法在执行时，其空间复杂度为一变量，而且算法所占用的存储空间会随着数据规模的变化而发生平方改变。

示例代码：

```
a = [1, 3, 5, 7, 9]
b = [2, 4, 6, 8, 10]
c = [[a[0], b[0]], [a[1], b[1]], [a[2], b[2]], [a[3], b[3]], [a[4], b[4]]]

print(a)
print(b)
print(c)
```

输出：

```
[1, 3, 5, 7, 9]
[2, 4, 6, 8, 10]
[[1, 2], [3, 4], [5, 6], [7, 8], [9, 10]]
```

上述代码定义了 3 个列表变量，其中，变量 a 与变量 b 是一维列表，变量 c 定义为二维列表，在内存中新开辟了一段存储空间。新开辟的存储空间随着变量 a 与变量 b 的长度变化而改变。假设列表变量 c 的长度为 n，则随之变化的算法的空间复杂度为：

$$S(n)=O(n^2)$$

上面的示例代码中的 n=5。

复杂度在算法设计中是一个重要的指标。要想设计出优秀的算法，需要从实际出发，结合问题产生的背景，规划好算法的时间复杂度与空间复杂度，综合均衡各方面的优势，不断优化，持续进步。

1.3 本章小结

本章是本书的启蒙章节，目的是带领读者进入算法世界，了解算法，为设计好的算法打下基础。

本章从一个认知问题即什么是算法出发，带领读者从思维与逻辑层面理解算法的最初设计原理；然后介绍了算法的特性，让读者更准确地了解算法的特点；接着从算法的逻辑层面出发，从数学求解的逻辑入手，阐述算法设计与数学原理之间的密切关系；最后从算法的实用层面出发，阐述了算法与计算机科学的联系。

在对算法具有初步认识之后，1.2 节继续带领读者了解优秀的算法设计思想。算法设计一切从问题出发，只有结合实际问题，才能设计出好用的算法。算法设计也是有要求的，好算法在其生命周期内，应该一直处于成长与发展的状态，直至功成名就，退隐幕后。算法在设计与应用中，要坚定永远追求效率这一根本目标。

了解了算法设计的原理与方法论后，还要知道评测算法优劣的方法。本章介绍了常用的算法复杂度方法，包括时间复杂度与空间复杂度，这两种复杂度是评价算法优劣的两个重要指标。

千里之行，始于足下。有了良好的开端，更要不断地努力，继续勇往直前，努力攀登算法之路上的更高峰。

攀登山峰不畏高，他日手可摘星辰。

第2章　排 序 算 法

排序算法起源较早并且使用广泛，被认为是具体的入门算法。排序算法在实际应用中非常广泛，在算法领域具有重要的地位。学习排序算法的设计原理与实施方式，有助于更好地理解算法设计原理与实施步骤，体会针对同一个问题如排序问题，使用不同的算法解决该问题时的奇妙。排序也是数据处理中的一个重要操作，因此学好排序算法非常重要。本章带领读者学习经典的排序算法的设计原理，体会其使用的魅力。

2.1　排序算法的基本思想

要学习排序算法，首先要理解与掌握排序算法的基本思想。这里的思想包括算法的设计思想与实施原理。

2.1.1　什么是排序

要理解什么是排序，首先要明白什么是排，什么是序。

排，就是排列，放置。序，取顺序，次序之意。合在一起，排序就是将数据排列成有次序的一排。这里的次序可以是顺序或逆序。

举个例子，图 2.1 展示的是从左到右排列的升序数字柱，如果从右边向左看，那么该数字柱就是降序的。

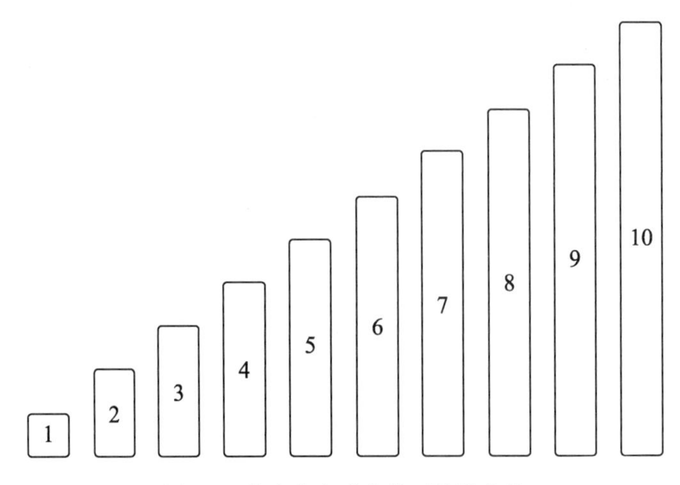

图 2.1　从左向右升序排列的数字柱

数据被排列后只有两种次序，一种是顺序，另一种是逆序。具体的排列次序是顺序还是逆序与观察方向有关。这里默认的排列次序为从左到右。

顺序排列的次序通常也称为升序，升序排列的数据按照从小到大的顺序排列。逆序排列的次序也称为降序，降序排列的数据按照从大到小的顺序排列。顺序与逆序是数学中排列组合的基本概念。

如图 2.1 所示，如果说某组序列已经排过序了，那么代表该组序列已经被顺序排列或者逆序排列了。

2.1.2　十大经典算法

排序算法经过多年的发展与改进，衍生出了众多的版本与类型。其中，最经典的排序算法还是入门必学的十大经典算法。

十大经典算法是排序算法的基石，蕴含排序算法设计的诸多宝贵思想，十分值得学习。图 2.2 展示的是十大经典排序算法。

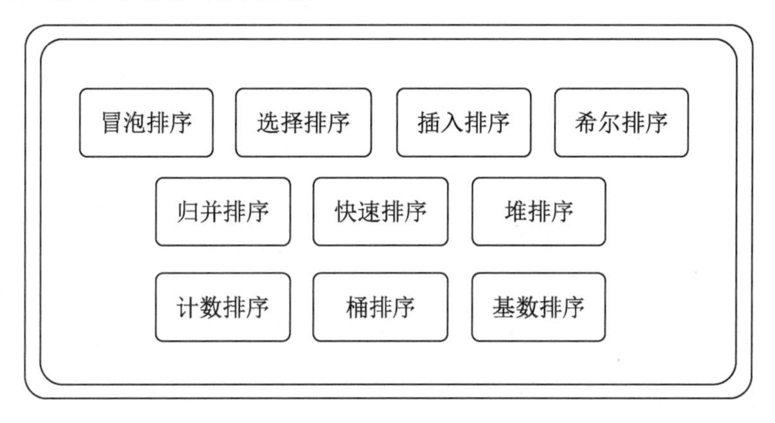

图 2.2　十大经典排序算法

2.1.3　排序算法的稳定性

排序算法的稳定性是其重要属性。

定义：对于任一给定的数据序列 S，它包含两个相等的元素 $r[i]$与 $r[j]$且 $r[i]$位于 $r[j]$的前面，如果经过算法 A 的排序后，$r[i]$仍然位于 $r[j]$的前面，则称排序算法 A 是稳定的。

稳定的排序算法在排序过程中不会改变具有相同值的两个被排序元素的前后次序。不稳定的排序算法在排序的过程中通常会改变具有相同值的两个被排序元素的前后次序。

举个例子。如图 2.3 所示，序列[1, 9, 8, 8, 3, 2]具有两个相等的元素，它们的数值大小都是 8。其中，圆角矩形元素 8 排在圆形元素 8 之前。

现在用两种排序算法分别标记为 A 与 B。经过排序算法 A 排序后，圆形元素 8 排在了圆角矩形元素 8 的前面，因此排序算法 A 为不稳定排序算法。而经过排序算法 B 排序后，圆角矩形元素 8 仍然排在圆形元素 8 的前面，两者之间的前后次序不变，因此排序算法 B 为稳定排序算法。

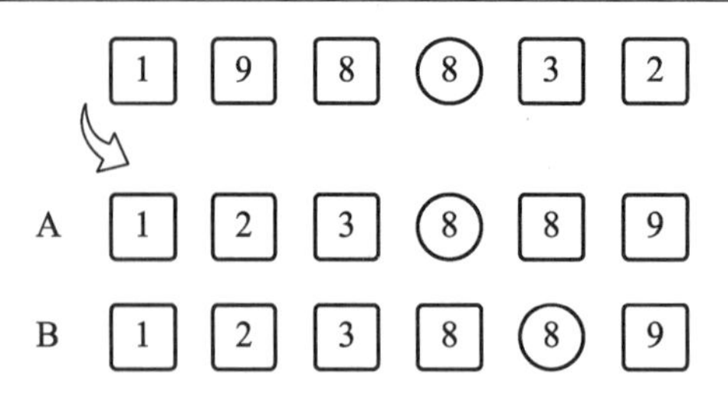

图 2.3　稳定排序与不稳定排序示意

在进行排序算法设计时，设计者更希望得到的是稳定的排序算法，因为稳定的排序算法代表更少的非必要换位操作，更加节约运算资源。

例如在图 2.3 所示的例子中，将圆角矩形元素 8 与圆形元素 8 换位并没有对实际的排序造成影响，反而会占用多余的计算资源，影响整体排序算法的效率。因此设计者希望排序算法是稳定的。

结合前面所述，按是否属于稳定排序算法，可以将十大经典算法进行划分，如图 2.4 所示。

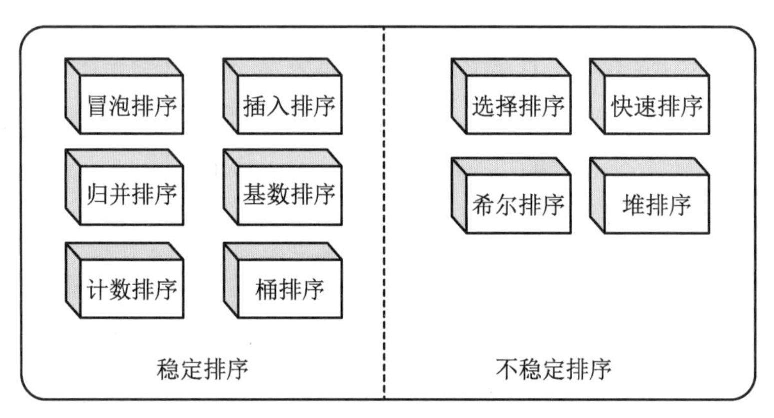

图 2.4　稳定排序与不稳定排序算法的划分

总体来讲，在十大排序算法中，稳定排序的算法占多数，共有 6 种，不稳定排序算法占少数，共有 4 种。

2.1.4　比较排序与非比较排序

根据排序算法在执行排序操作时，是否需要通过比较两个元素的大小来决定两个元素之间的相对次序，将排序算法分为比较排序算法与非比较排序算法两类。

- 比较排序算法：在对元素进行排序时，通过比较两个元素的大小来决定两个元素的相对次序。比较排序算法的时间复杂度不能突破 $O(n\log N)$，因此也称比较排序为非线性时间比较类排序。
- 非比较排序算法：在对元素进行排序时，不通过比较两个元素的大小来决定两个元素的相对次序。非比较排序算法的时间复杂度可以突破 $O(n\log N)$，因此也称非比较排序为线性时间比较类排序。

非比较排序算法的设计思想都是基于计数排序算法。计数排序算法的设计原理也称为鸽巢原理、重叠原理或狄利克雷抽屉原理，其设计思想是对哈希直接定址法的变形拓展与应用。

按照比较排序算法与非比较排序算法的分类原理，可以将十大经典排序算法进行分类，如图 2.5 所示。

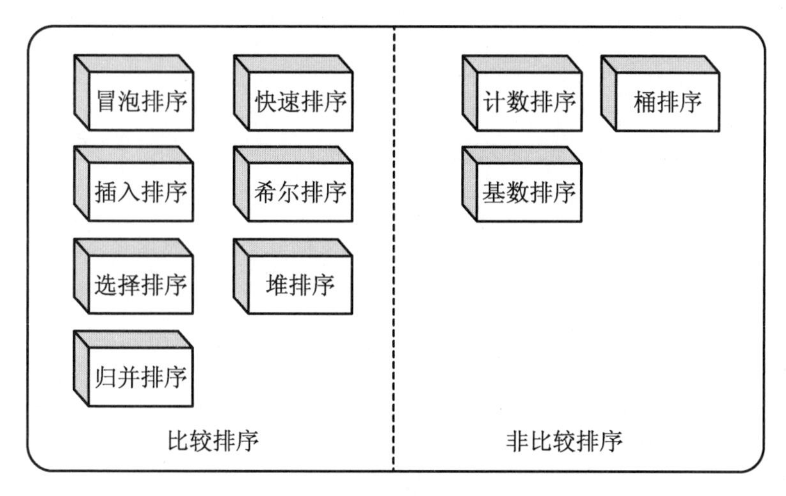

图 2.5　比较排序与非比较排序

2.1.5　内部排序与外部排序

根据排序算法在执行排序操作时，被排序的数据是全部加载至内存储器中，还是需要部分借助外存储器进行加载，将排序算法分为内部排序算法与外部排序算法。

- 内部排序算法：排序算法在执行排序操作时，被排序的数据全部被加载至内存储中，不需要外部存储器的协助而完成排序操作。
- 外部排序算法：排序算法在执行排序操作时，由于被排序数据的数据量过大，无法全部加载至内存储中，需要借助外部存储器才能完成排序操作。

通常情况下，待排序数据的数据量不是很大时，一般使用速度较快的内部排序算法。在需要对大数据量进行排序时才使用外部排序算法。在外部排序算法中，使用最多的算法是多路归并排序算法，它是归并排序算法的一种。

多路归并排序算法的原理是将源文件数据分解成多个能够一次性装入内存的几部分数据，也就是子文件数据。然后分别把每一部分的数据调入内存并完成排序。最后对已经完成排序的子文件数据进行归并排序，得到最终的完整排序数据。

按照内部排序算法与外部排序算法的分类原理，可以将十大经典排序算法进行如图 2.6 所示的分类。

外部排序算法是升级版的归并排序算法，主要以二路归并排序算法与多路归并排序算法为主。

为了方便阐述，对于排序算法，如果没有特殊说明，在介绍十大经典排序算法的分类时，一般指的是该类算法的基础版本。

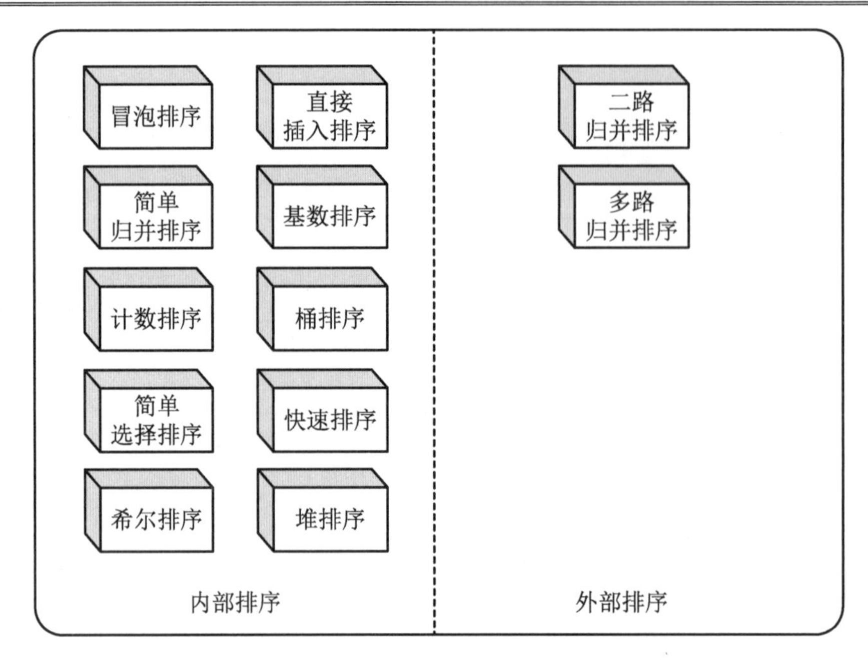

图 2.6　内部排序与外部排序

2.2　十大排序算法及其设计思想

从本节开始，将带领读者正式探究十大经典排序算法的设计奥秘。

2.2.1　冒泡排序

冒泡排序算法是一种较简单的排序算法，通常作为排序算法的启蒙算法。

冒泡排序的原理是重复地检查待排序序列中的各个元素，依次比较前后两个相邻的元素。如果这两个元素的排列顺序是错误的，则调换彼此的位置，如果这两个元素的排列顺序是正确的，则保持这两个元素的原始位置。每检查一遍，待检查元素的个数都会减 1，即每检查一遍，都会确定一个待排序元素的最终位置。待排序元素的最终位置有两种分布情况，一是靠右分布，二是靠左分布。直到待检查元素的个数为 0 时，冒泡排序完成全部排序操作，待排序序列完成排序。

冒泡排序算法的名字由来也十分有趣。因为冒泡排序在执行时，每执行一遍就会将当前的最大值排到右边（升序排序），将最小值排到左边（降序排序）。每个元素就像气泡一样根据自身大小慢慢向数组的一侧移动，因此得名冒泡排序。

下面通过如图 2.7 所示的待排序序列进行举例，详细说明冒泡排序（升序排序）的实施原理及步骤。

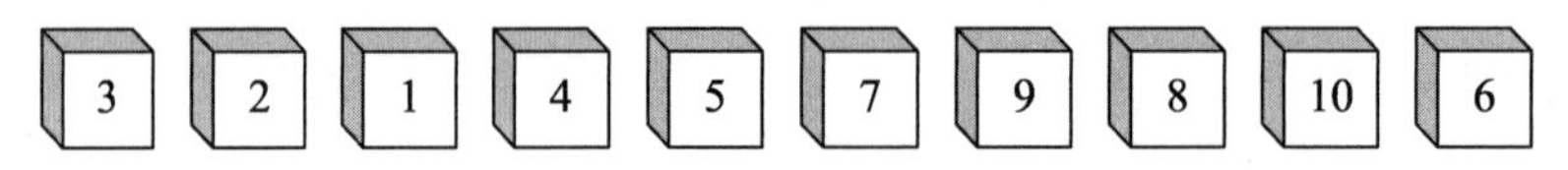

图 2.7　待排序序列

如图 2.7 所示，待排序序列为 [3, 2, 1, 4, 5, 7, 9, 8, 10, 6]。如图 2.8 与图 2.9 所示，S0 为初始步骤，展示待排序序列，S*n* 为最终步骤，展示当前排序的结果，用 S*i*（*i*=1, 2, 3, ⋯, *n*-1）代表冒泡排序的实际执行步骤，*n* 为待排序的元素个数。交换动作由两个彼此呈中心对称的弯弧箭头表示，虚线表示不交换，实线表示交换。排序步骤如下。

S1：将第[1]位元素 3 与第[2]位元素 2 进行比较，3＞2，则交换被比较的两个元素的前后位置。

S2：将第[2]位元素 3 与第[3]位元素 1 进行比较，3＞1，则交换被比较的两个元素的前后位置。

S3：将第[3]位元素 3 与第[4]位元素 4 进行比较，3＜4，则不交换被比较的两个元素的前后位置。

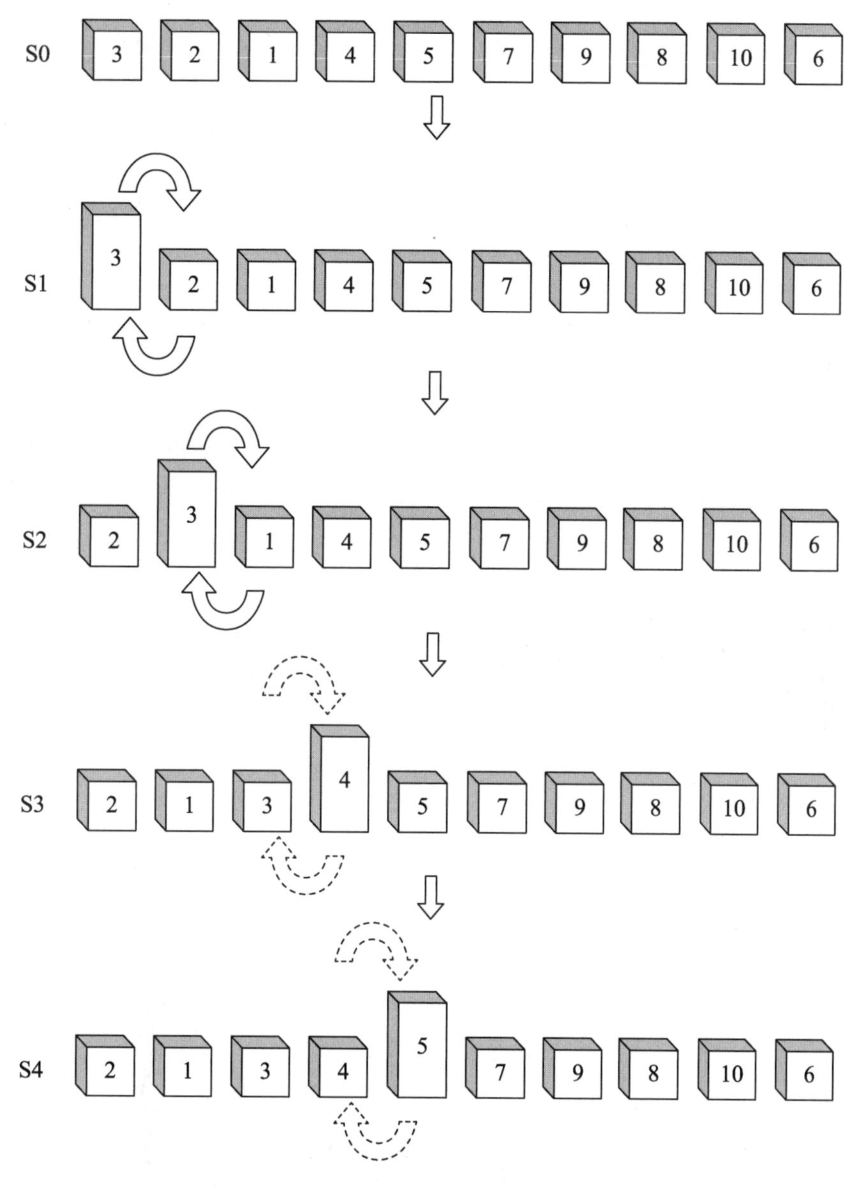

图 2.8　冒泡排序示例步骤 1

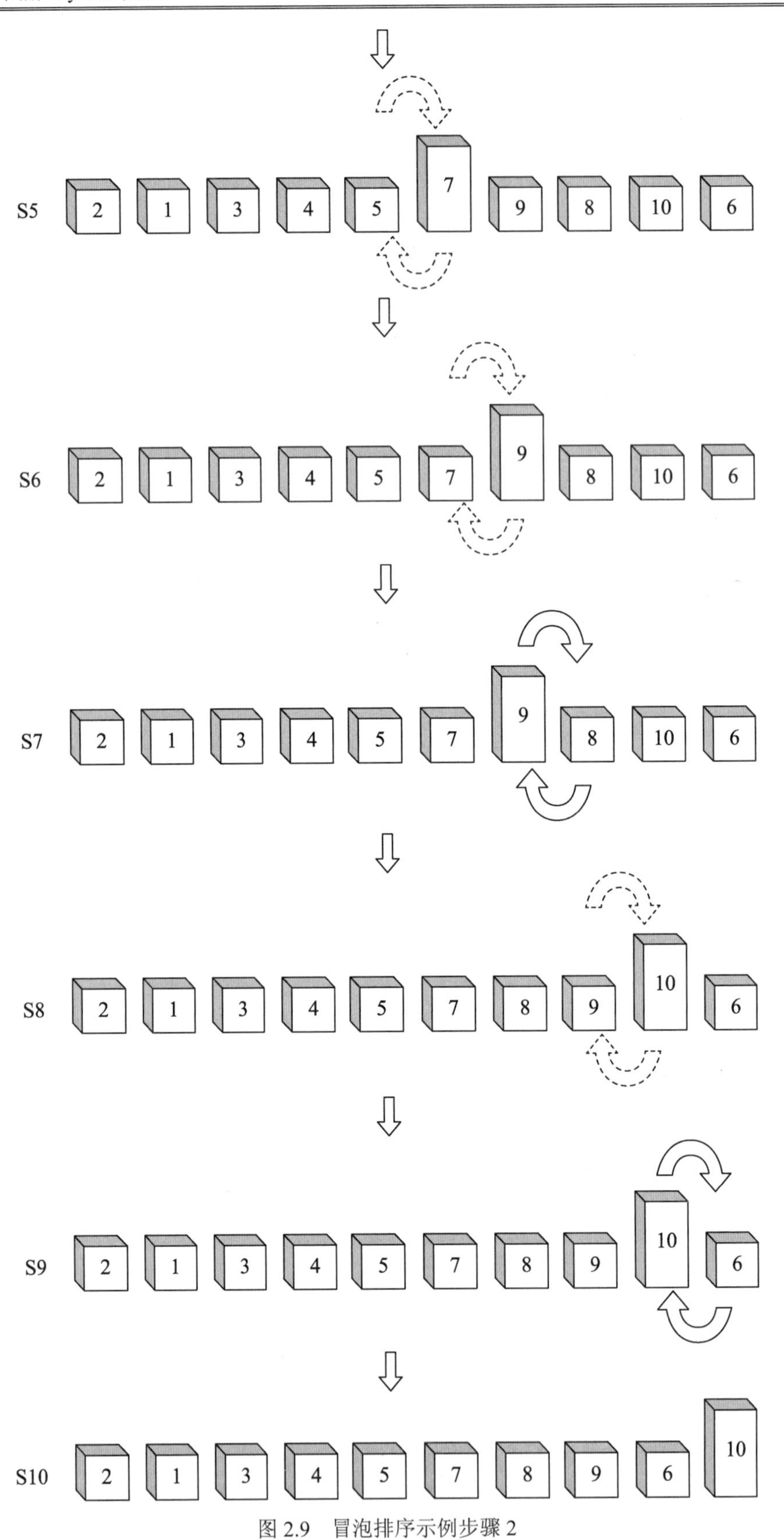

图 2.9　冒泡排序示例步骤 2

S4：将第[4]位元素 4 与第[5]位元素 5 进行比较，4<5，则不交换被比较的两个元素的前后位置。

S5：将第[5]位元素 5 与第[6]位元素 7 进行比较，5<7，则不交换被比较的两个元素的前后位置。

S6：将第[6]位元素 7 与第[7]位元素 9 进行比较，7<9，则不交换被比较的两个元素的前后位置。

S7：将第[7]位元素 9 与第[8]位元素 8 进行比较，9>8，则交换被比较的两个元素的前后位置。

S8：将第[8]位元素 9 与第[9]位元素 10 进行比较，9<10，则不交换被比较的两个元素的前后位置。

S9：将第[9]位元素 10 与第[10]位元素 6 进行比较，10>6，则交换被比较的两个元素的前后位置。

S10：首次排序完成。

冒泡排序的特点：

通过上述第一遍冒泡排序的分析，结合冒泡排序的设计原理，总结其特点如下：

- 假设待排序序列的元素个数为 N，则获得最终的完全排序需要经过 N−1 遍排序。
- 第 1 遍排序需要进行的比较和交换步骤为 N−1 次，第 2 遍排序需要进行的比较和交换次数为 N−2 次，第 3 遍排序需要进行的比较和交换次数为 N−3 次，以此类推，第 N−1 遍排序需要进行的比较和交换次数为 1 次。即对于待排序序列元素个数为 N 的冒泡排序，总共需要经过的比较和交换次数 S 为：

$$S=(N-1)+(N-2)+\cdots+1=\frac{N(N-1)}{2}$$

- 假设待排序序列的元素个数为 N，第 i 遍排序需要进行比较交换的次数为 t，则

$$N=i+t$$

图 2.8 与图 2.9 所示的排序步骤只是对待排序序列进行一次排序，完成了对 1 个元素的冒泡排序，仍然需要进行 44（10×(10−1)/2−1）次排序。每进行一次排序，被排序序列中的待排序元素个数就会减少 1 个。

最终得到的完全排序状态的序列如图 2.10 所示。

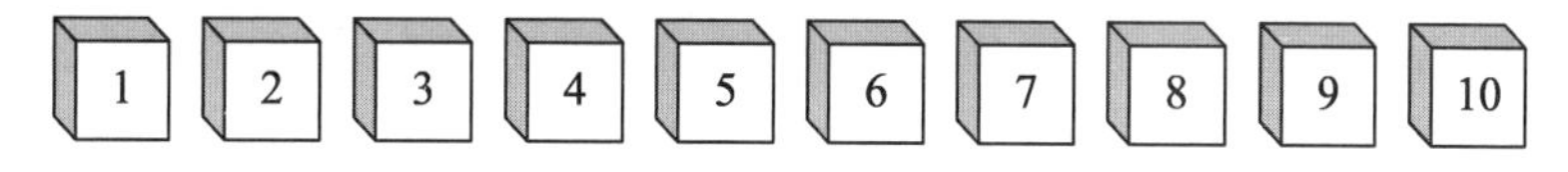

图 2.10　完全排序状态的序列

下面通过 Python 代码展示本例的冒泡排序算法。

示例代码：

```
a = [3, 2, 1, 4, 5, 7, 9, 8, 10, 6]
L = len(a)

for n in range(L-1):
    for i in range(L - n - 1):
        if a[i] > a[i + 1]:
```

```
            a[i], a[i + 1] = a[i + 1], a[i]

        print('第 %d 次排序' % (n+1))
        print(a)

    print('\n 最终排序')
    print(a)
```

输出：

```
第 1 次排序
[2, 1, 3, 4, 5, 7, 8, 9, 6, 10]
第 2 次排序
[1, 2, 3, 4, 5, 7, 8, 6, 9, 10]
第 3 次排序
[1, 2, 3, 4, 5, 7, 6, 8, 9, 10]
第 4 次排序
[1, 2, 3, 4, 5, 6, 7, 8, 9, 10]
第 5 次排序
[1, 2, 3, 4, 5, 6, 7, 8, 9, 10]
第 6 次排序
[1, 2, 3, 4, 5, 6, 7, 8, 9, 10]
第 7 次排序
[1, 2, 3, 4, 5, 6, 7, 8, 9, 10]
第 8 次排序
[1, 2, 3, 4, 5, 6, 7, 8, 9, 10]
第 9 次排序
[1, 2, 3, 4, 5, 6, 7, 8, 9, 10]

最终排序
[1, 2, 3, 4, 5, 6, 7, 8, 9, 10]
```

通过上面的分析可以看出，对于本例中的序列，冒泡排序经过第 4 次排序就已经获得了与最终排序相同的序列，但是此时冒泡排序算法并不知道排序已经获得了最终的结果，因此算法仍然会继续执行。这也是冒泡排序效率较低的一个重要原因。

2.2.2 选择排序

选择排序算法也是计算机科学领域较简单的一种排序算法。它的特点是将待排序序列划分为已排序区间和待排序区间，然后从待排序区间选择当前的最小值，放在已排序区间的最大值位置，不断地增大已排序区间的范围，减少待排序区间的范围，最后待排序区间的长度为 0，整个序列全部排序完成。

下面通过如图 2.11 所示的待排序序列进行举例，详细说明选择排序的原理及实施步骤。

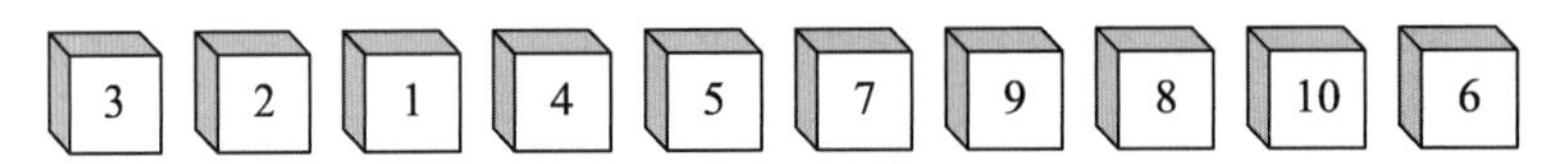

图 2.11　待排序序列

如图 2.11 所示，待排序序列为 [3, 2, 1, 4, 5, 7, 9, 8, 10, 6]。如图 2.12 与图 2.13 所示，S0 为初始步骤，展示待排序序列，S*n* 为最终步骤，展示当前排序的结果，用 S*i*（*i*=1, 2, 3, …, n−1）代表选择排序的实际执行步骤，*n* 为待排序序列的元素个数。用区间 A 表示已排序区间，简称 A 区，区间 B 表示未排序区间，简称 B 区，则排序步骤如下：

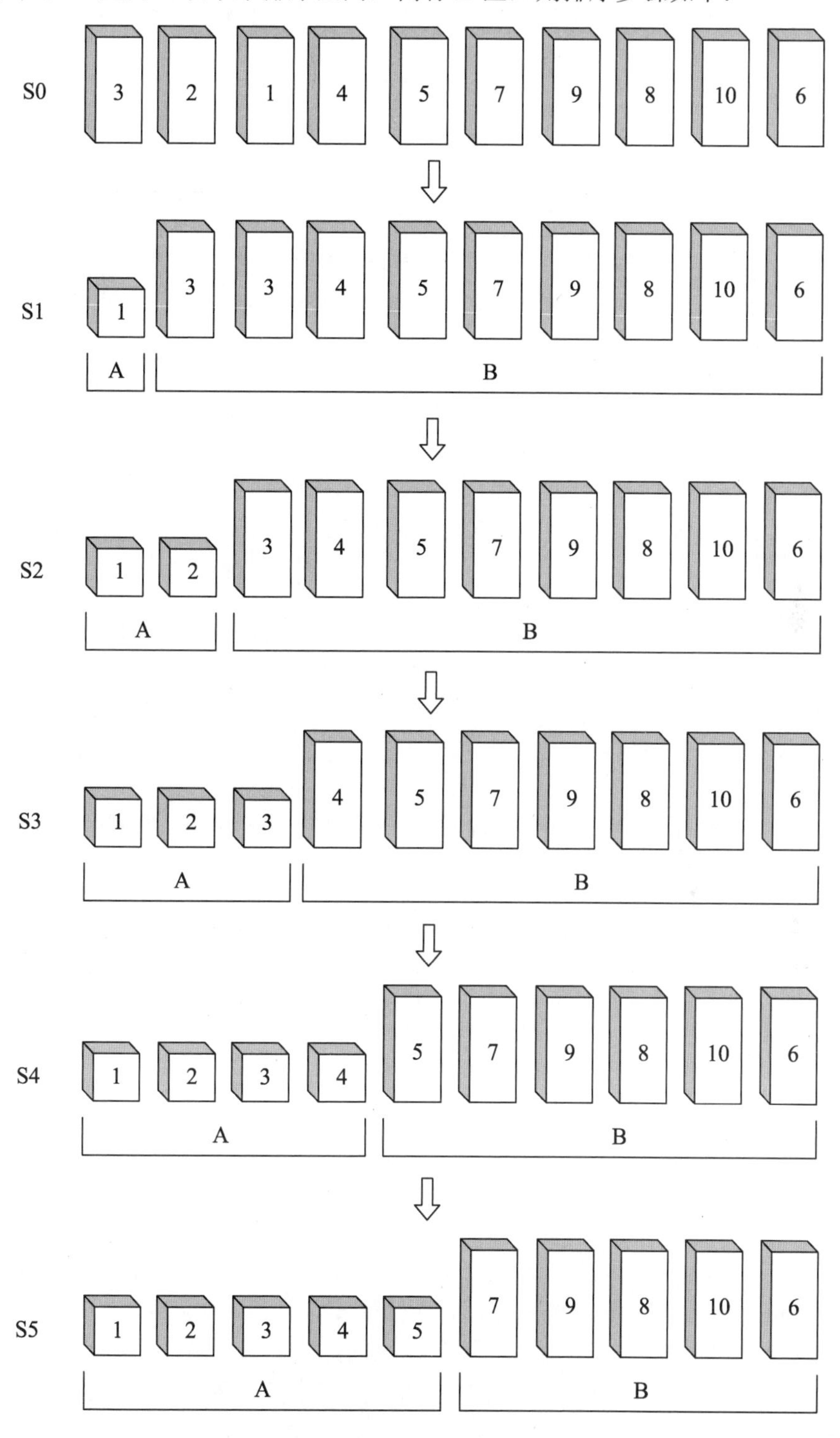

图 2.12　选择排序示例步骤 1

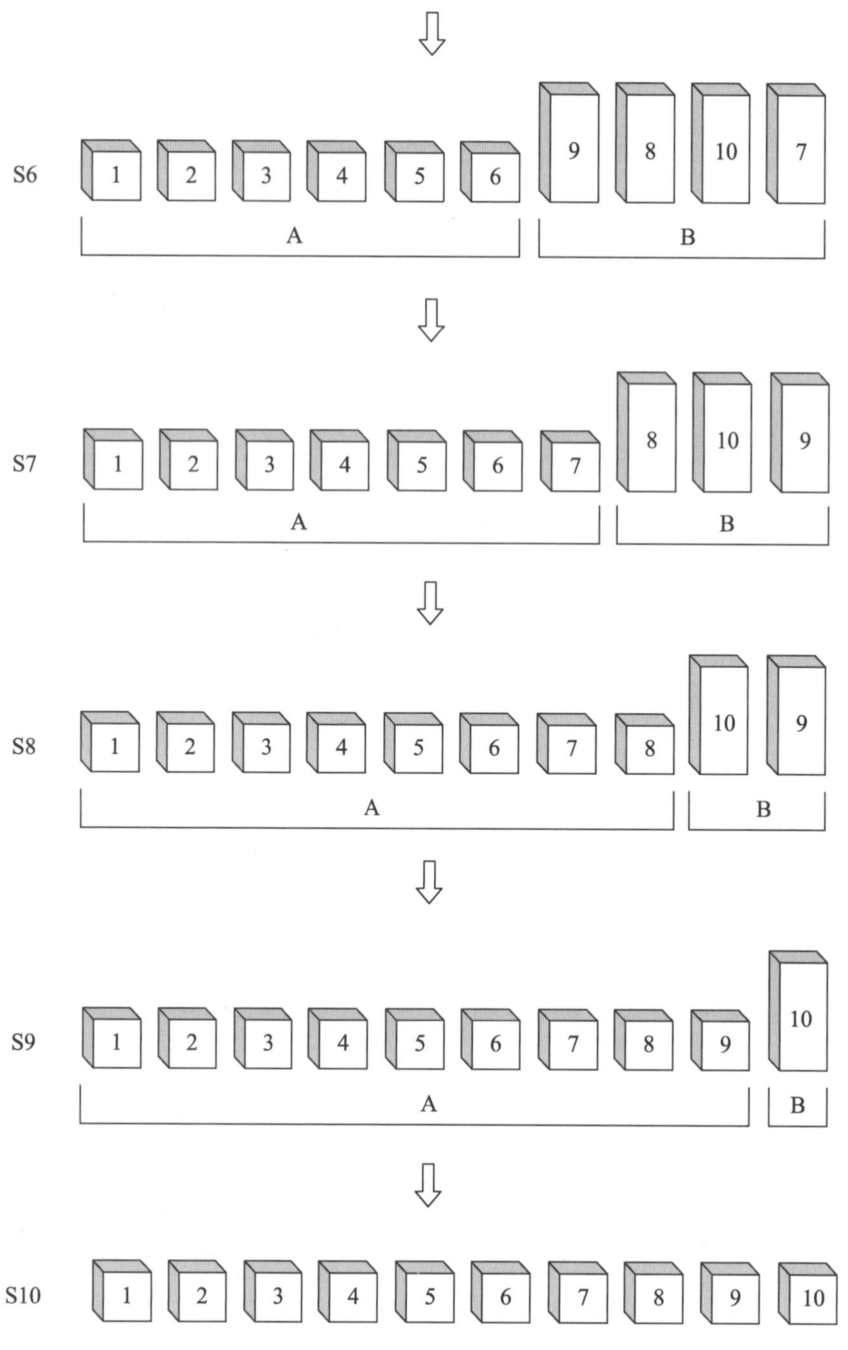

图 2.13　选择排序示例步骤 2

S1：将整个待排序序列看作 B 区，在当前 B 区中寻找最小值 1，由于 B 区的第一个值 3 大于最小值 1，则交换 B 区的第一个值 3 与最小值 1 的位置，同时将 B 区的当前最小值 1 置于 A 区最右边的位置。此步骤完成后，A 区为 1 个元素，B 区为 9 个元素。

S2：在当前 B 区中寻找最小值 2，由于 B 区的第一个值就是 2，则不交换位置，同时将 B 区的当前最小值 2 置于 A 区最右边的位置。此步骤完成后，A 区为 2 个元素，B 区为 8 个元素。

S3：在当前 B 区寻找最小值 3，由于 B 区的第一个值就是 3，则不交换位置，同时将 B 区的当前最小值 3 置于 A 区最右边的位置。此步骤完成后，A 区为 3 个元素，B 区为 7 个元素。

S4：在当前 B 区寻找最小值 4，由于 B 区的第一个值就是 4，则不交换位置，同时将 B 区的当前最小值 4 置于 A 区最右边的位置。此步骤完成后，A 区为 4 个元素，B 区为 6 个元素。

S5：在当前 B 区寻找最小值 5，由于 B 区的第一个值就是 5，则不交换位置，同时将 B 区的当前最小值 5 置于 A 区最右边的位置。此步骤完成后，A 区为 5 个元素，B 区为 5 个元素。

S6：在当前 B 区寻找最小值 6，由于 B 区的第一个值 7 大于最小值 6，则交换 B 区的第一个值 7 与最小值 6 的位置，同时将 B 区的当前最小值 6 置于 A 区最右边的位置。此步骤完成后，A 区为 6 个元素，B 区为 4 个元素。

S7：在当前 B 区寻找最小值 7，由于 B 区的第一个值 9 大于最小值 7，则交换 B 区第一个值 9 与最小值 7 的位置，同时将 B 区的当前最小值 7 置于 A 区最右边的位置。此步骤完成后，A 区为 7 个元素，B 区为 3 个元素。

S8：在当前 B 区寻找最小值 8，由于 B 区的第一个值就是 8，则不交换位置，同时将 B 区的当前最小值 8 置于 A 区最右边的位置。此步骤完成后，A 区为 8 个元素，B 区为 2 个元素。

S9：在当前 B 区寻找最小值 9，由于 B 区的第一个值 10 大于最小值 9，则交换 B 区第一个值 10 与最小值 9 的位置，同时将 B 区的当前最小值 9 置于 A 区最右边的位置。此步骤完成后，A 区为 9 个元素，B 区为 1 个元素。

S10：当 A 区的元素个数为 10−1=9 时，B 区只剩下一个待排序元素，无须继续排序，直接将 B 区的当前元素 10 置于 A 区最右边的位置。此步骤完成后，A 区为 10 个元素，B 区为 0 个元素，得到最终排序序列。

选择排序的特点：

通过上述选择排序过程的分析，结合选择排序的设计原理，总结其特点如下：

- 假设待排序序列的元素个数为 N，则获得最终的完全排序需要经过 $N-1$ 遍排序。
- 假设待排序序列的元素个数为 N，第 i 遍排序时，A 区的元素个数为 n，B 区的元素个数为 m，则有 $i=n$，$N=n+m$。
- 选择排序的关键比较位置是 B 区左边的第一个元素。
- 选择排序的第 i 遍排序完成后，获得的是最终排序序列的第 i 个位置的元素，也是第 i 个最小值。

最终得到完全排序状态的序列，如图 2.14 所示。

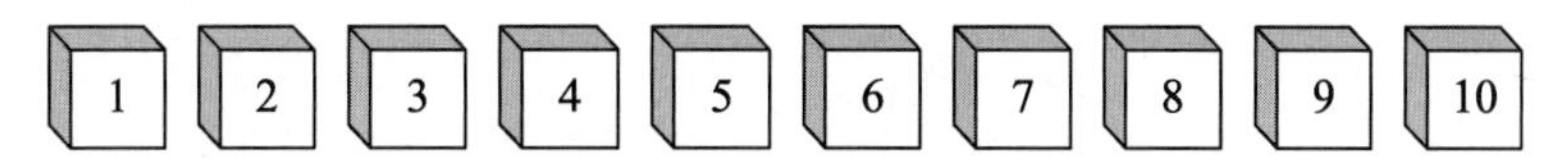

图 2.14　完全排序状态的序列

下面通过 Python 代码展示本例的选择排序算法。

示例代码：

```
a = [3, 2, 1, 4, 5, 7, 9, 8, 10, 6]
L = len(a)

for i in range(L-1):
    minIndex = i
    for j in range(i + 1, L):
        if a[j] < a[minIndex]:
            minIndex = j
    # 如果待排序区间[a[i+1], a[L]] 中存在比 a[minIndex]更小的元素
    # 则将待排序区间的最小值与当前最小值互换
    # 已排序区间的元素增加 1，待排序区间的最小值减少 1
    if i != minIndex:
        a[i], a[minIndex] = a[minIndex], a[i]

    print('第 %d 次排序' % (i+1))
    print(a)

print('\n最终排序')
print(a)
```

输出：

```
第 1 次排序
[1, 2, 3, 4, 5, 7, 9, 8, 10, 6]
第 2 次排序
[1, 2, 3, 4, 5, 7, 9, 8, 10, 6]
第 3 次排序
[1, 2, 3, 4, 5, 7, 9, 8, 10, 6]
第 4 次排序
[1, 2, 3, 4, 5, 7, 9, 8, 10, 6]
第 5 次排序
[1, 2, 3, 4, 5, 7, 9, 8, 10, 6]
第 6 次排序
[1, 2, 3, 4, 5, 6, 9, 8, 10, 7]
第 7 次排序
[1, 2, 3, 4, 5, 6, 7, 8, 10, 9]
第 8 次排序
[1, 2, 3, 4, 5, 6, 7, 8, 10, 9]
第 9 次排序
[1, 2, 3, 4, 5, 6, 7, 8, 9, 10]

最终排序
[1, 2, 3, 4, 5, 6, 7, 8, 9, 10]
```

通过上面的分析可以看出，对于本例中的序列，选择排序经过 10−1=9 次排序才获得与最终排序相同的序列。与冒泡排序相比，在本例子序列中，选择排序的效率虽然看起来比较低，但是排序次数却与冒泡排序相同。

2.2.3　插入排序

插入排序算法一般也称直接插入法。它也是计算机科学领域较简单的一种排序算法。

插入排序算法的基本设计思想是，将待排序的序列元素划分为两个区间，即已排序区间与未排序区间，然后每次排序时依次从未排序区间选取一个元素对已排序元素进行比较与插入排序，直至未排序区间的元素个数为 0，整个排序全部完成。

下面通过如图 2.15 所示的待排序序列进行举例，详细说明插入排序的原理及实施步骤。

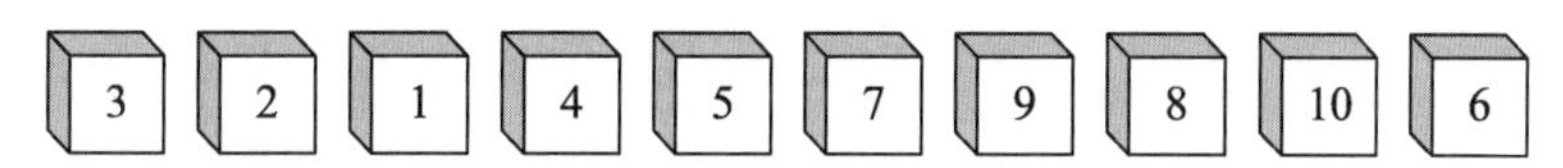

图 2.15　待排序序列

如图 2.15 所示，待排序序列为[3, 2, 1, 4, 5, 7, 9, 8, 10, 6]，排序步骤如图 2.16 至图 2.21 所示，用 S*i*（*i*=0,1, 2, 3, …, *n*）代表插入排序的实际执行步骤，其中，S0 为初始步骤，代表待排序序列，S*n* 为最终步骤，代表完全排序后的最终结果。

用区间 A 表示已排序区间，简称 A 区，区间 B 表示未排序区间，简称 B 区，则排序步骤如下。

S1：将待排序序列的左边第一个元素看作 A 区，剩余的元素看作 B 区。此时 A 区的最大值是 3。将当前 B 区左边的第一个元素 2 与 A 区的元素进行比较，发现 2＜3，且元素 3 左边没有其他元素，则将元素 2 插入元素 3 之前。此步骤完成后，A 区为 2 个元素，B 区为 8 个元素。

S2：将当前 B 区左边的第一个元素 1 与 A 区的元素从右到左依次进行比较，发现 1＜3，1＜2，并且元素 2 左边没有其他元素，则将元素 1 插入元素 2 之前。此步骤完成后，A 区为 3 个元素，B 区为 7 个元素。

S3：将当前 B 区左边的第一个元素 4 与 A 区的元素从右到左依次进行比较，发现 4＞3，即 B 区左边的第一个元素大于 A 区的所有元素，则保持元素 4 的位置不动，A 区直接拓展一位，B 区直接缩减一位。此步骤完成后，A 区为 4 个元素，B 区为 6 个元素。

S4：将当前 B 区左边的第一个元素 5 与 A 区的元素从右到左依次进行比较，发现 5＞4，即 B 区左边的第一个元素大于 A 区的所有元素，则保持元素 5 的位置不动，A 区直接拓展一位，B 区直接缩减一位。此步骤完成后，A 区为 5 个元素，B 区为 5 个元素。

S5：将当前 B 区左边的第一个元素 7 与 A 区的元素从右到左依次进行比较，发现 7＞5，即 B 区左边的第一个元素大于 A 区的所有元素，则保持元素 7 的位置不动，A 区直接拓展一位，B 区直接缩减一位。此步骤完成后，A 区为 6 个元素，B 区为 4 个元素。

S6：将当前 B 区左边的第一个元素 9 与 A 区的元素从右到左依次进行比较，发现 9＞7，即 B 区左边的第一个元素大于 A 区的所有元素，则保持元素 9 的位置不动，A 区直接拓展一位，B 区直接缩减一位。此步骤完成后，A 区为 7 个元素，B 区为 3 个元素。

S7：将当前 B 区左边的第一个元素 8 与 A 区的元素从右到左依次进行比较，发现 8＜9 且 8＞7，即元素 8 找到了合适的插入位置，则将元素 8 插入元素 9 之前。此步骤完成后，A 区为 8 个元素，B 区为 2 个元素。

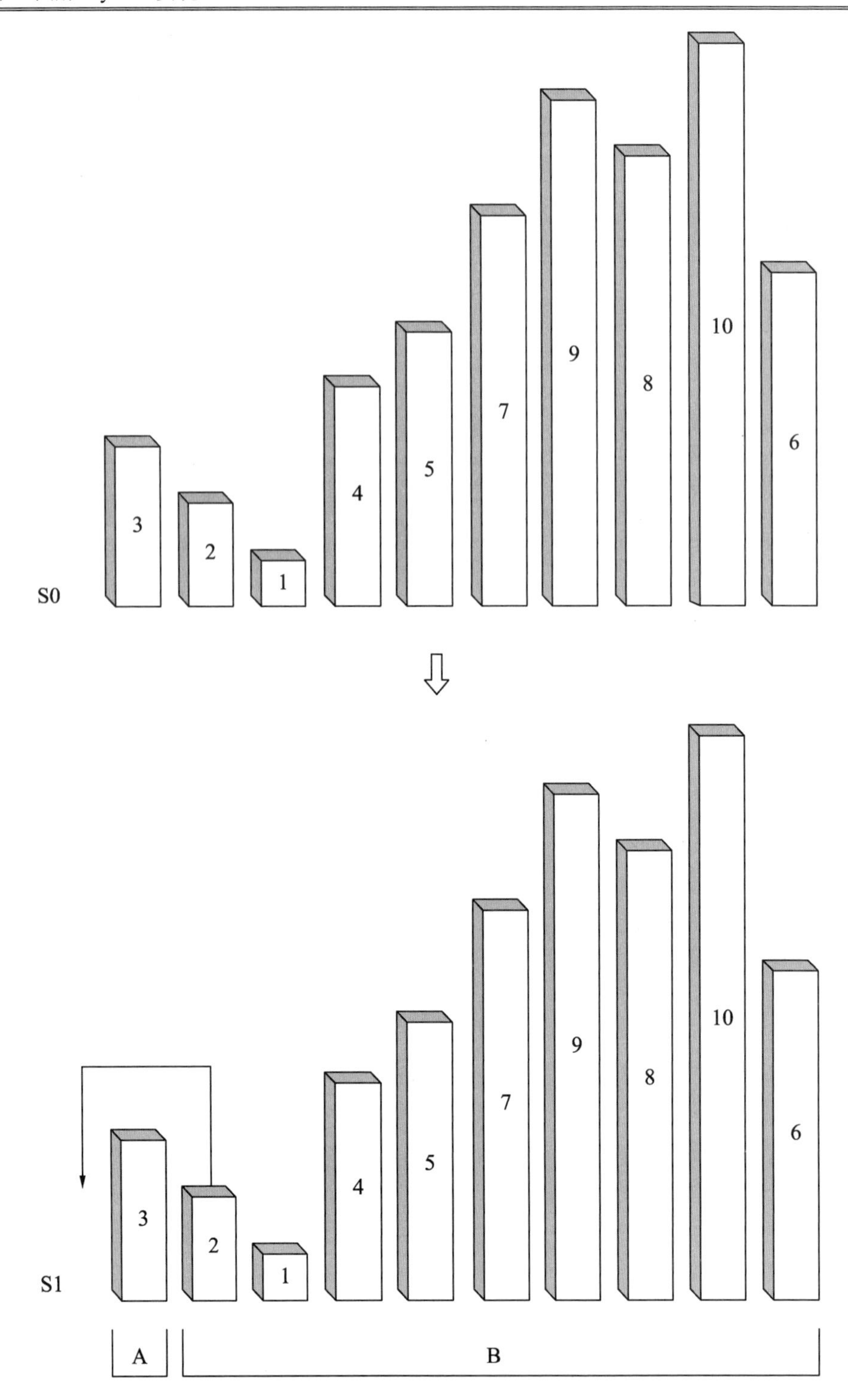

图 2.16　插入排序示例步骤 1

S8：将当前 B 区左边的第一个元素 10 与 A 区的元素从右到左依次进行比较，发现 10>9，即 B 区左边的第一个元素大于 A 区的所有元素，则保持元素 10 的位置不动，A 区直接拓展一位，B 区直接缩减一位。此步骤完成后，A 区为 9 个元素，B 区为 1 个元素。

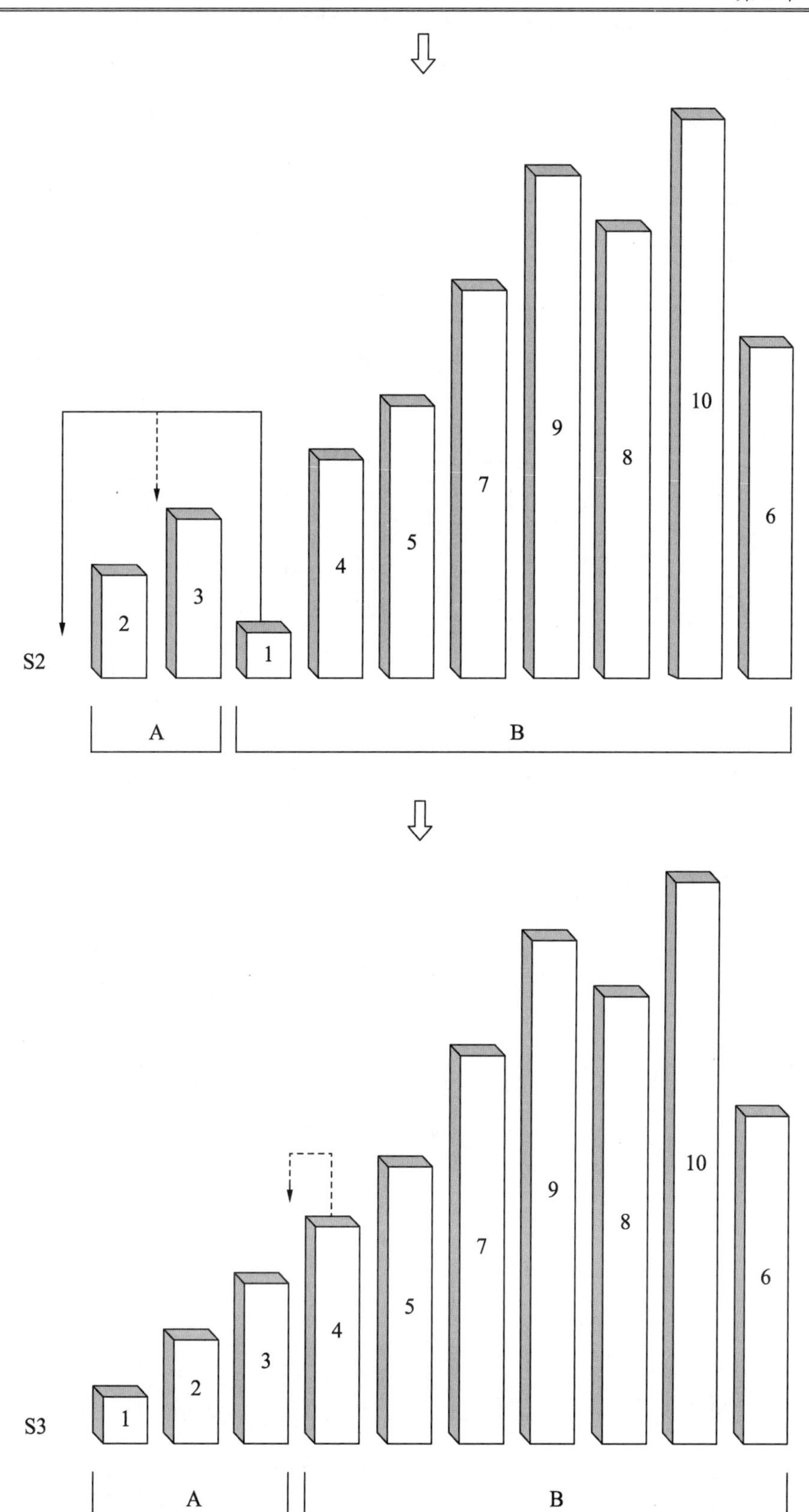

图 2.17　插入排序示例步骤 2

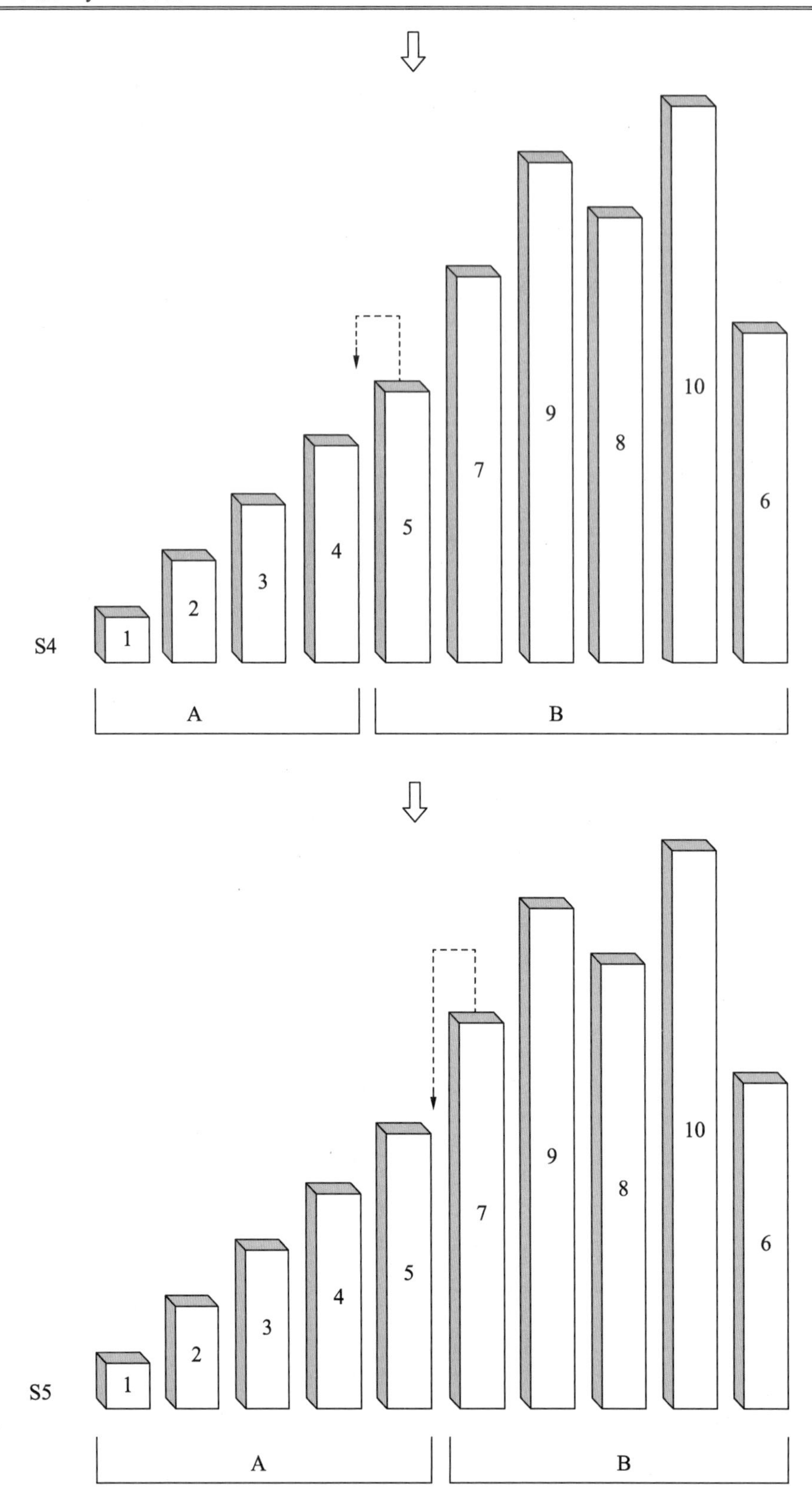

图 2.18　插入排序示例步骤 3

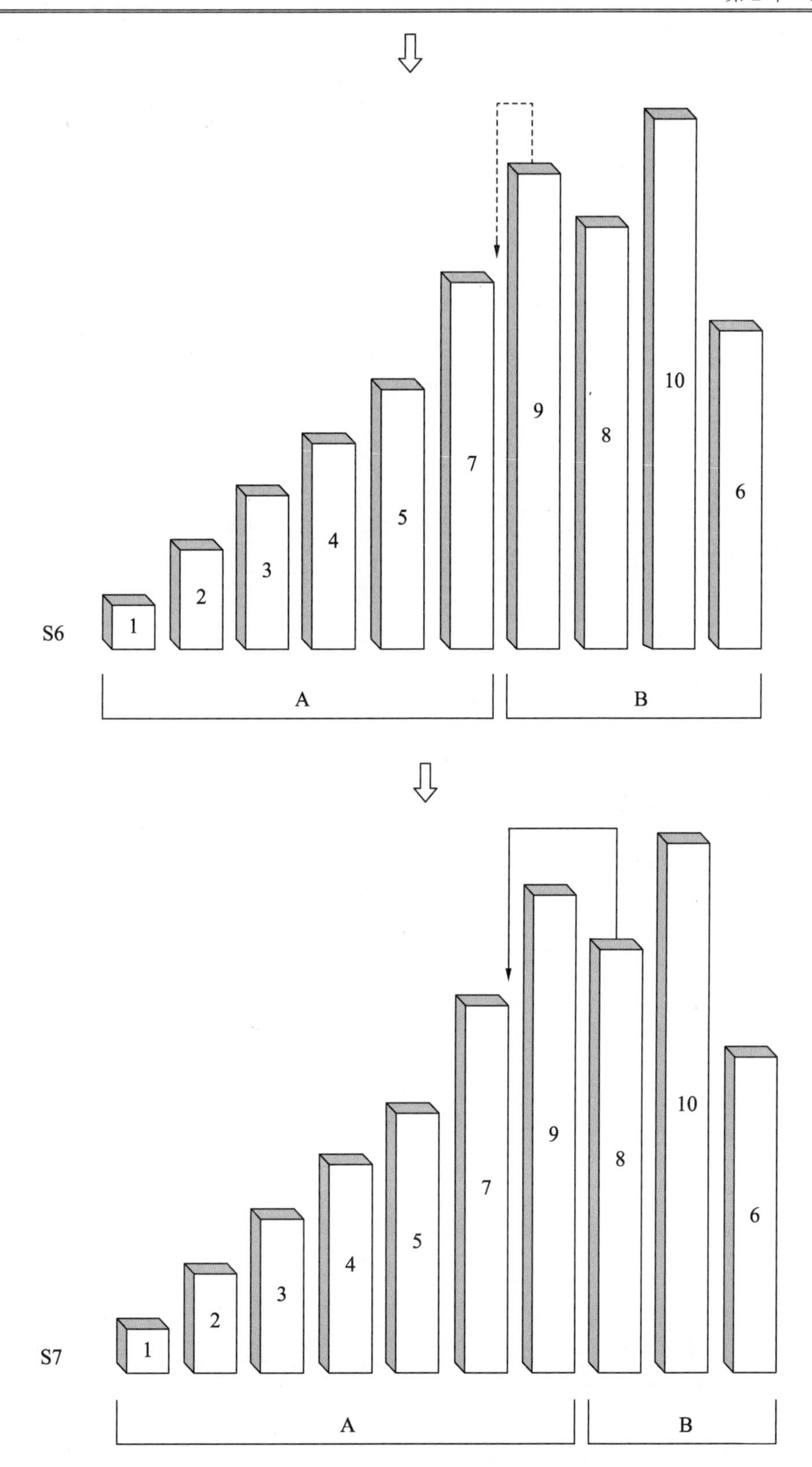

图 2.19　插入排序示例步骤 4

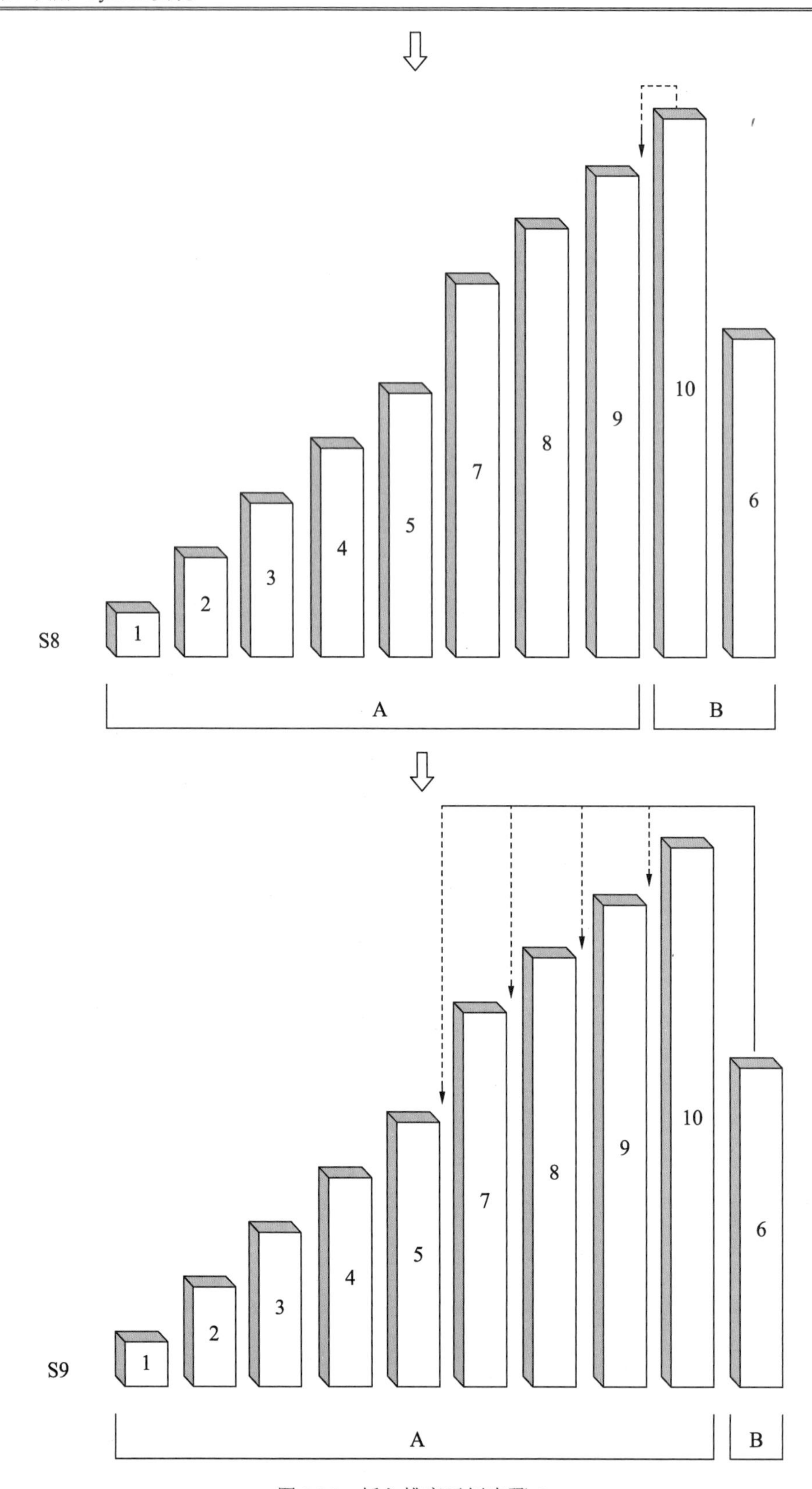

图 2.20　插入排序示例步骤 5

S9：将当前 B 区左边的唯一一个元素 6 与 A 区的元素从右到左依次进行比较，发现 6<7 且 6>5，即元素 6 找到了合适的插入位置，则将元素 6 插入元素 7 之前。此步骤完成后，A 区为 10 个元素，B 区为 0 个元素。

S10：得到最终的排序序列。

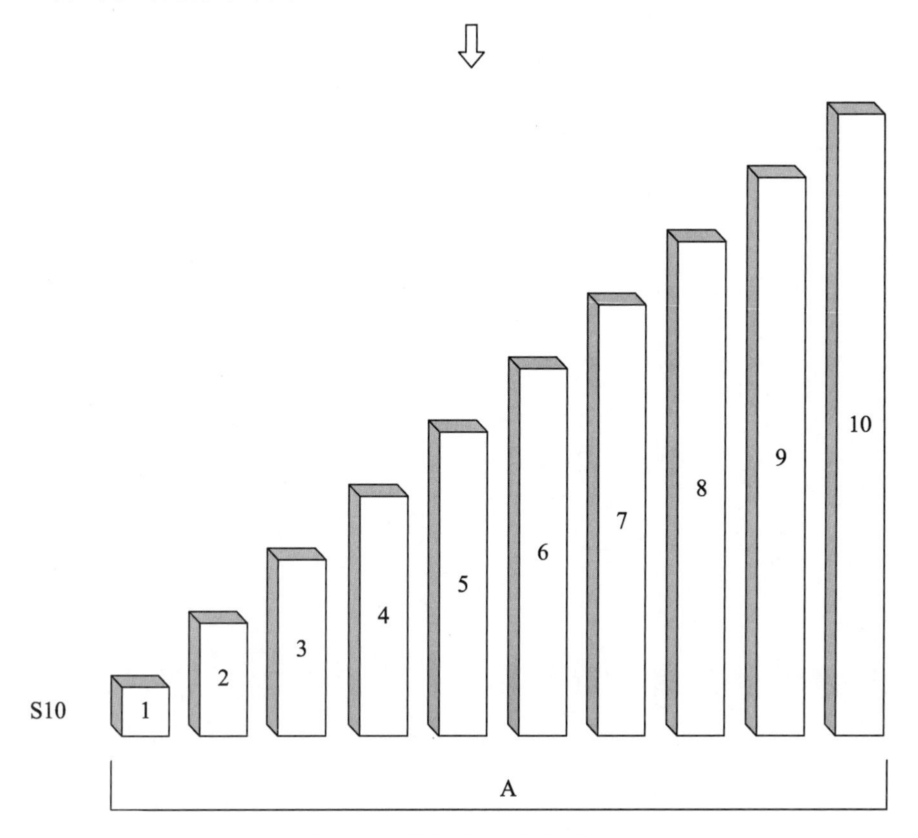

图 2.21　插入排序示例步骤 6

插入排序的特点：

通过上述选择排序过程的分析，结合插入排序的设计原理，总结其特点如下：

- 假设待排序序列的元素个数为 N，则获得最终的完全排序，需要经过对 $N-1$ 个元素进行插入排序。
- 假设待排序序列的元素个数为 N，第 i 遍排序时，A 区的元素个数为 n，B 区的元素个数为 m，则有 $i=n$，$N=n+m$。
- 插入排序每次用于比较插入的元素为 B 区的左边第一个元素。
- 在插入排序的过程中，A 区的所有元素都是按次序排列的。
- 在 A 区中进行插入排序时，从右到左即从大到小进行比较插入，只要得到比左边元素小且比右边元素大的位置，即为插入位置。
- 与选择排序类似，分区、分类排序思想在插入排序中也十分重要。

下面通过 Python 代码展示本例的插入排序算法。

示例代码：

```
a = [3, 2, 1, 4, 5, 7, 9, 8, 10, 6]
L = len(a)

for i in range(L):
    preIndex = i - 1
    currentItem = a[i]
    # preIndex ≥ 0 说明 A 区已经存在元素
    # 目的是从第二个元素开始比较
    # 只要当前比较的元素前面还有元素，而且当前比较的元素小于前面的元素
    # 则进入插入比较循环
    while preIndex >= 0 and currentItem < a[preIndex]:
        # 将大于当前元素的元素往右推移
        a[preIndex + 1] = a[preIndex]
        # 当前元素往左插入
        preIndex -= 1

    # 每次插入排序后，当前元素变成下一个元素
    a[preIndex + 1] = currentItem

    print('第 %d 次排序' % (i+1))
    print(a)

print('\n最终排序')
print(a)
```

输出：

```
第 1 次排序
[3, 2, 1, 4, 5, 7, 9, 8, 10, 6]
第 2 次排序
[2, 3, 1, 4, 5, 7, 9, 8, 10, 6]
第 3 次排序
[1, 2, 3, 4, 5, 7, 9, 8, 10, 6]
第 4 次排序
[1, 2, 3, 4, 5, 7, 9, 8, 10, 6]
第 5 次排序
[1, 2, 3, 4, 5, 7, 9, 8, 10, 6]
第 6 次排序
[1, 2, 3, 4, 5, 7, 9, 8, 10, 6]
第 7 次排序
[1, 2, 3, 4, 5, 7, 9, 8, 10, 6]
第 8 次排序
[1, 2, 3, 4, 5, 7, 8, 9, 10, 6]
第 9 次排序
[1, 2, 3, 4, 5, 7, 8, 9, 10, 6]
第 10 次排序
[1, 2, 3, 4, 5, 6, 7, 8, 9, 10]
```

```
最终排序
[1, 2, 3, 4, 5, 6, 7, 8, 9, 10]
```

通过上面的分析可以知道，对于本例中的序列，插入排序经过 10−1=9 次排序才获得了与最终排序相同的序列。在插入排序中，如果当前被排序元素大于已排序区间 A 中的所有元素，则不进行插入操作，只将当前被插入元素直接添加到已排序区间 A 的最右边。

前面讲解的是最基础的插入排序算法，也称直接插入排序算法。后面将继续讲解更加高级的插入排序算法。

2.2.4　希尔排序

希尔排序算法是一种由直接插入排序算法改进而来的排序算法。该算法由希尔（Donald Shell）于 1959 年提出，因此称为希尔排序算法。根据其设计原理，希尔排序也称为缩小增量排序，而且该算法也是第一批突破平均时间复杂度 $O(n^2)$限制的算法之一。

希尔排序属于不稳定算法。希尔排序的原理是，设置一个增量，该增量用于在原始数列中每隔一个增量选取一个元素，从而构成一个增量分组子序列，然后使用直接插入算法对该子序列进行直接插入排序。

每次完成子序列被直接插入排序后，之前的增量减少，继续对当前的被排序序列进行增量分组，然后对分组后的子序列进行直接插入排序，直至增量变为 1，则经过增量分组的子序列的长度与原始数列的长度相等。然后对整个序列进行最后一次直接插入排序，得到最终的排序序列。

下面通过如图 2.22 所示的待排序序列进行举例，详细说明希尔排序的原理及实施步骤。

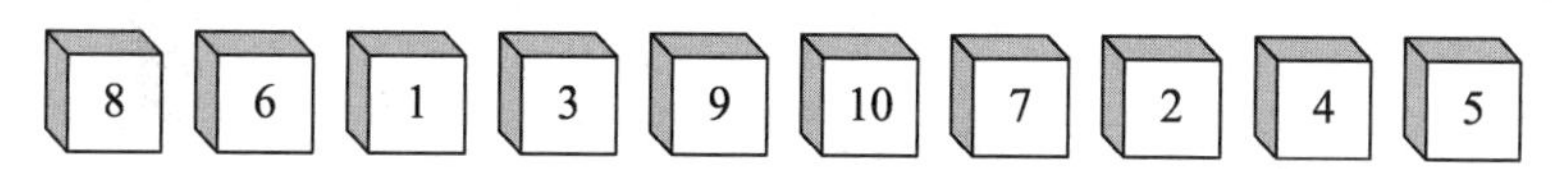

图 2.22　待排序原始数列

如图 2.22 所示，待排序序列为 [8, 6, 1, 3, 9, 10，7, 2, 4, 5]。如图 2.23 与图 2.24 所示，用 S*i*（*i*=0,1, 2, 3, …, *n*）代表希尔排序的实际执行步骤，其中，S0 为初始步骤，代表待排序序列，S*n* 为最终步骤，代表完全排序后的最终结果。

用区间 A*j*(*j*=1, 2, 3, …, *n*)表示 Si 子序列排序的第 *j* 次直接插入排序，用 gap 表示希尔排序的增量（gap<*N*，一般取 gap=*N*/2）作为开始值，用⎵包括的元素即参与 Aj 子序列排序的元素，int(f)表示对 f 元素进行向下取整操作，则排序步骤如下：

S1：取增量 gap=int(*N*/2)=int(10/2)=5，则待排序序列的第 1 次增量分组划分出的子序列的元素个数为 An=int(*N*/gap)=int(10/5)=2。也就是说，排序步骤被分成 A1 至 A5 次，共进行 5 次直接插入排序，每次排序时被排序的元素个数为 2。在 A1 中，8<10，不用交换次序；在 A2 中，6<7，不用交换次序；在 A3 中，1<2，不用交换次序；在 A4 中，3<4，不用交换次序；在 A5 中，9>5，则交换次序。

S2：取增量 gap=int(*N*/2^2)=int(10/4)=2，则待排序序列的第 2 次增量分组划分出的子序列的元素个数为 An=int(*N*/gap)=int(10/2)=5。也就是说，排序步骤被分成 A1 至 A2 次，共进行 2 次直接插入排序，每次排序时被排序的元素个数为 5。在 A1 中进行直接插入排序后得到的序列为[1, 4, 5, 7, 8]；在 A2 中进行直接插入排序后得到的序列为[2, 3, 6, 9, 10]。

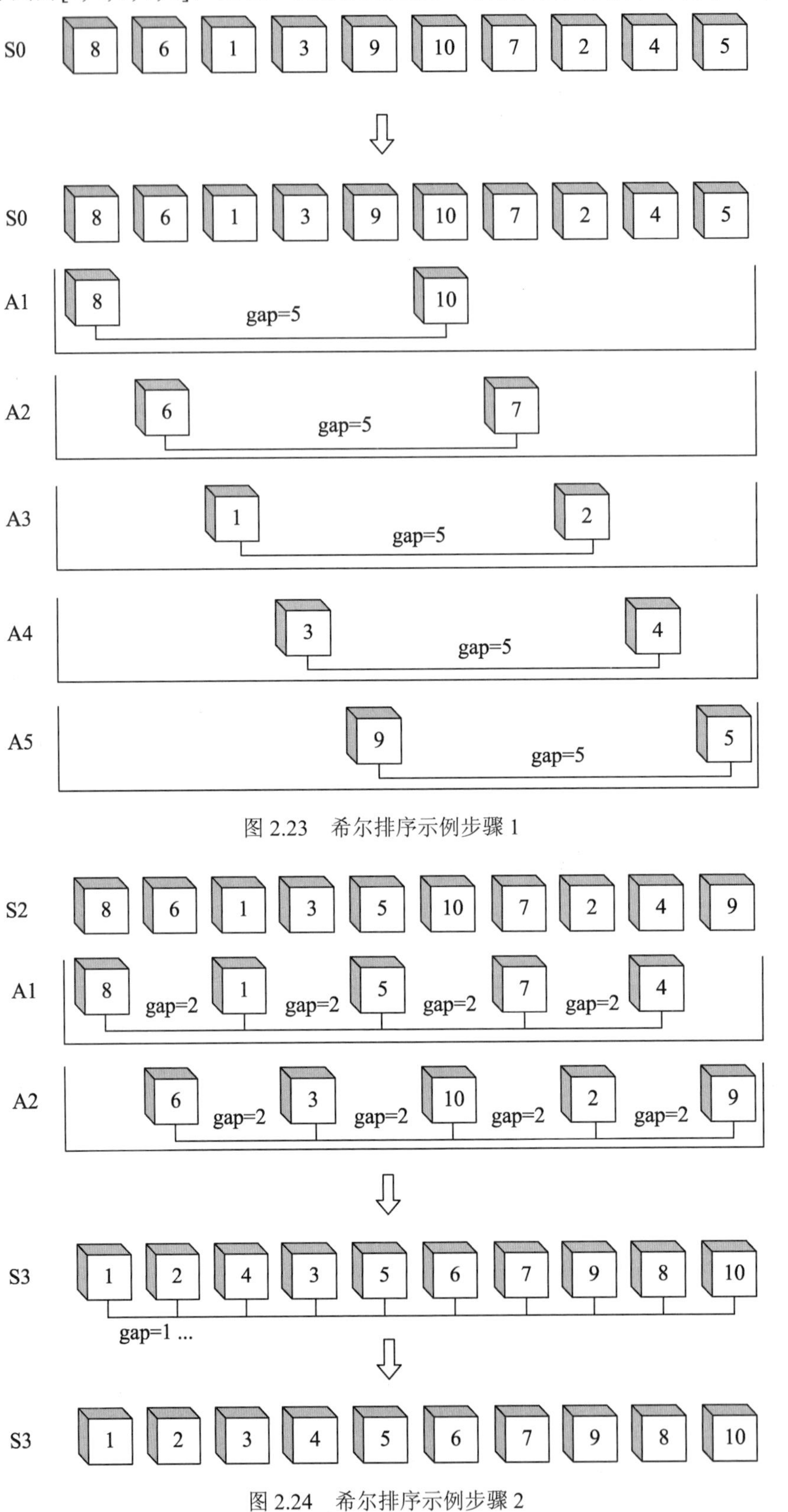

图 2.23　希尔排序示例步骤 1

图 2.24　希尔排序示例步骤 2

S3：取增量 gap=int(N/2^3)=int(10/8)=1，则待排序序列的第 3 次增量分组划分出的子序列的元素个数为 An=int(N/gap)=int(10/1)=10。也就是说，排序步骤被分成 A1 次，共进行 1 次直接插入排序，每次排序时被排序的元素个数为 10。在 A1 中进行直接插入排序后得到的序列为[1, 2, 3, 4, 5, 6, 7, 8, 9, 10]。

S4：得到最终的排序序列。

希尔排序的特点：

通过上述选择排序过程的分析，结合希尔并排序的设计原理，总结其特点如下：

- 希尔排序的增量一般通过二分法确定，即 gap=N/(2^i)，其中，gap 为增量，N 为待排序序列元素的个数，i 代表第 i 次进行增量分组。
- 希尔排序每次进行增量分组后，增量的数值都会按照某种规律缩减，这也是希尔排序又名增量缩减排序的原因。
- 希尔排序算法的发明人希尔本人也推荐使用二分法来确定增量。但是通过二分法确定的增量不一定能够使算法取得最高的排序效率，针对不同的问题背景与数据规模来设计合适的增量才是好的设计思想。
- 希尔排序算法由直接插入排序的改进得到。改进后的最大优势在于，在处理大数据规模的待排序序列时，减少了使用直接插入排序导致的长距离位数的移动插入操作和重复对比插入操作，使得插入排序的效率得到提升。
- 使用希尔排序进行增量分组时，每组包含少于 N 个数的元素，每次进行增量分组时，分组中的元素都会增多，分组的小组数量都会减少，最终的结果是一个分组中包括 N 个元素。

下面通过 Python 代码展示本例的希尔排序算法。

示例代码：

```
a = [8, 6, 1, 3, 9, 10, 7, 2, 4, 5]

L = len(a)
gap = int(L / 2)
k = 0

while gap > 0:

    print('\n 第 %d 次直接插入排序：' % (k + 1))
    k += 1
    z = 0

    for i in range(gap, L):
        temp = a[i]
        j = i
        z += 1
        while j >= gap and a[j - gap] > temp:
            a[j] = a[j - gap]
            j -= gap
```

```
            a[j] = temp

            print(a)

        print('共有 %d 次子排序' % (z))
        gap = int(gap / 2)

    print('\n 最终排序')
    print(a)
```

输出：

```
第 1 次直接插入排序：
[8, 6, 1, 3, 9, 10, 7, 2, 4, 5]
[8, 6, 1, 3, 9, 10, 7, 2, 4, 5]
[8, 6, 1, 3, 9, 10, 7, 2, 4, 5]
[8, 6, 1, 3, 9, 10, 7, 2, 4, 5]
[8, 6, 1, 3, 5, 10, 7, 2, 4, 9]
共有 5 次子排序

第 2 次直接插入排序：
[1, 6, 8, 3, 5, 10, 7, 2, 4, 9]
[1, 3, 8, 6, 5, 10, 7, 2, 4, 9]
[1, 3, 5, 6, 8, 10, 7, 2, 4, 9]
[1, 3, 5, 6, 8, 10, 7, 2, 4, 9]
[1, 3, 5, 6, 7, 10, 8, 2, 4, 9]
[1, 2, 5, 3, 7, 6, 8, 10, 4, 9]
[1, 2, 4, 3, 5, 6, 7, 10, 8, 9]
[1, 2, 4, 3, 5, 6, 7, 9, 8, 10]
共有 8 次子排序

第 3 次直接插入排序：
[1, 2, 4, 3, 5, 6, 7, 9, 8, 10]
[1, 2, 4, 3, 5, 6, 7, 9, 8, 10]
[1, 2, 3, 4, 5, 6, 7, 9, 8, 10]
[1, 2, 3, 4, 5, 6, 7, 9, 8, 10]
[1, 2, 3, 4, 5, 6, 7, 9, 8, 10]
[1, 2, 3, 4, 5, 6, 7, 9, 8, 10]
[1, 2, 3, 4, 5, 6, 7, 9, 8, 10]
[1, 2, 3, 4, 5, 6, 7, 8, 9, 10]
[1, 2, 3, 4, 5, 6, 7, 8, 9, 10]
共有 9 次子排序

最终排序
[1, 2, 3, 4, 5, 6, 7, 8, 9, 10]
```

通过上面的分析可知，对于本例中的序列，选择排序经过 3 次增量分组子排序才获得了与最终排序相同的序列。对比直接插入排序可知，在对数据规模比较小的数据进行排序处理时，直接插入排序的效率更高。但是在处理大规模的数据排序问题时，使用希尔排序可以取得更高的效率。

2.2.5　归并排序

归并排序算法是利用归并的思想设计的排序算法。归并是合并、组合在一起之意。归并排序在组合之前还有分组这一重要步骤。因此归并算法的精髓就是分组与组合。

归并算法采用的是经典的分治策略，即分流而治的思想。分治策略的中心思想在于，将大问题划分为多个小问题，然后把所有的小问题解决了，就是将大问题解决了。

归并排序的具体实施可以分成两部分，一个是分，另一个是治。首先进行分的处理，按照一定的划分规则，将原有序列进行多步划分，直至得到的每组子序列中的元素个数为 1。

然后进行治的处理，按照原先划分的步骤，逆向开始对每个步骤中的小组进行排序，排序后逆推成为前一步骤的元素，直至子序列全部消失，所有元素合成一个与原来的待排序序列数据结构相同的序列，即排序完成。

归并排序算法的核心在于，把长度为 N 的待排序序列经过分处理，划分为两个子序列，其长度为 $N/2$ 或者 $N/2+1$，然后继续对子序列进行划分，最后将所有子序列进行排序合并，得到最终的排序序列。

下面通过如图 2.25 所示的待排序序列进行举例，详细说明归并排序的原理及实施步骤。

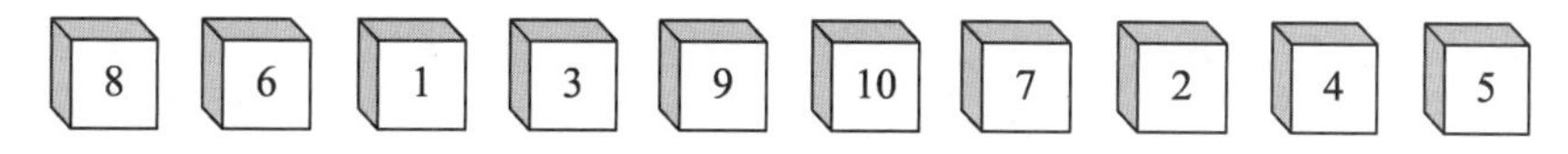

图 2.25　待排序原始数列

待排序序列为 [8, 6, 1, 3, 9, 10，7, 2, 4, 5]。

如图 2.26 所示，用 Si（i=0, 1, 2, 3, ···, n）代表归并排序的实际执行步骤，其中，S0 为初始步骤，代表待排序序列，Sn 为最终步骤，代表完全排序后的最终结果。

用空心箭头表示分治操动作。分操作是进行划分。治操作包括两个操作，即排序和合并，而且是先排序后合并。

归并排序算法的分治操作一般遵循二分法划分子序列的原则。整个分治操作得到的子序列分布结构类似于数据结构中的二叉树结构。具体说就是，分操作类似于正向的等深度二叉树结构，治操作类似于倒向的等深度二叉树结构。

为了方便算法原理阐述，下面引入两个数学运算符号。∏ 为向上取整符号，即大于浮点数最小整数；∐ 为向下取整符号，即小于浮点数最大整数。

归并排序在划分子序列区间时采用的划分原则是二分法。假设待排序序列的元素个数为 N，N 可能是奇数也可能是偶数。由于二分法的精髓在于除以 2，所以在进行划分的时候，需要区别奇数和偶数两种情况。

当 N 为奇数时，分操作将当前子序列划分为两部分，一部分为奇数，即奇数子序列，另一部分为偶数，即偶数子序列。

这两种子序列元素的大小比较也有两种情况。一种是奇数部分的元素个数比偶数部分的元素大 1，即奇数子序列的元素个数为：

$$\mathrm{Cp1} = \coprod\left(\frac{N}{2}\right) + 1$$

偶数子序列的元素个数为：

$$\mathrm{Cp2} = \coprod\left(\frac{N}{2}\right)$$

另一种情况就是偶数部分的元素个数比奇数部分的元素个数大 1，即奇数子序列的元素个数为：

$$\mathrm{Cp1} = \coprod\left(\frac{N}{2}\right)$$

偶数子序列的元素个数为：

$$\mathrm{Cp2} = \coprod\left(\frac{N}{2}\right) + 1$$

因此即有，当前待分的子序列的元素个数 N 为：

$$N = 2\bullet\coprod\left(\frac{N}{2}\right) + 1 = \prod\left(\frac{N}{2}\right) + \coprod\left(\frac{N}{2}\right)$$

整个排序过程需要进行 C_n 次分操作，其中：

$$C_n = \prod(\log_2 N)$$

由于在归并排序中，进行分操作的次数与进行合操作的次数相等，因此整个排序过程也需要进行 C_n 次合操作，最终得到完全排序的序列。

因为采用的划分原则是二分法，所以 C_n 为以 2 为底的 N 的对数。

如图 2.26 所示，将经过分操作后处于同一个子序列的元素用圆角矩形包括起来，则操作步骤如下：

S0：为分操作的第 1 步，对当前的整体序列分别进行二分法划分，因为当前待分序列的元素个数为 10，10=2×5+0，所以待分序列可以被分成相同元素个数的 2 个子序列，每个子序列的元素个数为 5。

S1：为分操作的第 2 步，对当前的整体序列分别进行二分法划分，因为当前待分的子序列的元素个数为 5，5=2×2+1，即当前待分的子序列需要被分成不相同元素个数的两种子序列，其中，奇数子序列的元素个数比偶数子序列的元素个数多 1，即划分后的奇数子序列的元素个数为 3，偶数子序列的元素个数为 2。

S2：为分操作的第 3 步，对当前的整体序列分别进行二分法划分，因为当前待分的奇数子序列的元素个数为 3，（2×1+1=3），偶数子序列的元素个数为 2，（2×1+0=2），即当前待分的子序列需要被分成不相同元素个数的 2 种子序列，其中，奇数子序列的元素个数比偶数子序列的元素个数少 1，即划分后的奇数子序列的元素个数为 1，偶数子序列的元素个数为 2。

S3：为分操作的第 4 步，对当前的整体序列分别进行二分法划分，因为当前待分的奇数子序列的元素个数为 1，1=2×0+1，偶数子序列的元素个数为 2，2=2×1+0，即当前所有待分的子序列的元素个数都小于等于 2，所以直接对元素个数为 2 的子序列进行划分即可，元素个数为 1 的子序列直接传递到下一次排序合操作的序列中。

S4：为分操作结束后的结果，合操作的第 1 步，待排序元素完全被分散为独立的单个元素。下面只要逆着分操作的划分顺序，反向合并排序即可。通过对称比较可知，基于 S3，将原来划分的元素进行合二排序，元素 8 与元素 6 进行合二排序，元素 10 与元素 7 进行合二排序，其他元素按原位置进行顺推，即可得到 S5。

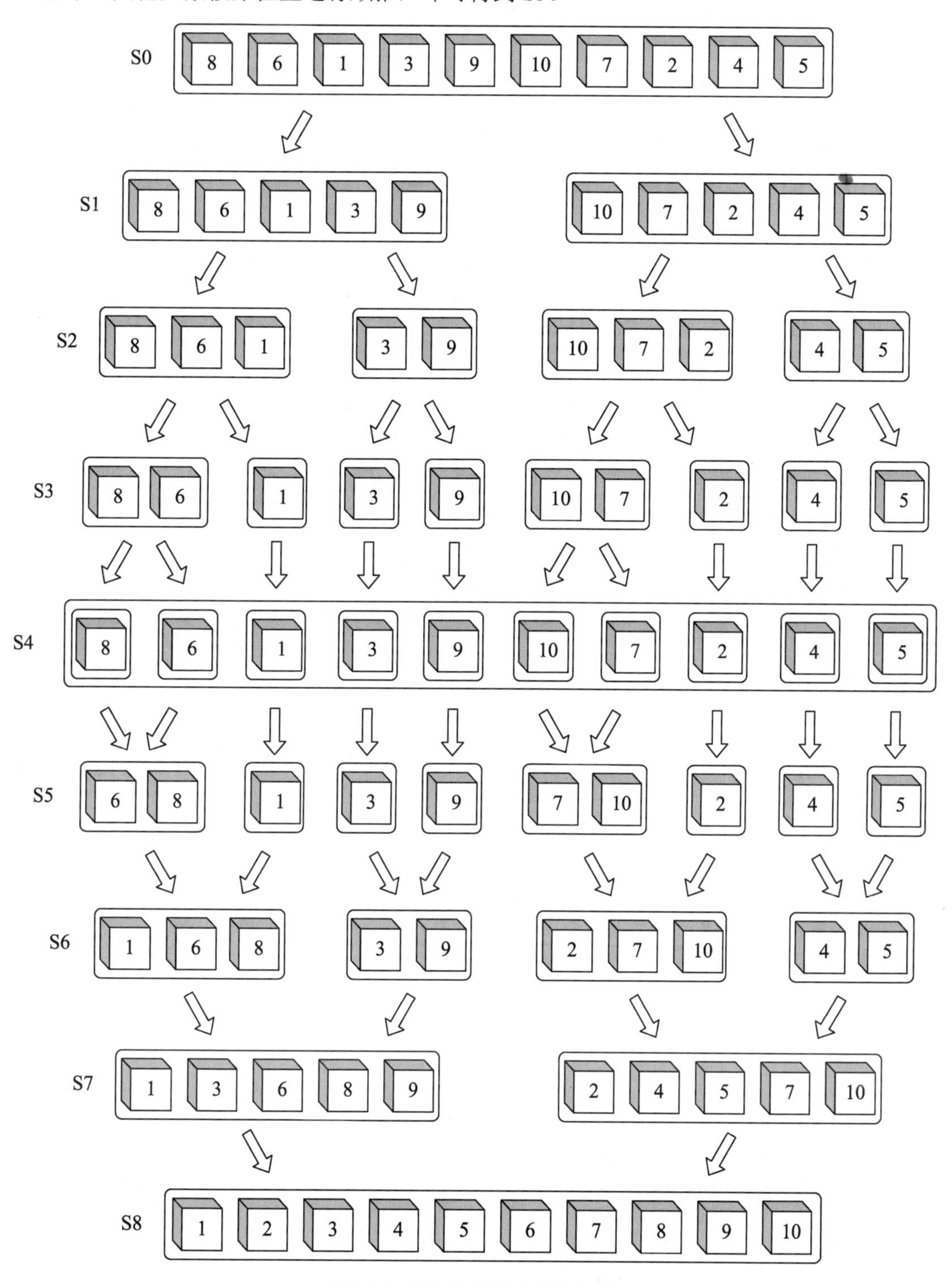

图 2.26　归并排序算法示例步骤

S5：为合操作的第 2 步。通过对称比较可知，基于 S3，将原来划分的元素进行合二与合三排序，元素[6, 8]与元素 1 进行合三排序，元素[7, 10]与元素 2 进行合三排序，元素 3 与元素 9 进行合二排序，元素 4 与元素 5 进行合二排序，即可得到 S6。

S6：为合操作的第 3 步。通过对称比较可知，基于 S2，将原来划分的元素进行合五排序，元素[1, 6, 8]与元素[3, 9]进行合五排序，元素[2, 7, 10]与元素[4, 5]进行合五排序，即可得到 S7。

S7：为合动作的第 4 步。通过对称比较可知，基于 S1，将原来划分的元素进行合十排序，元素[1, 3, 6, 8, 9]与元素[2, 4, 5, 7, 10]进行合十排序，即可得到 S8。

S8：即为最终的排序结果。

归并排序的特点：

通过上述选择排序过程的分析，结合归并排序的设计原理，总结其特点如下：

- 在进行待排序的子序列的元素划分时，归并排序采用了与希尔排序类似的二分思想。二分思想是计算机排序算法设计中的一种重要的算法思想。
- 在对当前待排序子序列进行排序时，不能保证待排序的子序列的元素个数一定是能够被 2 整除的偶数，因此需要特别对待排序子序列的元素个数是奇数的情况。
- 最后一次分操作以及第一次合操作的处理对象是元素个数为 2 或者 1 的子序列。
- 由于归并排序的操作思想是分治，所以归并排序也称为分治归并。
- 采用二分法为划分精髓进行设计的归并算法也称为二路归并。
- 归并排序需要额外的内存空间来暂存分治归并的比较结果。
- 归并排序算法经过修改后，能够拓展出具有不同特点的多种类型的归并排序算法。
- 归并排序的经典排序算法就是二路归并排序算法。
- 归并排序算法适用于对大规模数据进行排序。

下面通过 Python 代码展示本例的归并排序算法。

示例代码：

```
a = [8, 6, 1, 3, 9, 10, 7, 2, 4, 5]
Alen = len(a)
print("待排序的数组", a)


def merge_array(array, sqe_left, mid, sqe_right):
    # num1 为左半区间子序列的长度
    num1 = mid - sqe_left + 1
    # num2 为右半区间子序列的长度
    num2 = sqe_right - mid

    # 分别创建左右区间的临时存储数组
    # 数组长度需要与比较的左右区间的子序列的长度保持一致
    a_left = [0] * num1
    a_right = [0] * num2
```

```
    # 分别将当前比较的左右区间子序列的数据
    # 复制到临时存储数组 a_left[] 和 a_right[]中
    for i_left in range(0, num1):
        a_left[i_left] = array[sqe_left + i_left]

    for j_right in range(0, num2):
        a_right[j_right] = array[mid + 1 + j_right]

    # 下面进行分治归并操作
    # 一共有左右区间的两个数组参与归并操作
    # 采用索引往右递增移动的形式比较对应索引下的左右区间的对应位置上的元素大小
    # 将较小元素赋值给归并存储数组 array[]
    # 第一个左边区间序列的子数组的索引初始化为 0
    i = 0
    # 第二个右边区间序列的子数组的索引初始化为 0
    j = 0
    # 下面的 k 代表当前正在进行比较取值的归并存储数组 array[] 的位置索引
    k = sqe_left

    # 比较左右区间子序列数组的对应索引的两个元素
    # 将较小元素赋值给归并存储数组 array[]
    while i < num1 and j < num2:
        if a_left[i] <= a_right[j]:
            array[k] = a_left[i]
            i += 1
        else:
            array[k] = a_right[j]
            j += 1
        k += 1

    # 复制 a_left[] 的元素至 array[]
    while i < num1:
        array[k] = a_left[i]
        i += 1
        k += 1

    # 复制 a_right[] 的元素至 array[]
    while j < num2:
        array[k] = a_right[j]
        j += 1
        k += 1


# merge_sort 函数：通过递归函数，将未完成归并的序列继续调用归并函数进行分治
def merge_sort(array, sqe_left, sqe_right):
    if sqe_left < sqe_right:
        # 首先设置当前分治归并操作的中间元素索引
```

```
        mid = int((sqe_left + (sqe_right - 1)) / 2)
        # 对待排序序列左半部分进行分治归并排序
        merge_sort(array, sqe_left, mid)
        # 对待排序序列右半部分进行分治归并排序
        merge_sort(array, mid + 1, sqe_right)
        # 采用递归函数的形式，继续对当前结果进行下一次的分治归并，直到归并完成，
sqe_left = sqe_right
        merge_array(array, sqe_left, mid, sqe_right)


# 调用函数，对序列 a 进行分治归并排序
merge_sort(a, 0, Alen - 1)
print("归并排序后的数组", a)
```

输出：

```
待排序的数组 [8, 6, 1, 3, 9, 10, 7, 2, 4, 5]
归并排序后的数组 [1, 2, 3, 4, 5, 6, 7, 8, 9, 10]
```

通过上面的分析可知，对于本例中的序列，选择排序经过 Cn=4 次分操作与 Cn=4 次的合操作才得到最终的排序序列。虽然在排序的过程中需要用到额外的内存空间暂时存储当前的分治归并数组，但是预先进行了部分排序操作，整个排序过程仍然是比较高效的。

2.2.6 快速排序

快速排序算法是对冒泡排序算法的一种改进算法。快速排序算法由 C. A. R. Hoare 在 1960 年提出，这是一种基于分治法设计的排序算法。

快速排序算法的基本实施原理是，通过分治法策略，选定一个基准值，通过该基准值将待排序序列分为前后两个子序列，其中，比基准值小的元素放在前面的子序列中，比基准值大的元素放在后面的子序列中，此过程称为基准值分区排序过程。然后对经过基准值分区排序后的子序列递归使用基准值分区进行再次排序，直至待排序序列被完全排序。

下面通过待排序序列[8, 6, 1, 3, 9, 10, 7, 2, 4, 5]进行举例，详细说明快速排序的原理及实施步骤。

首先设置基准值。

每次设置基准值时，如果待排序元素个数超过 1 个，那么设置基准值就会出现分区，如果没超过 1 个，就由该基准值单独构成一个分区。然后递归地对每个由基准值设置而划分的分区进行上述排序，直至全部元素完成排序。当分区只有一个元素时，可以直接确定不排序从而加快排序效率。

下面讲述整个排序过程。如图 2.27 所示，图中的元素 8 为首次分析时选定的基准值。用 L 表示当前待排序区间的区间左索引，即开始索引；用 R 表示当前待排序区间的区间右索引，即结束索引。在排序的时候，使用左索引 i 表示从 L 区间左索引位置开始往右寻找大于或等于基准值元素的当前索引；使用右索引 j 表示从 R 区间右索引位置开始往左寻找小于基准值元素的当前索引。如果左索引 i 与右索引 j 在未相遇之前就遇到了合适的比较元素，即左索引 i 的当前元素大于或等于基准值，右索引 j 的当前元素小于基准值，此时

将左索引 i 与右索引 j 对应的元素进行互换，从满足基准值左边的元素小于基准值，基准值右边元素大于或等于基准值。当左索引 i 与右索引 j 相遇的时候，取相遇位置作为下一个基准值的取值位置，并将该位置的元素与基准值元素进行互换，从而确定基准值的元素位置。

如图 2.27 所示，左索引 i 从 L=0 的位置开始往右遍历比较，一直比较到元素 10 的位置，此时由于 8＜10，所以左索引遍历找到的元素为 10。而右索引 j 从 R=9 开始往左遍历比较，一直比较到元素 4 的位置，此时由于 4＜8，所以右索引找到的元素为 4。因此，互换元素 10 与元素 4 的位置。

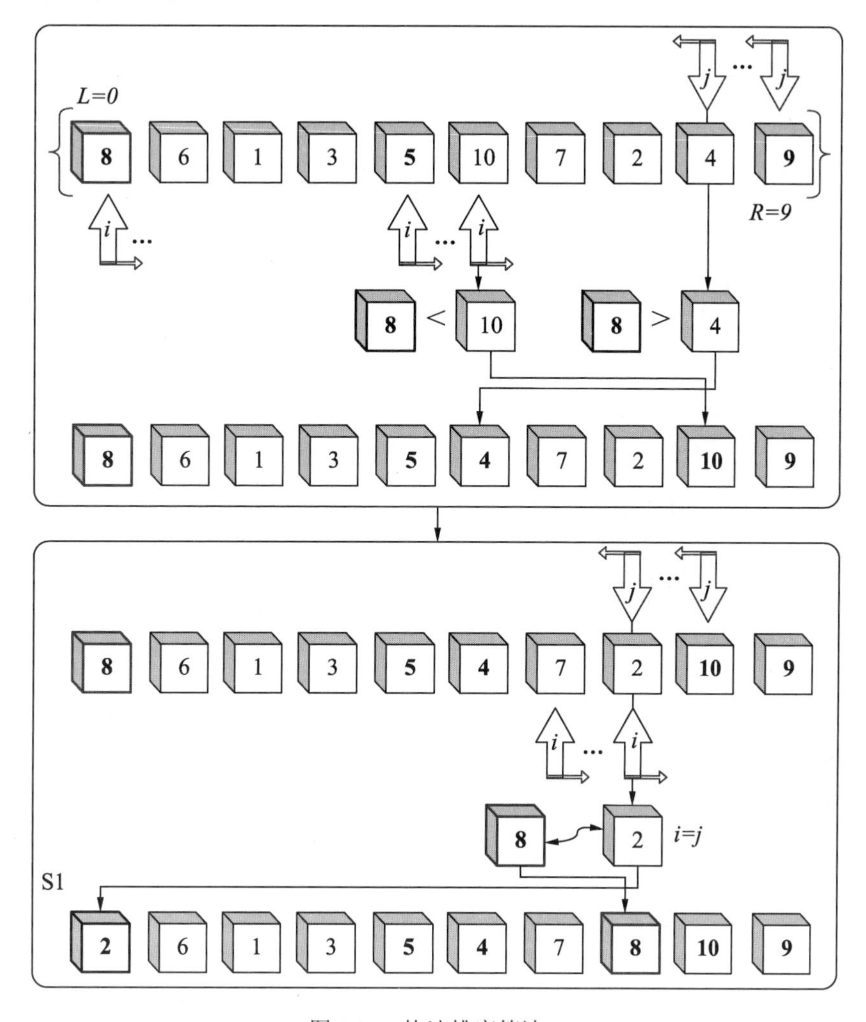

图 2.27　快速排序算法 1

在快速排序对应的系列图中，数字加粗但黑色边框不加粗的方块表示已经对比互换过的元素，数字不加粗且黑色边框也不加粗的方块表示还没互换过的元素。互换过的元素的位置相对当前基准值而言是确定的，即在基准值左边还是右边是确定的。

同时，数字加粗且灰色边框也加粗的方块表示当前未确定位置的基准值元素，或者已经确定位置还未完成分区操作的基准值元素；数字加粗且黑色边框也加粗的方块表示已经确定位置并且已经完成分区操作的基准值元素。已经确定位置的基准值元素其位置是固定的，在排序完成之前位置都不变。

如图 2.27 下图表示，左索引 i 与右索引 j 在元素 2 处相遇，此时 $i=j=7$。因此将基准值元素 8 与相遇位置元素 2 进行互换。互换后，元素 8 使用数字加粗且灰色边框也加粗的方块表示，元素 2 使用数字加粗但黑色边框不加粗的方块表示。互换位置后的基准值元素会对现有分区进行新增分区划分的操作。

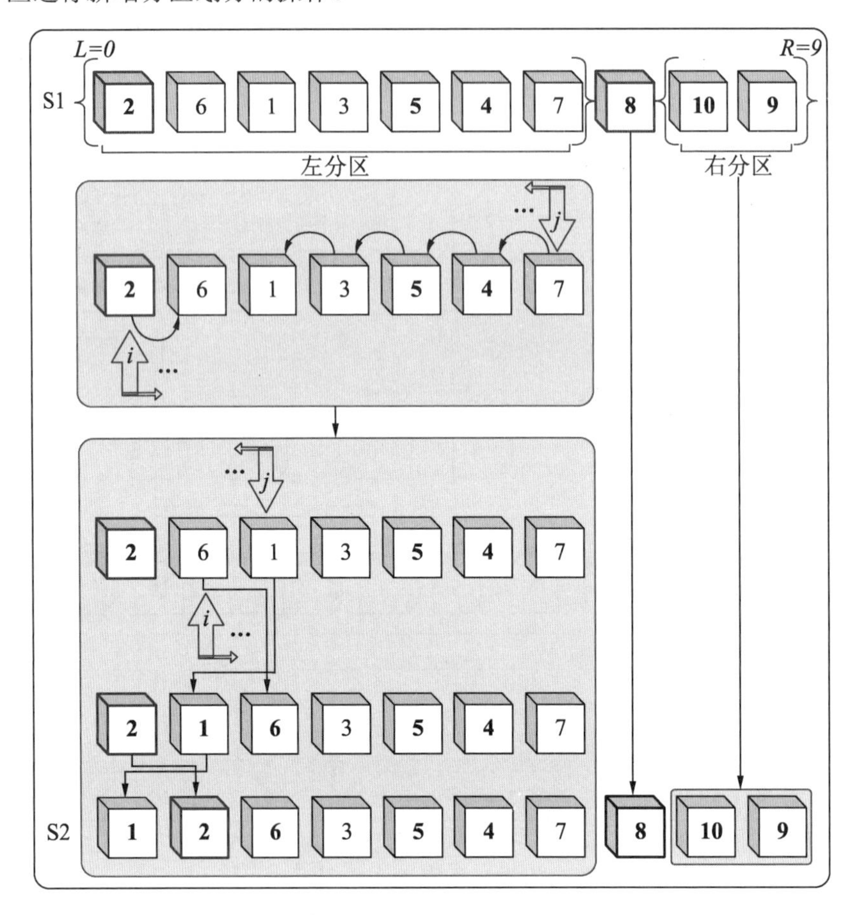

图 2.28　快速排序算法 2

如图 2.28 所示，S1 步骤表示第一轮快速排序完成。此时当前分区被已经确定位置的基准值元素 8 划分为两个区，在基准值左边的区间称为左分区，在基准值右边的区间称为右分区。第一轮排序获得的成果有，当前基准值元素 8 的位置已经确定，左分区的元素都小于当前基准值，右分区的元素都大于当前基准值。下一步就是对划分出来的左右区间分别递归使用上述排序。

继续对 S1 所示的左分区进行上述排序操作。当前基准值变为该分区中的首位元素 2。左索引 i 与右索引 j 在元素 1 处相遇，因此直接互换基准值 2 与相遇元素 1 的位置，最终获得排序结果 S2。

如图 2.29 所示，继续使用上述分区加左右排序的方法，对 S2 的左右分区进行排序。此时的做分区只有一个元素，因此 $L=R$。对只有一个元素的分区进行排序的结果就是维持原位置不变，因此排序结果为 S3。

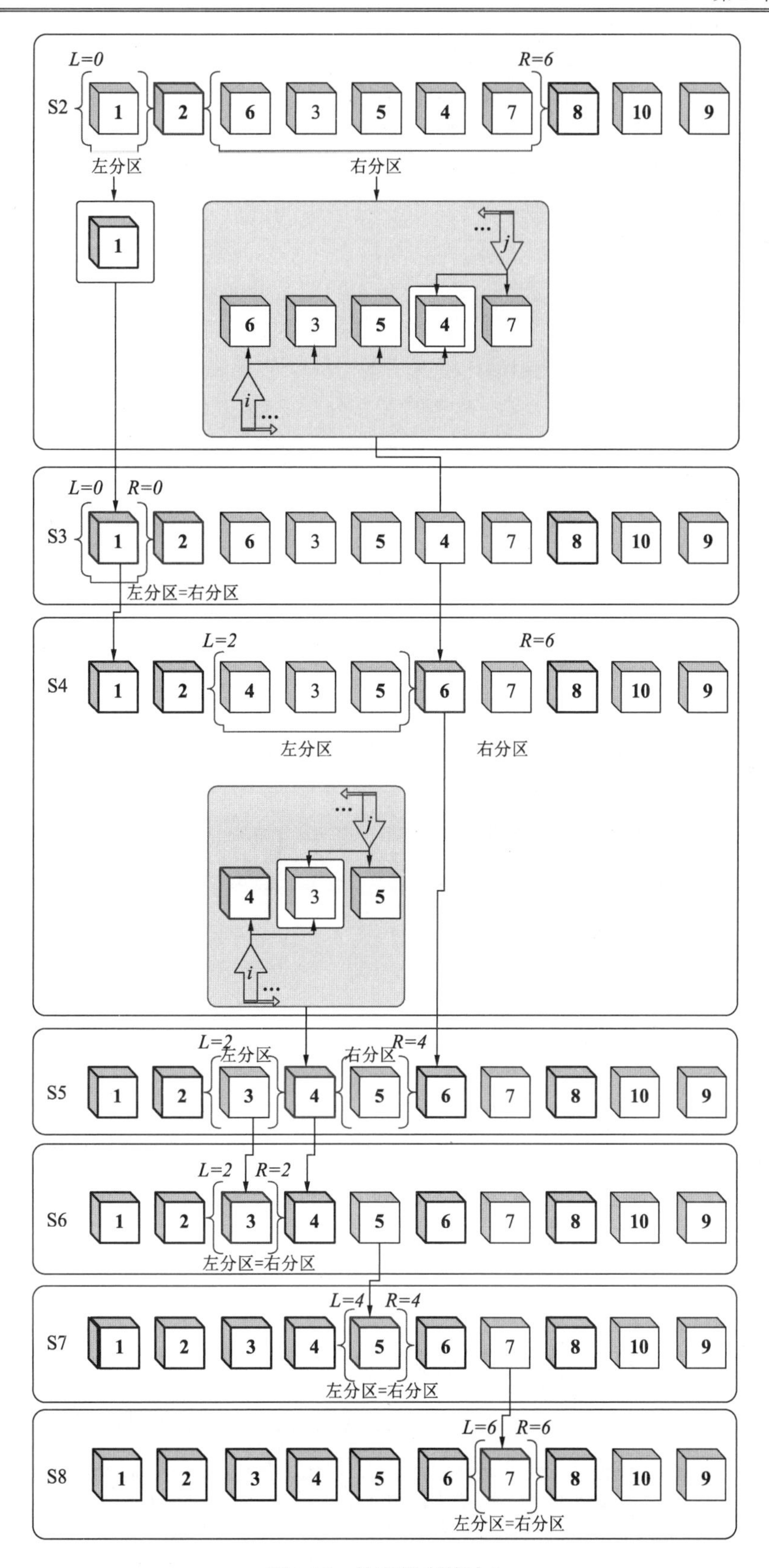

图 2.29　快速排序算法 3

接着，对 S2 的右分区进行排序，取首位元素 6 作为基准值元素，采用上述排序方法，左索引 i 与右索引 j 在元素 4 位置处相遇，因此互换当前基准元素 6 与相遇元素 4 之间的位置，同时获得由当前基准值元素 6 划分的 $L=2$，$R=6$ 的左右分区。该步骤的排序结果为 S4。

继续递归对 S4 的左分区进行排序，取该分区中的首位元素 4 作为当前基准值元素，左索引 i 与右索引 j 在元素 3 处相遇，因此互换当前基准元素 4 与相遇元素 3 之间的位置，同时获得由当前基准值元素 4 划分的 $L=2$，$R=4$ 的左右分区。该步骤的排序结果为 S5。

继续递归对 S5 的左分区进行排序，取该分区中的首位元素 3 作为当前基准值元素，左索引 i 与右索引 j 在元素 3 处相遇，相遇元素与基准值元素相同都为 3，因此直接获得由当前基准值元素 3 独立构成的 $L=2$，$R=2$ 的左右分区。该步骤的排序结果为 S6。

继续递归对 S5 的右分区进行排序，取该分区中的首位元素 5 作为当前基准值元素，左索引 i 与右索引 j 在元素 5 处相遇，相遇元素与基准值元素相同都为 5，因此直接获得由当前基准值元素 5 独立构成的 $L=4$，$R=4$ 的左右分区。该步骤的排序结果为 S7。

继续递归返回对 S4 的右分区进行排序，取该分区中的首位元素 7 作为当前基准值元素，左索引 i 与右索引 j 在元素 7 处相遇，相遇元素与基准值元素相同都为 7，因此直接获得由当前基准值元素 5 独立构成的 $L=6$，$R=6$ 的左右分区。该步骤的排序结果为 S8。

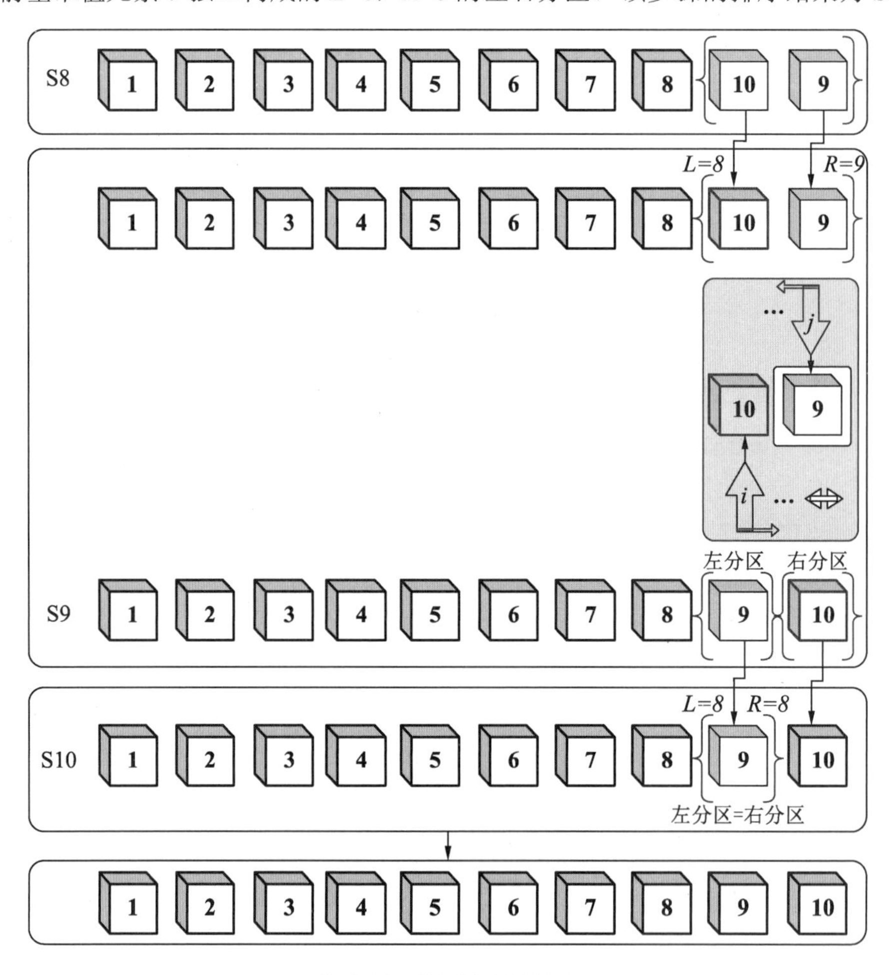

图 2.30　快速排序算法 4

如图 2.30 所示，继续递归返回对 S1 的右分区[10, 9]进行排序，取该分区中的首位元素 10 作为当前基准值元素，左索引 *i* 与右索引 *j* 在元素 9 处相遇，因此互换当前基准元素 10 与相遇元素 9 之间的位置，同时获得由当前基准值元素 10 划分的 *L*=8，*R*=9 的左右分区。该步骤的排序结果为 S9。对于只有两个元素的分区，也需要进行完整的对比操作。

最后，继续对 S9 的左右分区进行排序，由于左右分区都是单元素分区，因此直接使用当前排序作为最后的排序结果，所取得的排序结果为 S10。

至此，完成对应问题的快速排序的所有步骤。下面通过 Python 代码展示本例问题的快速排序算法。

示例代码：

```
S = 0

def quickSort(a, L, R):
    if L > R:                                      # 设置退出排序循环的条件
        return
    # 使用当前分区的首位元素作为基准值元素
    base = a[L]
    i, j = L, R                                    # 赋值左右索引

    while i != j:                                  # 当左索引与右索引未相遇前执行
        # 右索引左移，寻找比基准值小的元素
        while a[j] >= base and i < j:
            j -= 1
        # 左索引右移，寻找比基准值大的元素
        while a[i] <= base and i < j:
            i += 1
        # 如果左右索引相遇，互换基准值元素与相遇元素
        if i < j:
            a[i], a[j] = a[j], a[i]
    # 更新基准值元素的位置
    a[L] = a[i]
    a[i], base = base, a[i]

    global S
    S += 1
    print('-----------------------------------------------------')
    print(f'当前排序步骤为 S' + str(S))
    print(f'当前排序序列 {a = }')
    print(f'当前基准值索引 {i = }')
    print(f'当前基准值 {a[i] = }')
    print(f'当前分区左索引 {L = }')
    print(f'当前分区右索引 {R = }')

    # 递归使用快速排序
    quickSort(a, L, i-1)                           # 排序左分区
    quickSort(a, i+1, R)                           # 排序右分区
```

```
a = [8, 6, 1, 3, 9, 10, 7, 2, 4, 5]
quickSort(a, L=0, R=len(a)-1)                    # 调用快排函数
print(f'\n 最终排序结果：{a = }')
```

输出：

```
--------------------------------------------------
当前排序步骤为 S1
当前排序序列 a = [2, 6, 1, 3, 5, 4, 7, 8, 10, 9]
当前基准值索引 i = 7
当前基准值 a[i] = 8
当前分区左索引 L = 0
当前分区右索引 R = 9
--------------------------------------------------
当前排序步骤为 S2
当前排序序列 a = [1, 2, 6, 3, 5, 4, 7, 8, 10, 9]
当前基准值索引 i = 1
当前基准值 a[i] = 2
当前分区左索引 L = 0
当前分区右索引 R = 6
--------------------------------------------------
当前排序步骤为 S3
当前排序序列 a = [1, 2, 6, 3, 5, 4, 7, 8, 10, 9]
当前基准值索引 i = 0
当前基准值 a[i] = 1
当前分区左索引 L = 0
当前分区右索引 R = 0
--------------------------------------------------
当前排序步骤为 S4
当前排序序列 a = [1, 2, 4, 3, 5, 6, 7, 8, 10, 9]
当前基准值索引 i = 5
当前基准值 a[i] = 6
当前分区左索引 L = 2
当前分区右索引 R = 6
--------------------------------------------------
当前排序步骤为 S5
当前排序序列 a = [1, 2, 3, 4, 5, 6, 7, 8, 10, 9]
当前基准值索引 i = 3
当前基准值 a[i] = 4
当前分区左索引 L = 2
当前分区右索引 R = 4
--------------------------------------------------
当前排序步骤为 S6
当前排序序列 a = [1, 2, 3, 4, 5, 6, 7, 8, 10, 9]
当前基准值索引 i = 2
当前基准值 a[i] = 3
当前分区左索引 L = 2
当前分区右索引 R = 2
```

```
------------------------------------------------
当前排序步骤为 S7
当前排序序列 a = [1, 2, 3, 4, 5, 6, 7, 8, 10, 9]
当前基准值索引 i = 4
当前基准值 a[i] = 5
当前分区左索引 L = 4
当前分区右索引 R = 4
------------------------------------------------
当前排序步骤为 S8
当前排序序列 a = [1, 2, 3, 4, 5, 6, 7, 8, 10, 9]
当前基准值索引 i = 6
当前基准值 a[i] = 7
当前分区左索引 L = 6
当前分区右索引 R = 6
------------------------------------------------
当前排序步骤为 S9
当前排序序列 a = [1, 2, 3, 4, 5, 6, 7, 8, 9, 10]
当前基准值索引 i = 9
当前基准值 a[i] = 10
当前分区左索引 L = 8
当前分区右索引 R = 9
------------------------------------------------
当前排序步骤为 S10
当前排序序列 a = [1, 2, 3, 4, 5, 6, 7, 8, 9, 10]
当前基准值索引 i = 8
当前基准值 a[i] = 9
当前分区左索引 L = 8
当前分区右索引 R = 8

最终排序结果: a = [1, 2, 3, 4, 5, 6, 7, 8, 9, 10]
```

2.2.7　堆排序

堆排序算法的英文名称为 Heapsort。该算法是利用堆这种数据结构所设计的一种排序算法。在数据结构中，堆结构属于一种近似二叉树的结构。堆结构满足堆积的性质，这种数据结构树对应的父节点的键值或索引总是小于或者大于它的下层子节点的键值。这里将这种数据结构树称为堆栈树。

根据堆栈树中的父节点与下层子节点键值之间的关系，将堆栈树分为两类，一种是大顶堆栈树，特点是父节点的键值或索引总是大于或等于它的下层子节点的键值。另一种是小顶堆栈树，特点是父节点的键值或索引总是小于或等于它的下层子节点的键值。

如图 2.31 所示，将长度为 10 的数列[10, 9, 8, 7, 6, 4, 5, 2, 3, 1]设为数列 A1，按照从左到右的顺序，从 1 开始依次进行编号，首位向下展开，可见数列 A1 的特点是父节点的键值或索引总是大于或等于它的下层子节点的键值。因此数列 A1 属于大顶堆栈树结构。

然后，我们只需要将上述数列 A1 的第 1、2、4 层数据进行改变，第 3 层保留原位置，就获得新数列[1, 3, 2, 7, 6, 4, 5, 9, 8, 10]，我们将该数列称为 A2。

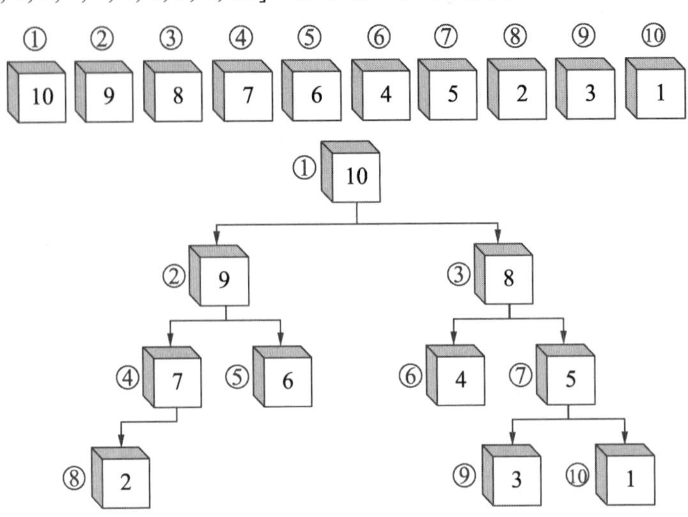

图 2.31　大顶堆栈树结构

按照从左到右的顺序，从 1 开始依次进行编号，首位向下展开，可见数列 A2 的特点是父节点的键值或索引总是小于或等于它的下层子节点的键值。所以数列 A1 属于小顶堆栈树结构，如图 2.32 所示。

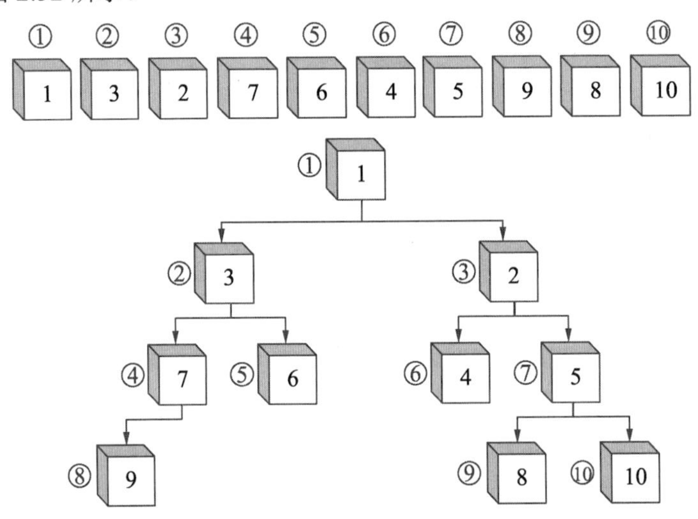

图 2.32　小顶堆栈树结构

在堆排序的分类定义中，将父节点变为非叶子节点也是通用的。

那么，在具体进行排序的时候，是采用大顶堆栈树还是小顶堆栈树呢？这需要根据排序是升序排序还是降序排序来决定。如果是升序排序，则一般采用大顶堆栈树结构，如果是降序排序，则一般采用小顶堆栈树结构。

下面通过如图 2.33 所示的待排序序列进行举例，详细说明堆排序的原理及实施步骤。

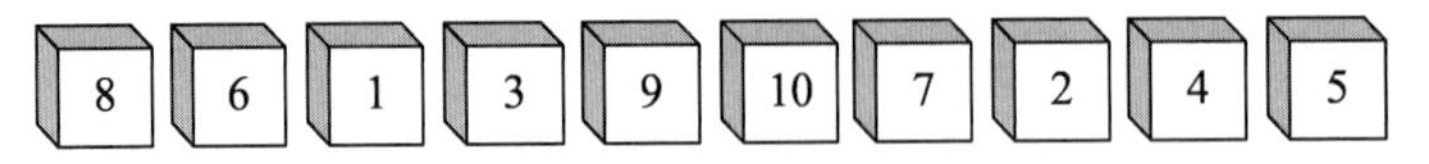

图 2.33　待排序原始数列

如图 2.33 所示，待排序数列为 [8, 6, 1, 3, 9, 10, 7, 2, 4, 5]。首先将数列按照从左到右的顺序进行完全二叉树排列，得到如图 2.34 所示的完全二叉树结构。

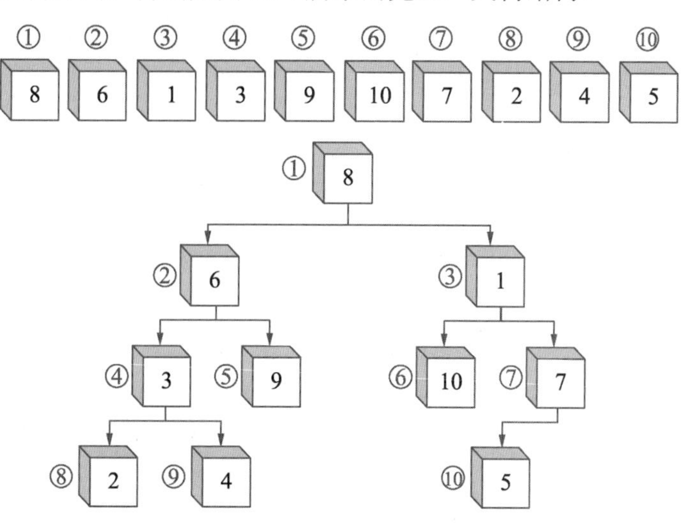

图 2.34　原始数列的完全二叉树结构

要对随机数列进行堆排序，首先要构建初级堆结构。

所谓构建初级堆结构，就是将原随机数列通过互换元素位置的方法，使得原随机数列变成一个满足大顶堆结构或者小顶堆结构的数列。

对待排序数列进行升序大顶堆栈树结构分析，发现待排序数列不满足大顶堆结构。下面进行待排数列的初级堆结构处理：

按照从下到上，从左到右，从底层到高层的顺序分析各层的非叶子节点。确保该非叶子节点比其下一层子节点都大。如果是，则不需要动作；如果不是，则将其各个子节点中的最大值与该层节点进行比较，较大者留在该层的节点上。

如图 2.35 所示，在该完全二叉树结构中，从后往前，共三层非叶子节点。第 1 个要处理的非叶子节点是位置 4，其元素为 3，在本节点与下层节点共同构成的数组[3, 2, 4]中，元素 4 最大，因此将元素 3 与元素 4 互换。同理，第 2 个非叶子节点是位置 7，其元素为 7，在本节点与下层节点共同构成的数组[7, 5]中，元素 7 最大，因此元素位置保持不变。

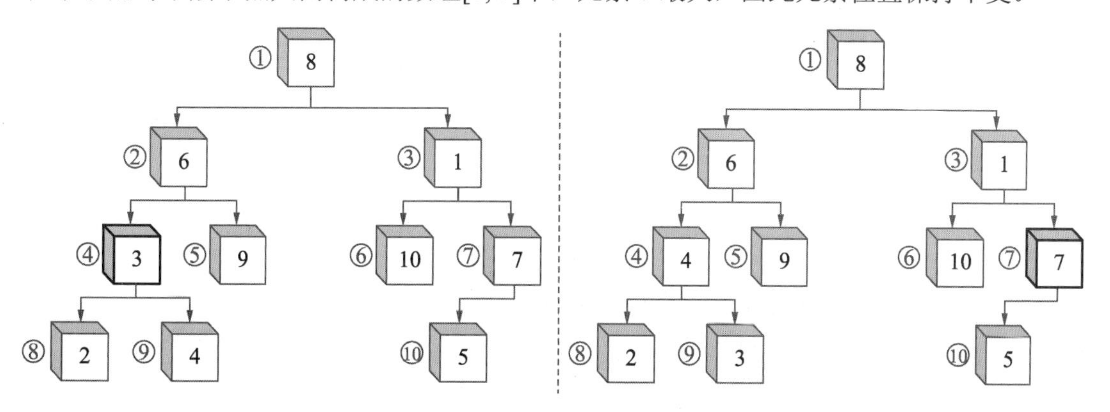

图 2.35　构造初级堆 1

如图 2.36 所示，第 3 个要处理的非叶子节点是位置 2，其元素为 6，在本节点与下层节点共同构成的数组[6, 4, 9]中，元素 9 最大，因此将元素 6 与元素 9 互换。第 4 个要处理的非叶子节点是位置 3，其元素为 1，在本节点与下层节点共同构成的数组[1, 10, 7]中，元素 10 最大，因此将元素 1 与元素 10 互换。

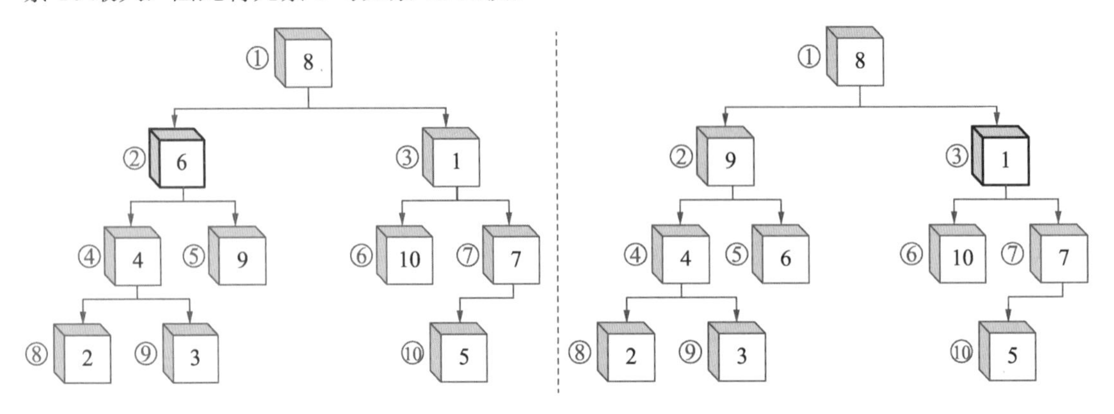

图 2.36 构造初级堆 2

如图 2.37 所示，第 5 个要处理的非叶子节点是位置 1，其元素为 8，在本节点与下层节点共同构成的数组[8, 9, 10]中，元素 10 最大，因此将元素 8 与元素 10 互换。

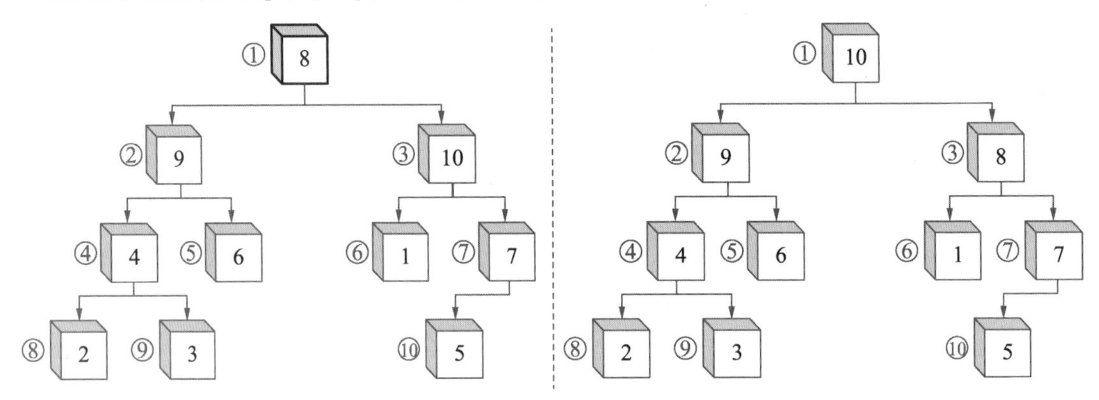

图 2.37 构造初级堆 3

最终获得初级堆结构 R 为[10, 9, 8, 4, 6, 1, 7, 2, 3, 5]，如图 2.37 右图所示。由此可见，R 已经具备一定的顺序结构特征，属于一个大顶堆结构。

接下来就可以进入堆顶与末尾元素交换的过程。我们将该过程称为堆头和堆尾元素交换。

首先直接将位于位置 1 的堆头元素 10 与位于位置 10 的堆尾元素 5 进行互换，如图 2.38 所示。

然后分析堆结构，发现位于位置 1 的堆头元素不是最大，不满足大顶堆结构，如图 2.39 左图所示。对该结构进行大顶堆结构转化。形成如图 2.39 右图所示的大顶堆结构，然后进行堆头和堆尾元素互换，如图 2.40 所示。

完成堆头和堆尾元素互换之后，前一步堆结构中数值最大的元素 9 被转到了堆结构的末尾位置，也就是位置 9。然后将堆尾元素 9 提出，剩下的堆结构就构成了一个新的待进行大顶堆结构转化的堆结构。

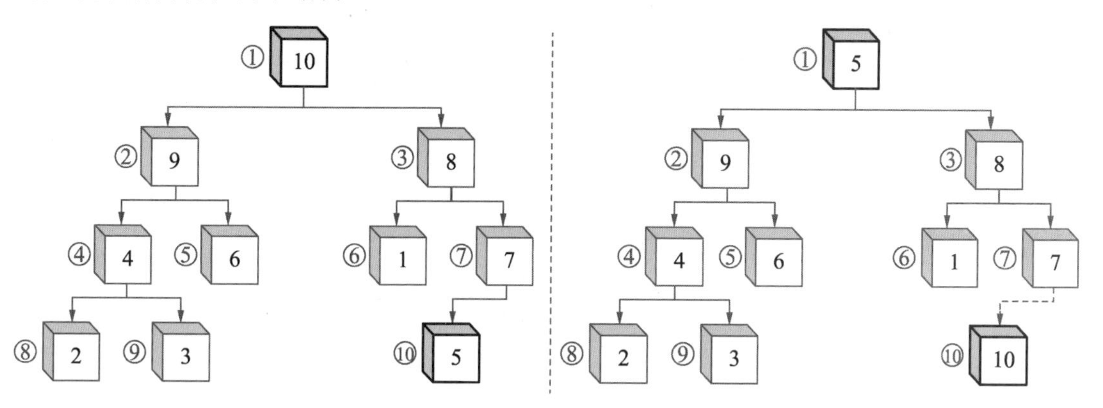

图 2.38　堆头和堆尾元素交换 1

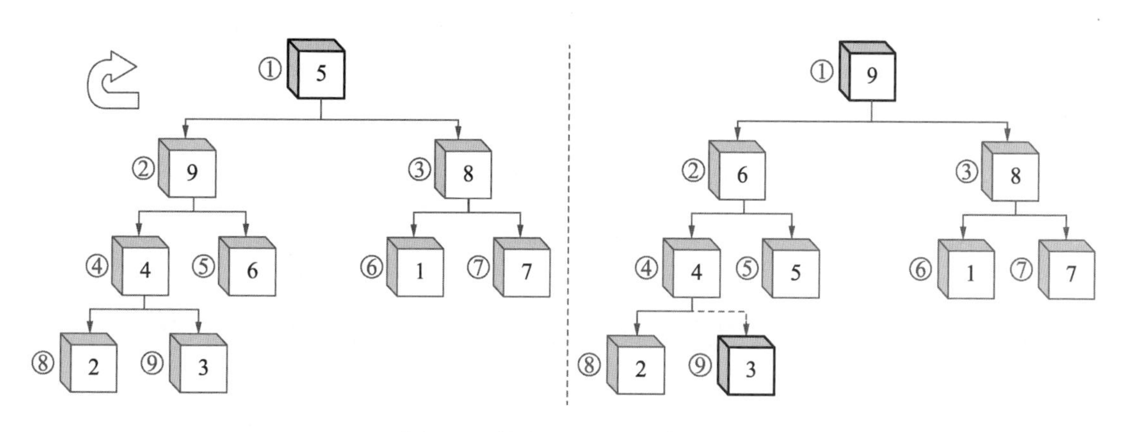

图 2.39　堆头和堆尾元素交换 2

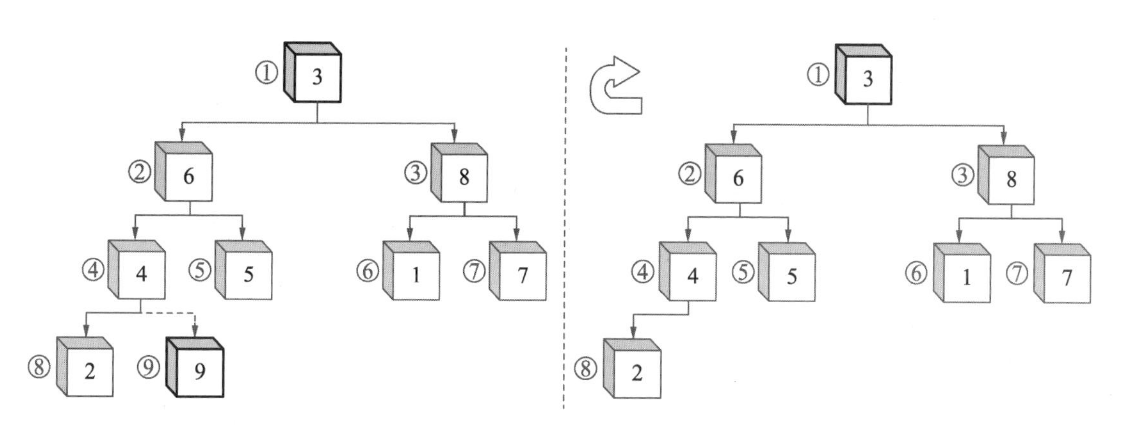

图 2.40　堆头和堆尾元素交换 3

也就是说，在进行堆头和堆尾转化排序的过程中，如果是大顶堆结构转化，关键点是每次进行排序时都是先对待排序的堆结构进行大顶堆结构转化，然后将位于堆尾的元素提取出来，而每次提取的堆尾元素都是当前堆结构中数值最大的元素。如果是小顶堆结构，则原理相反。

可以想到，如果将每次从堆头和堆尾交换中的元素提取出来，然后将它们按照从后到前的顺序进行排列，那么在最后一个堆尾元素提取出来的时候就是堆排列完成之时。

再进一步可以知道，如果是大顶堆结构转化，某次提取出来的堆尾元素都是小于上一次提取的堆尾元素，而且第一次提取的堆尾元素最大，最后提取的堆尾元素最小。如果是小顶堆结构，则原理相反。

接下来按照这个原理，将待排序堆结构中的最大值元素依次提取出来。

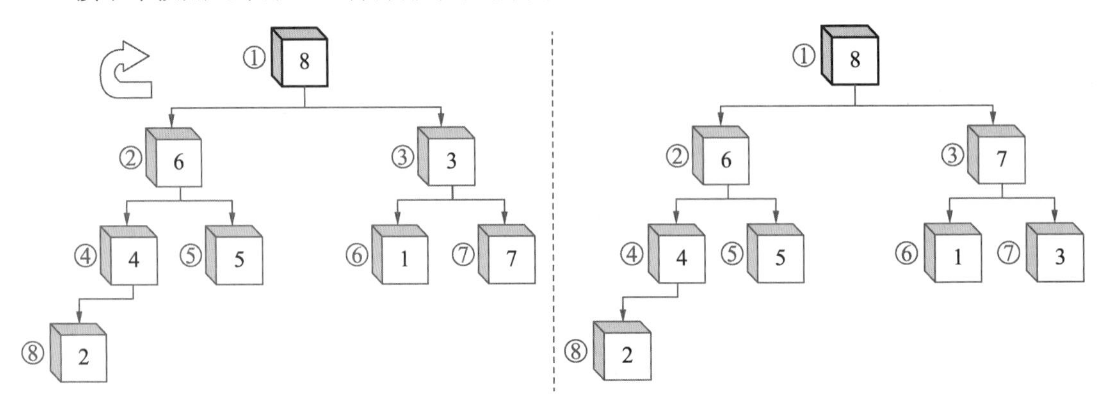

图 2.41　堆头和堆尾元素交换 4

如图 2.41 左图所示，将位于位置 3 的元素 3 与位于位置 7 的元素 7 进行互换，形成右图所示的大顶堆结构。

如图 2.42 左图所示，将新得到的大顶堆结构中的堆头和堆尾元素互换，得到右图所示的结构，再将本次结构中的最大值元素也就是堆尾元素提出。

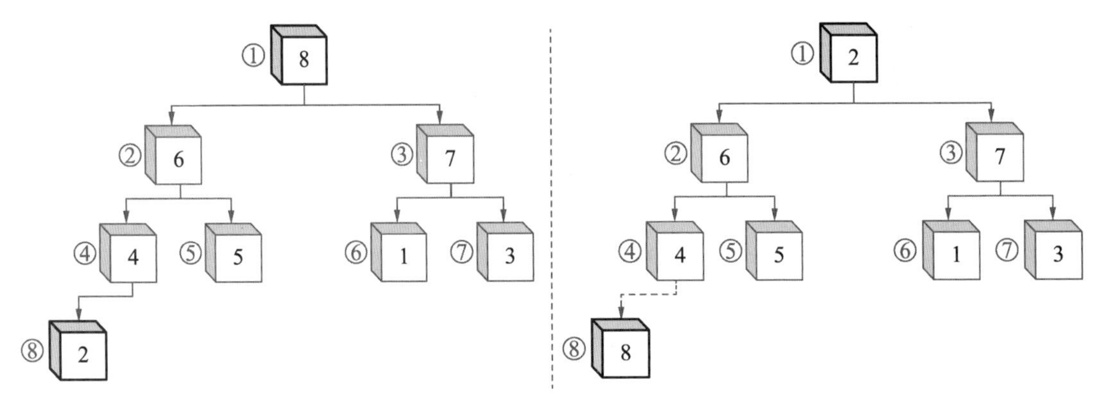

图 2.42　堆头和堆尾元素交换 5

然后继续对新得到的堆结构进行大顶堆结构转化。如图 2.43 左图所示，将位于位置 1 的元素 2 与位于位置 3 的元素 7 进行互换，形成右图所示的堆结构。

但是此时的堆结构还不是大顶堆结构，因此需要继续进行大顶堆结构转化。将位于位置 3 的元素 2 与位于位置 7 的元素 3 进行互换，得到如图 2.44 左图所示的大顶堆结构。

如图 2.44 右图所示，将新得到的大顶堆结构中的堆头和堆尾元素进行互换，再将本次结构中的最大值元素也就是位于位置 7 的堆尾元素 7 提出。

新得到的堆结构如图 2.45 左图所示。对该结构进行大顶堆结构转化，即先将位于位置

1 的元素 2 与位于位置 2 的元素 6 互换，得到右图所示的堆结构。再将位于位置 2 的元素 2 与位于位置 5 的元素 5 进行互换，得到如图 2.46 左图所示的大顶堆结构。

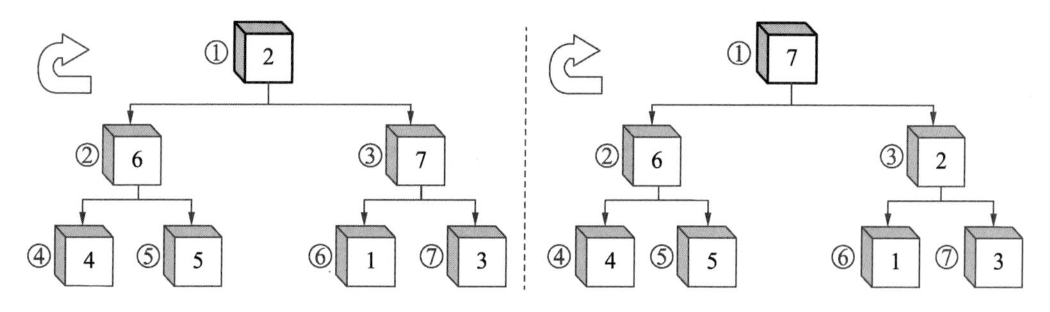

图 2.43　堆头和堆尾元素交换 6

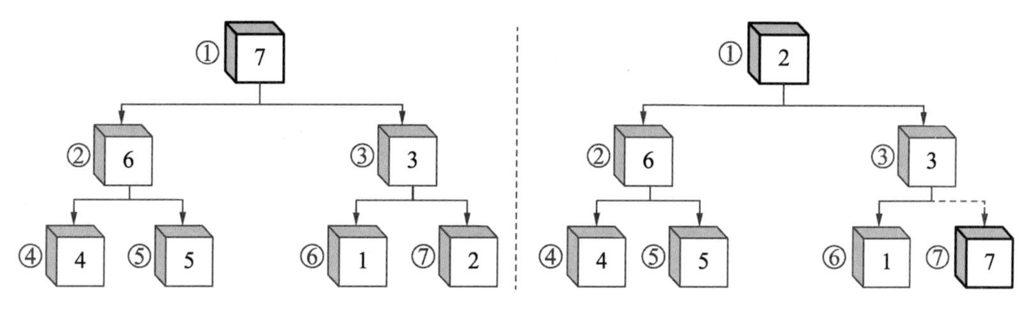

图 2.44　堆头和堆尾元素交换 7

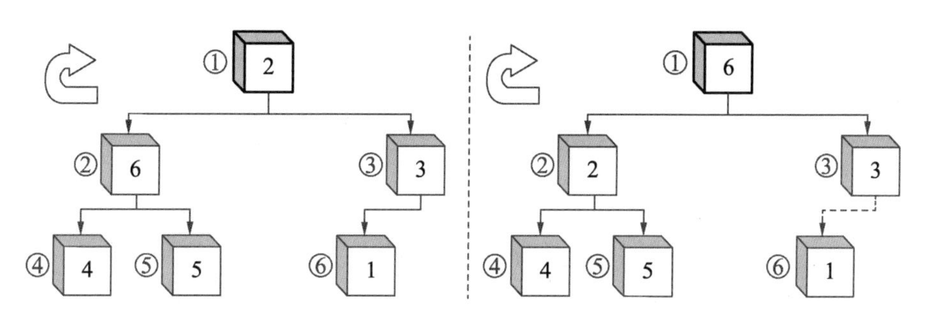

图 2.45　堆头和堆尾元素交换 8

如图 2.46 右图所示，将新得到的大顶堆结构中的堆头和堆尾元素互换，再将本次结构中的最大值元素也就是位于位置 6 的堆尾元素 6 提出。

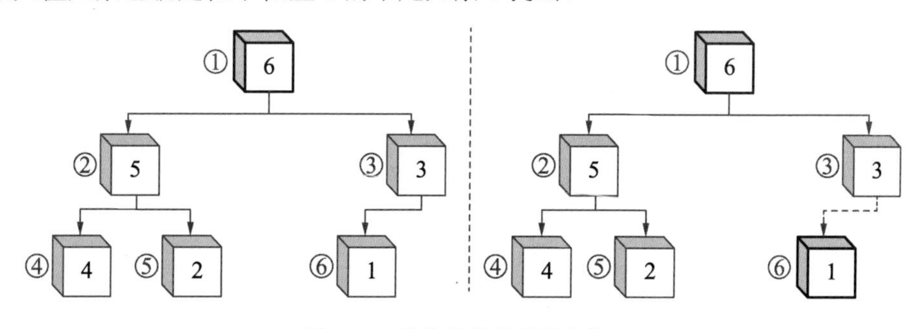

图 2.46　堆头和堆尾元素交换 9

新得到的堆结构如图 2.47 左图所示。对该结构进行大顶堆结构转化，即先将位于位置 1 的元素 1 与位于位置 2 的元素 5 互换，得到右图所示的堆结构，再将位于位置 2 的元素 1 与位于位置 4 的元素 4 进行互换，得到如图 2.48 左图所示的大顶堆结构。

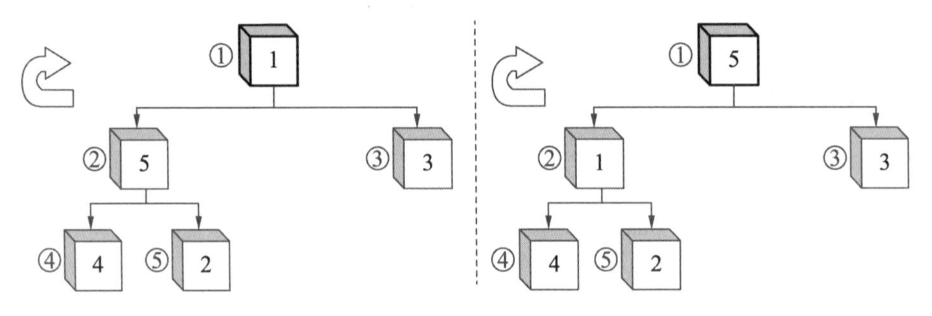

图 2.47　堆头和堆尾元素交换 10

如图 2.48 右图所示，将新得到的大顶堆结构中的堆头和堆尾元素互换，再将本次结构中的最大值元素也就是位于位置 5 的堆尾元素 5 提出。

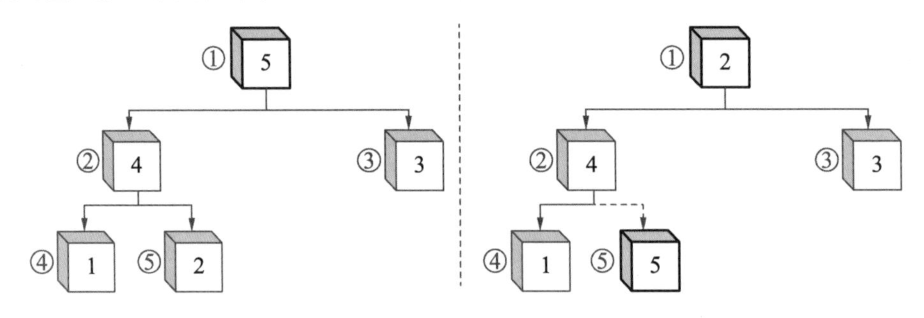

图 2.48　堆头和堆尾元素交换 11

新得到的堆结构如图 2.49 左图所示。对该结构进行大顶堆结构转化，即先将位于位置 1 的元素 2 与位于位置 2 的元素 4 互换，得到如图 2.49 右图所示的大堆结构。

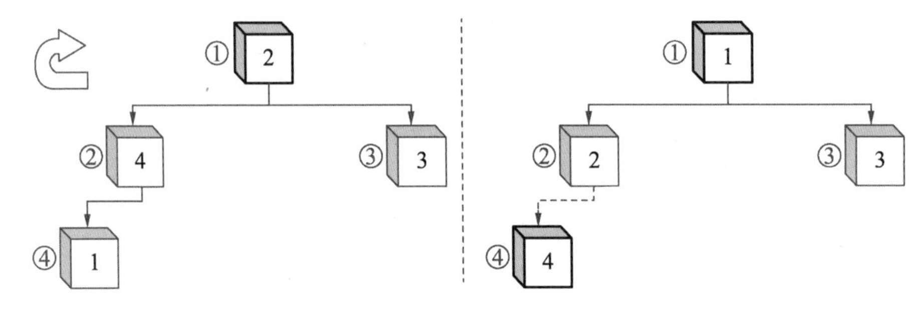

图 2.49　堆头和堆尾元素交换 12

如图 2.49 右图所示，将新得到的大顶堆结构中的堆头和堆尾元素互换，再将本次结构中的最大值元素也就是位于位置 4 的堆尾元素 4 提出。

新得到的堆结构如图 2.50 左图所示。对该结构进行大顶堆结构转化，即先将位于位置 1 的元素 1 与位于位置 2 的元素 2 互换，得到图 2.50 右图所示的大堆结构。

如图 2.51 左图所示，将新得到的大顶堆结构中的堆头和堆尾元素互换，再将本次结构中的最大值元素也就是位于位置 3 的堆尾元素 3 提出。

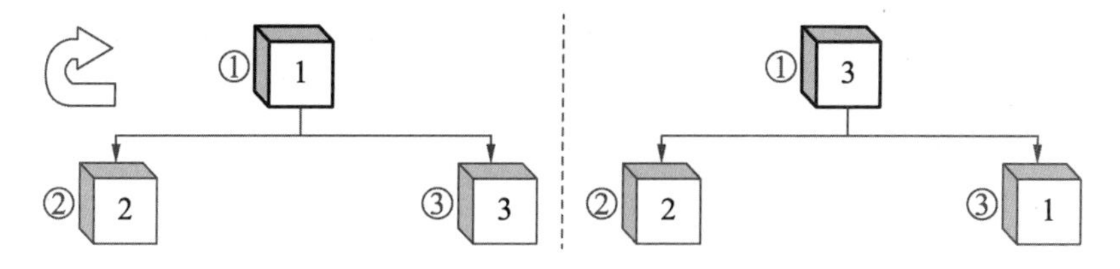

图 2.50　堆头和堆尾元素交换 13

新得到的堆结构如图 2.51 右图所示。对该结构进行大顶堆结构转化，即先将位于位置 1 的元素 1 与位于位置 2 的元素 2 互换，得到图 2.52 左图所示的大堆结构。

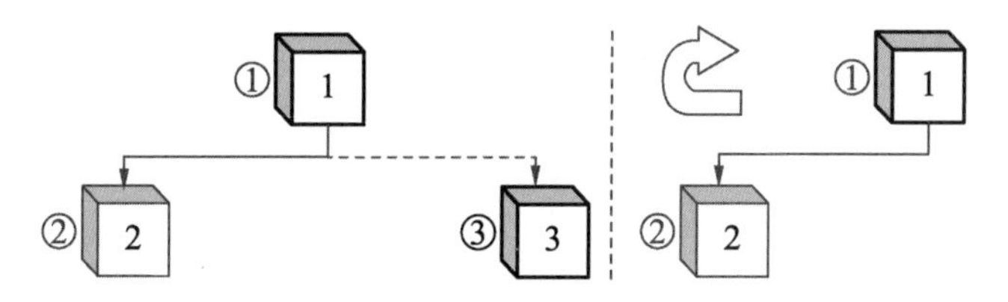

图 2.51　堆头和堆尾元素交换 14

如图 2.52 右图所示，将新得到的大顶堆结构中的堆头和堆尾元素互换，再将本次结构中的最大值元素也就是位于位置 2 的堆尾元素 1 提出。

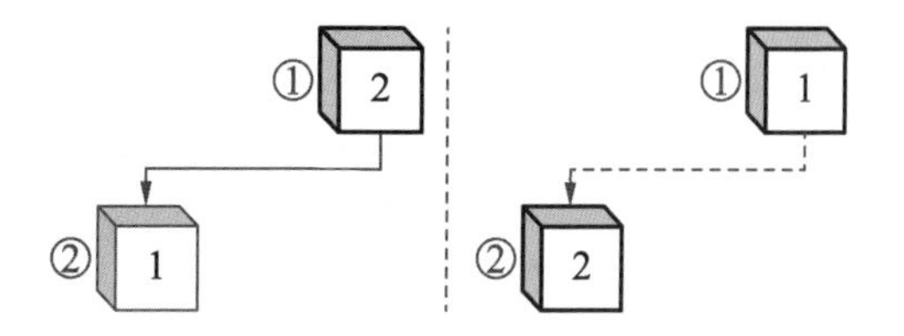

图 2.52　堆头和堆尾元素交换 15

然后把堆结构内剩余的一个元素提出。至此，原来的待排序堆结构中的所有元素全部都被提出。

按照被提出的堆尾元素的顺序，先被提出的排在较后面，后被提出的排在较前面，最终获得如图 2.53 所示的堆排序结果。

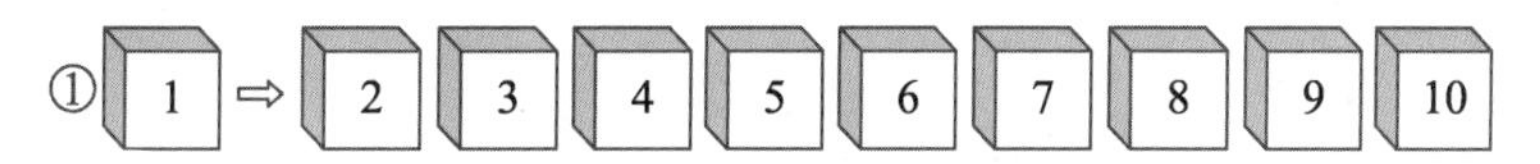

图 2.53　堆头和堆尾元素交换 16

堆排序的特点：

通过上述排序过程的分析，结合堆排序的设计原理，总结其特点如下：

- 堆排序算法有关键的两步，第一步是将待排序元素构建成初级堆结构，第二步是将构建好的初级堆结构的堆头和堆尾元素互换，然后将堆尾元素提出。
- 在每次构建出新的初级堆结构后，如果是大顶堆，则堆头元素是本次元素集合中的最大值；如果是小顶堆，则堆头元素是本次集合中的最小值。因此，在进行堆头和堆尾元素互换后，堆尾元素总是本次排序中要被提取出来的最大值或者最小值。
- 假设待排序元素集合大小为 N，即含有 N 个元素。如果是大顶堆结构，则第 $n(n\leqslant N)$ 次被提取的堆尾元素就是原集合中的第 n 大元素。如果是小顶堆结构，则第 $n(n\leqslant N)$ 次被提取的堆尾元素就是原集合中的第 n 小元素。因此，大顶堆结构最后被提取出来的堆尾元素是最小值；小顶堆结构最后被提取出来的堆尾元素是最大值。
- 堆排序算法一般采用大顶堆结构进行排序。

下面通过 Python 代码展示本例的堆排序算法。

示例代码：

```
a = [8, 6, 1, 3, 9, 10, 7, 2, 4, 5]
print("待排序的数组: a = ", a)


# 构建初级堆结构的 heap 函数
# 本函数将待排序数列构建成大顶堆结构
# alen 为待排序集合的元素个数
def heap(arry, alen, i):
    # 假设当前节点为最大值节点
    # 即当前元素索引是堆头最大值索引 max
    max = i
    # 二叉树左子树元素索引
    left = 2 * i + 1
    # 二叉树右子树元素索引
    right = 2 * i + 2

    # 先判断当前最大值节点与左子树节点的大小：
    # 如果下面的条件同时成立
    # 1. 左子树节点不是叶子节点
    # 2. 当前最小值小于左节点的值
    # 即不满足初级二叉树结构，需要进行最大值节点索引互换
    if left < alen and arry[i] < arry[left]:
        # 将较大的左子树节点的索引值设置为最大值 max 索引
        max = left

    # 再判断当前最大值节点与右子树节点的大小
    # 如果下面的条件同时成立：
    # 1. 右子树节点不是叶子节点
    # 2. 当前的最小值小于右节点的值
    # 即不满足初级二叉树结构，需要进行最大值节点索引互换
    if right < alen and arry[max] < arry[right]:
        # 将较大的右子树节点的索引值设置为最大值索引 max
        max = right

    # 如果假设不成立，即当前节点索引 i 不是最大值索引 max
    # 则需要将当前节点索引 i 与最大值索引 max 互换
    if max != i:
        arry[i], arry[max] = arry[max], arry[i]
        # 然后继续递归调用下面的函数，一直到当前索引 i 就是最大值元素索引 max
        heap(arry, alen, max)


# 排序主程序：先构建初级堆结构，再进行堆头和堆尾元素的交换与提取
def heap_sort(arry):
```

```
    # 获取待排序数列的长度
    alen = len(arry)

    # 每次排序前，先调用 heap 函数构建新的初级堆结构
    # 从[0,alen]中逆序选取元素构建当前的初级堆结构
    # 完成后，重新排序的数列的第 0 位元素将是最大值元素
    for i in range(alen, -1, -1):
        heap(arry, alen, i)

    print('构建当前的初级堆结构完成后： arry = ', arry, '\n')

    # 构建当前的初级堆结构完成后，进行堆头和堆尾元素互换
    # 堆头元素为初级堆结构的第一个元素，索引为 0
    # 堆尾元素为初级堆结构的最后一个元素，但不是待排序数列的最后一位元素，索引为 i
    for i in range(alen - 1, 0, -1):
        print('当前索引: i = ', i)
        print('堆头元素: arry[0] = ', arry[0])
        print('堆尾元素: arry[i] = ', arry[i])
        print('交换前的初级堆结构数列 arry A = ', arry)
        arry[i], arry[0] = arry[0], arry[i]
        heap(arry, i, 0)
        print('交换后的待进行初级堆结构划分的数列 arry B = ', arry, '\n')


heap_sort(a)
print("\n 排序后的数组: a = ", a)
```

输出：

```
待排序的数组: a =  [8, 6, 1, 3, 9, 10, 7, 2, 4, 5]
构建当前的初级堆结构完成后:  arry =  [10, 9, 8, 4, 6, 1, 7, 2, 3, 5]

当前索引: i =  9
堆头元素: arry[0] =  10
堆尾元素: arry[i] =  5
交换前的初级堆结构数列 arry A =  [10, 9, 8, 4, 6, 1, 7, 2, 3, 5]
交换后的待进行初级堆结构划分的数列 arry B =  [9, 6, 8, 4, 5, 1, 7, 2, 3, 10]

当前索引: i =  8
堆头元素: arry[0] =  9
堆尾元素: arry[i] =  3
交换前的初级堆结构数列 arry A =  [9, 6, 8, 4, 5, 1, 7, 2, 3, 10]
交换后的待进行初级堆结构划分的数列 arry B =  [8, 6, 7, 4, 5, 1, 3, 2, 9, 10]

当前索引: i =  7
堆头元素: arry[0] =  8
堆尾元素: arry[i] =  2
交换前的初级堆结构数列 arry A =  [8, 6, 7, 4, 5, 1, 3, 2, 9, 10]
```

```
交换后的待进行初级堆结构划分的数列 arry B =  [7, 6, 3, 4, 5, 1, 2, 8, 9, 10]

当前索引: i =  6
堆头元素: arry[0] =  7
堆尾元素: arry[i] =  2
交换前的初级堆结构数列 arry A =  [7, 6, 3, 4, 5, 1, 2, 8, 9, 10]
交换后的待进行初级堆结构划分的数列 arry B =  [6, 5, 3, 4, 2, 1, 7, 8, 9, 10]

当前索引: i =  5
堆头元素: arry[0] =  6
堆尾元素: arry[i] =  1
交换前的初级堆结构数列 arry A =  [6, 5, 3, 4, 2, 1, 7, 8, 9, 10]
交换后的待进行初级堆结构划分的数列 arry B =  [5, 4, 3, 1, 2, 6, 7, 8, 9, 10]

当前索引: i =  4
堆头元素: arry[0] =  5
堆尾元素: arry[i] =  2
交换前的初级堆结构数列 arry A =  [5, 4, 3, 1, 2, 6, 7, 8, 9, 10]
交换后的待进行初级堆结构划分的数列 arry B =  [4, 2, 3, 1, 5, 6, 7, 8, 9, 10]

当前索引: i =  3
堆头元素: arry[0] =  4
堆尾元素: arry[i] =  1
交换前的初级堆结构数列 arry A =  [4, 2, 3, 1, 5, 6, 7, 8, 9, 10]
交换后的待进行初级堆结构划分的数列 arry B =  [3, 2, 1, 4, 5, 6, 7, 8, 9, 10]

当前索引: i =  2
堆头元素: arry[0] =  3
堆尾元素: arry[i] =  1
交换前的初级堆结构数列 arry A =  [3, 2, 1, 4, 5, 6, 7, 8, 9, 10]
交换后的待进行初级堆结构划分的数列 arry B =  [2, 1, 3, 4, 5, 6, 7, 8, 9, 10]

当前索引: i =  1
堆头元素: arry[0] =  2
堆尾元素: arry[i] =  1
交换前的初级堆结构数列 arry A =  [2, 1, 3, 4, 5, 6, 7, 8, 9, 10]
交换后的待进行初级堆结构划分的数列 arry B =  [1, 2, 3, 4, 5, 6, 7, 8, 9, 10]


排序后的数组: a =  [1, 2, 3, 4, 5, 6, 7, 8, 9, 10]
```

通过上面的分析可知，堆排序算法的核心是构建初级堆结构和进行堆头与堆尾元素交换。由于每次进行堆头和堆尾元素交换时，都是将本次初级堆结构中的最大值提取出来，所以，采用先提取放在后面的压缩排序区间的最大值的做法，能够将每次提出来的最大值按照从后到前的顺序依次排列，一直到当前压缩排序区间的大小为 2 时，被提取出来的最大值就是次小值，然后将剩下的一个最小值提出即可，至此，堆排序就完成了。

2.2.8　计数排序

前面所讲的七大排序算法都属于比较型的算法，也就是说，前面的算法的排序原理是通过比较大小进行排序的。有没有不需要通过比较大小进行排序的算法呢？

答案是有的。计数排序就是一种非比较的排序算法。那么，不通过比较大小的计数排序是通过什么方法排序的呢？

其实，计数排序是通过记录待排序集合中的各个元素的数目进行排序的。不过计数排序在排序前需要明确待排序数列的取值区间。如果不能明确待排序数列的取值区间，则不能使用计数排序算法进行排序。

在阐述计数排序算法的原理前，我们引入一个原理，即相同不定序原理。

假设有一待排序数列集合[5, 3, 3, 4, 1, 2, 3]，该集合中的元素的排序不仅与元素自身的数值大小有关，而且与元素数字的外形状有关，如图 2.54 所示。

经过分析，待排序数列只有元素 3 出现重复，而且相同元素的形状也相同。在这种情况下，我们不需要关注除了数值大小以外的排序因素，可以很容易地将图 2.54 所示的数列排序成如图 2.55 所示的数列。

图 2.54　相同不定序原理示例 1　　　　图 2.55　相同不定序原理示例 2

在被排序数列中，一共有 3 个元素 3，而且这 3 个元素 3 的其他条件都相同，如外观形状。因此这 3 个元素 3 的顺序不影响整体数列的元素排序顺序，也就是说，排序条件相同的元素之间的顺序不用确定，这就是相同不定序原理。

如图 2.56 所示，如果在 3 个元素 3 中有两个是方形的，一个是圆形的，在考虑外形作为排序的条件下，两个方形元素 3 之间的顺序不用确定。但是两个方形元素 3 与另一个圆形元素 3 之间的排序只能有两种可能，要么两个方形元素 3 在前，要么圆形元素 3 在前。

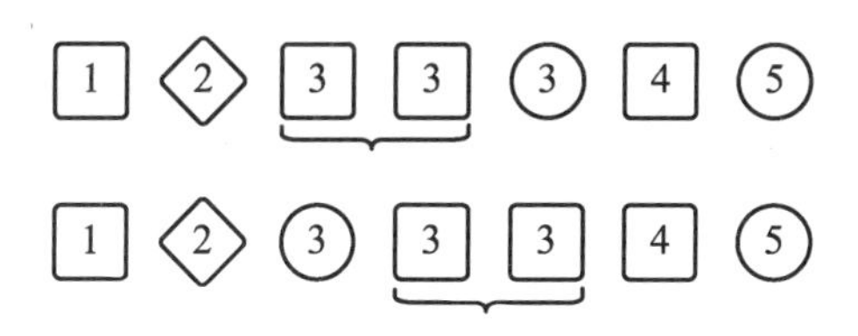

图 2.56　相同不定序原理示例 3

计数排序的实施前提就是将待排序元素的数值大小或字母顺序作为排序的唯一条件。

在了解了相同不定序原理后，我们就可以介绍计数排序算法的原理设计框架了。计数排序算法是由 Harold H. Seward 于 1954 年提出的。

下面来玩一个游戏，游戏名为字球投笼，由笔者原创。

游戏内容：

有一竹筐字球，已知字球的外观一样，只是上面标志的数字不一样，字球一共有 10 个。玩家每次只能从大竹筐里挑选一个字球，然后放到对应标有相同数字的收集小竹筐内。

要求当玩家将全部字球取出放入收集小竹篚时，即完成对所有字球的排序。

游戏分析：

如图 2.57 所示，大竹篚内共有 10 个字球，标号分别是{8, 9, 10, 9, 3, 3, 5, 2, 3, 1}，假设将标有数字 {8, 6, 1, 3, 9, 10, 7, 2, 4, 5} 的收集小竹篚依次排成一排，将每次抽出的字球按照对应字号放入对应的小竹篚中。

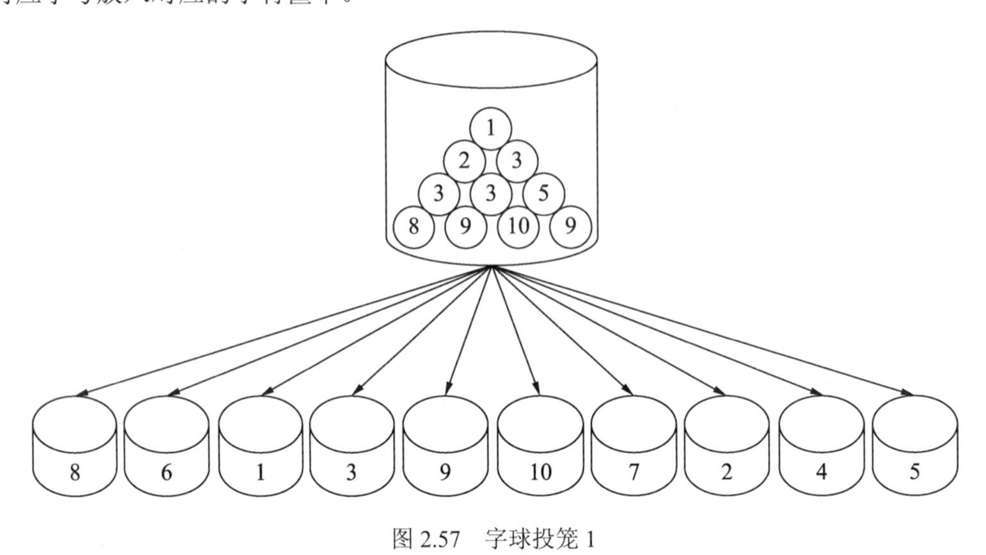

图 2.57　字球投篚 1

如图 2.58 所示，可以知道，在上述操作完成后，最终的结果是将全部字球都取出了，但是仍然不能实现排序。

通过分析可知，用于收集字球的小竹篚所摆放的位置不是有序的，从而导致无法形成一个有序的字球收集摆放顺序。

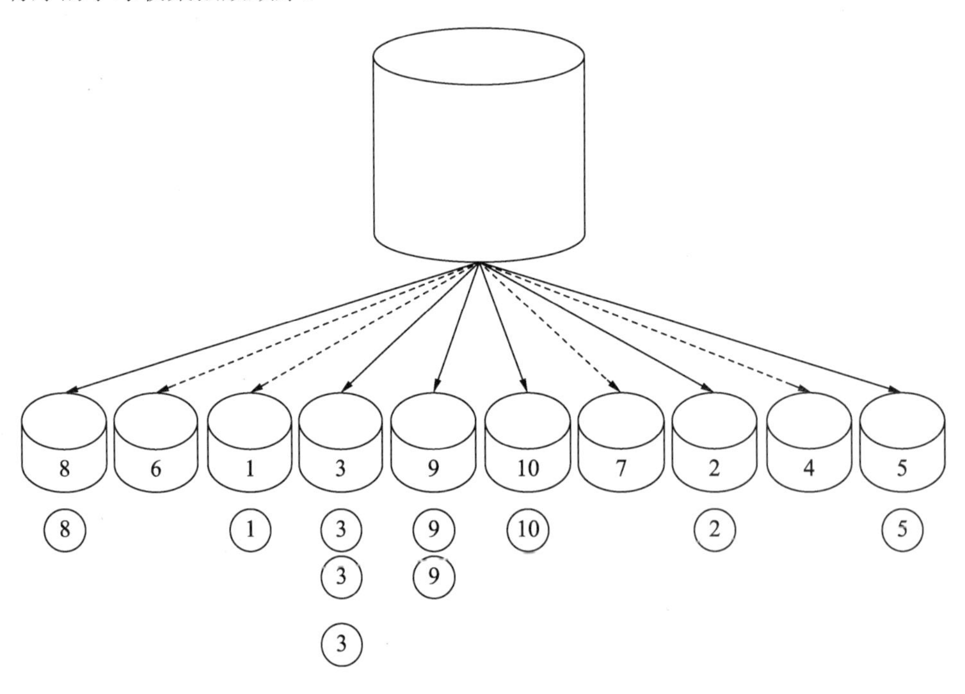

图 2.58　字球投篚 2

我们将用于收集字球的小竹筐按照其对应的编号，从前往后摆放于特定的位置，如图 2.59 所示。然后将大竹筐中的字球取出，依次放入摆放于特定位置的小竹筐中，仍然保证小竹筐的编号与被放入的字球字号一致。

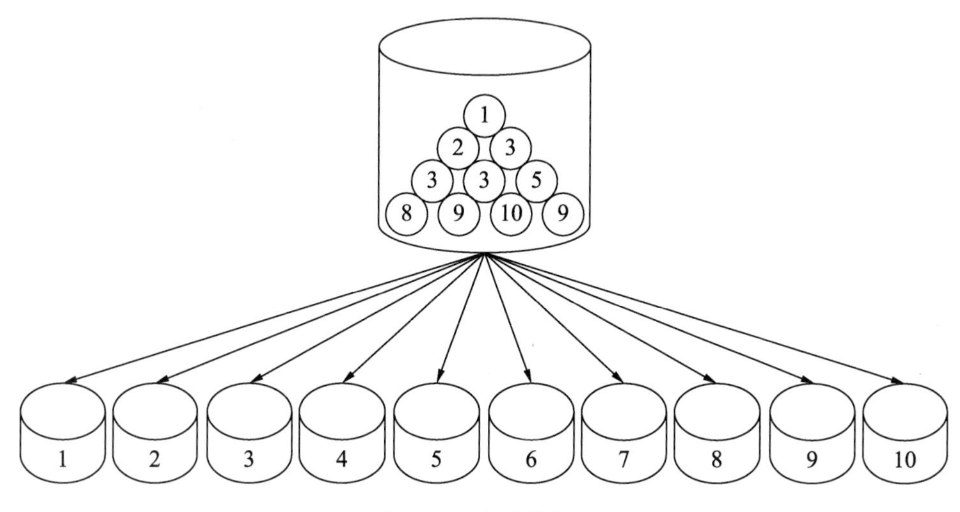

图 2.59　字球投笼 3

然后按照小竹筐的编号，从前往后依次将每个小竹筐中的球全部取出。如果某个小竹筐中没有字球，如图 2.60 中的第 4、6 和 7 号竹筐，则忽略该竹筐。如果某个小竹筐中存在相同的多个字球，则将里面的相同字球全部取出，再探取下一个标号的小竹筐。

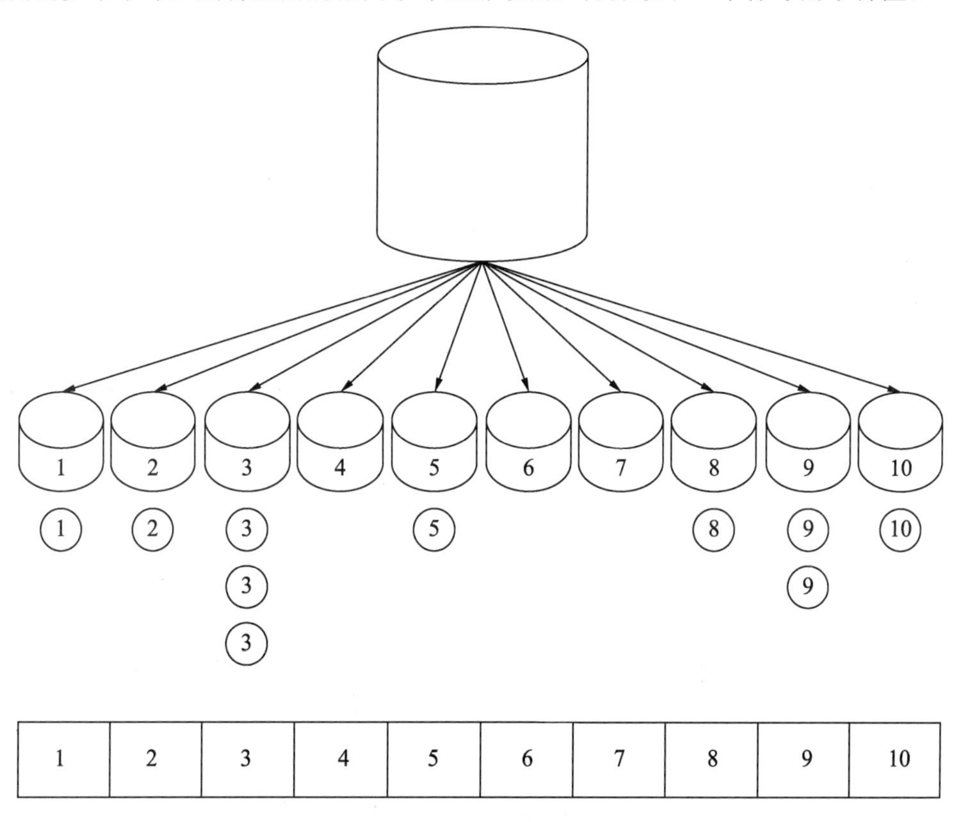

图 2.60　字球投笼 4

最后，将所有小竹筐中的字球逐个取出并放入结果框中，发现不存在数值为 {4, 6, 7} 的字球。数值相同的字球放在同一个结果框中。当最后一个小竹筐即 10 号小竹筐中的字球全部被取出放入结果框栏时，整个排序完成。至此，整个字球投笼游戏完成，如图 2.61 所示。

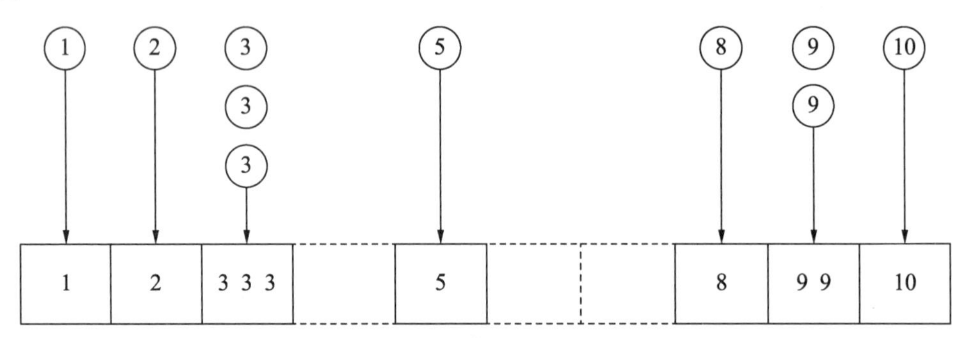

图 2.61　字球投笼 5

分析上述字球投笼游戏可知，本游戏实质上是将集合{8, 9, 10, 9, 3, 3, 5, 2, 3, 1}通过放入有序的小竹筐，进行了不用比较大小的排序，最终得到升序集合{1, 2, 3, 3, 3, 5, 8, 9, 9, 10}。

计数排序的特点：

上述字球投笼游戏的实现依赖于计数排序算法最基础的设计原理。计数排序算法的核心要素如下：

- 排序前首先明确获得待排序序列的取值区间范围。
- 排序时，依次遍历待排序集合中的元素，如果有相同的元素就将计数加 1，如果没有对应的元素就计数为 0。
- 等到待排序集合中的所有元素都遍历一次后，对照设置的取值区间，从前往后将所有的元素按照其计数个数依次排列。
- 某个元素被计数为多少就排列几次，计数为 0 则不排列。
- 在所有元素都被排列完成后，即完成计数排序。

下面通过 Python 代码展示本例的计数排序算法。

示例代码：

```
a = [8, 9, 10, 9, 3, 3, 5, 2, 3, 1]


def count_sort(a):
    # 获取计数区间的开始值，即待排序集合的最小值元素
    start = min(a)
    # 获取计数区间的末尾值，即待排序集合的最大值元素
    end = max(a)
    # 计数排序取值区间，即计数区间的范围大小
    size = end-start+1

    print("待排序的数组：a =", a)
    print("计数排序取值区间：开始值：start =", start)
```

```
    print("计数排序取值区间：结束值：end =", end)
    print("计数排序取值区间：范围大小：size =", size, '\n')

    # 创建计数区间列表
    count_list = []
    for i in range(start, end + 1, 1):
        sum = 0
        for j in a:
            if j is i:
                sum = sum + 1

        print('计数区间索引：i =', i, '  对应该索引的计数总数：sum =', sum)

        # 将获取的各个标号的计数总数存入计数区间列表
        count_list.append(sum)

    print('计数区间列表：count_list =', count_list)

    # 设排序列表为 sort_list
    sort_list = []

    # 将排序结果输出
    # count_list = [1, 1, 3, 0, 1, 0, 0, 1, 2, 1]
    # 设置 index，index 递增，取值范围为 [start, end]
    index = start
    # 遍历计数总数列表，i 为对应的数值位的计数总数，i ≥ 0
    for i in count_list:
        # 循环 i 次，这里的 j 无实际意义
        for j in range(i):
            sort_list.append(index)
        index = index + 1

    print('\n 最终排序结果，获得排序列表：sort_list =', sort_list)


count_sort(a)
```

输出：

```
待排序的数组：a = [8, 9, 10, 9, 3, 3, 5, 2, 3, 1]
计数排序取值区间：开始值：start = 1
计数排序取值区间：结束值：end = 10
计数排序取值区间：范围大小：size = 10

计数区间索引：i =  1   对应该索引的计数总数：sum = 1
计数区间索引：i =  2   对应该索引的计数总数：sum = 1
计数区间索引：i =  3   对应该索引的计数总数：sum = 3
计数区间索引：i =  4   对应该索引的计数总数：sum = 0
计数区间索引：i =  5   对应该索引的计数总数：sum = 1
计数区间索引：i =  6   对应该索引的计数总数：sum = 0
计数区间索引：i =  7   对应该索引的计数总数：sum = 0
计数区间索引：i =  8   对应该索引的计数总数：sum = 1
计数区间索引：i =  9   对应该索引的计数总数：sum = 2
计数区间索引：i =  10   对应该索引的计数总数：sum = 1
计数区间列表：count_list = [1, 1, 3, 0, 1, 0, 0, 1, 2, 1]
```

```
最终排序结果，获得排序列表：sort_list = [1, 2, 3, 3, 3, 5, 8, 9, 9, 10]
```

通过上面的分析可知，计数排序算法的核心是先找出待排序元素集合中的最小值与最大值，根据最值确定连续的排序空间，由此确定计数区间列表。然后遍历待排序元素集合中的每个元素，根据各个元素的实际数目，累计记录在计数区间列表中。最后按照升序或者降序的顺序，将计数区间列表中的元素依次按照其个数输出打印即可。如果计数区间中的某个计数标志位的个数为 0，则代表原待排序元素区间中没有该元素，不用输出。

2.2.9 桶排序

桶排序（Bucket sort）是计数排序算法的拓展算法。桶排序也称为箱排序。桶排序相对于计数排序而言，其改进之处在于用来计数的子区间的长度一般不是 1，而是具有一定范围的区间。当用来计数的子区间的长度为 1 时，桶排序就是原始的计数排序。

桶排序有两个关键步骤，第一步是对待排序区间进行子区间划分，第二步是对放入已划分的各个子区间中的元素进行排序。这里需要注意的是，对子区间进行排序时所用的排序算法不确定，可以继续使用计数排序，也可以使用基于比较型的排序算法。就桶排序而言，对子区间排序所用的算法是自由的。

下面来玩一个游戏，游戏名为大桶投小桶，由笔者原创。

游戏内容：

有一大桶字球，已知字球的外观一样，只是上面标志的数字不一样，字球一共有 10 个。玩家每次只能从大桶里挑选一个字球，然后放到若干个收集小桶内，小桶的个数小于字球的个数。要求玩家用最快的速度完成排序。

玩家可以通过给小桶划定取值区间，也就是对应的只允许投入的字球的标号区间来限定哪些字球可以被该小桶收纳，哪些则不行。

玩家将字球放入小桶后，小桶内的字球排序方法不限定。

游戏分析：

如图 2.62 所示，将大桶中的字球分别装入两个小桶中，再进行排序。这里需要注意的是，选择两个小桶还是三个小桶不是由桶排序限定的，只要满足所选择的小桶的数目小于字球总数即可。在实际应用中，具体的小球总数需要根据实际问题与小桶内部的排序算法决定。

在选定小桶的个数后，还需要规定小桶收纳字球元素的范围。如果被排序字球一共有 10 个，则收纳小桶只要 2 个，在不考虑小桶左右区分的情况下，可供选择的小桶的收纳范围就有[1, 10]、[2, 8]、[3, 7]、[4, 6]、[5, 5]共 5 种分布。

一般情况下，桶排序算法建议每个小桶的收纳范围应该尽量相同。通过取平均值的方法可以方便、快速地确定单个小桶的收纳范围。

选取平均值的思路一般有两种，一种是向上取整数，另一种是向下取整。推荐使用向上取整。下面通过对比来阐述向上取整的好处。

首先采用向下取整的思想来设计获取平均值的算法。

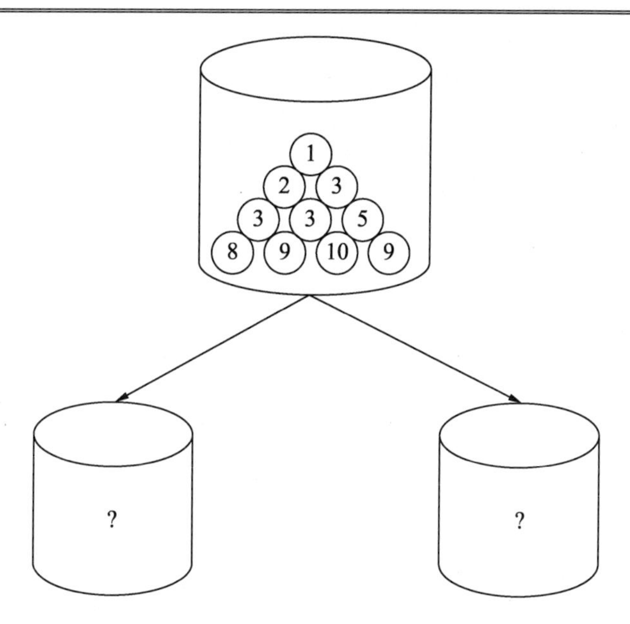

图 2.62　大桶投小桶 1

假设待排序元素的总数为 N，小桶的个数为 b，每个小桶的收纳个数为 p，则根据 b 是否能被 N 整除，将 p 分为两种情况：

如果 b 能被 N 整除，则：

$$p = \frac{N}{b}$$

如果 b 不能被 N 整除，则前（$b-1$）个小桶的收纳个数为：

$$p = \sqcup\left(\frac{N}{b}\right) = \text{floor}\left(\frac{N}{b}\right)$$

最后一个小桶的收纳个数为：

$$p = \sqcup\left(\frac{N}{b}\right) + 1 = \text{floor}\left(\frac{N}{b}\right) + 1$$

上式中的⊔符号与 floor 函数代表向下取整。

也就是说，采用向下取整，必须特殊处理最后一个小桶的收纳个数，这会使得整体算法的代码加长，算法执行更加烦琐。

如果采用的是向上取整，则不需要考虑最后一个小桶的特殊收纳个数，全部小桶的收纳个数都为：

$$p = \sqcap\left(\frac{N}{b}\right) = \text{ceil}\left(\frac{N}{b}\right)$$

这里的 ceil 函数表示向上取整。

桶排序的第一步就是确定用于收纳的小桶的个数。一般采用的是平均分配的方法。

对于向下取整而言，如果小桶的个数能够被待排序的字球元素总数整除，则可以平均分配，否则就使得最后一个小桶的收纳数目多一个。

对于向上取整而言，如果小桶的个数一直能够被待排序的字球元素总数整除，则总是可以进行平均分配。

反过来，如果能够进行平均分配，即小桶个数能够被待排序的字球元素总数整除，那么采用向下取整还是向上取整都是一样的执行效果。

如图 2.63 所示，使用两个小桶进行收纳区间的平均分布。由于 10 除以 2 等于 5 是整数，所以每个小桶装 5 个字球。第一个小桶的收集范围为[1, 5]，第二个小桶的收集范围为[6, 10]。

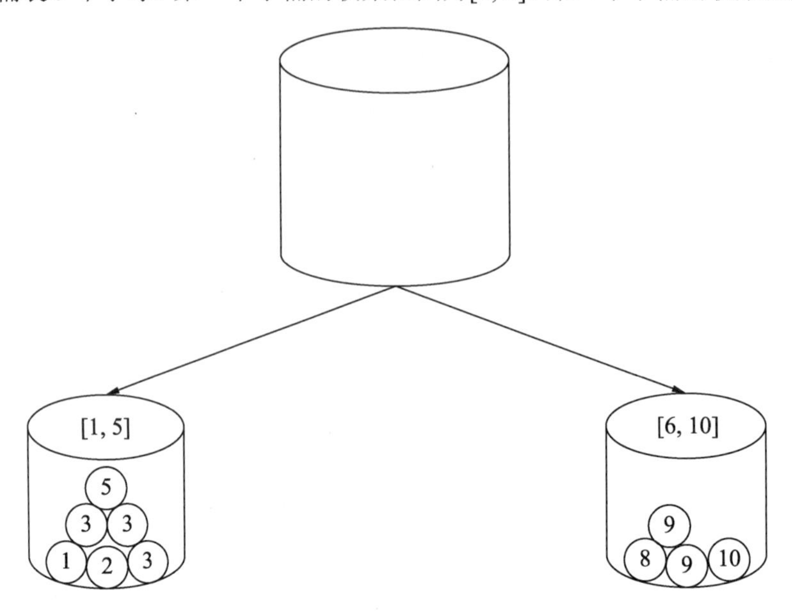

图 2.63　大桶投小桶 2

下面进行小桶内部排序。小桶内部排序的算法根据实际情况选择任意可以直接获取结果并确定具体实施步骤的排序算法。也就是说，在进行小桶内部元素字球排序时，不能再次选择与桶排序算法类似的不确定具体实施步骤的排序算法。

如图 2.64 所示，分别将两个小桶进行桶内排序，然后将排序后的两个区间链接组合起来，就得到最终的排序结果。注意，在进行小桶内部排序的时候，采用的排序算法不限定，可根据实际情况选择。

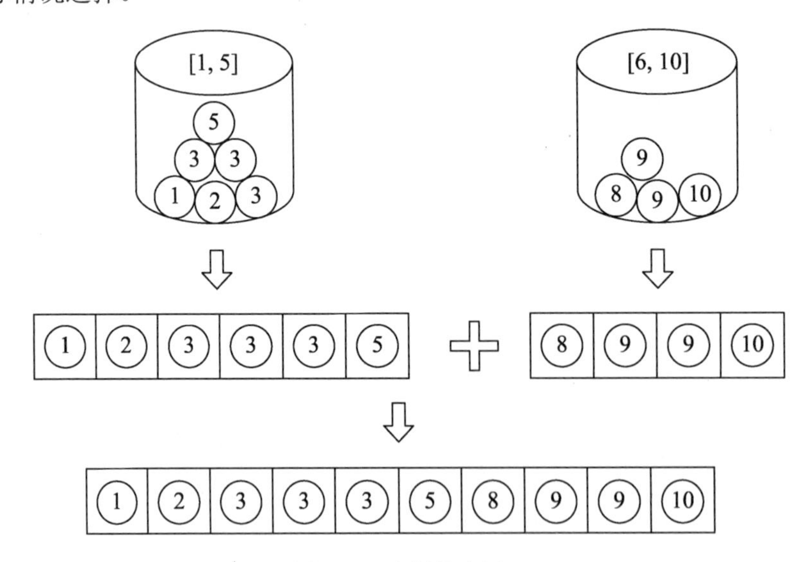

图 2.64　大桶投小桶 3

如图 2.65 所示，如果不能进行平均分配，即小桶个数不能被待排序的字球元素总数整除，如采用的是 3 个小桶收纳，那么将如何分配每个小桶的收纳区间呢？

结合前面所述的分配方法可知，如果采用的是向下取整，那么此时待排序的字球元素总数 10 不能整除小桶个数 3。10 除以 3 等于 3 余 1。可以设置前两个小桶的收纳个数为 3，最后一个小桶的收纳个数为 3+1。

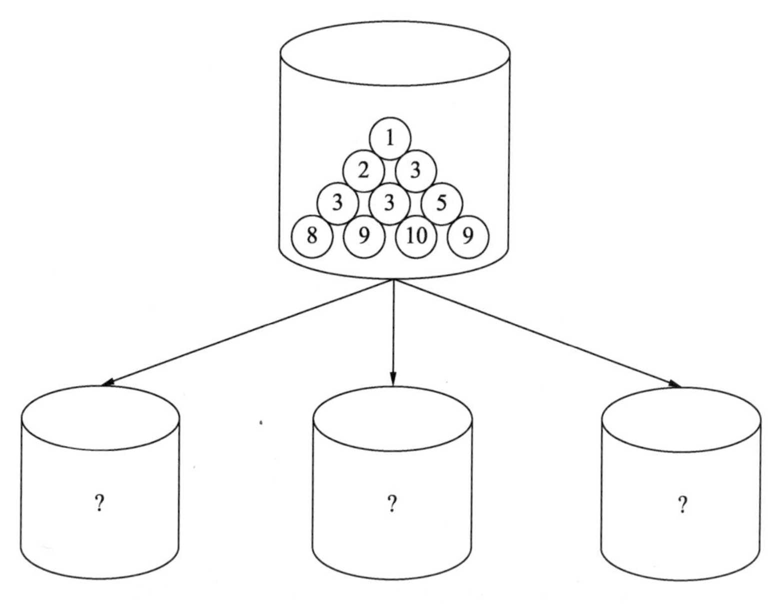

图 2.65　大桶投小桶 4

如图 2.66 所示，确定每个小桶的收纳个数后，将大桶中的各个元素进行遍历，然后将结果投入对应收纳区间的小桶中。

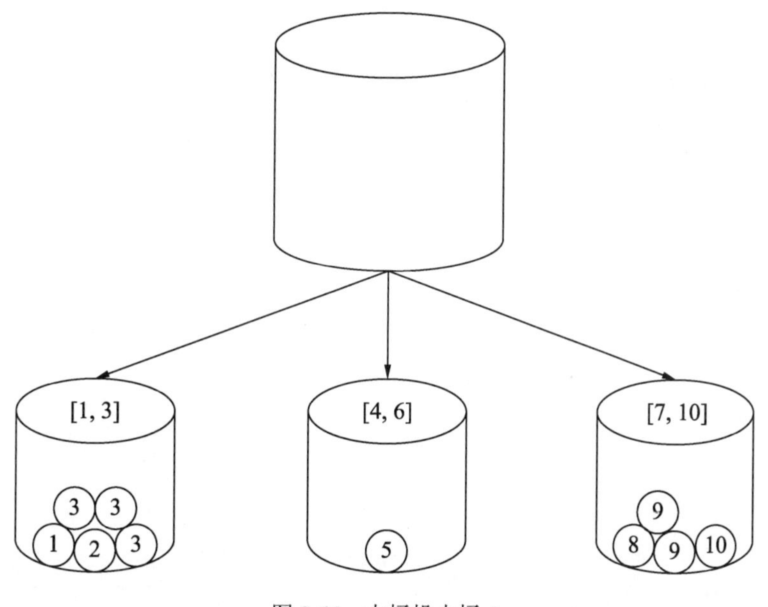

图 2.66　大桶投小桶 5

如图 2.67 所示，对每个小桶进行桶内排序。然后将排序后的三个区间链接组合起来，就得到最终的排序结果。注意，在进行小桶内部排序的时候，采用的排序算法不限定，可根据实际情况选择。

如果采用的是向上取整，由于此时待排序的字球元素总数 10 不能整除小桶个数 3，则设置所有小桶的收纳个数都为 4（3+1）。也就是每个小桶的收纳区间都增加 1。

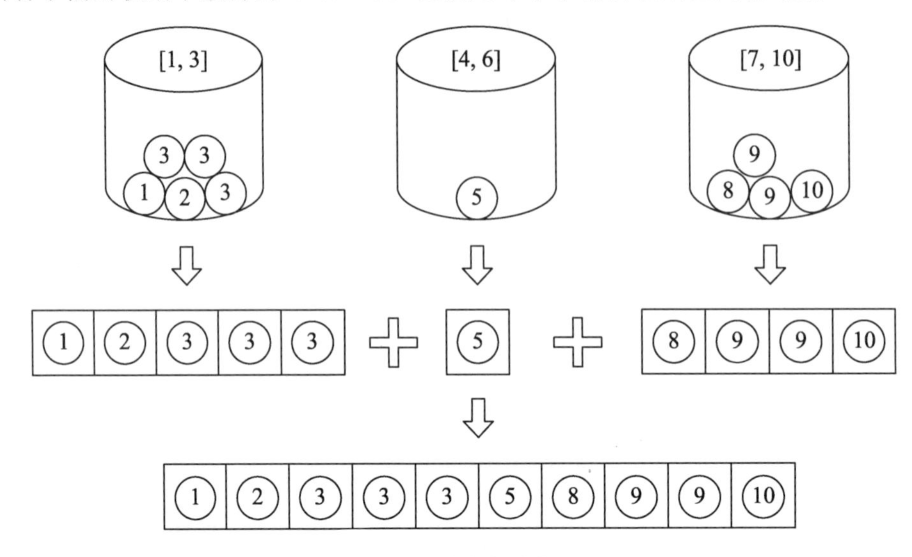

图 2.67　大桶投小桶 6

如图 2.68 所示，仍然是 3 个小桶，但是小桶的收纳区间大小设置为 4。注意，小桶的收纳区间大小设置为 4 并不是说小桶内必须有 4 个字球。

然后对每个小桶进行桶内排序，再将排序后的 3 个区间链接组合起来，就得到最终的排序结果，如图 2.69 所示。注意，在进行小桶内部排序的时候，采用的排序算法不限定，可根据实际情况选择。

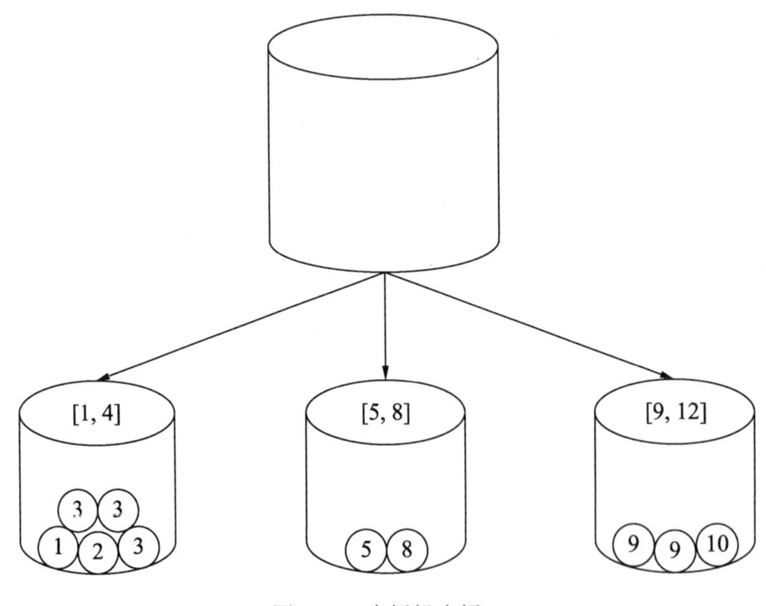

图 2.68　大桶投小桶 7

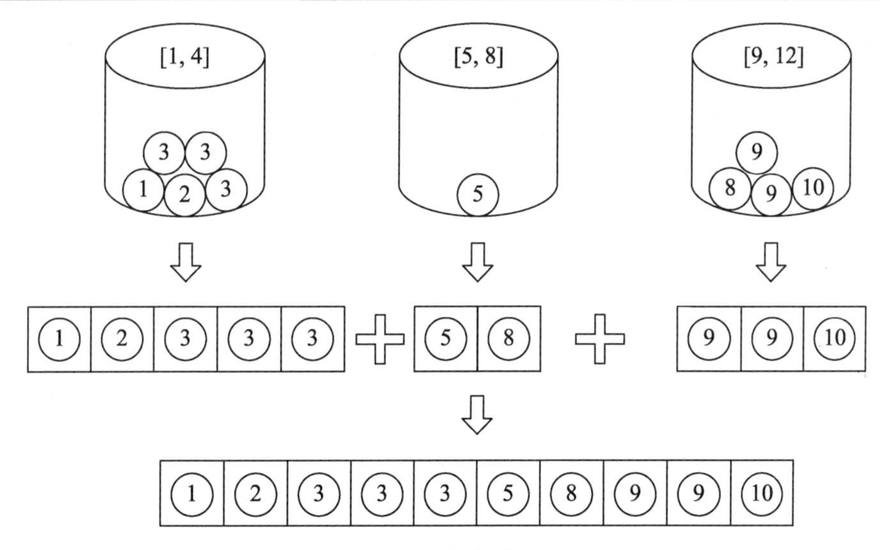

图 2.69　大桶投小桶 8

桶排序的特点：

上述大桶投小桶游戏的实现依赖于桶排序算法最基础的设计原理。桶排序算法的核心要素如下：

- 根据最大值和最小值确定总排序区间。
- 将总排序区间平均划分为若干个子区间，采用向上取整的思路进行设计比向下取整更具有优势。
- 对子区间进行桶内排序，排序算法不定，排序后将各个子区间的排序结构串联起来即为最终的排序结果。

下面通过 Python 代码展示本例桶排序的算法。

示例代码：

```
a = [8, 9, 10, 9, 3, 3, 5, 2, 3, 1]


# a 为待排序数列列表，son 为要选取的小桶个数即子区间个数
def bucket_sort(a, son):
    # 获取计数区间的开始值，即待排序集合的最小值元素
    start = min(a)
    # 获取计数区间的末尾值，即待排序集合的最大值元素
    end = max(a)
    # 计数排序取值区间，即计数区间的范围
    size = end-start+1

    print("待排序的数组: a = ", a)
    print("小桶个数: son = ", son)
    print("计数排序取值区间: 开始值: start = ", start)
    print("计数排序取值区间: 结束值: end = ", end)
    print("计数排序取值区间: 范围大小: size = ", size, '\n')

    # 向下取整思路分析
    print('向下取整思路分析不排序: ')
```

```
    # 小桶的子区间能平均分配
    if size%son == 0:
        print('小桶的子集合可以平均分配')
        son_size = size // son
        print("小桶的子集合大小为 son_size = ", son_size, '\n')

    # 小桶的子区间不能平均分配
    else:
        print('小桶的子区间不能平均分配')
        son_size = size // son
        print("小桶的子集合大小为 son_size = ", son_size，除了最后一个)
        print("最后一个小桶的子集合大小为 son_size_last = ", son_size + 1, '\n')
        son_size = son_size + 1

    # 向下取整思路分析
    print('____________________________________________________________')
    print('向上取整思路分析并排序\n')

    # 设排序的最终结果列表为 result_list
    result_list = []

    # 根据小桶的子区间个数，创建对应的子区间排序列表
    # 小桶的子区间能平均分配
    for i in range(0, son, 1):
        son_list = [start + i * son_size, start + (i + 1) * son_size - 1]
        print('第', i + 1, '个排序子区间为：', son_list)

        # temp_list 列表用于临时存放子区间未排序的元素
        temp_list = []
        for j in a:
            if (start + i * son_size) <= j <= (start + ((i + 1) * son_size - 1)):
                temp_list.append(j)
        print('在第', i + 1, '个排序子区间中，未进行小桶内部排序的集合为：',
temp_list)
        # 由于小桶内部排序具体使用的排序算法不是桶排序的重点，这里可以使用 python 的
sorted 函数
        sorted_temp_list = sorted(temp_list)
        print('在第', i + 1, '个排序子区间中，已进行小桶内部排序的集合为：',
sorted_temp_list, '\n')

        result_list = result_list + sorted_temp_list

    print('最终排序结果，获得排序结果列表：result_list =', result_list)


bucket_sort(a, 4)
```

输出：

```
待排序的数组：a =  [8, 9, 10, 9, 3, 3, 5, 2, 3, 1]
小桶个数：son =  4
计数排序取值区间：开始值：start =  1
计数排序取值区间：结束值：end =  10
计数排序取值区间：范围大小：size =  10

向下取整思路分析不排序：
```

```
小桶的子区间不能平均分配
小桶的子集合大小为 son_size =  2，除了最后一个
最后一个小桶的子集合大小为 son_size_last =  3

___________________________________________________________
向上取整思路分析并排序

第 1 个排序子区间为： [1, 3]
在第 1 个排序子区间中，未进行小桶内部排序的集合为： [3, 3, 2, 3, 1]
在第 1 个排序子区间中，已进行小桶内部排序的集合为： [1, 2, 3, 3, 3]

第 2 个排序子区间为： [4, 6]
在第 2 个排序子区间中，未进行小桶内部排序的集合为： [5]
在第 2 个排序子区间中，已进行小桶内部排序的集合为： [5]

第 3 个排序子区间为： [7, 9]
在第 3 个排序子区间中，未进行小桶内部排序的集合为： [8, 9, 9]
在第 3 个排序子区间中，已进行小桶内部排序的集合为： [8, 9, 9]

第 4 个排序子区间为： [10, 12]
第 4 个排序子区间中，未进行小桶内部排序的集合为： [10]
第 4 个排序子区间中，已进行小桶内部排序的集合为： [10]

最终排序结果，获得排序结果列表：result_list = [1, 2, 3, 3, 3, 5, 8, 9, 9, 10]
```

通过上面的分析可知，使用桶排序算法在进行小桶收纳子区间的范围平均化的过程中，使用向上取整设计比采用向下取整设计少了一个步骤，这个步骤便是当小桶个数不能被字球总数整除时，需要分别考虑前 9（10-1）个字球与最后一个字球的取值排序过程。因此，采用向上取整更具有优势。

2.2.10　基数排序

基数排序是桶计数排序算法的拓展。基数排序也是一种组合排序，其先根据实际情况划分出分类子区间，然后对各个分类子区间进行排序，最后进行组合分析，得出排序结果。

基数排序的发明可以追溯到 1887 年赫尔曼·何乐礼对打孔卡片制表机（Tabulation Machine）的贡献，对此感兴趣的读者可以查阅相关文献。

基数排序的实现方式主要有两种，一种是从最低基数开始排序，称为 LSD（Least Significant Digital，最低有效位优先）；另一种是从最高基数开始排序，称为 MSD（Most Significant Digital，最高有效位优先）。

一般情况下，在设计基数算法时，使用的是 LSD，LSD 也是基数排序算法的发源思想。对应的，也有基数算法是基于 MSD 设计的。本节主要介绍基于 LSD 设计的基数排序算法。对基于 MSD 设计的基数排序算法感兴趣的读者可以查阅相关文献。

在继续讲解基数排序算法之前，先了解一个概念，我们用来排序的数一般都是有理数，无理数无穷尽，一般不用于排序。那么，怎样表示一个数或者有理数呢？

我们通常使用位值制记数法（Positional Notation 来表示有理数），古时候也用罗马记数法（Roman notation）表示，但因为不便捷而很少被使用。

位值制记数法亦称位值记数法，是一种按照位值制建立的记数法。日常使用的十进制

记数法、二进制记数法和八进制记数法都属于位值记数法。

位值制记数法的核心是，对于任何一个自然数 N，均可以用某个以有限符号的数码为系数的基底 b 的 n 次多项式重复地表示：

$$N = a_n b^n + a_{n-1} b^{n-1} + a_{n-2} b^{n-2} + \cdots + a_1 b^1 + a_0 b^0$$

例如，数值 2021 的十进制位值制记数法表示为：

$$2021 = 2\times10^3 + 0\times2^2 + 2\times2^1 + 1\times2^0$$

上式中的 10^3=1000，10^2=100，10^1=10，10^0=1 都是十进制位值制记数法中以 10 位基底的位权。其中，幂运算中的[3, 2, 1, 0]称为基底指数，而位权前面的系数分别为[2, 0, 2, 1]，称为数码。

因此，十进制的可能数码只有 10 个，分别为 0, 1, 2, 3, 4, 5, 6, 7, 8, 9，而基底指数可以是任意整数。

一般而言，使用基数排序算法进行排序的集合元素都是十进制的。由于几进制数的基数或者基底就是几，所以十进制数的基数就是十。

相对于桶排序而言，基数排序也需要根据实际情况划分出分类子区间。而基数排序子区间的分类个数，就是待排序集合中最大数值的最大非零数码的位权基底指数再加 1。

例如，2012 的最大非零数码的位权的基底指数就是 3+1=4。如果待排序集合中的最大值数值是 2021，那么该基数排序需要分 4 种情况按照逐个位权进行排序。

为了简单表述，我们将个位、十位、百位与千位等位权位称为基数位。那么，基数排序算法的核心简单表述就是将待排序集合元素按照基数位进行排序。

当采用 LSD 设计时，用于排序的基数位从个位、十位、百位与千位等不断递增，直到达到待排序集合元素中的最高位基数。

下面引入一个例子来说明基数排序的设计原理与实施步骤。

如图 2.70 所示，现有待排序集合 [1, 16, 323, 2021, 689, 78, 9]，要求对该待排序集合使用基数排序。

0	16	323	2021	689	78	9

图 2.70　待排序元素表

首先将待排序集合元素按照如表 2.1 所示的格式，按顺序分别填入待排序元素基数比较表。

表 2.1　待排序元素基数比较

千　位	百　位	十　位	个　位
			1
		1	6
	3	2	3
2	0	2	1
	6	8	9
		7	8
			9

可以知道，待排序集合元素的最大值为 2021，其最高基数位为千位。对于一般的排序算法而言，计算机无法理解千位或者百位等基数位代表的含义，因此需要数字化基数位。由于在日常排序中使用的数值一般都是十进制的，因此可以使用下面的对数求幂运算公式进行量化：

$$c = \square(\log_{10} num) = ceil(\log_{10} num)$$

经过对数求幂运算量化后，个位对应 1，十位对应 2，百位对应 3，千位对应 4，以此类推。

知道如何量化基数后，就可以进入基数排序的实施步骤了。根据 LSD 设计原理，本基数排序从最低位基数位开始逐个进行基数位排序。

如图 2.71 所示，上图是对个位进行排序，下图是对十位进行排序。

千位	百位	十位	个位
0	0	0	1
0	0	1	6
0	3	2	3
2	0	2	1
0	6	8	9
0	0	7	8
0	0	0	9

⇨

千位	百位	十位	个位
0	0	0	1
2	0	2	1
0	3	2	3
0	0	1	6
0	0	7	8
0	6	8	9
0	0	0	9

千位	百位	十位	个位
0	0	0	1
2	0	2	1
0	3	2	3
0	0	1	6
0	0	7	8
0	6	8	9
0	0	0	9

⇨

千位	百位	十位	个位
0	0	0	1
0	0	0	9
0	0	1	6
2	0	2	1
0	3	2	3
0	0	7	8
0	6	8	9

图 2.71　基数排序个位与十位

如图 2.72 所示，上图是对百位进行排序，下图是对千位进行排序。

如果被排序数值的元素都是使用十进制表示的，当进行某一基数位排序时，则需要排序的数值只能处于集合[0, 1, 2, 3, 4, 5, 6, 7, 8, 9]中，即被比较的数值元素最多只有 10 种。

因为原排序集合中的最大值为 2021，并且：

$$\sqcap(\log_{10} 2021) = 4$$

所以，本次基数排序只需要排序到最高位为千位即可。最终的排序结果如图 2.72 右下表所示。

千位	百位	十位	个位
0	0	0	1
0	0	0	9
0	0	1	6
2	0	2	1
0	3	2	3
0	0	7	8
0	6	8	9

⇨

千位	百位	十位	个位
0	0	0	1
0	0	0	9
0	0	1	6
2	0	2	1
0	0	7	8
0	3	2	3
0	6	8	9

千位	百位	十位	个位
0	0	0	1
0	0	0	9
0	3	1	6
2	0	2	1
0	0	7	8
0	3	2	3
0	6	8	9

⇨

千位	百位	十位	个位
0	0	0	1
0	0	0	9
0	0	1	6
0	0	7	8
0	3	2	3
0	6	8	9
2	0	2	1

图 2.72　基数排序百位与千位

基数排序的特点：

上述基于 LSD 的基数排序的实现依赖于基数排序算法中最基础的设计原理。基数排序算法的核心要素如下：

- 获取待排序集合中元素的最大值，根据此值得出基数排序需要排序到哪个基数位才能完成排序。
- 每次以某个基数位的数值为排序数值时，该数值的取值范围都是整数区间[0, 9]。
- 当最高基数位排序完成时，整个基数排序即完成。

下面通过 Python 代码展示本例基数排序的算法。

示例代码：

```
# 引入 math 包用于取对数运算
import math
a = [1, 16, 323, 2021, 689, 78, 9]


# 返回对应于位权指数 i 的位置的数码
# 位权指数 i=0，对应个位
# 位权指数 i=1，对应十位
# 位权指数 i=2，对应百位
# 位权指数 i=3，对应千位
# ...以此类推
def if_place(num, i):
    return math.floor(num / (10 ** i) % 10)


# 返回 a 中的最小值及其下标索引
def find_min(min_index_a):
    min_value = min(min_index_a)
    # print('min_value = ', min_value)
    # print('min_index_a.index(min) = ', min_index_a.index(min_value))
    return [min_value, min_index_a.index(min_value)]


# 按照 index_list 的索引顺序重新排列列表 a
def range_in_index(a, index_list):
    new_a = []
    for i in index_list:
        new_a.append(a[i])
        # print('i = ', i)
        # print('a[i] = ', a[i])
    return new_a


# 根据某个列表的排序顺序，将另一个列表按照索引进行排序
# a 为被排序列表， ref_list 为排序参照列表
```

```
def order_another(a, ref_list):
    # 设置备份列表，避免对列表操作后不能排序
    # 采用切片是为了新建一个列表对象，重新开辟另一块内存存储，不产生关联操作
    save_a = a[:]
    # 获取排序参照列表的最大值元素，用于后面的替换操作
    max_value_a = max(ref_list)
    # print('max_value_a = ', max_value_a)

    # 新建列表用于存储经过由小到大排序后的列表元素的索引
    # 在后面对备份列表 save_a 进行重新排序时，按照索引次序排列元素
    min_index_a = []
    # print('ref_list = ', ref_list)

    # 进行遍历处理，遍历次数与待排序列表的元素个数相同
    for i in range(len(ref_list)):
        # 获取排序参照列表中最小值元素及其索引
        min_index = find_min(ref_list)
        # 在最小值排序索引列表中逐渐添加新的最小值的索引
        min_index_a.append(min_index[1])

        # 将待排序列表的原最小值位置赋值为 max_value_a + 1
        # max_value_a + 1 比原待排序列表中的所有元素都大，因此下次遍历最小值时可以避
免出现重复索引
        ref_list[min_index[1]] = max_value_a + 1

        print('第', i, '基数位，排序后的元素索引列表: min_index_a =', min_index_a)

    # 根据新获取的最小值排序索引列表，重新对原待排序列表进行排序
    new_a_list = range_in_index(save_a, min_index_a)
    return new_a_list


# 基数排序主函数
# a 为待排序数列列表，son 为要选取的小桶个数，即子区间个数
def cardinal_sort(a):

    # cardinal_save 用于对应位置存储待排序元素的十进制基数
    cardinal_save = []

    max_power = math.floor(math.log10(2021))

    # a = [1, 16, 323, 2021, 689, 78, 9]
    sorted_a = a[:]
    for i in range(max_power + 1):
        temp_place_list = []
        print('\n____________________________________________________________')
        print('从低位往高位的第', i, '基数位')
        print('前一步基数排序后的列表: sorted_a = ', sorted_a)
```

```
        for j in sorted_a:
            place = if_place(j, i)
            temp_place_list.append(place)

        print('temp_place_list = ', temp_place_list, '\n')
        sorted_a = order_another(sorted_a, temp_place_list)

    print('最终排序结果，获得排序结果列表：sorted_a =', sorted_a)


# 调用基数排序算法进行排序
cardinal_sort(a)
```

输出：

```
____________________________________________________
从低位往高位的第 0 基数位
前一步基数排序后的列表：sorted_a =  [1, 16, 323, 2021, 689, 78, 9]
temp_place_list =  [1, 6, 3, 1, 9, 8, 9]

第 0 基数位，排序后的元素索引列表： min_index_a = [0]
第 1 基数位，排序后的元素索引列表： min_index_a = [0, 3]
第 2 基数位，排序后的元素索引列表： min_index_a = [0, 3, 2]
第 3 基数位，排序后的元素索引列表： min_index_a = [0, 3, 2, 1]
第 4 基数位，排序后的元素索引列表： min_index_a = [0, 3, 2, 1, 5]
第 5 基数位，排序后的元素索引列表： min_index_a = [0, 3, 2, 1, 5, 4]
第 6 基数位，排序后的元素索引列表： min_index_a = [0, 3, 2, 1, 5, 4, 6]


____________________________________________________
从低位往高位的第 1 基数位
前一步基数排序后的列表：sorted_a =  [1, 2021, 323, 16, 78, 689, 9]
temp_place_list =  [0, 2, 2, 1, 7, 8, 0]

第 0 基数位，排序后的元素索引列表： min_index_a = [0]
第 1 基数位，排序后的元素索引列表： min_index_a = [0, 6]
第 2 基数位，排序后的元素索引列表： min_index_a = [0, 6, 3]
第 3 基数位，排序后的元素索引列表： min_index_a = [0, 6, 3, 1]
第 4 基数位，排序后的元素索引列表： min_index_a = [0, 6, 3, 1, 2]
第 5 基数位，排序后的元素索引列表： min_index_a = [0, 6, 3, 1, 2, 4]
第 6 基数位，排序后的元素索引列表： min_index_a = [0, 6, 3, 1, 2, 4, 5]


____________________________________________________
从低位往高位的第 2 基数位
前一步基数排序后的列表：sorted_a =  [1, 9, 16, 2021, 323, 78, 689]
temp_place_list =  [0, 0, 0, 0, 3, 0, 6]

第 0 基数位，排序后的元素索引列表： min_index_a = [0]
第 1 基数位，排序后的元素索引列表： min_index_a = [0, 1]
```

```
第 2 基数位，排序后的元素索引列表： min_index_a = [0, 1, 2]
第 3 基数位，排序后的元素索引列表： min_index_a = [0, 1, 2, 3]
第 4 基数位，排序后的元素索引列表： min_index_a = [0, 1, 2, 3, 5]
第 5 基数位，排序后的元素索引列表： min_index_a = [0, 1, 2, 3, 5, 4]
第 6 基数位，排序后的元素索引列表： min_index_a = [0, 1, 2, 3, 5, 4, 6]

____________________________________________________________
从低位往高位的第 3 基数位
前一步基数排序后的列表：sorted_a =  [1, 9, 16, 2021, 78, 323, 689]
temp_place_list =  [0, 0, 0, 2, 0, 0, 0]

第 0 基数位，排序后的元素索引列表： min_index_a = [0]
第 1 基数位，排序后的元素索引列表： min_index_a = [0, 1]
第 2 基数位，排序后的元素索引列表： min_index_a = [0, 1, 2]
第 3 基数位，排序后的元素索引列表： min_index_a = [0, 1, 2, 4]
第 4 基数位，排序后的元素索引列表： min_index_a = [0, 1, 2, 4, 5]
第 5 基数位，排序后的元素索引列表： min_index_a = [0, 1, 2, 4, 5, 6]
第 6 基数位，排序后的元素索引列表： min_index_a = [0, 1, 2, 4, 5, 6, 3]
最终排序结果，获得排序结果列表：sorted_a = [1, 9, 16, 78, 323, 689, 2021]
```

通过上面的分析可知，基数排序算法设计的难度主要有 3 点。第一点是获取元素数值对应基数位上的数码；第二点是根据排序后的索引列表，排序另一个列表；第三点就是每进行一次基数排序时，都需要将新获得的排序列表作为待排序的列表继续进行索引操作与排序。

2.3 十大排序算法的性能分析与对比

在了解与认识十大基本排序算法的设计思想与实施步骤后，本节将基于十大排序算法的性能进行分析与对比，以便让读者更加深入地理解十大排序算法的特性，在具体的应用中能够选择最适合的排序算法。

2.3.1 十大排序算法的复杂度分析与对比

前面已经讲述了复杂度的概念。算法的复杂度是用来评价算法性能的重要参数。表 2.2 展示的是前面所讲的十大排序算法的复杂度及稳定性的对比。

注意，这里的稳定性只是相对于排序算法而言的。一般情况下，排序算法才考虑稳定性。

在十大算法及其拓展算法中，快速排序、希尔排序、堆排序与直接选择排序都是不稳定的排序算法，而冒泡排序、归并排序、直接插入排序与折半插入排序都是稳定的排序算法。

通过分析可知，排序算法的时间复杂度一般都是大于空间复杂度的。在表 2.2 中，第 1～7 个算法为基于比较型的排序算法，而最后 3 个都是非比较型的排序算法。由此可见，非比较型排序算法的时间复杂度一般都会低于比较型排序算法。

也就是说，如果某个实际问题适合非比较型排序算法，则优先使用非比较型排序算法进行排序。

另一方面，在排序算法的稳定性上，非比较型排序算法都是稳定的，而比较型排序算法只有部分是稳定的。实际应用哪种排序算法，需要结合问题来选择。

表 2.2　十大算法复杂度与稳定性对比

算　法	空间复杂度	最好 时间复杂度	平均 时间复杂度	最坏 时间复杂度	稳　定　性
冒泡排序	$O(1)$	$O(n)$	$O(n^2)$	$O(n^2)$	稳定
选择排序	$O(1)$	$O(n^2)$	$O(n^2)$	$O(n^2)$	不稳定
插入排序	$O(1)$	$O(n)$	$O(n^2)$	$O(n^2)$	稳定
希尔排序	$O(1)$	$O(n)$	$O(n^{1.3})$	$O(n^2)$	不稳定
归并排序	$O(n)$	$O(n\log_2 n)$	$O(n\log_2 n)$	$O(n\log_2 n)$	稳定
快速排序	$O(n\log_2 n)$	$O(n\log_2 n)$	$O(n\log_2 n)$	$O(n^2)$	不稳定
堆排序	$O(1)$	$O(n\log_2 n)$	$O(n\log_2 n)$	$O(n\log_2 n)$	不稳定
计数排序	$O(n+k)$	$O(n+k)$	$O(n+k)$	$O(n+k)$	稳定
桶排序	$O(n+k)$	$O(n)$	$O(n+k)$	$O(n^2)$	稳定
基数排序	$O(n+k)$	$O(n+k)$	$O(n+k)$	$O(n+k)$	稳定

2.3.2　排序算法的稳定性

某个排序算法具有稳定性，是指经过排序后，排序前的相同元素的前后位置仍然保持不变。

如图 2.73 所示，一共有 10 张卡片，每张卡片上方都有数字标号。下面需要对这些卡片按照其上面的数字进行排序。

图 2.73　算法的稳定性 1

在上面的卡片中，只有数字 2 和数字 8 是两个，其他数字都是一个，即能够影响这些卡片按其数字标号进行排序的稳定性因素只有数字 2 和数字 8。

在数字 2 中，第一个数字 2 卡片上的小鹿是漫步状态，第二个数字 2 卡片上的小鹿是奔跑状态；第一个数字 8 卡片上的人在游泳，第二个数字 8 卡片上的人在骑马。

在进行排序时，我们可以通过相同数字卡片上的不同内容来进一步确定相同数字卡片的前后位置。

假设使用排序算法 A 对数字卡片进行排序，经过排序后，排序结果如图 2.74 所示，可见数字 2 和数字 8 对应的卡片的相对位置没有发生改变。

图 2.74　算法的稳定性 2

但我们这时不能确定排序算法 A 就是稳定的，需要对排序算法 A 进行逻辑设计分析，确保通过排序算法 A 总能获得相同元素的相对位置在排序前后都没有发生改变的这个结论，才能认为排序算法 A 是稳定的。

也就是说，如果某个排序算法 A 是稳定的，则该排序算法 A 在执行任意次数之后，对任意的被排序的集合进行排序后，相同元素的相对位置都会保持不变，即稳定的排序算法的稳定性对任意被排序的元素集合而言都是稳定的。

相反，假设使用排序算法 A 对数字卡片进行排序，经过排序后，排序结果如图 2.75 所示，数字 2 和数字 8 对应的数字卡片的相对位置发生了改变，那么认为该排序算法是不稳定的。

图 2.75　算法的稳定性 3

另一方面，如果某个排序算法是稳定的，那么该排序算法对具有任意不同内容的待排序集合来说都是稳定的。如果出现该算法对某个新的待排序集合是不稳定的情况，则该算法也是不稳定的。

如果我们将 5 号卡片由小熊卡片换成人划水的卡片，卡片的数字不变。仍然使用之前的排序算法 A 进行排序，排序的结果如图 2.76 所示。

此时，数字 8 的两个卡片位置发生了互换，这时就可以断定该排序算法 A 是不稳定的。

也就是说，对于不稳定性而言，某个排序算法的不稳定性只要存在一个实例证明，那么该排序算法就是不稳定的。

图 2.76　算法的稳定性 4

对于稳定性而言，如果某个排序算法是稳定的，则使用该排序算法对具有任意不同内容的集合进行排序后，获得的结果都是稳定的。

是否需要考虑排序算法的稳定性需要结合实际问题。

一般来说，如果被排序的集合元素关联了其他信息，而这些信息的变化是问题关心的，此时就需要考虑排序算法的稳定性。例如，上述数字卡片上的内容需要被考虑时，则需要考虑算法的稳定性。

如果不需要考虑上述数字卡片上的内容，只需要对卡片上的数字进行排序，则不需要排序算法的稳定性。

2.4　本章小结

本章是具体讲解算法设计的开山之章。对于算法设计学习来说，在了解了基础的算法概念后，最适合的方法就是通过排序算法进行学习。排序算法的多样性与广泛使用使其能够作为基础算法设计与分析的启蒙算法。

先由排序算法入手，然后逐步学习更加复杂的算法，是一个正确的选择，因此读者需要认真学习本章内容。

本章首先介绍了排序算法的基本思想，让读者对排序算法有一个基本的原理性认识，然后分别阐述了十大经典排序算法，并且采用大量的例图进行了生动形象的讲解，积极体现了本书看图学算法的宗旨。

除了大量的图例，本章对每种排序算法都用 Python 代码实现，并对代码进行了大量注释，方便读者深入地理解算法的实现原理。

在介绍完十大经典排序算法之后，接着对算法的复杂度与稳定性进行了进一步的讲解。

莫问前方路何在，迈步拓荒朝阳行。

第 3 章　图　算　法

图算法也是一种古老的算法，其原理是通过线条图形来构建解决数学问题或者逻辑问题的方法。图算法经过历代发展，衍生出了三大类，分别为有向图、无向图和网络。图算法一般与遍历查找及最优路径等问题相关。

3.1　图算法概述

要学习图算法，首先要理解图算法的基本思想。理解什么是算法中的图，为什么要用图来表示算法，在什么情况下需要使用图算法，图算法的优势与不足，以及如何提升图算法的设计，这些问题都需要先理解图算法的基本原理。

3.1.1　图的定义

什么是图？很显然，算法中的图也是图形或者图画，一般采用二维形式表示。与一般的图不同的是，算法图是具有逻辑关系的。也就是说，算法图不是简单的图形表达，而是蕴含逻辑处理关系的表达。

判断一张图是否属于算法图，要看在当前问题中，该图是否具有逻辑关系。

如图 3.1 所示，6 个体育运动项目图标构成了一张图。假设当前的问题是“本届运动会包含的体育项目汇总”，那么图 3.1 就是包含逻辑关系的图，也就是算法图。

图 3.1　无逻辑关系的无序图

如果当前的问题是“本届运动会体育项目的举办顺序”，那么图 3.1 就不是包含逻辑顺序的图，也就不属于算法图。相对而言，图 3.2 以箭头表示流程的逻辑顺序，所以图 3.2 属于算法图。

图 3.2 展示的是体育项目的举办顺序：射箭→举重→滑冰→划船→网球→帆船。

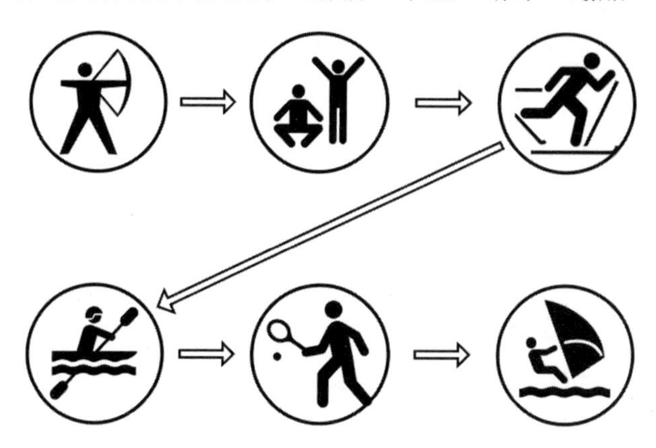

图 3.2　有逻辑关系的有序图

因为算法图一般用于表示某种执行逻辑或者顺序，所以一般的表现形式都是由点和线构成的点线图。其中的点称为顶点，两个顶点之间的线称为边。

因此，算法图一般采用如图 3.2 所示的有逻辑关系的有序图简化后的点线图来表示。

计算机图算法与数学中的图论关系密切，可以说图论是图算法的基础理论，感兴趣的读者可以进一步学习数学图论。

使用图形表示算法或者阐述算法原理与执行过程，也是本书之根本。

3.1.2　图的分类

算法图的分类来源于数学的图论中对图的分类。根据是否有向、完全、连通、加权与循环五大标准，将算法图分为五大类与十大子图，如图 3.3 所示。

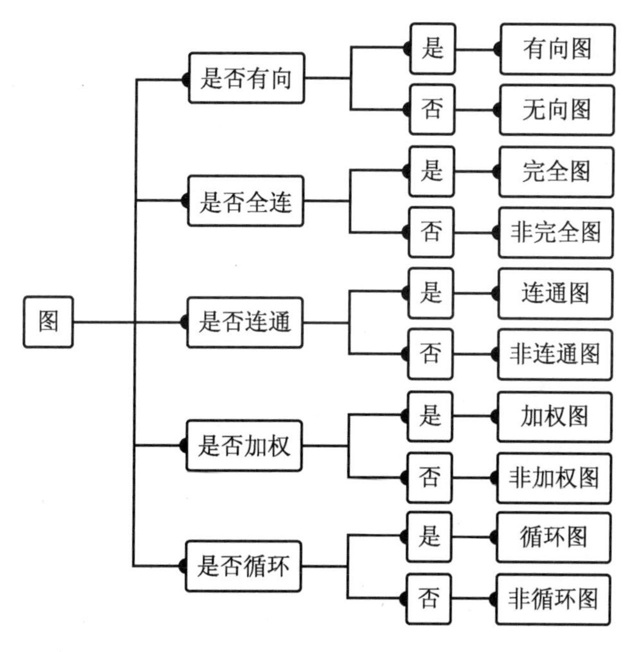

图 3.3　算法图的分类

八大子图的原理与构造特点将在后面详细介绍。

需要注意的是，算法图与数据结构图基本类似。数据结构中的图都是点线图，而算法图从广义上来讲可以不限定于点线图。

3.1.3 图算法与图分析

图算法就是计算机算法或者数学算法，而算法主要用于处理事物与问题的逻辑关系。

图算法由于其独特的优势，在现实中被广泛应用。其中一种应用就是图分析。图分析侧重于应用图算法的理论知识对实际问题中的数据进行分析。

图 3.4 展示的是图算法与图分析的关系。图算法侧重理论，图分析侧重应用。图分析就是图算法的一种实际应用体现。

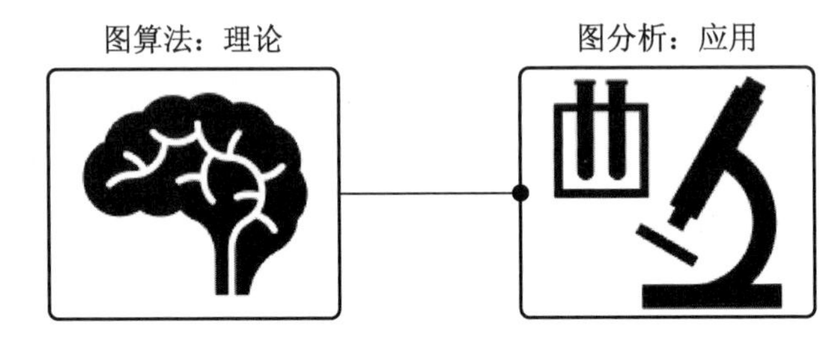

图 3.4 图算法与图分析

需要注意的是，图算法是图分析的众多分析工具之一，而图分析是图算法的众多实际应用形式之一。二者不是严格的从属或包含关系。

图算法的实际应用除了进行数据分析，另一个用途是图可视化。图可视化就是通过图算法与构图技术将数据转为图，即抽象数据的可视化，将抽象的数据转化为形象的图。

3.1.4 图算法的应用

图算法通过算法图来表现某种处理方法的逻辑关系。因为算法图一般指点线图，所以图算法的应用一般指通过点线图来构建相对于某问题的逻辑处理关系。

图算法的主要目的如下：

- 遍历：将集合构成图结构，再遍历其中的元素。
- 查找最短路径：在点线或者网络中寻找某两个节点之间的最优路径，有时还要考虑附件路径的通过条件，也就是加权路径。
- 判断两节点之间的关系，包括两个节点之间是否连通、是否构成循环结构等。

图算法的实际应用场景主要有分析与构建路由表、优化管道网络、优化通信网络、优化运输网络、优化交通路线与类似的网络点线连接结构等。

3.2 有向图与无向图

为了切合主流的数据结构图，本节中的算法图大部分采用点线图的形式进行介绍。

在点线式算法图中，根据图中的顶点与顶点之间的边，也就是点与点之间的连线是否具有方向，将算法图分为有向图和无向图。注意，算法图中的顶点与边都是有穷的，这在结构上对应了算法的有穷性。

在数据结构中，图是一种多对多的结构。

有向图：图中的所有边都是具有方向的，一般采用箭头表示方向。

- 如图 3.5 展示的是有向图，该图具有 4 个顶点与 5 条边。图 3.5（a）与图 3.5（b）表示的算法图的结构都是一样的，只是表现形式不同。

也就是说，只要保持顶点与边之间的结构关系不变，算法图的形状可以任意设计。

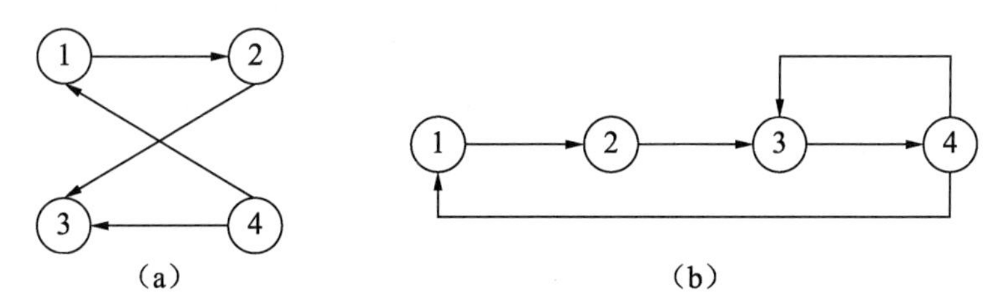

图 3.5　有向图

- 无向图：图中的所有边都是没有方向的，没有箭头等表示方向。

如图 3.6 展示的是无向图，该图具有 4 个顶点与 4 条边。图 3.5（a）与图 3.5（b）表示的算法图的结构都是一样的，只是表现形式不同。

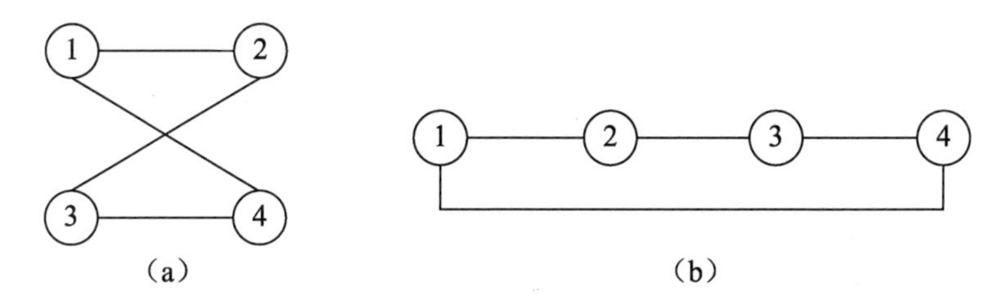

图 3.6　无向图

由此可见，在无向图中，任意两点之间最多只有一条边，但是可以表示两个方向。而在有向图中，任意两点之间最多有两条边，一条边表示一个方向。也就是说，无向图中的任意两点之间都是双向的，而有向图中的任意两点之间可以是单向也可以是双向的。

3.3　完全图与非完全图

在图论中，如果某个图中的任意两个顶点之间都有边连接，则称该图为完全图。相反，如果某个图中的两个顶点之间没有边连接，则称该图为非完全图。

在无向图与有向图中，完全图与非完全图的表现也不同，如图 3.7 所示。

在图 3.7 中，（a）图是无向完全图，（b）图是无向非完全图（因为顶点 2 与顶点 4 之间没有连接边），（c）图也是无向非完全图（因为顶点 4 与顶点 2 和顶点 3 之间都不存在连接边）。

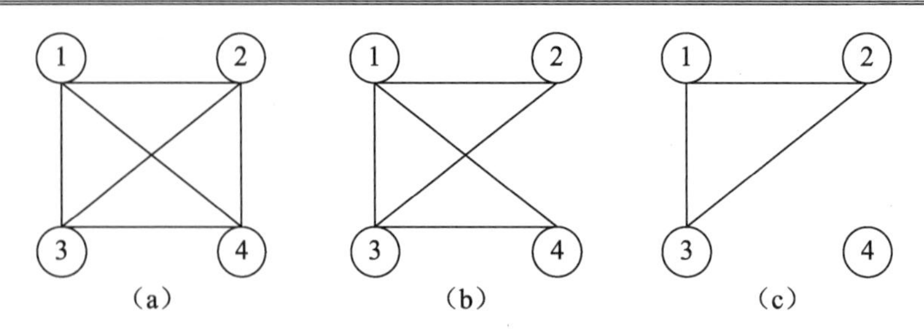

图 3.7　无向完全图与无向非完全图

如图 3.8 所示，（a）图是有向完全图，（b）图是非完全图（因为顶点 4 到顶点 2 没有连接边），（c）图也是有向非完全图（因为顶点 4 与顶点 2 和顶点 3 之间都不存在连接边）。

通过分析可以知道，如果图中存在孤立顶点，则该图只能是非完全图。

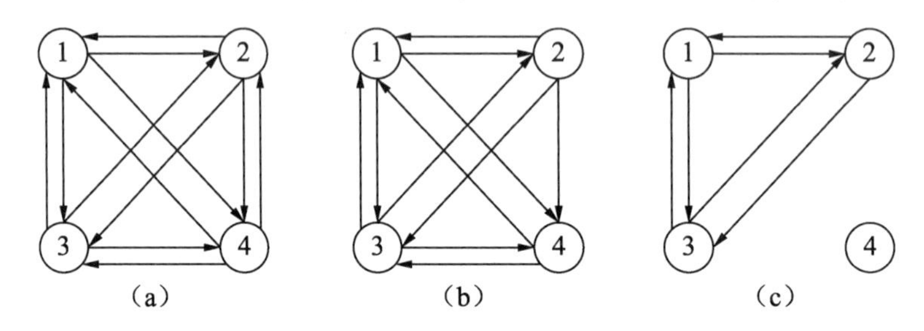

图 3.8　有向完全图与有向非完全图

3.4　连通图与非连通图

在数据结构或者图论中，如果某个图中的任意两个顶点之间双向都有路径连通，则该图是连通图。

进一步，由于有向图比无向图在方向上更有限定性，所以有向图的连通性比无向图的连通性更加严格。

在无向图中，要实现图中的任意两个顶点之间双向都有路径连通，只需要这两点之间有一条连接线即可。

在有向图中，要实现图中的任意两个顶点之间双向都有路径连通，则需要这两点之间有两条连接线。也就是说，完全有向图的连接边数是相同顶点结构的无向图的连接边数的两倍。

因此，在相同条件下，有向图的连通图比无向图的连通图的成立条件更加严格。

在本节中，如果出现多个小图合并为一个图的情况，则用行列表示小图的具体位置。如图 3.9 所示，（a）图即图（0,0）表示第 0 行第 0 列，即非计算机知识中的第 1 行第 1 列。注意，下标的起始数字为 0，具体的取值范围为自然数（0,1,2,3…）。

如图 3.9 所示，（a）图为无向连通图，其余小图都是有向连通图，也就是强连通图。

如图 3.10 所示的 3 个小图都是非连通图。其中，（a）图是无向非连通图，因为该图是无向图，但不是连通图，顶点 2 与顶点 4 没有连接。（b）图的顶点 1 与顶点 2 没有相连，（c）图的中顶点 4 被孤立，因此这两个图都是有向非连通图。

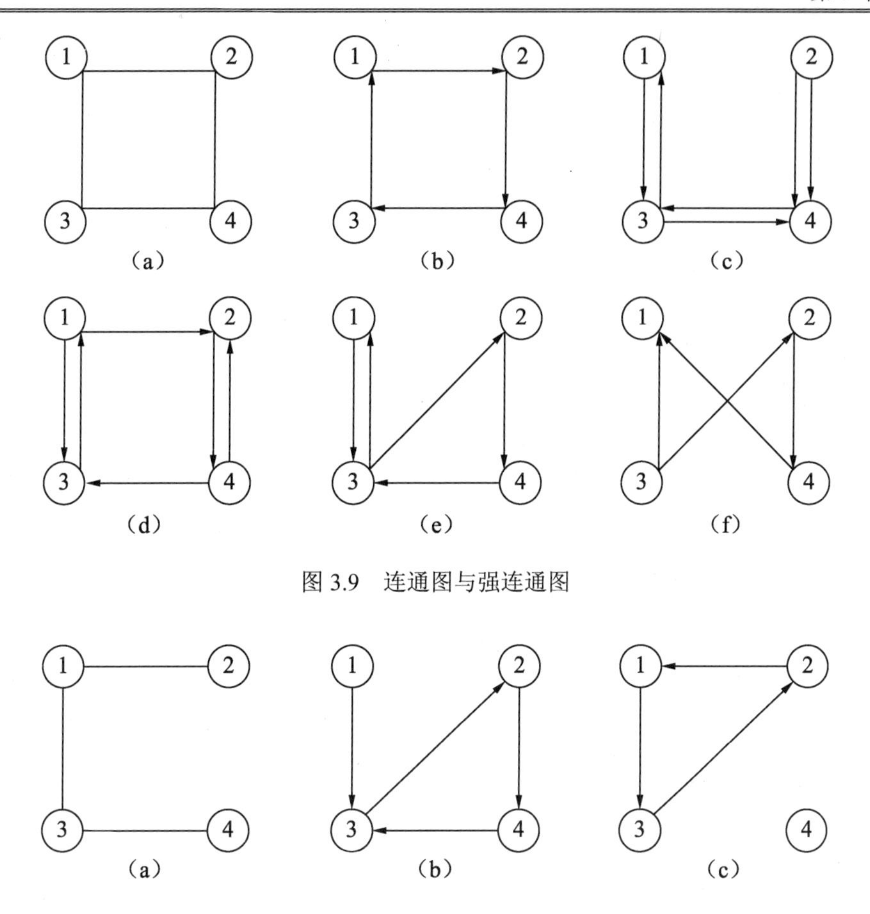

图 3.9　连通图与强连通图

图 3.10　非连通图

如图 3.11 所示，给出了其他类型的非连通图。其中，（d）图是由于孤立块导致的非连通图，（e）图是由于孤立点导致的非连通图。

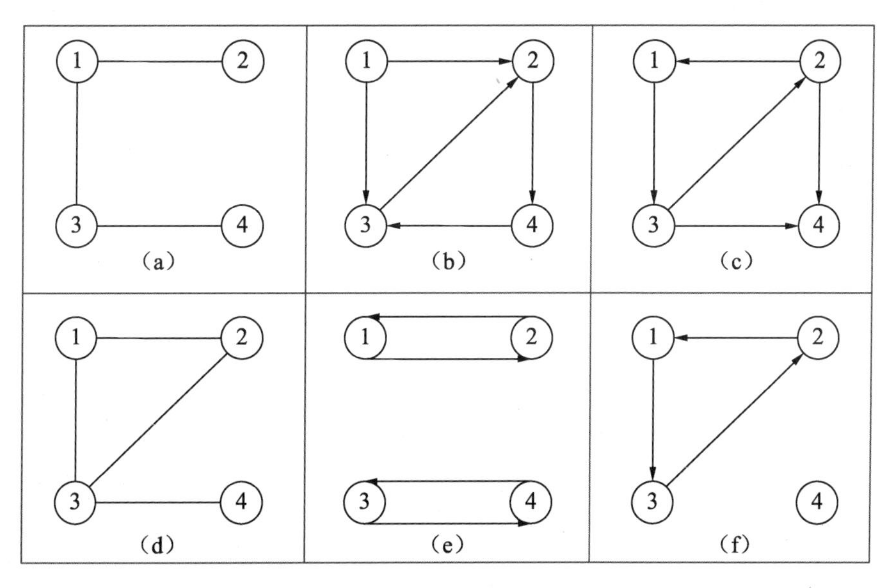

图 3.11　其他非连通图

通过分析可知，如果在算法的点线图中出现了某两个顶点不连接、孤立顶点或者分割块的情况，则该图就是非连通图。

3.5 加权图与非加权图

如果在算法图的点线图中的每一条线即边上面添加一个控制参数，用于设置与控制某两个节点之间的通行成本即通行难度，则这种图称为加权图，而添加的控制参数就称为权。

有向图和无向图都可以是加权图，相对于普通的点线图而言，加权图就是在边上添加了权重，而带权的图称为网，这里的权即为权重。

下面引入一个例子来介绍加权图的特点与相关概念。

假设有两个城邦，分别为城邦 1 和城邦 2，行人在它们之间通行需要收取过路费。最初，过路费的收取都是一样的，如图 3.12（a）所示，每个人收取 1.2 金币。

后来，由于从城邦 1 到城邦 2 的行人数量变多了，而从城邦 2 到城邦 1 的行人数量减少了，两个城邦之间实施了新的过路费收取方案，从城邦 1 到城邦 2 的行人每人收取 1.6 金币，从城邦 2 到城邦 1 的行人每人收取 0.8 金币，如图 3.12（b）所示。

不管采用哪种方案，收取的金币都是由两个城邦平分。请问哪种方案好，获利最大？

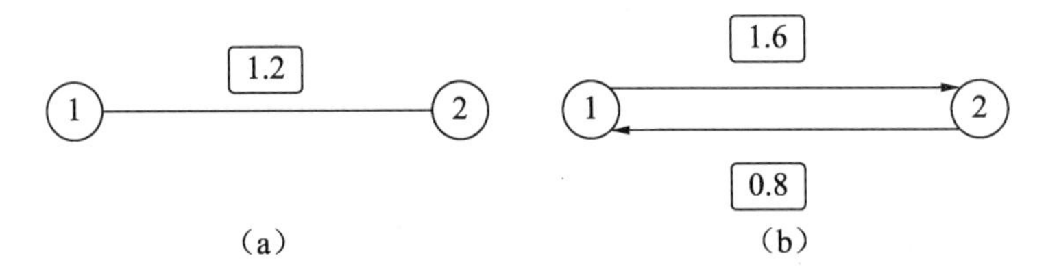

图 3.12　无向加权图与有向加权图

在上面的例子中：第一种方案就是无向加权图，过路费即权重，其与方向无关；第二种方案就是有向加权图，过路费与方向有关。

根据制定的方案可知，第一种方案的获利公式如下：

$$总获利=两城邦通行人数总和\times 1.2$$

第二种方案的获利公式如下：

$$总获利=城邦1到城邦2的通行人数\times 1.6+城邦2到城邦1的通行人数\times 0.8$$

那么，哪种方案获利最大就跟两个城邦之间的具体通行人数相关。这里只是举例，用来理解有向加权图与无向加权图的概念。

在理解了加权图的概念后，接着介绍成本与消耗系数的概念。

假设在两个顶点之间通行需要成本，还需要消耗系数，那么对于加权图，权重就是消耗系数，而节点之间的边长就是通行成本。

再看一个例子。如图 3.13 所示，有 4 个节点，分别为节点 1、2、3、4。规定相邻的两个节点之间的通行成本是 1，对角两个节点之间的通行成本是 2。要求计算机由节点 1 到节点 4 之间通行的总成本。

根据之前加权图的概念可知，图 3.13（a）所示算法的总成本如下：

$$总成本=1\times 1+2\times 2+1\times 1=6$$

图 3.13（b）所示算法的总成本如下：

总成本=1×1+2×2+1×1=6

图 3.13（c）所示算法的总成本如下：

总成本=2×5=10

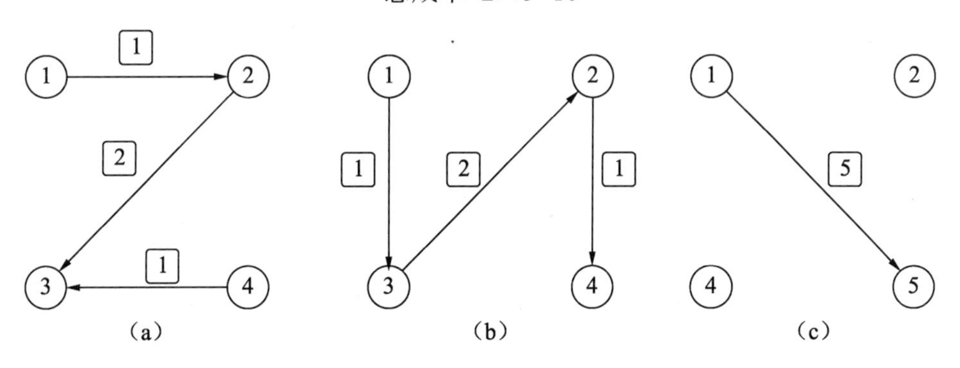

图 3.13　有向加权图

由此可见，在图 3.13 中，虽然左图与中图行走的路线不一样，但是总成本是一样的。而右图虽然看似简单，只有一条边，而且通行成本为 1，但是总成本却最高，为 10，由此可以看出消耗系数对结果的影响，即权重的重要性。

3.6　循环图与非循环图

在算法中存在循环这个逻辑处理概念。同样，在算法图中也存在循环的概念。

如果某个算法图中存在一个以上的点，由该点出发，经过其他点后不折返，仍能回到该点，则该算法图称为循环图，由该点出发后回到该点的不折返路径称为环。

如果在某个算法图中不存在环，则称该图为非循环图。

图 3.14 展示的是 3 个循环图。其中，（a）图是 1→2→3 循环，（b）图是 2→3→4 循环，（c）图有两个循环，分别为 2→4→5 与 2→3→5。

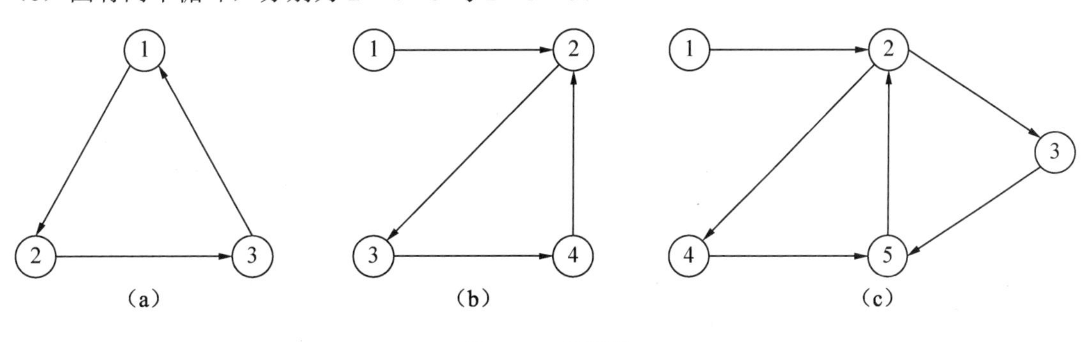

图 3.14　循环图

图 3.15 展示的是 3 个非循环图，这 3 个图都不存在环。

有向图和无向图都可以含有环，而且有向图的环是有方向的，为顺时针或者逆时针方向。而无向图的环是没有方向的，因此无向图的环的约束条件比有向图更容易满足。

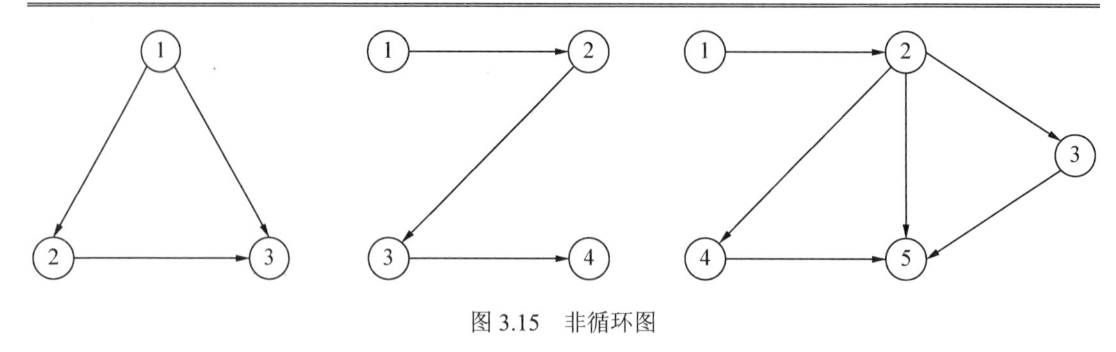

图 3.15　非循环图

例如，将图 3.15 的左图中的箭头边改为无向边，则该图就是最简单的无向循环图。

3.7　常用的图算法

本节介绍几种常用的图算法的原理与设计，供读者参考。

3.7.1　路径搜索算法

路径搜索算法一般用于查找最短路径，因此也称为最短路径搜索算法。

路径搜索算法就是按照路径进行搜索和查找的算法。这些路径一般是给定的，即静态的，也可以是变化的，即动态的。

在算法的图中进行路径搜索，一般有两种方法即设计思路，一个是深度优先搜索，另一个是广度优先搜索。

在进行最短路径算法设计的时候，还有一种基础算法是经常使用的，即贪心算法。因为最短路径算法追求当前最大效率与贪心算法追求当前局部最优解是类似的。

在实际应用中，常用的路径搜索算法有 Dijkstra 算法、A*算法、SPFA 算法、Bellman-Ford 算法、Floyd-Warshall 算法和 Johnson 算法。后续章节会对这些常用的路径搜索算法进行核心原理阐述与编程讲解。

路径搜索算法也称为路径规划算法，在现实生活中被广泛应用，如交通运输规划、地图导航路线规划等。

3.7.2　广度优先搜索算法

广度优先搜索（Breadth First Search，BFS）也称为宽度优先搜索，就是在执行搜索时，先进行广度搜索，然后进行深度搜索，倾向于在同等级深度范围内的同层搜索。

由于广度优先搜索是搜索算法的两种方法之一，所以一些著名的搜索算法也是基于该算法的延伸和拓展。

Dijkstra 算法和 Prim 算法在核心原理设计方面都采用了类似于广度优先搜索的思想。

广度优先搜索属于一种常用的盲目搜寻法，即按照既定的搜索策略进行搜索，不考虑或者不利用问题本身的特性优化搜索。

广度优先搜索算法的目的是全面地展开搜索，不放过一处节点，逐个检查图中的所有节点，从而找寻理想的结果。

广度优先搜索算法不具有预判或者主要往哪些节点进行搜索的倾向性，看似不是很“智能”，但却是基础的搜索思想之一，而且是绝对可以找到理想结果的算法。

广度优先搜索简单地说就是先将待搜索的数据分层，然后一层层地逐层搜索，搜索完一层再搜索下一层，直到满足目标条件为止。

下面举例说明广度优先搜索算法的核心原理。传说古代有一条巨龙，巨龙诞下 9 子，称为九龙。现在将这 9 条龙分别命名为 A、B、C、D、E、F、G、H 和 I。

这 9 条龙之间互相可以通信往来，但不是两两之间都可以通信，只是部分可以通信，如图 3.16 所示。现在 A 龙想召唤 H 龙来家议事，但是 A 龙无法直接联系 H 龙。于是，给出两个问题：

问题 1：A 龙能否联系到 H 龙？

问题 2：如果 A 龙能联系到 H 龙，具体的联系方式或路径是什么？

要解决上面的两个问题有多种方法，下面结合图 3.17 介绍如何使用广度优先算法来解决。

如图 3.16 所示的九龙互通其实就是一个二叉树结构。由于广度优先算法侧重于逐层搜索，所以第一步应该将该二叉树进行分层。结合二叉树层的概念，九龙互通图可以分为 4 层，如图 3.17 所示。

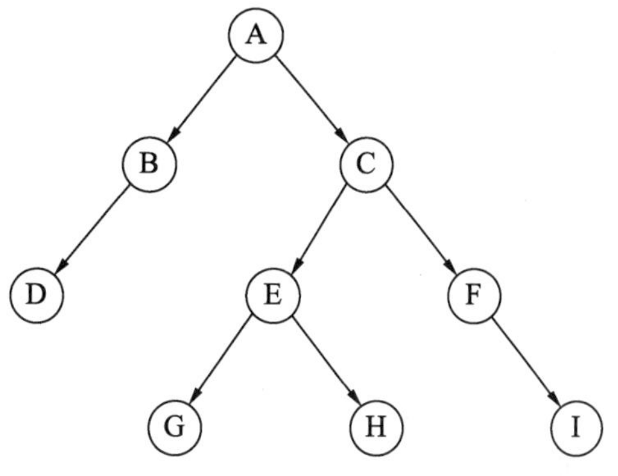

图 3.16　九龙互通

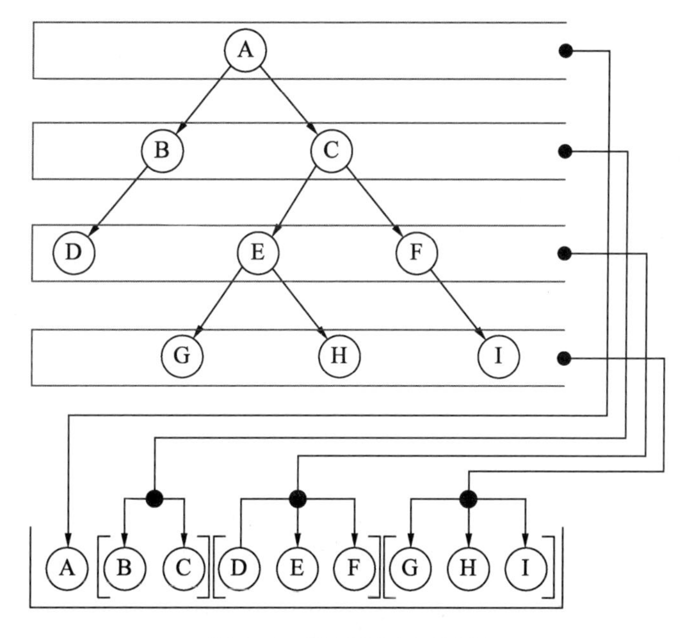

图 3.17　广度优先逐层排序

将图 3.16 所示的二叉树逐层抽取数据，然后从左到右逐个进行排序。如果将同一层的数据放至一个列表中，再用方括号包含所有的数据，则有：

[A,[B,C],[D,E,F],[G,H,I]]

为了方便数据处理，将上述用于表示 9 条龙的英文字母加上单引号构成字符串，定义为 Python 列表变量：

['A',['B','C'],['D','E','F']['G','H','I']]

但是上面的双重列表结构仍然不能反映整个二叉树节点之间的连接结构。

这里有两种表示方式，第一种采用矩阵的形式，如图 3.18 所示，如果 *X* 有箭头直线指向 *Y*，则在 *X* 代表的第 *i* 行与 *Y* 代表的第 *j* 列的位置上定义为 1，否则定义为 0。

	A	B	C	D	E	F	G	H	I
A	0	1	1	0	0	0	0	0	0
B	0	0	0	1	0	0	0	0	0
C	0	0	0	0	1	1	0	0	0
D	0	0	0	0	0	0	0	0	0
E	0	0	0	0	0	0	1	1	0
F	0	0	0	0	0	0	0	0	1
G	0	0	0	0	0	0	0	0	0
H	0	0	0	0	0	0	0	0	0
I	0	0	0	0	0	0	0	0	0

图 3.18　用矩阵表示九龙节点的连接结构

例如，在图 3.16 中，A 节点往下指向 B 节点与 C 节点，因此在图 3.18 中，A 行中的 B 列与 C 列元素都是 1，其余都是 0，其他行类似。

图 3.18 所示的矩阵关系是按照本行节点与下一行节点的箭头指向关系构建的。因为是同长宽升维构建，即从一维升级到二维，而且是 N×N 升维构建，所以在对矩阵的每一行进行遍历时，如果出现很多位置的元素都是 0，则会浪费计算资源。

上述设计引入了矩阵思想来表示数据结构，如图 3.19 所示，其设计思想是将矩阵作为一种用于中间处理的介质结构。

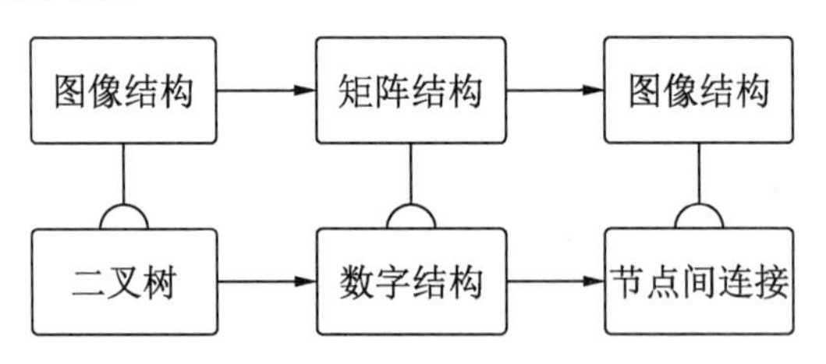

图 3.19　九龙连接问题矩阵表示思想

中间处理的是以数字为元素的数字结构，也就是矩阵。

下面引入一种新的数据结构来表示二叉树的上层节点与下层节点的连接关系。

[['B','C'],['D'],['E','F'],[' '],['G','H'],['I'],[' '],[' '],[' ']]

上面是一个两层列表，外层列表用于包括与限定内层子列表。内层子列表依次表示节点 A、B、C、D、E、F、G、H、I 到下一层的连接节点集合，而且用 Python 字符串的形式表示，便于使用 Python 直接操作运算。

例如，节点 A 的下一层连接节点是节点 B 与节点 C，因此第一个子列表为['B','C']。

上述结果是观察后可以直接得到的。下面通过算法程序来得到上述结果，并给出从 A 点到 H 点的路径。

下面开始设计算法程序，用于广度优先算法。

算法代码 3.1：

```
# 首先定义代表九龙的节点符号
nine_dragon = ['A', 'B', 'C', 'D', 'E', 'F', 'G', 'H', 'I']
# 九龙节点的下一个节点
nine_dragon_next = [['B', 'C'], ['D'], ['E', 'F'], [''], ['G', 'H'], ['I'],
['"], [''], ['']]

# 根据 nine_dragon 与 nine_dragon_next 获取九龙节点的分层结构列表
breadth_list = [['A']]
breadth_list.append(nine_dragon_next[0])

# 定义用于存储各个分层数据的总列表
tier_list = []


# get_tier 函数采用递归思想，逐层获取下层的节点数据
# 注意，为了方便阐述，这里的上层与下层是相邻关系，中间没有层
def get_tier(upper_tier):
    # 定义用于存储的下层节点存储空列表
    tier = []
    # 对上层节点进行逐个处理
    for i in upper_tier:
        # 对下层节点即上一层的下层节点进行逐个处理
        for j in nine_dragon_next[nine_dragon.index(i)]:
            # 如果下一层节点的当前元素不为空
            if j != '':
                # 则将当前元素添加到下一层节点的存储列表中
                tier += j
    # 声明调用函数外的全局变量
    global tier_list
    # 如果本次获取的下层节点的节点数据不为空
    if tier != []:
        # 则将本次获取的下层节点的节点数据添加到分层数据总列表中
        tier_list += [tier]
        # 并递归调用 get_tier 对下下层节点数据进行操作
        get_tier(tier)

    return tier_list
```

```
root_tier = ['A']
tier_list = [root_tier] + get_tier(root_tier)
print('二叉树结构的分层数据列表为:', tier_list)


# 下面采用广度优先搜索逐层查找目标节点并记录连接顺序
# 定义用于存储搜索路径的列表
search_path = []


# get_target 函数用于在所给的二叉树结构中分层查找目标节点并返回连接顺序
# 参数列表：s 为初始节点，t 为目标节点，tier_list 为二叉树分层节点列表，nine_dragon_
next 为下层节点连接列表
def get_target(s, t, tier_list, nine_dragon_next):
    # if s != t:
        tier = 0
        stat_tier = 0
        now_tier = 0
        for i in tier_list:
            tier += 1
            for j in i:
                if j == s:
                    stat_tier = tier
                    print('初始节点为:', s, ', 位于第', tier, '层')
                if j == t:
                    now_tier = tier
                    print('当前连接节点为：', t, ', 位于第', now_tier, '层')

        global search_path
        # 如果回溯当前节点层在初始节点层上面，则说明目标节点无法回溯到初始节点，即两者
不连通
        if now_tier < stat_tier:
            print('初始节点', s, '无法到达目标节点', t)
            search_path = []
        else:
            # 下面从当前节点所在层往上开始回溯对比，找出上层对应节点
            for i in tier_list[now_tier-2]:
                # 对比上层节点对应的下层节点中是否有当前节点
                for j in nine_dragon_next[nine_dragon.index(i)]:
                    if j == t:
                        print('上层连接节点为：', i, '\n')
                        search_path.append(i)
                        get_target(s, i, tier_list, nine_dragon_next)
                        return search_path


# 定义开始节点与目标节点
```

```
start_node = 'A'
target_node = 'H'

# 获取路径返回列表
path = get_target(start_node, target_node, tier_list, nine_dragon_next)
# 如果从初始节点可以到达目标节点
if path != []:
    a = [target_node] + path
    # 翻转路径列表
    a.reverse()
    s = ''
    # 以箭头方式在一行中输出路径结果
    for i in a:
        if a.index(i) != len(a)-1:
            s += i + ' --> '
        else:
            s += i

    print('\n从节点', start_node, '到节点', target_node, '的路径为：', s)
```

输出结果1：

```
二叉树结构的分层数据列表为：[['A'], ['B', 'C'], ['D', 'E', 'F'], ['G', 'H', 'I']]
初始节点为：A ，位于第 1 层
当前连接节点为： G ，位于第 4 层
上层连接节点为： E

初始节点为：A ，位于第 1 层
当前连接节点为： E ，位于第 3 层
上层连接节点为： C

初始节点为：A ，位于第 1 层
当前连接节点为： C ，位于第 2 层
上层连接节点为： A

初始节点为：A ，位于第 1 层
当前连接节点为： A ，位于第 1 层

从节点 A 到节点 G 的路径为： A --> C --> E --> G
```

上述算法代码主要分为两部分：一部分是 get_tier 函数，用于获取二叉树结构的分层数据列表；另一部分是 get_target 函数，用于分层查找目标节点并返回连接顺序。

先根据上下两层节点的连接数据，生成原二叉树结构对应的九龙通信图的分层数据列表结构，再采用递归回溯逆推的思想，从最终的目标节点出发，逐层逆推到初始节点所在的层。最后将逆推的路径翻转，就是问题的答案，从初始节点 A 到目标节点 H 的路径。

上述算法可以判断原二叉树结构的任意两点之间是否有路径连通，如果连通，则输出具体的连通路径。如果将上述代码中的初始节点改为 start_node = 'B'，则输出结果如下。

输出结果 2：

```
二叉树结构的分层数据列表为：[['A'], ['B', 'C'], ['D', 'E', 'F'], ['G', 'H', 'I']]
初始节点为：B , 位于第 2 层
当前连接节点为： H , 位于第 4 层
上层连接节点为： E

初始节点为：B , 位于第 2 层
当前连接节点为： E , 位于第 3 层
上层连接节点为： C

初始节点为：B , 位于第 2 层
当前连接节点为： C , 位于第 2 层
上层连接节点为： A

当前连接节点为： A , 位于第 1 层
初始节点为：B , 位于第 2 层

初始节点 B 无法到达目标节点 A
```

3.7.3 深度优先搜索算法

深度优先搜索（Depth First Search，DFS）就是在执行搜索时，先进行深度搜索，后进行广度搜索，倾向于在同方向纵深范围内的跃层搜索。

深度优先搜索也可以简单理解为一条路走到底，简单讲就是一走就走到节点分支的尽头，实在没有下一层节点了，再返回上一个分支节点走另外一条路径，可以理解为不到尽头不回头的搜索方式。

相比侧重于同层搜索的广度优先搜索而言，深度优先搜索侧重的是跃层搜索。

深度优先搜索与广度优先搜索一样，也属于一种常用的盲目搜寻法，即按照既定的搜索策略进行搜索，不考虑或者不利用问题本身的特性优化搜索。

下面将使用深度优先算法来解决图 3.16 所示的九龙互通问题。

如图 3.20 所示，按照深度优先搜索算法的思想，搜索节点从节点 A 出发，节点 A 有两个同层子节点，分别为节点 B 与 C，此时，对于位于同层的多个子节点来说，先遍历左边的节点分支，再折返遍历右边的节点分支。

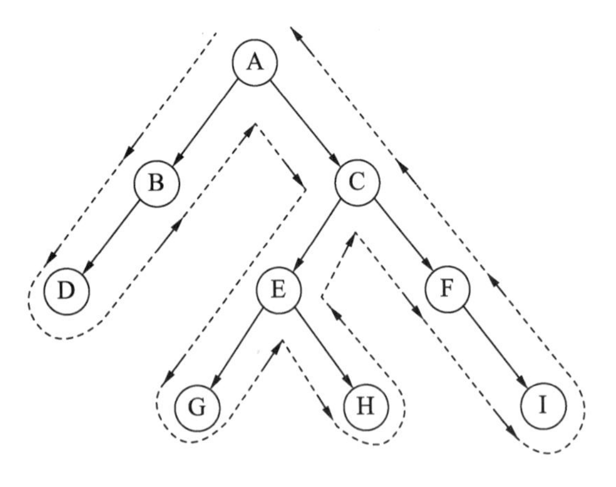

图 3.20 九龙互通图深度优先搜索路径

因此，图 3.20 所示的搜索遍历节点的顺序为：

A→B→D→A

A→C→E→G→E→H→C→F→I→A

上述搜索执行路径 2 次回溯到初始节点 A，当第 2 次回溯初始节点 A 时，完成遍历

搜索所有子节点。这里的 2 次返回初始节点 A，对应初始节点 A 具有 2 个子节点。

拓展来说，如果当前搜索节点是初始节点，并且初始节点的所有子节点全部被遍历完成，则搜索算法对所有子节点的遍历即完成。

通过上述分析，可以得到深度优先搜索算法的执行顺序如下：

（1）从初始节点出发，往下一层找子节点。

（2）如果当前节点有子节点，则选择靠左的未遍历的节点作为新出发点，重复第（1）步。

（3）如果没有子节点，则往上回溯，重复第（2）步。

（4）重复第（2）步与第（3）步，直至找到目标节点。如果往上回溯到了初始节点仍然没有找到目标节点，则说明初始节点无法连通到目标节点。

根据上面的分析，如果要设计深度优先算法，则必须处理好以下 3 点：

- 获取节点之间连接的数据结构。
- 判断当前节点是否存在子节点。
- 对回溯到上一个具有子节点分支的节点的处理。

下面引入广度优先搜索算法采用的数据结构，来表示九龙互通图二叉树的上层节点与下层节点的连接关系：

[['B','C'],['D'],['E','F'],[' '],['G','H'],['I'],[' '],[' '],[' ']]

内层子列表依次表示节点 A、B、C、D、E、F、G、H、I 到下一层的连接节点集合，适用于 Python 列表运算。

下面开始设计算法程序，用于广度优先算法。

算法代码 3.2：

```
# 首先定义代表九龙的节点符号
nine_dragon = ['A', 'B', 'C', 'D', 'E', 'F', 'G', 'H', 'I']
# 九龙节点的下一个节点
nine_dragon_next = [['B', 'C'], ['D'], ['E', 'F'], [''], ['G', 'H'], ['I'],
[''], [''], ['']]


# find_upper_node 函数用于判断当前节点的上层节点是否存在，如果存在则获取
def find_upper_node(now):
    # 定义当前节点对应的上层节点在 nine_dragon 中的元素索引，如'A'对应 0
    ind = 0
    # 通过双重循环判断来获取上层节点
    for i in nine_dragon_next:
        # 对 nine_dragon_next 的子列表进行遍历
        for j in i:
            if j == now:
                # 根据上层节点在 nine_dragon 的索引值获取上层节点的字母标号
                upper_node_letter = nine_dragon[ind]
                print('当前节点的上层节点为：', upper_node_letter)
                return upper_node_letter
            elif 'A' == now:
                print('当前节点为根节点：A，不存在上层节点')
                return 'A'
```

```
        # 每对 nine_dragon_next 遍历一次子列表，累计加 1
        ind += 1


# find_next_node 函数用于判断当前节点的下层节点，如果不存在则返回' '
def find_next_node(now):
    return nine_dragon_next[nine_dragon.index(now)]


# 定义集合参数用于记录搜索路径
path_set = []
# 定义集合参数用于记录分叉节点集合
bifurcation_set = []
# 定义集合参数用于记录当前分支已遍历的节点
now_bifurcation_nodes = []
# 定义参数用于判断是否停止递归
flag_get_target = False
# 定义参数用于记录当前分支节点已经处理的分支数
handled_branch = 0


# deep_search 函数为深度优先搜索主函数
def deep_search(s, t):
    # 首先找出当前节点的下层节点集合
    print('\n 当前节点: s =', s)
    next_set = find_next_node(s)
    print('next_set =', next_set)
    # 记录实际的逐点搜索路径
    global path_set
    path_set += s
    print('path_set =', path_set)

    global bifurcation_set
    global now_bifurcation_nodes
    global handled_branch
    # 判断当前节点是否为分叉节点
    if len(find_next_node(s)) > 1:
        print('当前节点', s, '是分叉节点')
        bifurcation_set.append(s)
        # 如果是，则将当前节点加入分叉节点集合中，然后将处理分支节点数重置为 0
        handled_branch = 0
        # 清空当前分支已遍历的节点集合
        now_bifurcation_nodes = []
    else:
        print('当前节点', s, '不是分叉节点')
        # 如果当前节点不是分叉节点，则加入当前分支已遍历的节点集合
        now_bifurcation_nodes.append(s)
```

```
    print('当前分叉节点集合 bifurcation_set = ', bifurcation_set)
    print('当前分支已遍历的节点集合 now_bifurcation_nodes = ',
now_bifurcation_nodes)

    if next_set != ['']:
        for i in next_set:
            # 将当前子节点作为下一次搜索的起点，递归调用 deep_search 函数进行搜索
            global flag_get_target
            # 如果在子节点集合中找到了目标节点，则说明搜索成功
            if i == t:
                print('找到目标节点！ ------->节点', i)
                path_set += [t]
                flag_get_target = True
                print('\n 从初始点到目标节点', t, '的连通路径为')
                connection = bifurcation_set + now_bifurcation_nodes + [t]
                s_connet = ''
                for connet in connection:
                    # 凭借要输出的箭头指示字符串
                    s_connet += connet + '-->'
                print(s_connet[0:-3])

                print('\n 从初始点到目标节点', t, '的实际逐点搜索路径为')
                search_path = ''
                for i in path_set:
                    # 凭借要输出的箭头指示字符串
                    search_path += i + '-->'
                print(search_path[0:-3])

            # 如果在子节点集合中没有找到目标节点，则继续递归搜索
            if not flag_get_target:
                print('当前子节点: i =', i)
                deep_search(i, t)

    # 如果当前节点是末端节点且位于上一个分支节点的最后一个分支
    # 则当前节点是末端节点，其下层节点为空，已处理的分支数应等于上一个分支节点的子节点
个数
    elif next_set == ['']:
        if bifurcation_set:
            handled_branch += 1
            print('bifurcation_set = ', bifurcation_set)
            upper_bifurcation_node = bifurcation_set[-1]
            # 如果当前元素为末端节点，则清空当前分支已遍历的节点集合
            now_bifurcation_nodes = []
            print('当前元素', s, '是末端节点')
            print('已经处理的分支数为 handled_branch = ', handled_branch)
            # 如果已处理的分支总数等于上一个分支节点的分支总数，则说明上一个分支节点的
所有分支都已经被遍历
            if handled_branch == len(find_next_node(upper_bifurcation_node)):
```

```
                # 删除上一个分支节点
                del bifurcation_set[-1]
                print('当前节点', s, '的上一个分支节点', upper_bifurcation_node,
'已经没有其他未遍历分支')
                print('因此当前节点', s, '的上一个分支节点', upper_bifurcation_node,
'需要删除')
                print('处理后的当前分叉节点集合为 bifurcation_set =', bifurcation_set)
            else:
                print('但是当前节点', s, '的上一个分支节点', upper_bifurcation_node,
'还有其他未遍历分支')
                print('因此当前节点', s, '的上一个分支节点', upper_bifurcation_node,
'需要继续保留')

        else:
            print('\n 从初始点到目标节点的连通路径不存在！')


deep_search('A', 'H')
```

输出结果 1：

```
当前节点：s = A
next_set = ['B', 'C']
path_set = ['A']
当前节点 A 是分叉节点
当前分叉节点集合 bifurcation_set =  ['A']
当前分支已遍历节点集合 now_bifurcation_nodes =  []
当前子节点：i = B

当前节点：s = B
next_set = ['D']
path_set = ['A', 'B']
当前节点 B 不是分叉节点
当前分叉节点集合 bifurcation_set =  ['A']
当前分支已遍历节点集合 now_bifurcation_nodes =  ['B']
当前子节点：i = D

当前节点：s = D
next_set = ['']
path_set = ['A', 'B', 'D']
当前节点 D 不是分叉节点
当前分叉节点集合 bifurcation_set =  ['A']
当前分支已遍历节点集合 now_bifurcation_nodes =  ['B', 'D']
bifurcation_set =  ['A']
当前元素 D 是末端节点
已经处理的分支数为 handled_branch =  1
当前节点 D 的上一个分支节点 A 还有其他未遍历的分支
因此当前节点 D 的上一个分支节点 A 需要继续保留
当前子节点：i = C
```

```
当前节点：s = C
next_set = ['E', 'F']
path_set = ['A', 'B', 'D', 'C']
当前节点 C 是分叉节点
当前分叉节点集合 bifurcation_set = ['A', 'C']
当前分支已遍历节点集合 now_bifurcation_nodes = []
当前子节点：i = E

当前节点：s = E
next_set = ['G', 'H']
path_set = ['A', 'B', 'D', 'C', 'E']
当前节点 E 是分叉节点
当前分叉节点集合bifurcation_set = ['A', 'C', 'E']
当前分支已遍历的节点集合now_bifurcation_nodes = []
当前子节点：i = G

当前节点：s = G
next_set = ['']
path_set = ['A', 'B', 'D', 'C', 'E', 'G']
当前节点 G 不是分叉节点
当前分叉节点集合bifurcation_set = ['A', 'C', 'E']
当前分支已遍历的节点集合now_bifurcation_nodes = ['G']
bifurcation_set =  ['A', 'C', 'E']
当前元素 G 是末端节点
已经处理的分支数为handled_branch = 1
当前节点 G 的上一个分支节点 E 还有其他未遍历的分支
因此当前节点 G 的上一个分支节点 E 需要继续保留
找到目标节点！ ------->节点 H

从初始点到目标节点 H 的连通路径为
A-->C-->E-->H

从初始点到目标节点 H 的实际逐点搜索路径为
A-->B-->D-->C-->E-->G-->H
```

通过上述深度优先搜索代码解决了九龙通信图二点之间连通路径的问题，并且可以获得连通路径与实际搜索记录的实际逐点搜索路径。

将 deep_search('A', 'H')中的('A', 'H')改为('A', 'I')，得到输出结果 2 如下。

输出结果 2：

```
（前面相同的逻辑代码省略）
…
当前节点：s = F
next_set = ['I']
path_set = ['A', 'B', 'D', 'C', 'E', 'G', 'H', 'F']
当前节点 F 不是分叉节点
当前分叉节点集合 bifurcation_set = ['A', 'C']
```

```
当前分支已遍历节点集合 now_bifurcation_nodes = ['F']
找到目标节点！------->节点 I

从初始点到目标节点 I 的连通路径为
A-->C-->F-->I

从初始点到目标节点 I 的实际逐点搜索路径为
A-->B-->D-->C-->E-->G-->H-->F-->I
```

上述深度优先搜索代码可以解决目标节点不是H节点的连通问题，具有其他点通用性。

将 deep_search('A', 'H')中的('A', 'H')改为('B', 'C')，得到输出结果 3 如下。

输出结果 3：

```
当前节点：s = B
next_set = ['D']
path_set = ['B']
当前节点 B 不是分叉节点
当前分叉节点集合 bifurcation_set = []
当前分支已遍历节点集合 now_bifurcation_nodes = ['B']
当前子节点：i = D

当前节点：s = D
next_set = ['']
path_set = ['B', 'D']
当前节点 D 不是分叉节点
当前分叉节点集合 bifurcation_set = []
当前分支已遍历的节点集合 now_bifurcation_nodes = ['B', 'D']

从初始点到目标节点的连通路径不存在！
```

上述深度优先搜索代码会判断出二叉树中的两点之间是否真实连通，如果不连通，则输出执行的有效步骤，即搜索到 D 节点就结束。

将 deep_search('A', 'H')中的('A', 'H')改为('F', 'A')，得到输出结果 4 如下。

输出结果 4：

```
当前节点：s = F
next_set = ['I']
path_set = ['F']
当前节点 F 不是分叉节点
当前分叉节点集合 bifurcation_set = []
当前分支已遍历的节点集合 now_bifurcation_nodes = ['F']
当前子节点：i = I

当前节点：s = I
next_set = ['']
path_set = ['F', 'I']
当前节点 I 不是分叉节点
当前分叉节点集合 bifurcation_set = []
当前分支已遍历的节点集合 now_bifurcation_nodes = ['F', 'I']
```

从初始点到目标节点的连通路径不存在!

上述深度优先搜索代码会判断出二叉树中的两点之间是否真实连通，如果是逆向的顺序，如从 F 节点到 A 节点，则输出执行的有效步骤，即搜索到 I 节点就结束。

3.7.4　最小生成树算法

最小生成树算法（Minimum Spanning Tree，MST）是生成树算法中的一种，也是一种路径搜索算法。

要理解该算法，首先要理解什么是最小生成树。

在算法的连通图中，如果某条搜索路径将图中的所有节点全部连通，则称该搜索路径为生成树。如图 3.21 所示，（b）图是（a）图的一棵生成树。所谓生成就是随着搜索路径的推进而衍生出来的一条路径，该路径就称为树。

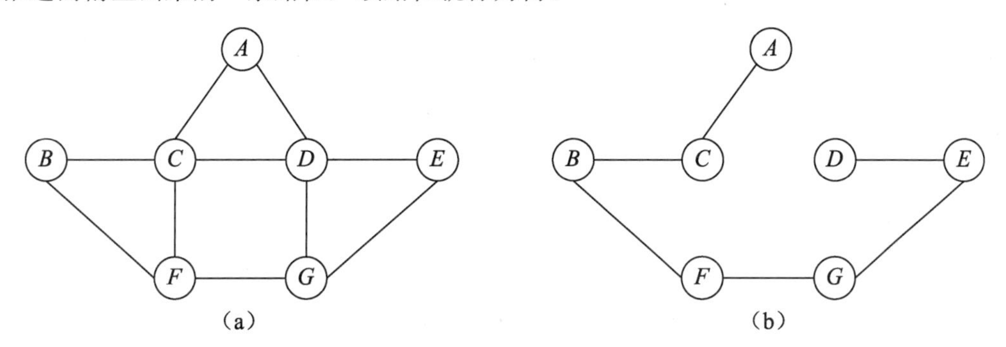

图 3.21　生成树原理示意

生成树是相对于连通图而言的，如果算法图是非连通图，就无法生成一棵连通所有节点的树，也就是生成树。但是可以将构成算法图的各个分离的非连通部分都拉直，生成对应的子树。

如图 3.22 所示，由（a）图非连通图逐个独立子部分拉直所生成的三棵子树构成了（b）图所示的生成森林。

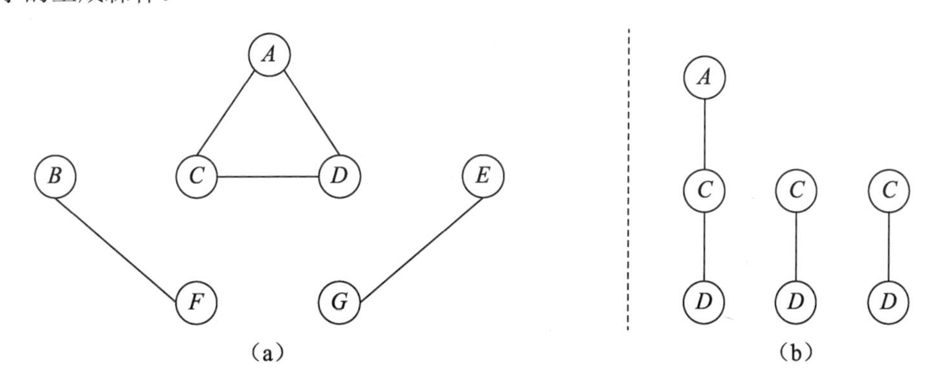

图 3.22　生成森林原理示意

由此可知，从连通图中抽离构成生成树需要符合以下两个条件：

- 抽离的搜索路径必须包含原连通图中的全部节点。
- 原连通图中任意两个节点之间有且仅有一条通路。

最小生成树是在生成树的基础上演化而来的。如果为连通图添加路径权重，升级为加权连通图，那么，在由该加权连通图衍生的众多生成树中，所有两点连线权重之和最小的生成树就是最小生成树。

如图 3.23 所示，（b）图是（a）图中加权连通图的最小生成树，其两点连线的权重之和为：

$$权重之和=2+6+3+2+7+4=24$$

以最小生成树原理为核心构建的最小生成树算法主要有两种，一种是 Kruskal 算法，中文名为克鲁斯卡尔算法，另一种是 Prim 算法，中文名为普里姆算法。

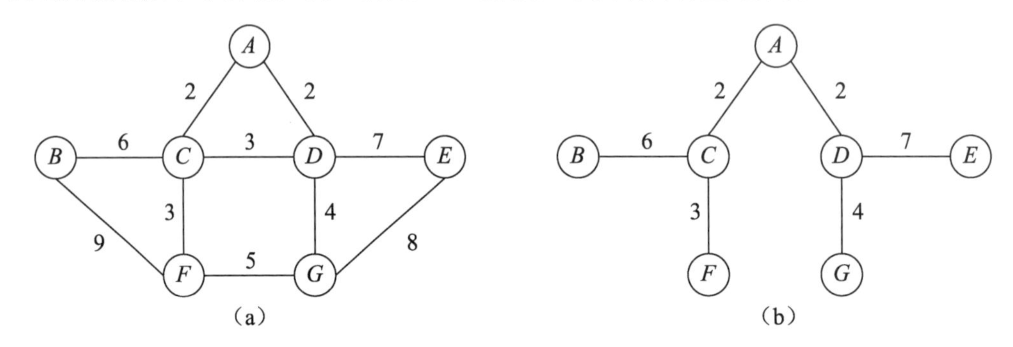

图 3.23　最小生成树原理示意

最小生成树算法实质上就是权重之和最小算法或者成本之和最小算法，主要用于计算所有节点构成连通图结构时的最低成本或最优路径。

1．Kruskal算法

Kruskal 算法俗称加边法，加边就是添加边。简单地说就是按照各边上的权重的大小，从小到大连线成边，每次连线成边时，应选择未选择的节点进行连线。

如果算法图给出的是 N 个节点，则通过加边法只需要连线（N−1）条边，即可完成最小生成树的构建。

加边法的具体实施步骤如下：

（1）按照从小到大的顺序，依次记录算法图中的各条边。

（2）算法图中的所有 N 个节点看成独立的 N 个生成树。

（3）按照各边的权重大小，从小到大连线成边，每次连线成边时，应当选择未选择的节点进行连线。

（4）节点连线后，连通的生成树构成同一条边。

（5）重复步骤（3），直到所有顶点位于同一棵生成树内，此时生成树即为最小生成树，具有（N−1）条边。

下面举例详细说明加边法的应用与实施原理。

有一个名为鱼骨城的城邦，城邦由一个主部落 A 与 9 个附属部落 B、C、D、E、F、G、H、I、J 构成。现在城主计划在该城邦中布设水管，要求水管路线要连通所有部落，并且总成本最小。

如图 3.24 所示，图中各边为各个部落之间可以布设的路线，边上显示的数字为权重，表示其对应的成本，按照最小生成树的原理，最小生成树就是求最优路径布设结构。

可以看出，图 3.24（a）是图 3.24（b）的最小生成树，下面结合加边法，逐步介绍如何获取最小生成树。

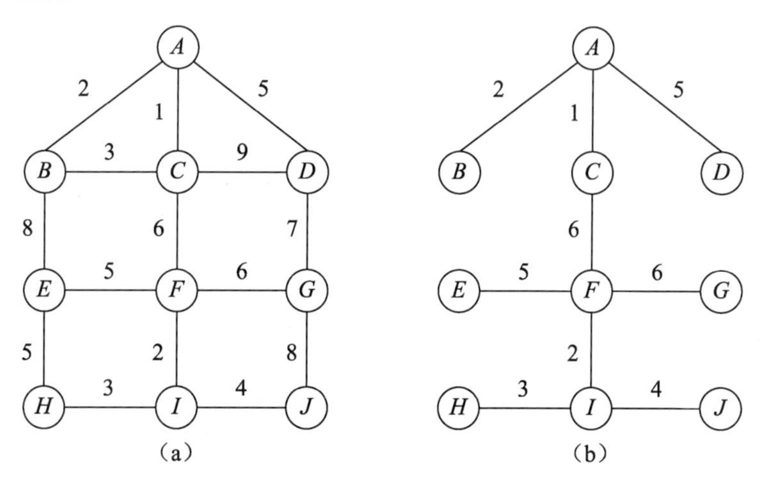

图 3.24　鱼骨城水管布线示意

如图 3.25 所示，按照权重升序选择边，第 1 类边是权重 1 对应的边，只有边[A,C]，因此直接连线 A 点与 C 点。

第 2 类边是权重 2 对应的边，有边[B,A]和[F,I]。由于 B 点不属于边[A,C]，而[F,I]是新边，所以都可以连线。连线后，点 B 与边[A,C]合并成树[B,A,C]。

第 3 类边是权重 3 对应的边，有边[B,C]和边[H,I]。由于 B 点属于树[B,A,C]，所以该点舍去。点 H 不属于边[F,I]，所以可以连线。连线后点 H 与边[F,I]合并成树[F,H,I]。

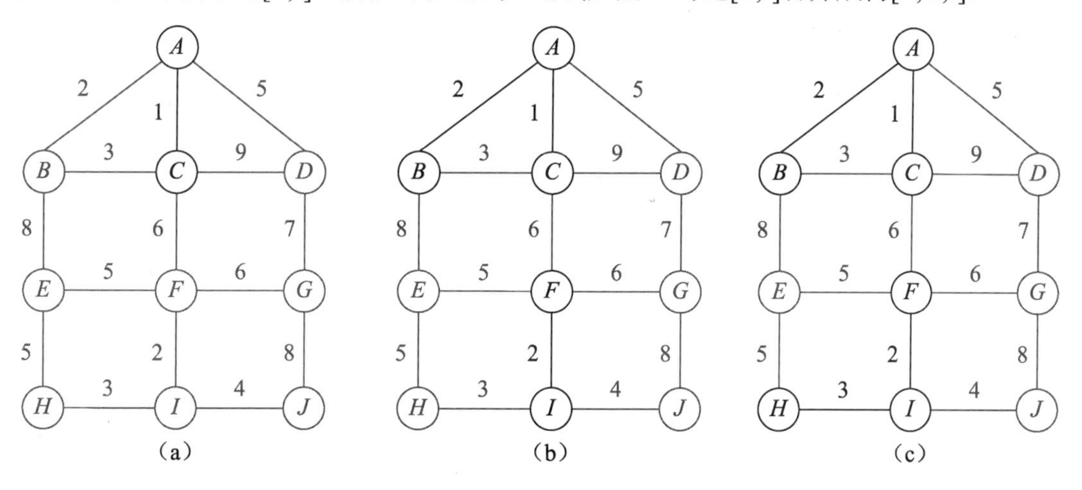

图 3.25　水管铺设 1 到 3

如图 3.26 所示，第 4 类边是权重 4 对应的边，只有边[I,J]，由于点 J 不属于树[F,H,I]，所以可以连线。连线后点 J 与边[F,H,I]合并成树[F,H,I,J]。

第 5 类边是权重 5 对应的边，有边[A,D]、[E,F]和[E,H]。由于 D 点不属于树[B,A,C]，所以可以连线。连线后点 D 与边[B,A,C]合并成树[B,A,C,D]。

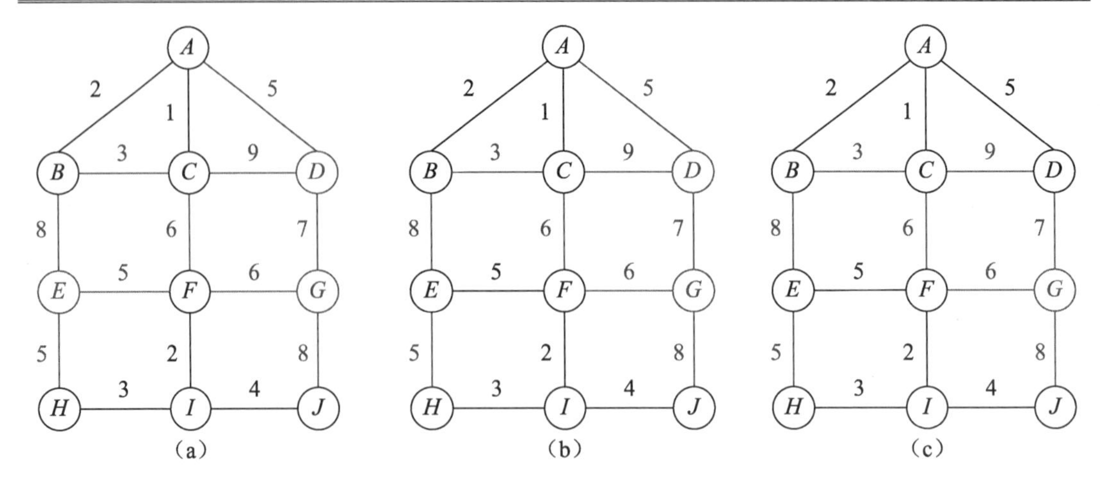

图 3.26　水管铺设 4 到 5

接下来的边[*E*,*F*]和边[*E*,*H*]两者只需要选择一个，因为选择一个即可连接该点，选择两个则构成闭环，不满足最小生成树结构条件。这里选择边[*E*,*F*]。

如图 3.27 所示，第 6 类边是权重 6 对应的边，有边[*C*,*F*]和边[*F*,*G*]。由于点 *C* 与点 *F* 位于两个不同的树上，所以可以直接连线，点 *F* 与点 *G* 也位于两个不同的树上，也可以直接连线。

随着点 *C* 与点 *F* 相连，图 3.27 中的所有节点都位于同一棵树上，而该树就是最小生成树，具有 10 个顶点和 9 条边。图 3.27 右图展示的如鱼骨的图形就是问题所求的鱼骨城最低成本水管布设结构图。

通过上面的分析可知，最小生成树在生成的过程中存在同等条件下的边的选择性，如边[*E*,*F*]和边[*E*,*H*]，可以选择其中一条，但只能选择一条。

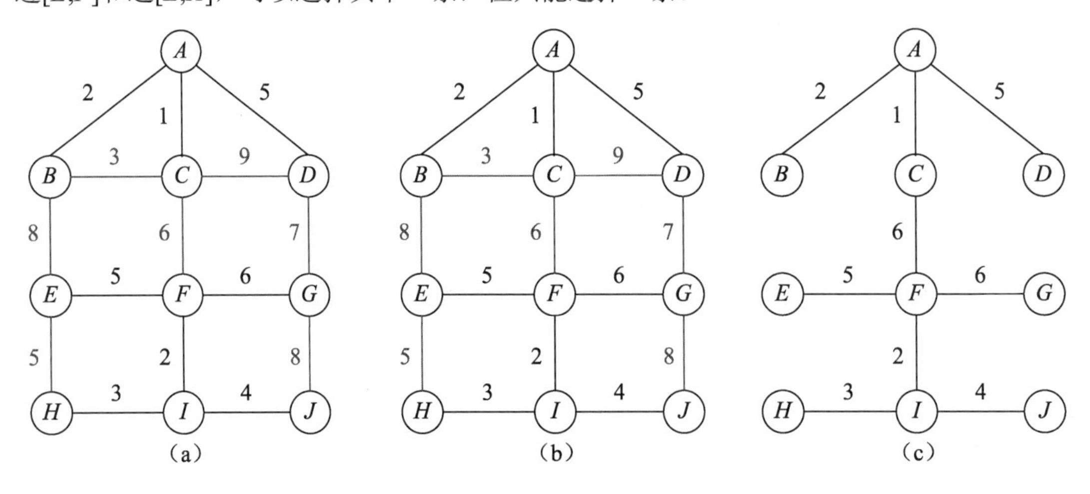

图 3.27　水管铺设 6 到

下面基于 Kruskal 算法原理设计算法程序，用于解决鱼骨城水管布线问题。

算法代码 3.3：

```
# 首先构建表示算法图结构的城邦部落水管可连线集合
tribe_pipe_map = [[2, ['A', 'B']], [1, ['A', 'C']],
```

```
                    [5, ['A', 'D']], [3, ['B', 'C']],
                    [8, ['B', 'E']], [9, ['C', 'D']],
                    [6, ['C', 'F']], [7, ['D', 'G']],
                    [5, ['E', 'F']], [5, ['E', 'H']],
                    [2, ['F', 'I']], [6, ['F', 'G']],
                    [8, ['G', 'J']], [3, ['H', 'I']],
                    [4, ['I', 'J']]]


# 设置列表排序关键字
def sort_keyword(element):
    # 返回列表元素的第 0 个子元素
    return element[0]


# 定义集合记录：已经连线的边，即已收录的生成树片段
spanning_trees = []
# 定义集合记录：依次连线的边
connected_lines = []


# Kruskal 排序
def kruskal_sort(tribe_pipe):
    # 现将算法图按照边的权重进行排序
    tribe_pipe.sort(key=sort_keyword)
    # 按照元素的索引为 1 也就是第二个子元素进行排序
    print('排序后原数据结构列表为：\nsorted_tribe =', tribe_pipe)

    for i in tribe_pipe:
        weight_now = i[0]
        # 将当前线段的两端点定义为点 0 与点 1
        line_point_0 = i[1][0]
        line_point_1 = i[1][1]
        print('\n 当前选取的边元素的权重大小为：', weight_now)
        print('当前选取的边元素的表示为：', line_point_0, '---', line_point_1, '边')
        # print('当前点 0 为：', line_point_0, '，当前点 1 为：', line_point_1)
        global spanning_trees
        global connected_lines
        # print('当前 spanning_trees =', spanning_trees)
        # print('当前 connected_lines =', connected_lines)

        # 记录当前点 0 的索引
        j_line_point_0_index = -1
        # 记录当前点 1 的索引
        j_line_point_1_index = -1

        # 对 spanning_trees 集合中的线段进行遍历
        ind = 0
```

```
        for j_line in spanning_trees:
            # print('遍历，当前 j_line =', j_line)
            if line_point_0 in j_line:
                j_line_point_0_index = ind
                # print('j_line_point_0_index =', j_line_point_0_index)
            if line_point_1 in j_line:
                j_line_point_1_index = ind
                # print('j_line_point_1_index =', j_line_point_1_index)
            ind += 1

        # 遍历完后，判断当前线段点 0 与点 1 的存在情况:
        # 定义是否要收录当前连线的线段
        flag_connected_lines = True

        # 1. 如果点 0 和点 1 都存在 spanning_trees 中
        if j_line_point_0_index != -1 and j_line_point_1_index != -1:
            print('case 1')
            # 如果点 0 与点 1 位于同一个线段上，则不予处理
            if j_line_point_0_index == j_line_point_1_index:
                print('点 0 与点 1 位于同一个已收录线段上，不予处理')
                flag_connected_lines = False
            # 如果点 0 与点 1 位于不同线段上，则将两个线段合并
            if j_line_point_0_index != j_line_point_1_index:
                print('点 0 与点 1 位于不同线段，合并两个线段')
                spanning_trees[j_line_point_0_index] += spanning_trees
[j_line_point_1_index]
                del spanning_trees[j_line_point_1_index]

        # 2. 如果点 0 在 spanning_trees 线段上，则点 1 不在该线段上
        if j_line_point_0_index != -1 and j_line_point_1_index == -1:
            print('case 2')
            # 则将点 1 添加到点 0 所在的线段上
            spanning_trees[j_line_point_0_index].append(line_point_1)

        # 3. 如果点 1 在 spanning_trees 线段上，点 0 不在
        if j_line_point_0_index == -1 and j_line_point_1_index != -1:
            print('case 3')
            # 则将点 0 添加到点 1 所在的线段上
            spanning_trees[j_line_point_1_index].append(line_point_0)

        # 4. 如果点 0 和点 1 都不存在 spanning_trees 上
        if j_line_point_0_index == -1 and j_line_point_1_index == -1:
            print('case 4')
            # 则将当前线段添加到 spanning_trees 上
            spanning_trees.append([line_point_0, line_point_1])

        if flag_connected_lines:
            connected_lines.append([line_point_0, line_point_1])
```

```
        print('处理后 spanning_trees =', spanning_trees)


kruskal_sort(tribe_pipe_map)

print('\n 最小生成树的连线步骤为: ')
for i in connected_lines:
    print(i[0], '---', i[1])
```

输出结果：

```
排序后，原数据结构列表为:
sorted_tribe = [[1, ['A', 'C']], [2, ['A', 'B']], [2, ['F', 'I']], [3, ['B',
'C']], [3, ['H', 'I']], [4, ['I', 'J']], [5, ['A', 'D']], [5, ['E', 'F']],
[5, ['E', 'H']], [6, ['C', 'F']], [6, ['F', 'G']], [7, ['D', 'G']], [8, ['B',
'E']], [8, ['G', 'J']], [9, ['C', 'D']]]

当前选取的边元素的权重大小为: 1
当前选取的边元素的表示为: A --- C 边
case 4
处理后，spanning_trees = [['A', 'C']]

当前选取的边元素的权重大小为: 2
当前选取的边元素的表示为: A --- B 边
case 2
处理后，spanning_trees = [['A', 'C', 'B']]

当前选取的边元素的权重大小为: 2
当前选取的边元素的表示为: F --- I 边
case 4
处理后，spanning_trees = [['A', 'C', 'B'], ['F', 'I']]

当前选取的边元素的权重大小为: 3
当前选取的边元素的表示为: B --- C 边
case 1
点 0 与点 1 位于同一个已收录线段上，不予处理
处理后，spanning_trees = [['A', 'C', 'B'], ['F', 'I']]

当前选取的边元素的权重大小为: 3
当前选取的边元素的表示为: H --- I 边
case 3
处理后，spanning_trees = [['A', 'C', 'B'], ['F', 'I', 'H']]

当前选取的边元素的权重大小为: 4
当前选取的边元素的表示为: I --- J 边
case 2
处理后，spanning_trees = [['A', 'C', 'B'], ['F', 'I', 'H', 'J']]
```

```
当前选取的边元素的权重大小为： 5
当前选取的边元素的表示为： A --- D 边
case 2
处理后，spanning_trees = [['A', 'C', 'B', 'D'], ['F', 'I', 'H', 'J']]

当前选取的边元素的权重大小为： 5
当前选取的边元素的表示为： E --- F 边
case 3
处理后，spanning_trees = [['A', 'C', 'B', 'D'], ['F', 'I', 'H', 'J', 'E']]

当前选取的边元素的权重大小为： 5
当前选取的边元素的表示为： E --- H 边
case 1
点 0 与点 1 位于同一个已收录线段上，不予处理
处理后 spanning_trees = [['A', 'C', 'B', 'D'], ['F', 'I', 'H', 'J', 'E']]

当前选取的边元素的权重大小为： 6
当前选取的边元素的表示为： C --- F 边
case 1
点 0 与点 1 位于不同线段上，合并这两个线段
处理后，spanning_trees = [['A', 'C', 'B', 'D', 'F', 'I', 'H', 'J', 'E']]

当前选取的边元素的权重大小为： 6
当前选取的边元素的表示为： F --- G 边
case 2
处理后，spanning_trees = [['A', 'C', 'B', 'D', 'F', 'I', 'H', 'J', 'E', 'G']]

当前选取的边元素的权重大小为： 7
当前选取的边元素的表示为： D --- G 边
case 1
点 0 与点 1 位于同一个已收录线段上，不予处理
处理后 spanning_trees = [['A', 'C', 'B', 'D', 'F', 'I', 'H', 'J', 'E', 'G']]

当前选取的边元素的权重大小为： 8
当前选取的边元素的表示为： B --- E 边
case 1
点 0 与点 1 位于同一已收录线段上，不作处理
处理后 spanning_trees = [['A', 'C', 'B', 'D', 'F', 'I', 'H', 'J', 'E', 'G']]

当前选取的边元素的权重大小为： 8
当前选取的边元素的表示为： G --- J 边
case 1
点 0 与点 1 位于同一个已收录线段上，不予处理
处理后 spanning_trees = [['A', 'C', 'B', 'D', 'F', 'I', 'H', 'J', 'E', 'G']]

当前选取的边元素的权重大小为： 9
当前选取的边元素的表示为： C --- D 边
case 1
```

```
点 0 与点 1 位于同一个已收录线段上，不予处理
处理后 spanning_trees = [['A', 'C', 'B', 'D', 'F', 'I', 'H', 'J', 'E', 'G']]

最小生成树的连线步骤为：
A --- C
A --- B
F --- I
H --- I
I --- J
A --- D
E --- F
C --- F
F --- G
```

为了方便读者阅读以及节约篇幅，代码中的大部分 print 函数已经注释，有需要的读者可以重新恢复该部分代码，获得更加详细的输出结果。

上述算法的巧妙之处在于：

- 使用 Python 列表中按照关键字对应函数的排序功能 sort(key=sort_keyword)快速对已有的数据结构进行重新排序。
- 通过遍历判断当前所选线段的点 0 与点 1 是否在 j_line 中。如果在，则记录当前遍历的 j_line 在 spanning_trees 中的索引值，即包含点 0 或点 1 的 spanning_trees 的线段位置。
- 通过分类判断点 0 和点 1 存在于 spanning_trees 中的情况，进而对 spanning_trees 中的对应线段进行相应处理。

在上述算法代码中，可以通过提前获取加权图的节点总数来控制后面不予处理的算法步骤。这里为了展示对 tribe_pipe_may 内的各个线段进行的完整处理流程，从而保留了这个过程。

对于具有 N 个节点的加权图，当所有节点都在一棵树内或者演化的生成树有 $N-1$ 条边时，最小生成树完成。在下面将要讲述的 Prim 算法中，代码部分将会使用这一要点来简化算法。

2. Prim算法

Prim 算法根据其算法实施与设计特点，俗称为加点法。

加点法的核心原理是，将算法图中的所有节点分成两个集合，一个是已连线点集合，一个是未连线点集合。

每次进行添加点之前，从未连线的点集合中寻找一个与已连线的点集合内各点之间可以构成权重最小的未连线点，并将其添加至已连线点集合中，然后将该点从未连线的点集合中去除。

注意，新选择的未连接点是要新加入的点，而且其加入后，与已有的已连接点的联系不构成闭环。

当所有点都被连线，也就是都被加入已连接点集合中时，加点法完成，连线路径构成最小生成树。

下面使用加点法处理图 3.24 所示的鱼骨城水管布线问题，详细说明加点法的原理与

步骤实施。

如图 3.28 所示，从 A 点出发，此时，可供选择的连接点集合为[B, C, D]。其中，[A, C]之间的距离为 1，最小，因此连接[A, C]两点。连接后，已连接点的集合为 [A, C]。

参照已连接的点集合[A, C]，此时与 A 点和 C 点相邻的可供选择的连接点集合为[B, D, F]。其中，[A, B]之间的距离为 2，最小，因此连接[A, B]两点。连接后，已连接点的集合为[A, C, B]。

参照已连接点集合 [A, C, B]，此时与已连接点相邻的可供选择的连接点集合为[E, F, D]。其中，[A, D]之间的距离为 5，最小，因此连接[A, D]两点。连接后，已连接点的集合为[A, C, B, D]。

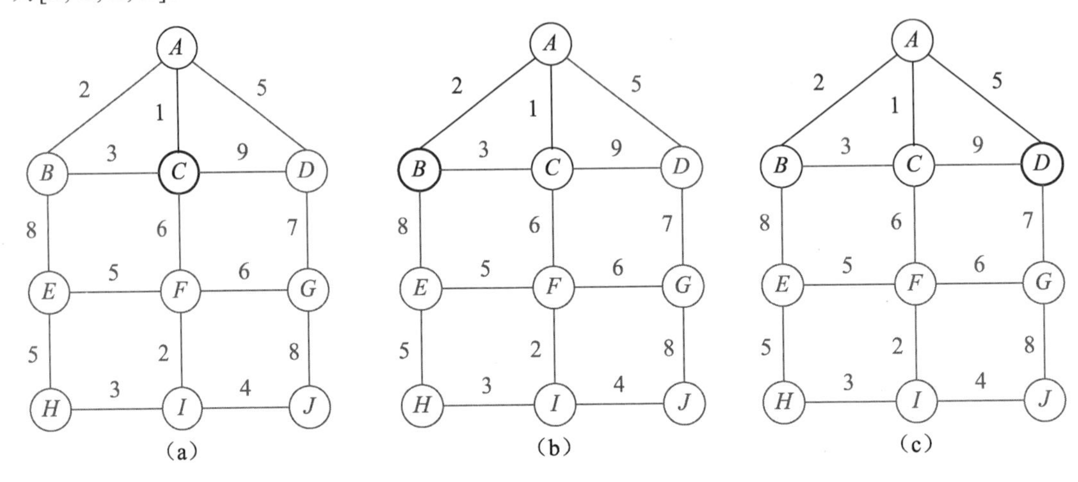

图 3.28　水管铺设加点法 1

如图 3.29 所示，参照已连接点集合 [A, C, B, D]，此时与已连接点相邻的可供选择的连接点集合为 [E, F, G]。其中，[C, F]之间的距离为 6，最小，因此连接[C, F]两点。连接后，已连接点的集合为 [A, C, B, D, F]。

参照已连接的点集合 [A, C, B, D, F]，此时与已连接点相邻的可供选择的连接点集合为[E, I, G]。其中，[F, I]之间的距离为 2，最小，因此连接[F, I]两点。连接后，已连接的点集合为 [A, C, B, D, F, I]。

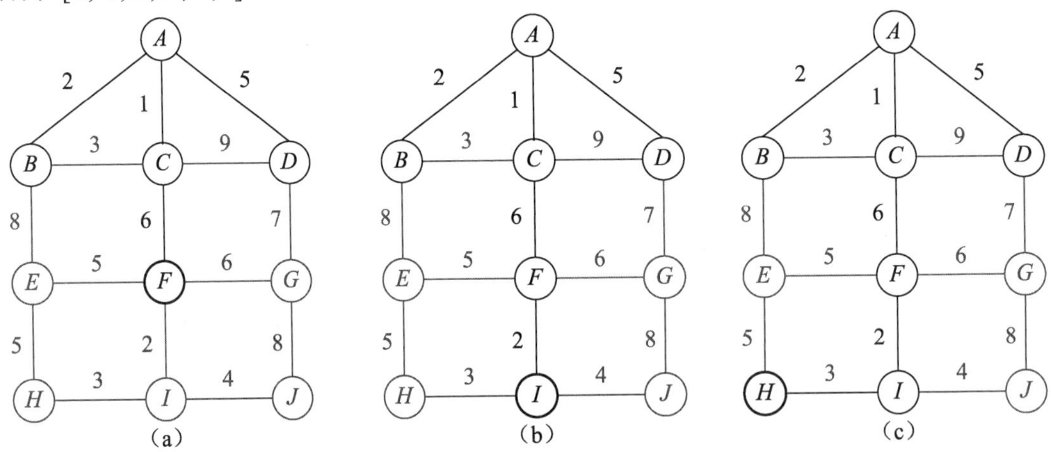

图 3.29　水管铺设加点法 2

参照已连接的点集合 [A, C, B, D, F, I]，此时与已连接点相邻的可供选择的连接点集合为 [E, H, G, J]。其中，[I, H]之间的距离为 3，最小，因此连接[I, H]两点。连接后，已连接的点集合为 [A, C, B, D, F, I, H]。

如图 3.30 所示，参照已连接的点集合 [A, C, B, D, F, I, H]，此时与已连接点相邻的可供选择的连接点集合为 [E, G]。其中，[F, E]之间的距离为 5，最小，因此连接[F, E]两点。连接后，已连接的点集合为 [A, C, B, D, F, I, H, E]。

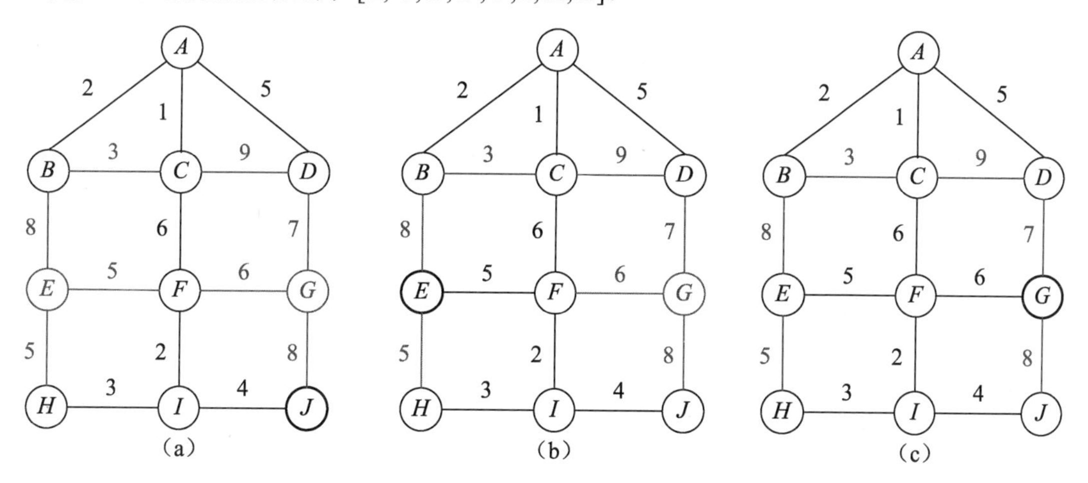

图 3.30　水管铺设加点法 3

参照已连接点的集合 [A, C, B, D, F, I, H, E]，此时与已连接点相邻的可供选择的连接点集合为 [G]。其中，[F, G]之间的距离为 6，最小，因此连接[F, G]两点。连接后，已连接点的集合为 [A, C, B, D, F, I, H, E]。

至此，生成最小生成树。

下面基于 Prim 算法原理设计算法程序解决鱼骨城水管布线问题。

算法代码 3.4：

```
# 首先构建表示算法图结构的城邦部落水管可连线集合
tribe_pipe_map = [[2, ['A', 'B']], [1, ['A', 'C']],
                  [5, ['A', 'D']], [3, ['B', 'C']],
                  [8, ['B', 'E']], [9, ['C', 'D']],
                  [6, ['C', 'F']], [7, ['D', 'G']],
                  [5, ['E', 'F']], [5, ['E', 'H']],
                  [2, ['F', 'I']], [6, ['F', 'G']],
                  [8, ['G', 'J']], [3, ['H', 'I']],
                  [4, ['I', 'J']]]


# 定义未连接点集合
un_connected_points = []
# 定义已连接点集合
connected_points = []
# 定义生成树路径连接顺序集合
spanning_trees = []
```

```
# Prim排序
def prim_sort(tribe_pipe):

    # 待排序点集合与两点之间的距离
    print('待排序原数据结构列表为: sort_tribe =', tribe_pipe)

    # 从待排序数据表中提取出未连接点的初始集合
    for i in tribe_pipe:
        for j in i[1]:
            if j not in un_connected_points:
                un_connected_points.append(j)
    print('未连接点的初始集合为: un_connected_points =', un_connected_points, '\n')

    # 记录连线点的个数
    sum_p = len(un_connected_points)

    # 提取未连接点集合中的第0位点加入已连接点集合
    connected_points.append(un_connected_points[0])
    # 在未连接点集合中对应去除该点
    del un_connected_points[0]

    # 将未连接点集合中能够与已连接点集合中的点构成连接的各个点及其对应的连接距离找出
    for n in range(sum_p - 1):
        print('次数: n =', n)
        # 定义可连接关系集合
        can_connect = []
        for i in connected_points:
            for j in un_connected_points:
                for t in tribe_pipe:
                    # 如果未连接点i与已连接点之间存在可连接关系
                    if i in t[1] and j in t[1]:
                        # 则将连接关系记录入可连接关系集合中
                        can_connect.append(t)

        print('可连接关系集合: can_connect =', can_connect)

        # 找出可连接关系集合中距离最短的连接关系，先定义预存的最短距离对应连接的索引与
距离值
        min_index = 0
        min_d = can_connect[0][0]

        # 遍历找出最短距离对应连接的索引与距离值
        for c in can_connect:
            if c[0] < min_d:
                min_index = can_connect.index(c)
                min_d = c[0]
```

```
        # min_cont 为当前距离最短的有效连接关系
        min_cont = can_connect[min_index]

        # 定义当前应新增的点
        new_p = ''
        for np in min_cont[1]:
            if np != i and np not in connected_points:
                new_p = np
                print('当前应新增的点为：点', new_p)

        # 将新连接关系记入集合
        spanning_trees.append(min_cont[1])
        print('当前连接顺序的关系集合为：spanning_trees =', spanning_trees)
        connected_points.append(new_p)
        del un_connected_points[un_connected_points.index(new_p)]

        print('connected_points =', connected_points)
        print('un_connected_points =', un_connected_points, '\n')


prim_sort(tribe_pipe_map)
print('\n 最小生成树的连线步骤为：', spanning_trees)
```

输出结果：

```
待排序原数据结构列表为：sort_tribe = [[2, ['A', 'B']], [1, ['A', 'C']], [5, ['A',
'D']], [3, ['B', 'C']], [8, ['B', 'E']], [9, ['C', 'D']], [6, ['C', 'F']],
[7, ['D', 'G']], [5, ['E', 'F']], [5, ['E', 'H']], [2, ['F', 'I']], [6, ['F',
'G']], [8, ['G', 'J']], [3, ['H', 'I']], [4, ['I', 'J']]]
未连接点的初始集合为： un_connected_points = ['A', 'B', 'C', 'D', 'E', 'F', 'G',
'H', 'I', 'J']

次数：n = 0
可连接关系集合：can_connect = [[2, ['A', 'B']], [1, ['A', 'C']], [5, ['A', 'D']]]
当前应新增点为：点 C
当前连接顺序的关系集合为：spanning_trees = [['A', 'C']]
connected_points = ['A', 'C']
un_connected_points = ['B', 'D', 'E', 'F', 'G', 'H', 'I', 'J']

次数：n = 1
可连接关系集合：can_connect = [[2, ['A', 'B']], [5, ['A', 'D']], [3, ['B', 'C']],
[9, ['C', 'D']], [6, ['C', 'F']]]
当前应新增点为：点 B
当前连接顺序的关系集合为：spanning_trees = [['A', 'C'], ['A', 'B']]
connected_points = ['A', 'C', 'B']
un_connected_points = ['D', 'E', 'F', 'G', 'H', 'I', 'J']

次数：n = 2
```

```
可连接关系集合：can_connect = [[5, ['A', 'D']], [9, ['C', 'D']], [6, ['C', 'F']],
[8, ['B', 'E']]]
当前应新增点为：点 D
当前连接顺序的关系集合为：spanning_trees = [['A', 'C'], ['A', 'B'], ['A', 'D']]
connected_points = ['A', 'C', 'B', 'D']
un_connected_points = ['E', 'F', 'G', 'H', 'I', 'J']

次数：n = 3
可连接关系集合：can_connect = [[6, ['C', 'F']], [8, ['B', 'E']], [7, ['D', 'G']]]
当前应新增的点为：点 F
当前连接顺序的关系集合为：spanning_trees = [['A', 'C'], ['A', 'B'], ['A', 'D'],
['C', 'F']]
connected_points = ['A', 'C', 'B', 'D', 'F']
un_connected_points = ['E', 'G', 'H', 'I', 'J']

次数：n = 4
可连接的关系集合：can_connect = [[8, ['B', 'E']], [7, ['D', 'G']], [5, ['E',
'F']], [6, ['F', 'G']], [2, ['F', 'I']]]
当前应新增的点为：点 I
当前连接顺序的关系集合为：spanning_trees = [['A', 'C'], ['A', 'B'], ['A', 'D'],
['C', 'F'], ['F', 'I']]
connected_points = ['A', 'C', 'B', 'D', 'F', 'I']
un_connected_points = ['E', 'G', 'H', 'J']

次数：n = 5
可连接关系集合：can_connect = [[8, ['B', 'E']], [7, ['D', 'G']], [5, ['E', 'F']],
[6, ['F', 'G']], [3, ['H', 'I']], [4, ['I', 'J']]]
当前应新增的点为：点 H
当前连接顺序的关系集合为：spanning_trees = [['A', 'C'], ['A', 'B'], ['A', 'D'],
['C', 'F'], ['F', 'I'], ['H', 'I']]
connected_points = ['A', 'C', 'B', 'D', 'F', 'I', 'H']
un_connected_points = ['E', 'G', 'J']

次数：n = 6
可连接关系集合：can_connect = [[8, ['B', 'E']], [7, ['D', 'G']], [5, ['E', 'F']],
[6, ['F', 'G']], [4, ['I', 'J']], [5, ['E', 'H']]]
当前应新增的点为：点 J
当前连接顺序的关系集合为：spanning_trees = [['A', 'C'], ['A', 'B'], ['A', 'D'],
['C', 'F'], ['F', 'I'], ['H', 'I'], ['I', 'J']]
connected_points = ['A', 'C', 'B', 'D', 'F', 'I', 'H', 'J']
un_connected_points = ['E', 'G']

次数：n = 7
可连接关系集合：can_connect = [[8, ['B', 'E']], [7, ['D', 'G']], [5, ['E', 'F']],
[6, ['F', 'G']], [5, ['E', 'H']], [8, ['G', 'J']]]
当前应新增的点为：点 E
当前连接顺序的关系集合为：spanning_trees = [['A', 'C'], ['A', 'B'], ['A', 'D'],
['C', 'F'], ['F', 'I'], ['H', 'I'], ['I', 'J'], ['E', 'F']]
```

```
connected_points = ['A', 'C', 'B', 'D', 'F', 'I', 'H', 'J', 'E']
un_connected_points = ['G']

次数: n = 8
可连接关系集合: can_connect = [[7, ['D', 'G']], [6, ['F', 'G']], [8, ['G',
'J']]]
当前应新增的点为: 点 G
当前连接顺序的关系集合为: spanning_trees = [['A', 'C'], ['A', 'B'], ['A', 'D'],
['C', 'F'], ['F', 'I'], ['H', 'I'], ['I', 'J'], ['E', 'F'], ['F', 'G']]
connected_points = ['A', 'C', 'B', 'D', 'F', 'I', 'H', 'J', 'E', 'G']
un_connected_points = []


最小生成树的连线步骤为: [['A', 'C'], ['A', 'B'], ['A', 'D'], ['C', 'F'], ['F',
'I'], ['H', 'I'], ['I', 'J'], ['E', 'F'], ['F', 'G']]
```

在上述算法代码中，可以通过提前获取加点图的节点总数来控制后面不予处理的算法步骤。重点是将节点分成两类，一类是已连接点，另一类是未连接点。算法的核心就是从未连接点中寻找能够与已连接点进行两两连接的点及其构成的连接关系集合，然后从连接关系集合中找到距离最短的连接，即为本次生成树的最小连接。

将所有点的最小连接按顺序全部找出，直到所有点之间发生互连，此时，加点法排序便完成。

3.7.5　单源最短路径算法

单源最短路径算法（Single Source Shortest Path，SSSP）是最短路径算法中的一种，也是一种路径搜索算法。

顾名思义，单源就是单个源头，最短路径就是加起来总和最小的规划路径。实际上，单源最短路径是求从一个给定的加权图中的某个顶点出发，到图中其余的顶点的路径之和的最小值，也就是最短路径。

从单源出发寻找最短路径是单源最短路径算法的特点。

如图 3.31 所示，求从 A 点出发，到剩余各点的连通路径的权和最小的路径。可以看出，有两种方法，一种是 A=>B=>D=>C，另一种是 A=>C=>B=>D。权和最小为：2+3+3=8。这里的权和指经过路径上的所有权相加之和。

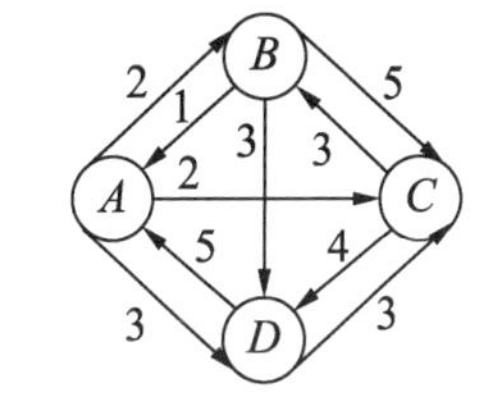

图 3.31　单源最短路径

常用的单源最短路径算法有 Dijkstra 算法、Bellman-Ford 算法与 SPFA 算法。下面介绍 Dijkstra 算法。

Dijkstra 算法也由荷兰计算机科学家 Dijkstra（迪杰斯特拉）于 1959 年提出的，用于解决加权图的单源最短路径问题。

Dijkstra 算法主要用于处理有向加权图，也可以处理无向加权图。处理无向加权图时，要注意往返路径的权值一样。

由于路径需要，如果折返并再次重新遍历同一个节点必然会导致路径总长增加，因此 Dijkstra 算法在遍历节点时，应该遵循不返回已经遍历过的节点的原则。

简而言之，Dijkstra 算法的特点是从起始点开始，采用贪心算法策略，沿着可遍历路径不断往前遍历，遍历还未访问的节点，直至遍历完所有节点。

下面通过一个例子来介绍 Dijkstra 算法的设计原理与实施步骤。

某个王国内有六大山贼各立山头，某位大侠位于城池 A，六大山贼分立于城池 B 至 G。图 3.32 展示的是 7 座城池之间的通行路线，大侠骑马，考虑到马匹的消耗与擒贼速度，大侠需要寻找最快的路径擒拿六贼。

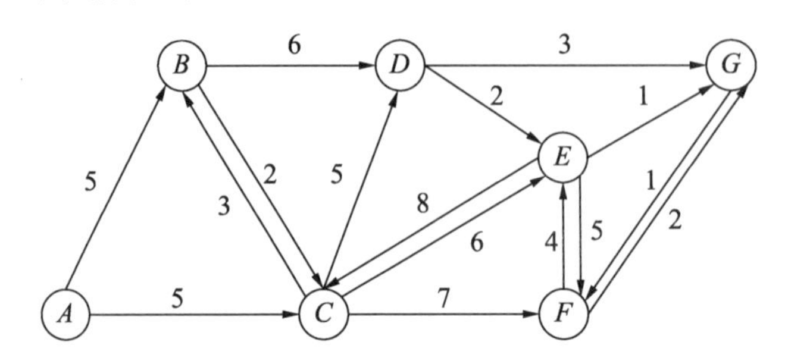

图 3.32　Dijkstra 算法之大侠擒六贼示意

如图 3.32 所示，两两城池之间带箭头连接的边表示可通行的方向，边上面显示的数字表示由于路况不同，骑马通过需要耗费的时间，也就是成本。

将擒拿六贼的故事背景转化为算法图后，共有 6 个节点。由于有向路径的限制与节点数目不多，可以先用穷举法将所有可执行路径全部列出，再进行对比分析。

如图 3.33 所示，P4 路径的加权值总和最小，因此应该选择本条路径进行遍历。

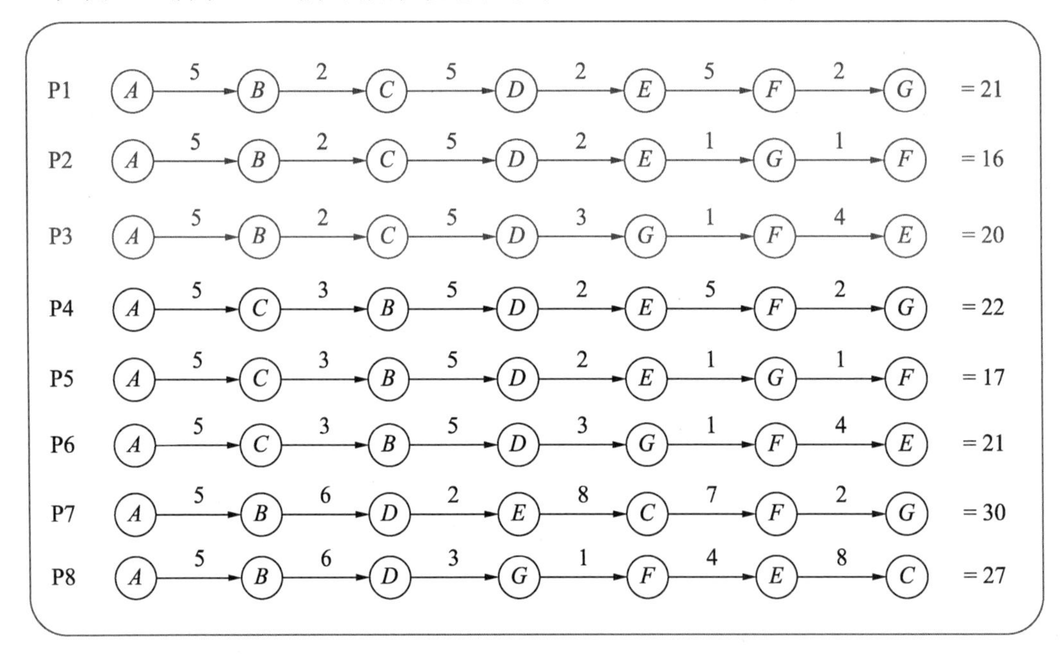

图 3.33　Dijkstra 算法之擒贼的所有路线

下面进行算法设计分析。首先将问题的算法图用适当的数据结构来表示。如果两点之间往返的距离可以不同，那么一般采用矩阵来表示这种差异关系。

如图 3.34 所示，用网格表示矩阵。矩阵的行标表示出发点，列标表示目的点。例如，

从 B 点到 C 点为第 2 行第 3 列，对应值为 2，说明从 B 点到 C 点方向的距离为 2；从 C 点到 B 点为第 3 行第 2 列，对应值为 3，说明从 C 点到 B 点方向的距离为 3。

	A	B	C	D	E	F	G
A	0	5	5				
B		0	2	6			
C		3	0	5	6	7	
D				0	2		3
E			8		0	5	1
F					4	0	2
G						1	0

图 3.34　用矩阵表示 7 城通行的数据结构

在正式讲解 Dijkstra 算法设计的实施步骤前，先了解一种算法设计思想，这里称为逐步确定思想。逐步确定思想的核心原理是，如果要明确某个主导个体与待分析的未知特征群体的关系，可以逐步明确主导个体与待分析群体中的个体的关系，一旦明确关系，主导个体与该已分析个体之间构成已分析主导群体。随着分析步骤的执行，已分析主导群体的个体数目逐步增多，直至将所有待分析个体全部收录，即完成对待分析群体的分析工作。

如图 3.35（a）所示，结合本例的问题背景，要明确从 A 点出发，到 B 至 G 点共 6 点之间相连的最小路径，可以采用逐步确定思想进行分析。

如图 3.35（b）所示，先确定 A 点经过 B 点后与其余点的最短路径连接，此时，已知的最短路径连接点集合为[A, B]，未知的最短路径连接点集合为[C, D, E, F, G]。

如图 3.35（c）所示，再确定 A 点经过 B、C 点后与其余点的最短路径连接，此时，已知的最短路径连接点集合为[A, B, C]，未知的最短路径连接点集合为[D, E, F, G]。

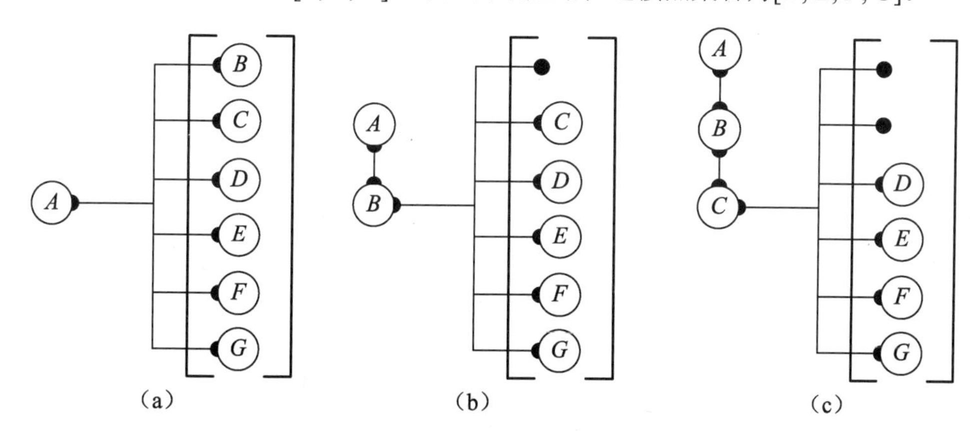

图 3.35　逐步确定思想 1

同理，再确定 *A* 点经过 *B*、*C*、*D*、*E*、*D*、*F*、*G* 点后与其余点的最短路径连接，此时，已知的最短路径连接点集合为[*A*, *B*,*C*, *D*, *E*, *F*, *G*]，未知的最短路径连接点为空集合[ ]，如图 3.36 所示。

此时，已经没有其余的未知最短路径连接点，因此，*A* 点与 *B*、*C*、*D*、*E*、*D*、*F*、*G* 点之间构成的最短路径关系，就是所要求的 *A* 点与 6 点之间的最短路径关系。这个过程具有间接得到结果的特点。

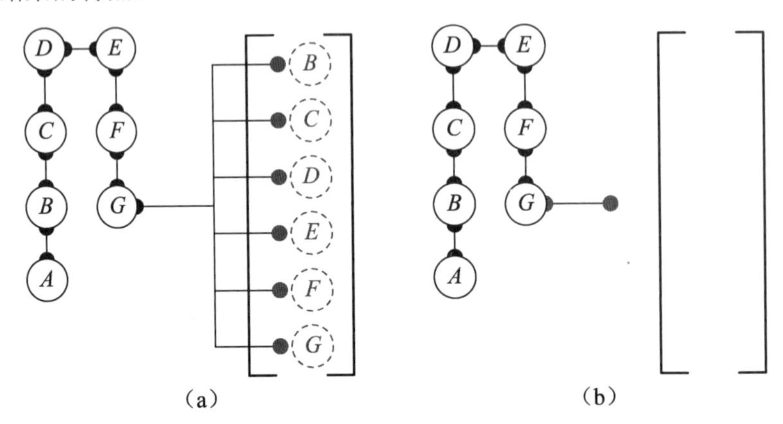

图 3.36　逐步确定思想 2

下面详细介绍 Dijkstra 算法应用于本例的具体实施步骤，主要侧重于对计算执行过程的阐述。

定义已连接点集合为 *P*=[*A*]，未连接点集合为 *U*=[*B*, *C*, *D*, *E*, *F*, *G*]。

定义两个矩阵，一个是原始矩阵 ***S***，用于记录保留最初的两点连接距离信息，如图 3.37 左图所示；另一个是变化矩阵 ***M***，用于记录 *A* 点经过中间点后到达其余点的最小距离信息，如图 3.37 右图所示。

值得注意的是，在整个算法的运行过程中，原始矩阵 ***S*** 只作为参考而不进行操作改变，改变的只有变化矩阵 ***M***。

如图 3.37 所示，从起始点出发，在原始矩阵 ***S*** 中的起始点 *A* 对应的 *A* 行中，找出未连接点集合对应值中的非零最小值为 5，对应列为 *B* 列，则下一步要操作的目标行是变化矩阵 ***M*** 中 *B* 列对应的 *B* 行。

此时，连接 *B* 点，已连接点集合更新为 *P*=[*A*, *B*]，未连接点集合更新为 *U*=[*C*, *D*, *E*, *F*, *G*]。将原始矩阵 ***S*** 的 *A* 行中对应的最小值 5，与变化矩阵 ***M*** 的 *B* 行中的未连接点对应的非空列的值，即[*C*, *D*]列对应的值相加。对 *D* 点中的起始点对应列的值始终保持为 0。最小值相加后，在变化矩阵 ***M*** 中，*B* 行更新为[0, 5, 7, 11, null, null, null]。

然后将变化矩阵 ***M*** 中的当前行 *B* 与前一行 *A* 中的各个有效值进行对比，取较小值。由于 *B* 行 *C* 列的值 7 大于 *A* 行 *C* 列的值 5，所以当前的 *B* 行 *C* 列的值取前一行 *A* 同列的值。对比更新后，在变化矩阵 ***M*** 中，*B* 行为[0, 5, 5, 11, null, null, null]，未连接点集合更新为 *U*=[*C*, *D*, *E*, *F*, *G*]。

同理，在原始矩阵 ***S*** 的当前行 *B* 中，找出未连接点集合对应的列（[*C*, *D*, *E*, *F*, *G*]）中对应的最小值为 2，对应列为 *C* 列，因此下一步要处理的就是对应的 *C* 行。

未连接点集合对应的列集合就是未操作的非空有效列集合。

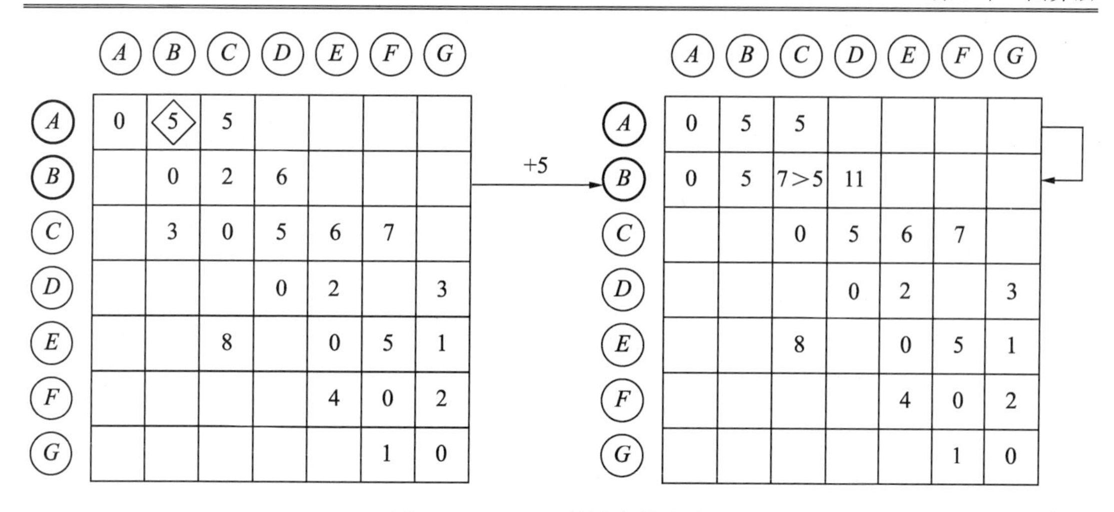

图 3.37　Dijkstra 算法实施步骤 1

如图 3.38 所示，上一个处理行 B 的未操作非空有效列（[C, D]）对应的最小值为 C 列的 2。此时的连接路径为 $A \to B \to C$，累加新增的附加最小路径为 5+2=7。

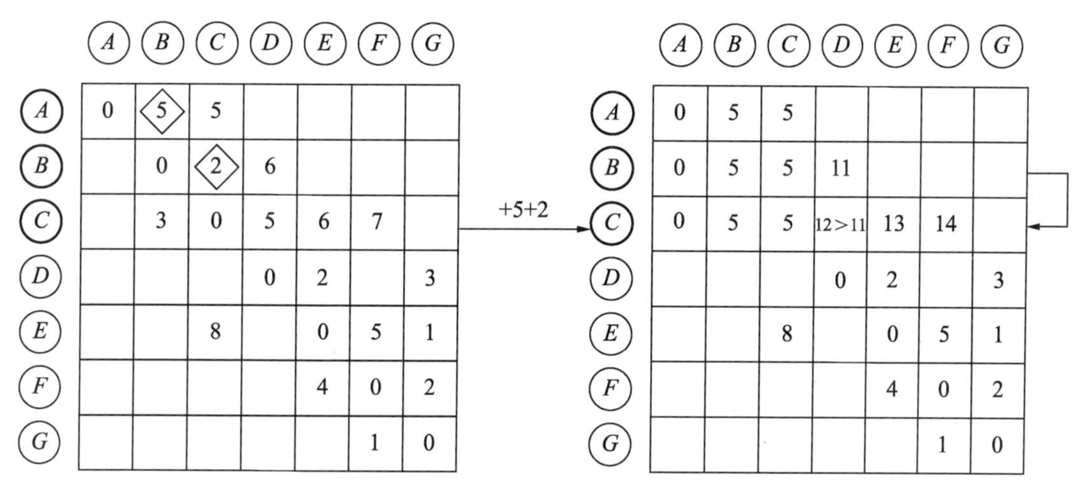

图 3.38　Dijkstra 算法实施步骤 2

这里的 5 表示由 A 点经过 B 点再到其余各点的最短距离，就是先找出 A 点到 B 点的最短距离 Dmin，再将 A、B 点连接看作整体的[A, B]，[A, B]整体到其余各点的最短距离，就是 A 点经过 B 点到其余各点的最短距离，新增的最短距离要考虑在内，就是加上 A 点和 B 点之间的最短距离 5。

同理，2 表示[A, B]整体经过 C 点到其余各点的附加最短距离。因此 7=5+2 表示 A 点经过[B, C]点到其余各点的附加最短距离。这里的集合元素的先后顺序代表连接顺序，如先连接 B 点再连接 C 点。

因此，对当前目标行 C 的已操作列继承上一个处理行的值，对未操作非空列（[D, E, F]）加 7。相加后，当前操作行 C 为[0, 5, 5, 12, 13, 14, null]，与上一个处理行 B 比较取较小值后变化为[0, 5, 5, 11, 13, 14, null]。

如图 3.39 所示，上一个处理行 C 的未操作非空有效列（[D, E, F]）对应的最小值为 D

列的 5，此时的连接路径为 $A\to B\to C\to D$，累加新增的附加最小路径为 5+2+5=12。

因此，对当前目标行 D 的未操作非空列（[E, G]）加 12。相加后，当前操作行 D 为[0, 5, 5, 11, 14, 12, 15]，与上一个处理行 C 比较取较小值后变化为[0, 5, 5, 11, 13, 12, 15]。

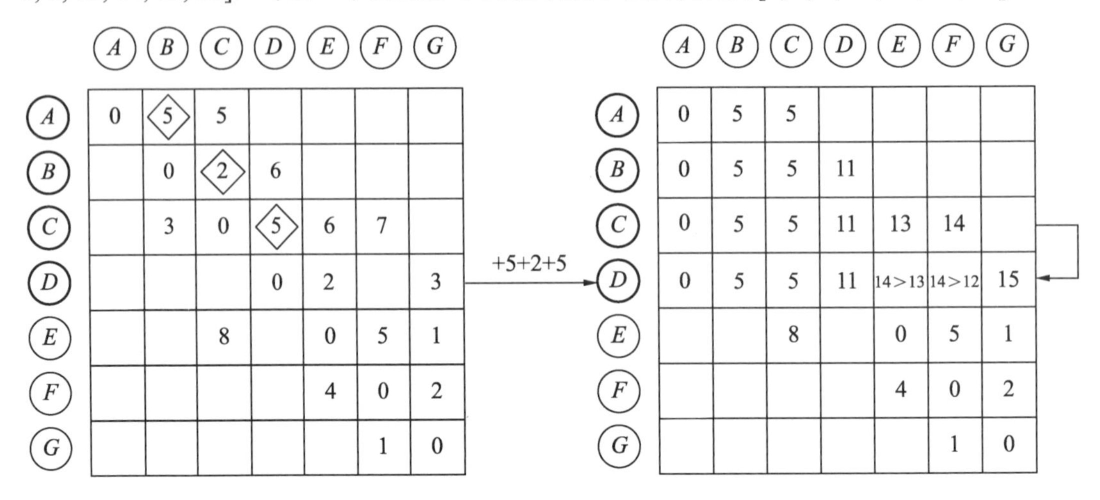

图 3.39　Dijkstra 算法实施步骤 3

如图 3.40 所示，上一个处理行 D 的未操作非空有效列（[E, G]）对应的最小值为 E 列的 2，此时的连接路径为 $A\to B\to C\to D\to E$，累加新增的附加最小路径为 5+2+5+2=14。

因此，对当前目标行 E 的已操作列继承上一个处理行的值，对未操作非空列（[F, G]）加 14。相加后，当前操作行 E 为[0, 5, 5, 11, 14, 12, 15]，与上一个处理行 D 比较取较小值后变化为[0, 5, 5, 11, 13, 12, 15]。

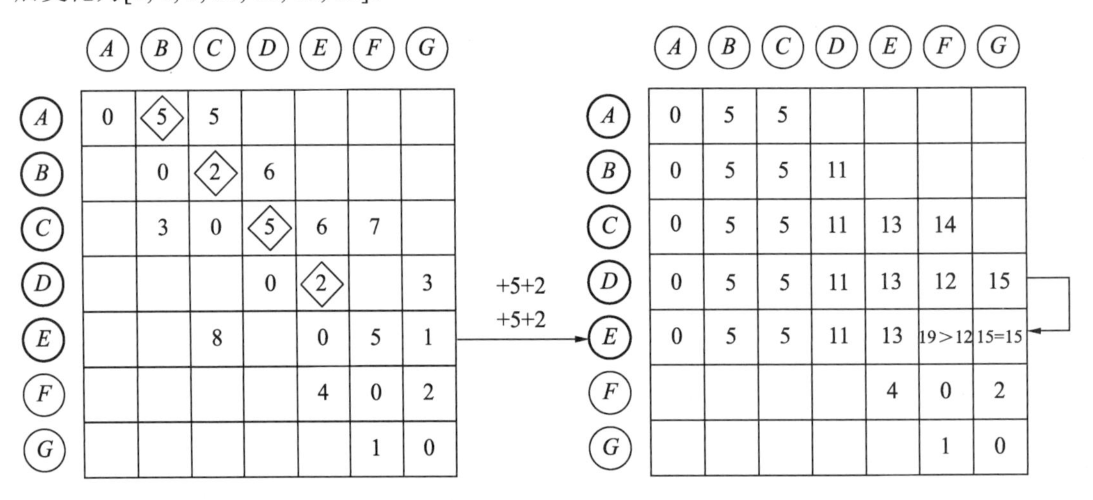

图 3.40　Dijkstra 算法实施步骤 4

如图 3.41 所示，上一个处理行 E 的未操作非空有效列（[F, G]）对应的最小值为 G 列的 1，此时的连接路径为 $A\to B\to C\to D\to E\to G$，累加新增的附加最小路径为 5+2+5+2+1=15。

因此，对当前目标行 G 的已操作列继承上一个处理行的值，对未操作非空列（[F]）加 15。相加后，当前操作行 G 为[0, 5, 5, 11, 13, 16, 15]，与上一个处理行 F 对比取较小值后变化为[0, 5, 5, 11, 13, 12, 15]。

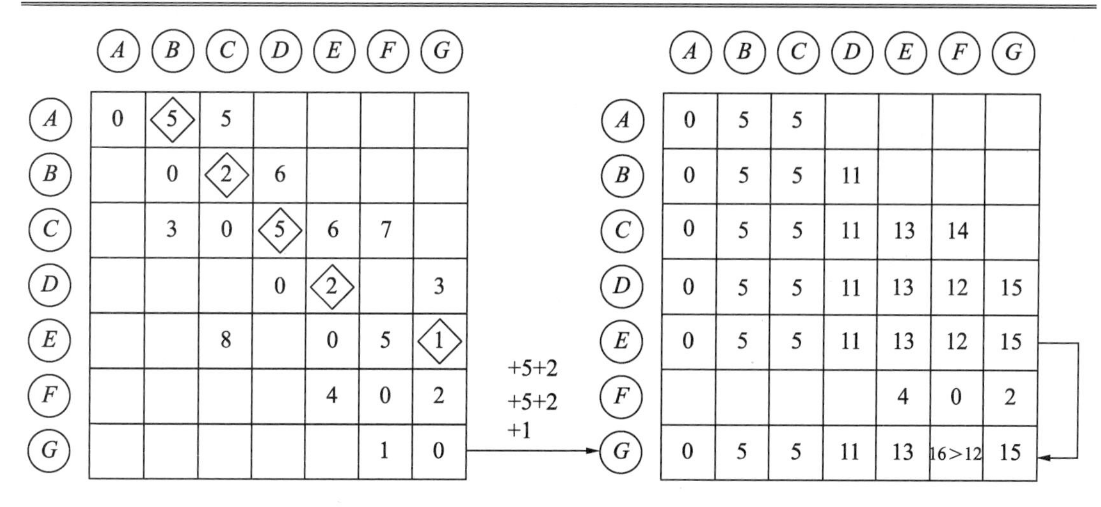

图 3.41　Dijkstra 算法实施步骤 5

如图 3.42 所示，上一个处理行 *G* 的未操作非空有效列（[*F*]）对应的最小值为 *F* 列的 1，此时的连接路径为 *A*→*B*→*C*→*D*→*E*→*G*→*F*，累加新增的附加最小路径为 5+2+5+2+1+1=16。

因此，对当前目标行 *F* 的已操作列继承上一个处理行的值，对未操作非空列（[*F*]）加 16。相加后，当前操作行 *F* 为[0, 5, 5, 11, 13, 16, 15]，与上一个处理行 *G* 比较取较小值后变化为[0, 5, 5, 11, 13, 12, 15]。

此时，由于已经没有没连接点，所以所有节点全部互连，算法结束，得到的 *A* 点到各点的距离为[0, 5, 5, 11, 13, 12, 15]。

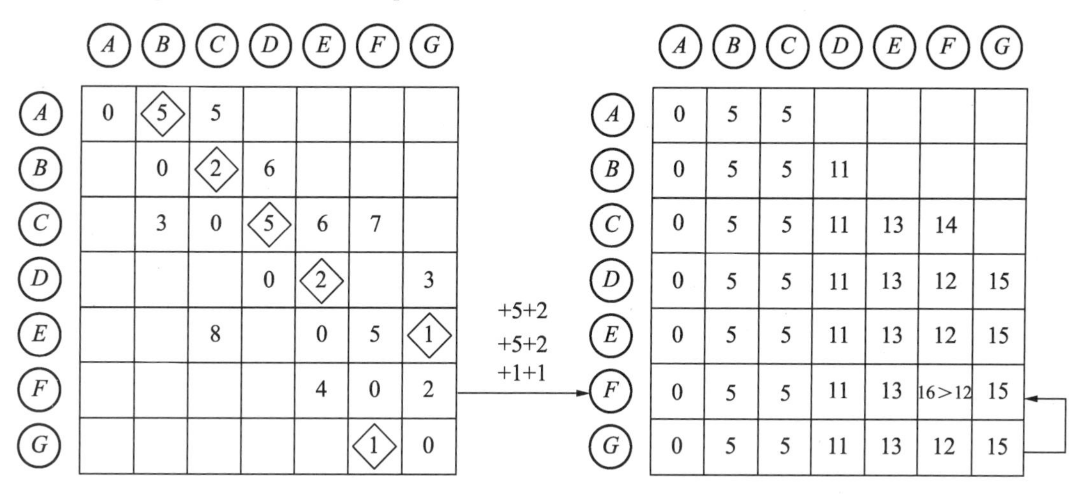

图 3.42　Dijkstra 算法实施步骤 6

观察变化矩阵 ***M***，它的每一行都代表从 *A* 出发，点经过前一个多点连接体后，再经过该行对应点，然后到达其余各个有效点的最短距离。已经连接的点的最短距离将直接继承。

例如，第 *C* 行，就是 *A* 点经过[*A*, *B*]连接体，再经过 *C* 点到有效点[*D*, *E*, *F*]的最短距离，即[11, 13, 14]。加上继承的 *A* 点到[*A*, *B*, *C*]点的距离[0, 5, 5]，合并集合后，得到 *A* 点到各点的最小距离为[0, 5, 5, 11, 13, 14]。

下面基于 Dijkstra 算法原理设计算法程序，解决如图 3.32 所示的大侠擒六贼问题。

算法代码 3.5：

```
# 引入 copy 进行深度复制赋值
import copy
# 引入 numpy 进行矩阵打印
import numpy

# 定义原始矩阵，用 N 代表 None，以便整齐地表达矩阵
N = 'N'
S = [[0, 5, 5, N, N, N, N],
     [N, 0, 2, 6, N, N, N],
     [N, 3, 0, 5, 6, 7, N],
     [N, N, N, 0, 2, N, 3],
     [N, N, 8, N, 0, 5, 1],
     [N, N, N, N, 4, 0, 2],
     [N, N, N, N, N, 1, 0]]

# 深度复制原始矩阵 S，生成变化矩阵 M，使两个矩阵独立
M = copy.deepcopy(S)

# 定义各点的矩阵集合
points = ['A', 'B', 'C', 'D', 'E', 'F', 'G']

# 定义累加路径总和值
sum_path = 0


# 定义函数，找出点所在位置即索引
def get_p_sit(p, points_set):
    for i in points_set:
        if i == p:
            return points_set.index(p)
        else:
            return None


# 定义函数，找出可能包含 None 的集合的最小值
# 不比较 None
def get_min(list_line, connected_p_index):
    # 定义要进行比较判断的元素集合
    judge_set = []
    for j in range(len(list_line)):
        if (j not in connected_p_index) and (list_line[j] != 'N'):
            judge_set.append(list_line[j])

    min_v = min(judge_set)
    return min_v
```

```
# 定义函数规范化打印矩阵
def print_matrix(l):
    for i in l:
        if l.index(i) != 0:
            print()
        for j in i:
            print(j, end="")
    print('\n')


# 定义处理变化矩阵的函数
def deal_m(m, before_line_num, connected_p_index, length):
    # 生命全局变量 S
    global S
    # 获取当前行的有效最小值
    before_line_min = get_min(S[before_line_num], connected_p_index)
    # 获取下一个操作行的行号索引
    now_line_num = S[before_line_num].index(before_line_min)
    # 深度复制，定义当前处理的下一行变量
    now_line = copy.deepcopy(S[now_line_num])


    # 定义累加连接点路径之和 sum_path
    global sum_path
    sum_path += before_line_min

    print('\n 当前操作行的行号为: now_line_num =', now_line_num, ', 当前路径累
加值为: sum_path =', sum_path)
    print('已连接点集合为: connected_p_index =', connected_p_index)
    print('当前操作行累加前为: now_line =', now_line)

    # 进行对应相加最小值运算
    n = 0
    for i in range(len(now_line)):
        # 如果当前位置不对应已连接点
        if n not in connected_p_index:
            # 如果下一行中对应的元素不为空
            if now_line[n] != 'N':
                now_line[n] = S[now_line_num][n] + sum_path
            # 如果下一行中对应的元素为空，但是变化矩阵的前一行中对应的元素不为空
            elif now_line[n] == 'N' and m[before_line_num][n] != 'N':
                now_line[n] = sum_path
        n += 1

    print('当前操作行累加后为: now_line =', now_line)
    print('变化矩阵对应的前一行累加后为: m[before_line_num] =',m[before_line_num])
```

```
    # 判断相加后的行与 M 矩阵中对应行的元素大小
    # 取较小值，更新变化矩阵 m

    for j in range(len(now_line)):
        # 如果对应位置点已经连接
        if j in connected_p_index:
            # 直接复制前一个操作行对应位置上的数据
            now_line[j] = m[before_line_num][j]
        # 如果对应位置点未连接，则需要满足当前操作行 now_line 与前一行[before_line_num]
的对应位置不为空
        # 并且当前操作行 now_line 在对应位置上的值更大，这样才进行下一步操作
        elif (now_line[j] != 'N') and (m[before_line_num][j] != 'N') and
(now_line[j] > m[before_line_num][j]):
            now_line[j] = m[before_line_num][j]

    # 将当前处理行的值复制给变化矩阵 m 对应的行，这里可以直接复制
    m[now_line_num] = now_line
    # 将下一行的行号索引加入已连接点集合
    connected_p_index.append(now_line_num)

    # 递归迭代，继续相加替换运算
    if len(connected_p_index) < length:
        deal_m(m, now_line_num, connected_p_index, length)

    return m


# dijkstra 主处理函数，其中，m 为变化矩阵，p 为起始点
def dijkstra(m, p):
    global points
    print('原始矩阵 M=')
    print_matrix(m)
    print('起始点为：点', p)

    # 首先找出起始点所在的行
    line_start = get_p_sit(p, points)
    print('起始点', p, '所在行为第', line_start, '行')

    # 然后从起始点行开始对变化矩阵 m 的操作
    # 设置记录已连接点的索引集合，并将起始点索引收录
    connected_p_index = [points.index(p)]
    print('connected_p_index =', connected_p_index)

    m = deal_m(M, 0, connected_p_index, len(points))

    print('\n 最终的变化矩阵为：M=\n', numpy.array(m))
```

```
dijkstra(M, 'A')
```

输出结果：

```
原始矩阵 M=
0 5 5 N N N N
N 0 2 6 N N N
N 3 0 5 6 7 N
N N N 0 2 N 3
N N 8 N 0 5 1
N N N N 4 0 2
N N N N N 1 0

起始点为：点 A
起始点 A 所在行为第 0 行
connected_p_index = [0]

当前操作行的行号为：now_line_num = 1
当前路径累加值为：sum_path = 5
已连接点集合为：connected_p_index = [0]
当前操作行累加前为：now_line = ['N', 0, 2, 6, 'N', 'N', 'N']
当前操作行累加后为：now_line = ['N', 5, 7, 11, 'N', 'N', 'N']
变化矩阵对应前一行累加后为： m[before_line_num] = [0, 5, 5, 'N', 'N', 'N', 'N']

当前操作行的行号为：now_line_num = 2
当前路径累加值为：sum_path = 7
已连接点集合为：connected_p_index = [0, 1]
当前操作行累加前为：now_line = ['N', 3, 0, 5, 6, 7, 'N']
当前操作行累加后为：now_line = ['N', 3, 7, 12, 13, 14, 'N']
变化矩阵对应前一行累加后为： m[before_line_num] = [0, 5, 5, 11, 'N', 'N', 'N']

当前操作行的行号为：now_line_num = 3
当前路径累加值为：sum_path = 12
已连接点集合为：connected_p_index = [0, 1, 2]
当前操作行累加前为：now_line = ['N', 'N', 'N', 0, 2, 'N', 3]
当前操作行累加后为：now_line = ['N', 'N', 'N', 12, 14, 12, 15]
变化矩阵对应的前一行元素累加后为： m[before_line_num] = [0, 5, 5, 11, 13, 14, 'N']

当前操作行的行号为：now_line_num = 4
当前路径累加值为：sum_path = 14
已连接点集合为：connected_p_index = [0, 1, 2, 3]
当前操作行累加前为：now_line = ['N', 'N', 8, 'N', 0, 5, 1]
当前操作行累加后为：now_line = ['N', 'N', 8, 'N', 14, 19, 15]
变化矩阵对应的前一行元素累加后为： m[before_line_num] = [0, 5, 5, 11, 13, 12, 15]

当前操作行的行号为：now_line_num = 6
当前路径累加值为：sum_path = 15
已连接点集合为：connected_p_index = [0, 1, 2, 3, 4]
```

```
当前操作行累加前为：now_line = ['N', 'N', 'N', 'N', 'N', 1, 0]
当前操作行累加后为：now_line = ['N', 'N', 'N', 'N', 'N', 16, 15]
变化矩阵对应的前一行元素累加后为： m[before_line_num] = [0, 5, 5, 11, 13, 12, 15]

当前操作行的行号为：now_line_num = 5
当前路径累加值为：sum_path = 16
已连接点集合为：connected_p_index = [0, 1, 2, 3, 4, 6]
当前操作行累加前为：now_line = ['N', 'N', 'N', 'N', 4, 0, 2]
当前操作行累加后为：now_line = ['N', 'N', 'N', 'N', 4, 16, 2]
变化矩阵对应的前一行累加后为： m[before_line_num] = [0, 5, 5, 11, 13, 12, 15]

最终的变化矩阵为：M=
 [['0' '5' '5' 'N' 'N' 'N' 'N']
  ['0' '5' '5' '11' 'N' 'N' 'N']
  ['0' '5' '5' '11' '13' '14' 'N']
  ['0' '5' '5' '11' '13' '12' '15']
  ['0' '5' '5' '11' '13' '12' '15']
  ['0' '5' '5' '11' '13' '12' '15']
  ['0' '5' '5' '11' '13' '12' '15']]
```

在上述算法的实施过程中，需要注意每一步的当前操作行是哪一行，下一个操作行是哪一行，当前已经连接的点的集合有哪些元素，未连接点的集合有哪些元素。最终得到的 A 点到各点的最短路径矩阵与图 3.42 所示的结果相同。

3.7.6 最大流算法

最大流算法（Maximum Flow Algorithm）是针对最大流问题（Maximum Flow Problem）提出的一类解决算法。要理解最大流算法，首先要理解什么是最大流问题。

20 世纪 50 年代，Ford 和 Fulkerson 建立了“网络流”理论（Network-Flows），开创了网络流研究的基础。最大流问题是运筹学中网络流与图论研究的一类重要问题，也是现实生活中广泛存在的一类研究和应用分析问题。

实际上，网络流研究就是研究网络结构中数据流的分布，如交通人流、车流、物流、水流、信息流、资金流和现金流等。

下面介绍最大流问题的数学模型。如图 3.43 所示，设有一股网络数据流，入口为 A 点，称为源节点，出口为 C 点，称为汇点。入口点没有输入边，即入度为 0，出口点没有输出边，即出度为 0。

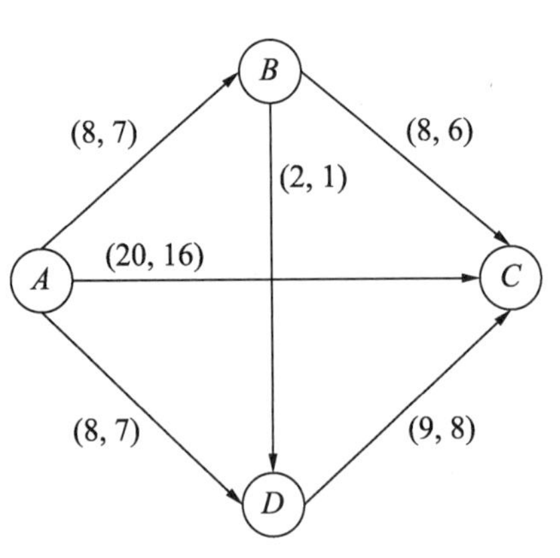

图 3.43 网络流示意

图 3.43 中的每一条带箭头的边代表一条数据流，在其上的数字坐标(a, b)中，a 为最大的数据量，也称为最大容量或最大流量，b 为数据流的实际数据量，也称为实际容量或实际流量。数字坐标(a, b)也称为流量权值。

最大流问题就是求在图 3.43 中，从源节点到汇点连通路径的流量之和最大的连通路径。

对于一个有向图 $N=(V, A)$而言，其对应的有源节点 S 和汇点 T 的加权有向图称为容量网络，表示为 $N=(V, A, R)$。

进一步介绍最大流算法之前，先了解几个重要概念。

1．网络流与可行流

如果某个网络流满足下列属性，则称该网络流为可行流。

- 容量限制属性：实际流量 a 小于或等于最大流量 b。
- 反向对称属性：沿着箭头正向流的流量为正，反向流的流量为负，对于同一条边，正向流量与反向流量的绝对值相等，符号相反。
- 流量守恒属性：除了入口点与出口点外的其余点，输入边的流量之和与输出边的流量之和大小相等。

网络流图或容量网络通常用 G 或 N 表示，网络中的两节点连线称为弧，弧上面的数字或权值称为流量，用 $f(u,v)$表示，即从 u 点流入 v 点的弧的流量大小。而网络流就是容量网络中所有弧的一个集合：$f=\{f(u,v)\}$。

如果某一个网络流上所有弧的流量或权值都为 0，则称该网络流为零流。

2．网络流的弧

按照网络流中的任一弧的流量和容量的关系，可将网络流的弧分为以下两类：

- 饱和弧：当前流量=容量；
- 非饱和弧：当前流量＜容量。

按照网络流中的任一弧的流量是否为 0，可将网络流的弧分为以下两类：

- 零流弧：当前流量=0；
- 非零流弧：当前流量＞0。

网络流中的节点序列连线 $(u_0, u_1, u_2, \cdots, v)$ 称为链，记为 μ。链有正向和反向之分，沿着链递增的方向为正向链。通常约定，从源节点 V_s 指向汇点 V_t 的方向为链的正方向。

连接方向与链的正方向相同的弧称为前向弧，其集合表示为 $\mu+$，连接方向与链的正方向相反的弧称为后向弧，其集合表示为 $\mu-$。

3．超级源节点和超级汇点

对应具有多个源节点或多个汇点的网络流，通常在应用最大流算法的时候，将多个源节点合并成一个超级源节点，将多个汇点合并成一个超级汇点。

如图 3.44 所示，A 点为假设的超级源节点，I 点为假设的超级汇点。

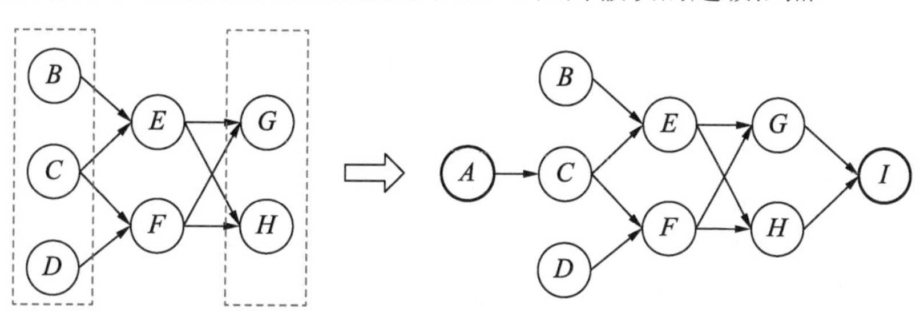

图 3.44　超级源节点和超级汇点

4．流量抵消

对于网络流结构而言，正向流量的流与反向流量的流的属性类似，因此正向流量与反向流量是可以相互抵消的。如图 3.45 所示，由 A 点流向 B 点的正向流量为 3，反向流量为 2，那么抵消后的实际流量就是 3−2=1。

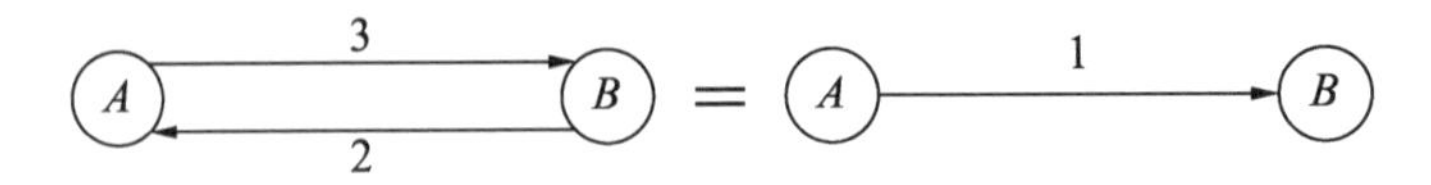

图 3.45　流量抵消

5．残余网络

在网络流的任意一条路径中，当前流量到达最大容量的差值称为该路径的残余容量。由起点到终点的残余容量等于最大容量减去当前容量，残余容量路径的方向由路径的终点指向起点。由原当前流量路径和残余容量路径构成的网络流图结构称为残余网络，也称为残差网络或差量网络。

如图 3.46 所示，A 点到 B 点的当前流量为 2，最大容量为 3，即残余容量为 3−2=1，用反向的空心箭头表示。

如果某条路径中的当前流量等于最大容量，如图 3.46 所示的 DE 路径，则该路径的残余容量为 0，当前流量达到最大值，因此容量为 0 的残余容量不用表现出来，在残余网络中直接保留原方向路径即可。

如果某条路径中的当前流量等于 0，即零流弧，如图 3.46 所示的 FE 路径，其残余容量的值就是原弧的容量值。也就是说，只有弧或路径的正向流量小于其容量，其反向的残余容量才需要表示出来。

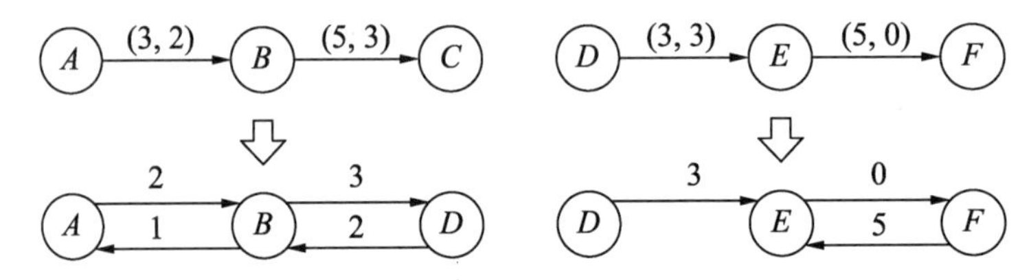

图 3.46　残余网络和残余容量

6．增广链

对于任何一个可行流 F，如果存在某个从源节点 S 到汇点 T 的链 μ，其前向弧集合 μ+中的每一条弧都是非饱和弧，后向弧集合 μ−中的每一条弧都是非零流弧，则该链 μ 为可行流 F 的一条增广链。在残余网络中，增广链也称为增广路径。

如图 3.47 所示，a 为某个可行流中的一条链，b 为 a 链对应的残余容量网络的对应链。根据增广链定义可知，a 链或 b 链为可行流中的增广链。

如图 3.48 所示，a 为某个可行流中的一条链，b 为 a 链对应的残余容量网络的对应链。根据增广链定义可知，由于弧 DE 的正向弧为饱和弧，其反向弧 ED 为零流弧，所以 a 链

或 b 链不是可行流网络中的增广链。

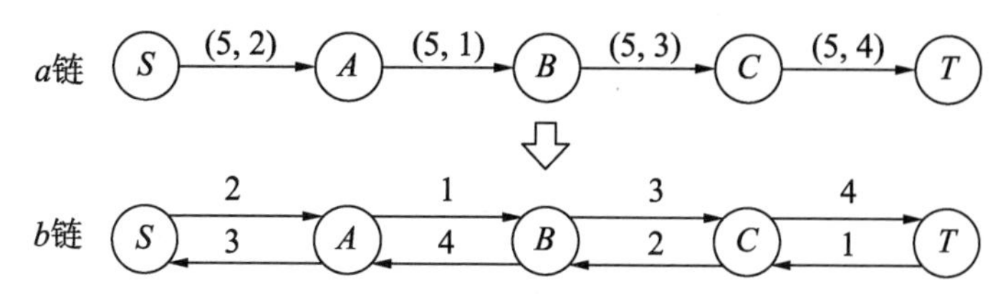

图 3.47 可行流中的增广链

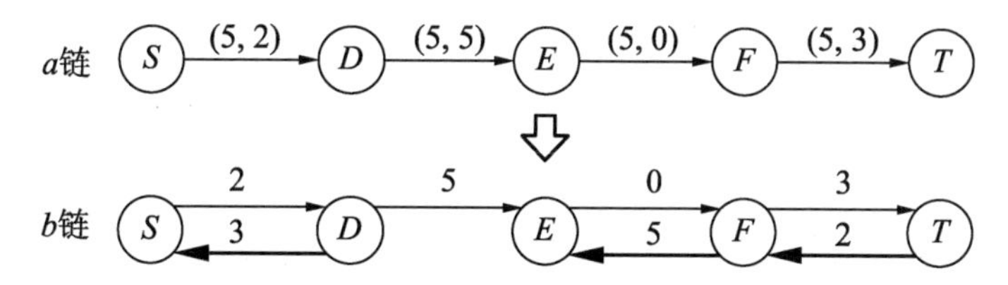

图 3.48 可行流中的非增广链

这里需要注意的是，虽然弧 EF 的正向弧为零流弧，但是弧 EF 不是决定 a 链或 b 链为非增广链的因素。增广链是指某弧的各个子链都不是饱和的，都可以反向增多一条反向弧。

7．割集和截量

割就是将一个容量网络图 $N=(V, A, R)$的节点集合 V 一分为二，分割成不存在交集的两个集合 S 和 $\bar{S}$，并且集合 S 必须包含源节点 S，集合 $\bar{S}$ 必须包含汇点 T。

将分割线断开的由 S 指向 $\bar{S}$ 的弧的集合称为割集，表示为$(S, \bar{S})$。

在割集$(S, \bar{S})$中，所有弧的容量之和称为该割集的截量，表示为 $r(S, \bar{S})$。

如图 3.49 所示，将容量网络分割成两部分，$(S, \bar{S})$={SA, SB}，$r(S, \bar{S})$=8+9=17。

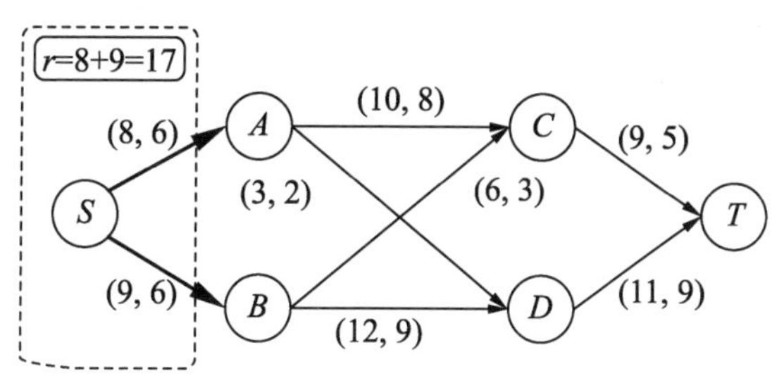

图 3.49 割集和截量 1

如图 3.50 所示，将容量网络分割成两部分，$(S, \bar{S})$={AC, BD}, $r(S, \bar{S})$=10+12=22。

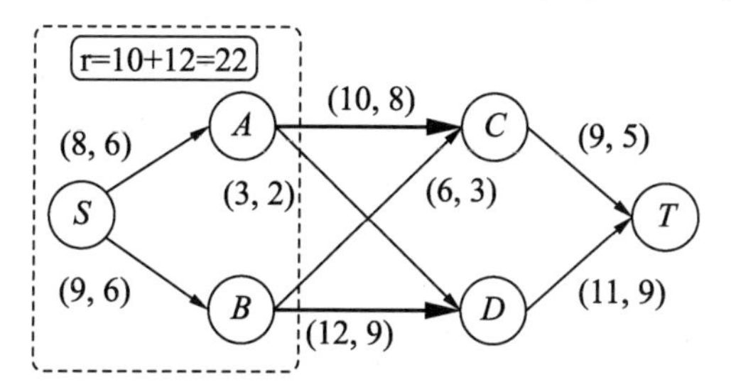

图 3.50 割集和截量 2

8．最大流最小割定理

最大流就是一个容量网络中流量最大的可行流。

最小割就是一个容量网络中截量最小的割集，表示为$(S^*, \bar{S}^*)$，其最小容量表示为$r(S^*, \bar{S}^*)$。

最大流和最小割定理：容量网络的最大流等于其最小割的截量。

最大流的充分必要条件是网络流中不存在增广链，即网络的总流量不能以增加链的方式再增加。

将如图 3.50 所示的容量网络 *N* 按割集分割，可得到如表 3.1 所示的割集与截量的数据。

表 3.1　割集和截量

S	$\bar{S}$	割集(S，$\bar{S}$)	截量r(S，$\bar{S}$)
S	*A, B, C, D, T*	{*SA, SB*}	8+9=17
S, A	*B, C, D, T*	{*AC, SB*}	9+9=18
S, B	*A, C, D, T*	{*SA, BD*}	8+12=20
S, A, B	*C, D, T*	{*AC, BD*}	9+12=21
S, A, C	*B, D, T*	{*SB, CT*}	9+9=18
S, B, D	*A, C, T*	{*SA, DT*}	8+11=19
S, A, B, C	*D, T*	{*BD, CT*}	12+9=21
S, A, B, D	*C, T*	{*AC, DT*}	9+11=20
S, A, B, C, D	*T*	{*CT, DT*}	9+11=20

容量网络 *N* 的最小割集为$(S, \bar{S})$= {*SA, SB*}，最小截量为 $r(S, \bar{S})$= 8+9=17。根据最大流和最小割定理，该容量网络的最大流为 17。

下面进行最大流最小割定理证明。

1）图形直接证明

如图 3.51 所示，将任一容量网络 *N* 中抽象合并成只有一条链 μ，μ={*S,A,…,B,T*}。假设该链 μ 共有 *i* 段弧，即 *SA,AB,…,BT*，其中，弧 *SA* 和弧 *BT* 为非饱和弧，*AB* 为饱和弧。

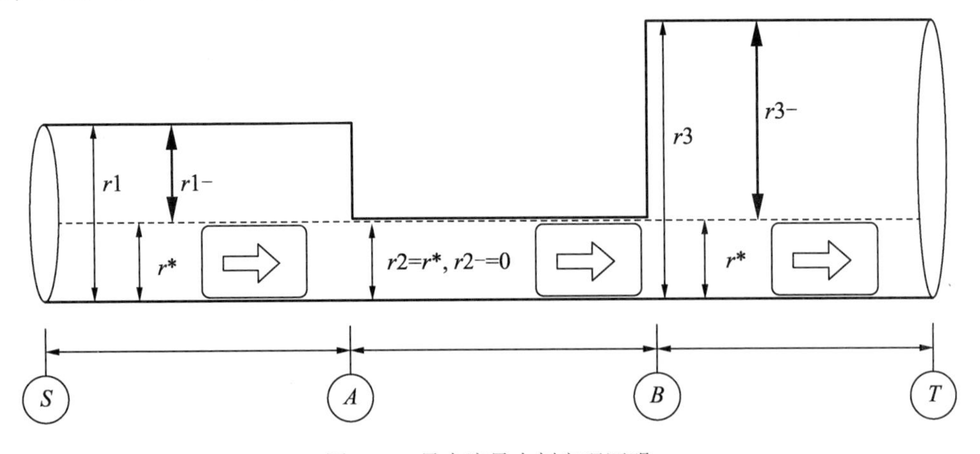

图 3.51　最大流最小割定理证明

由此可知，弧 *SA* 的截量为 *r*1,残余容量为 *r*1−，则当前容量网络中能通过的截面最大流为 rmax=r1-(r1-)。同理，弧 BT 的截量为 r1,残余容量为 r1-，则当前容量网络中能通过的截面最大流为 rmax=r3-(r3-)。

而弧 BT 的截量为 r2,残余容量为 r2-=0，则当前容量网络中能通过的截面最大流等于最小截量 rmax=r2-(r2-)=r2。

因为对于一个确定的容量网络 N，其最大流 rmax 与最小截量是固定的，所以，当某一段弧的残余容量为 0 时，代表该弧为饱和弧，此时弧的截量是最小的，不能更小了，如果更小则不能通过最大流 rmax。另一方面，最大流的流量不能大于网络的最小截量，否则将撑破管道，也就是弧。

因此，容量网络的最大流就是最小割集的截量，即最大流最小割定理成立。

2）数学逻辑证明

对于任意一个可行流 X 被分割，其流量为 $f(s,t)$，割集为 (S,T)，截量为 $c(s,t)$，S_{front} 为正向流量，S_{back} 为反向流量，S_{total} 为总流量，有：

$$f(s,t)=S_{\text{front}}-S_{\text{back}}\leqslant c\min(s,t)\leqslant S_{\text{total}}=c(s,t)$$

上式说明，任何一个可行流 X 的流量总是小于或等于割集截量 $c(s,t)$。因此，最大的流量必然小于或等于最小的割集截量 $\text{cmin}(s,t)$。

如果当前割集的流量为最大流量，即：$f(s,t)=\text{fmax}(s,t)$，那么在可行流 X 的残余网络中就不存在由源节点 S 到汇点 T 的增广路径，即 S 割的正向弧都是满流量的饱和弧，S 割的反向弧都是零流弧，即此时割集的截量最小，$S_{\text{front_total}}(s,t)$为正向总流量，有：

$$\text{f}\max(s,t)=S_{\text{front}}-S_{\text{back}}=S_{\text{front-total}}=c(s,t)=\text{c}\min(s,t)$$

因此，容量网络的最大流 $\text{fmax}(s,t)$就是最小割集的截量 $\text{cmin}(s,t)$，即最大流最小割定理成立。

由最大流最小割定理可知，利用“最大流量等于最小割集截量等价于可行流无增广链”的等价关系，判断可行流 f 是否为最大流 fmax 有两种方法：

- 一直遍历找增广链，如果当前可行流 X 没有新的增广链，则当前可行流 X 的流量 f 就是最大流 fmax。
- 一直遍历计算当前割集流量与最小截量，如果当前可行流 X 的流量 f 等于最小割集截量 rmin，则当前流量 f 就是最大流 fmax。

在了解了最大流问题的基本知识后，下面进行最大流问题的求解。

9. Fold-Fulkerson标号算法

Ford-Fulkerson 算法是由 L. R. Ford、Jr 和 D. R. Fulkerson 在 1956 年联合提出的，简称为 FFA 算法。该算法用于计算流网络中的流的最大值，也就是网络的最大流量。由于该算法主要确定的是求解思路，可以具有多种实现方式，所以也称为 Ford-Fulkerson 方法。

根据前面的分析可知，求一个网络中的最大流状态有两种方法，Ford-Fulkerson 算法的核心就是利用第一种方法，即如果可行流 X 没有新的增广链，则当前可行流 X 的流量 f 就是最大流 fmax。Ford-Fulkerson 算法不考虑全局最优，只考虑当前最优，因此属于一种贪心算法。

为了方便对 Ford-Fulkerson 算法原理的阐述，定义下列符号运算规则：

$$F(\text{capacity},\text{nowflow},\text{resflow})$$

上式中，F 代表某增广路径中某条弧的可行流描述，参数 capacity 代表该流正向的容量，nowflow 代表该流的当前流量，也称为正向流量，resflow 代表该流的残余容量，也称为反向流量。根据正反流量互逆原理，某段弧的正向流的流描述 F 与反向流的流描述 F' 有以下关系：

$$F(c,n,r)=F'(c,r,n)$$

即正向流的当前流的值是反向流的残余流的值，反向流的当前流的值是正向流的残余流的值。正向流和反向流的容量相等。

我们定义，由正向流对应的弧为正向弧，反向流对应的弧为反向弧。Ford-Fulkerson 算法的实施具有固定的逻辑判断流程步骤。

Ford-Fulkerson 算法的实施步骤如下：

- 将当前流网络的各条弧的当前流和反向流全部清空，只保留流容量。
- 寻找一条增广路径 L，求得该路径上的最小残余容量 minf。然后将该增广路径 L 上的所有弧 H 的当前流量 nowflow 增加 minf。
- 如果当前所有由正向流弧构成的增广路径已经找不到，则加入反向流弧，继续构成增广路径，同时更新正向弧的流描述 F。
- 重复第（2）步和第（3）步，直至所有的当前网络已经无法找到正反向流弧构成的增广路径。
- 将寻找增广路径过程中的所有最小残余容量相加，其和就是该网络流的最大流。

下面通过一个实际例子来介绍 Ford-Fulkerson 算法的实施过程。如图 3.52 所示，以网络流当前的流状态为未饱和，求其饱和流。

注意，为了便于区分，在下面的图示中，当前的增广路径用黑色加粗的箭头表示，最小容量所在的弧对应的可行流流量将加粗表示，以前的增广路径将由黑色转为灰色，其他未涉及的流量弧的表示不变。

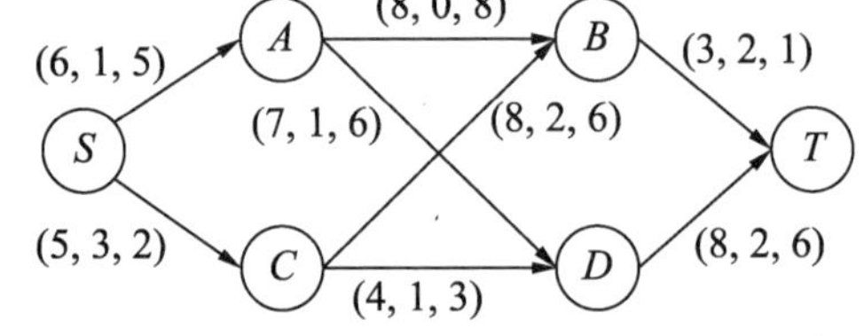

图 3.52　使用流描述的流网络

（1）将整个网络流中所有弧的当前流和反向流清零，如图 3.53 所示，然后寻找一条增广路径 $S\to A\to B\to T$。该增广路径的最小残余容量是位于弧 BT 的 3，则在该增广路径上的每条弧的当前正向流量都加上该残余容量 3，反向流量等于容量减去正向流量。如果正向流量等于 0，则反向流量不变。注意，该增广路径上的每条弧的反向流量必将大于或等于该增广路径的弧的最小残余容量

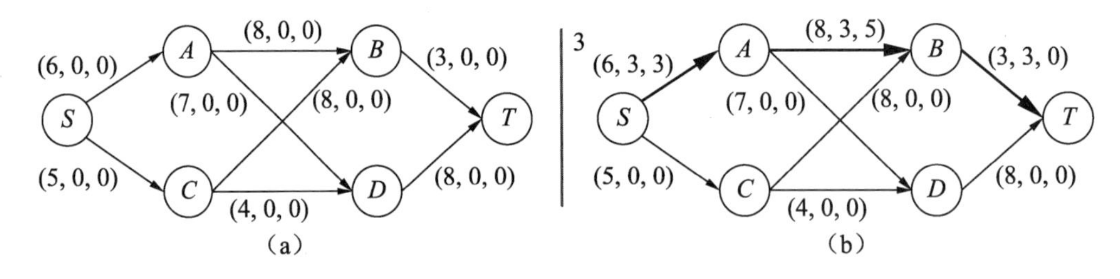

图 3.53　Ford-Fulkerson 算法 1

（2）如图 3.54（a）所示，继续寻找一条增广路径 $S\to A\to D\to T$。寻找该增广路径上的最小容量是位于 SA 弧上的 3。因此对该增广路径的每一条弧的当前流量加上最小容量 3，反向流量等于容量减去正向流量。

（3）如图 3.54（b）所示，由于从点 S 出发时，弧 SA 的当前流量已经保存，不存在反向流量，所以不能从此点出发。

由弧 SC 出发，继续寻找一条增广路径 $S \to C \to D \to T$。寻找该增广路径上的最小容量是位于 DC 弧上的 4。因此对该增广路径的每条弧的当前流量加上最小容量 4，反向流量等于容量减去正向流量。

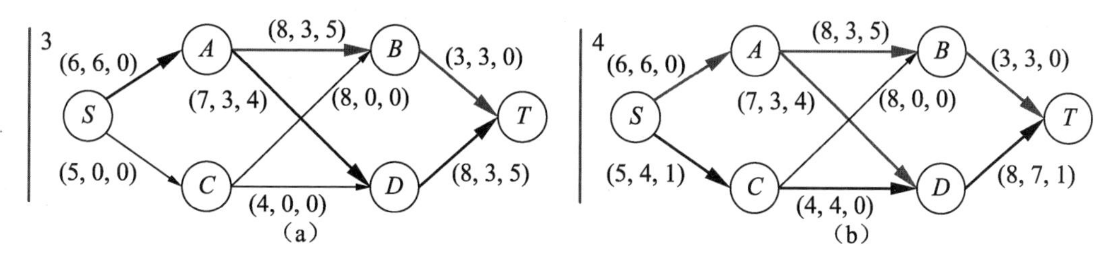

图 3.54　Ford-Fulkerson 算法 2

（4）如图 3.55 所示，继续寻找增广路径，此时从 S 点出发，已经找不到一条全部是由正向弧构成的增广路径了。但是，由点 $S \to$ 点 $C \to$ 点 B，后，由 B 点出发，仍然可以找到一条反向的未饱和的弧 BA，使得增广路径 $S \to C \to B \to A \to D \to T$ 成立。

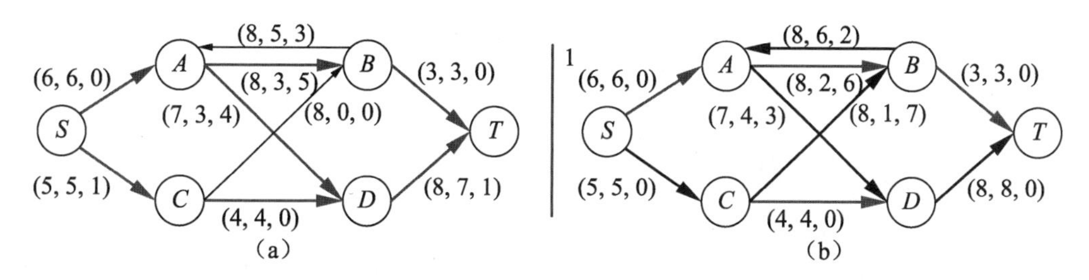

图 3.55　Ford-Fulkerson 算法 3

在增广路径 $S \to C \to B \to A \to D \to T$ 中寻找各弧中的最小残余容量，为弧 SC 或者弧 DT 上的 1。因此对该增广路径的每条弧的当前流量加上最小容量 1，反向流量等于容量减去正向流量。

最终得到的网络流结构如图 3.56 所示，此时网络流中所有的弧都变成了灰色加粗的弧，说明这些弧都进行了增广路径的计算。在网络流中不存在黑色的细线弧，说明没有遗漏不考虑的弧，因此得到该网络流结构的最大流状态。该网络流对应的最大流为 3+3+4+1=11。

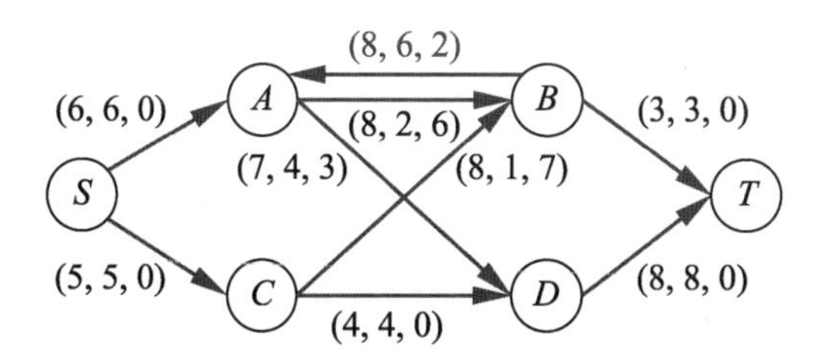

图 3.56　Ford-Fulkerson 算法的最终结果

下面基于 Ford-Fulkerson 算法原理，设计算法程序。在进行编程之前，先将问题图矩阵化。

在如图 3.57 所示的矩阵中，行标表示可行网络流中某条弧的起始端点，列标表示终止端点，对应位置的值为该弧的容量，未连接弧对应的值为 0。

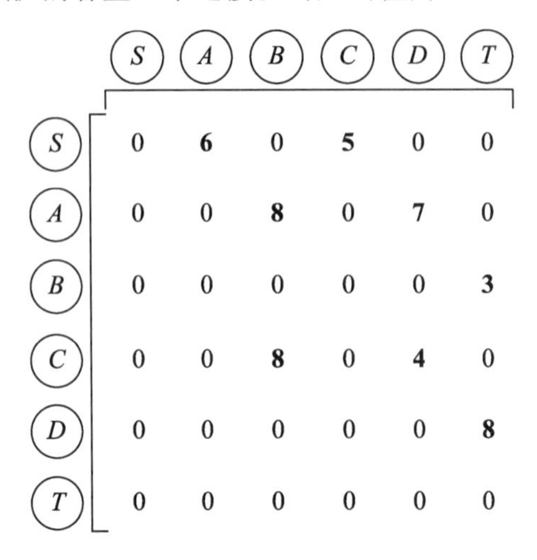

图 3.57　Frd-Fulkerson 算法的矩阵图

算法代码 3.6：

```
# 用二维数组表示二维表
graph = [[0, 6, 0, 5, 0, 0], # S
         [0, 0, 8, 0, 7, 0], # A
         [0, 0, 0, 0, 0, 3], # B
         [0, 0, 8, 0, 4, 0], # C
         [0, 0, 0, 0, 0, 8], # D
         [0, 0, 0, 0, 0, 0]] # T


# 使用宽度优先进行搜索
def search_by_bfs(graph, s_p, t_p, p_parent):
    # 用于存储已检索的点的位置
    searched_ps = [False] * len(graph)
    # 检索点的已连接序列
    ps_list = []
    # 为连接序列添加当前初始点
    ps_list.append(s_p)
    # 将当前初始点设置为已检索
    searched_ps[s_p] = True

    # 当要检索序列仍有未检索的点不为空时
    while ps_list:
        # 去掉第一个点，出栈
        new_q = ps_list.pop(0)

        # 枚举搜索当前行中各点与其对应的值
        for index, value in enumerate(graph[new_q]):
```

```
            # 如果存在未检索的点且其值不为 0，则说明是可用点
            if searched_ps[index] == False and value > 0:
                # 连接序列添加该点
                ps_list.append(index)
                # 将该点设为已检索
                searched_ps[index] = True
                p_parent[index] = new_q

    # 如果待检索序列的所有点都被检索完成则返回 True
    if searched_ps[t_p]:return True
    else: return False


# 主函数
def ford_fulkerson_max(graph, s_p, t_p):
    # 父级点列表
    parent_l = [None] * len(graph)
    # 记录网络图的最大流
    g_max_flow = 0

    # 如果存在未检索点则继续检索
    while search_by_bfs(graph, s_p, t_p, parent_l):
        s = t_p
        # 如果目标点不是初始点
        while not s is s_p:
            # 获取最小流
            link_flow = graph[parent_l[s]][s]
            s = parent_l[s]

        # 累加最小流
        g_max_flow += link_flow

        # 更新网络流的流量图
        now = t_p
        while not now is s_p:
            up = parent_l[now]
            graph[up][now] -= link_flow
            graph[now][up] += link_flow
            now = parent_l[now]

    return g_max_flow


start_p = 0
end_p = 5
max_flow = ford_fulkerson_max(graph, start_p, end_p)

print('当前网络流对应的最大流为：', max_flow)
```

输出结果：

```
当前网络流对应的最大流为： 11
```

在上述算法的实施过程中，需要注意已检索点和未检索点分开记录。使用队列数组进行入栈出栈设计，先寻找可行的增广路径，再寻找各个可行的增广路径对应的最小残余容量，然后将所有的最小残余容量相加，就是所求的网络流的最大流。

3.8 本章小结

本章主要讲解了算法图以及如何用图来表示算法。

图算法的目的是使用丰富的图来展示算法的设计原理与实施过程。在一些适合使用图解决的问题上具有优越性。

在图算法中，路径寻优规划问题和最值问题都是常见的问题，尤其是二维空间的点对点的路径规划问题，可以表示为数学中的二维数组的处理问题。二维数组与二维空间图之间的转化与对应，也体现了图算法的思想。

读者在进行图算法的学习时，要将图与算法逻辑互通，从基础入手，循序渐进，深刻理解图的设计思想与算法的特点，方能在进阶学习中游刃有余，做到心中得理得法。

图算法的内容非常丰富，本章只介绍了常用的图算法，有兴趣的读者可以参考其他相关资料继续学习。

欲度春风几千路，莫吝汗滴马路前。

第 4 章　字符串算法

字符串是一种常见的存储信息数据的变量。字符串算法主要是指对字符串对象进行处理的算法。作为信息数据处理与编程处理中常用的变量类型，字符串是算法处理中一种十分常见且重要的对象。对字符串的处理主要集中于字符串变形、搜索匹配和压缩等方面。在字符串处理算法中，正则表达式处理与有损或无损压缩是重点。

4.1　字符串概述

字符串是一种常见的数据类型，也是常见的变量类型。几乎所有的编程语言，都有字符串这种变量类型。要学习对字符串的处理算法，首先要了解字符串的定义，以及字符串有哪些特点。

4.1.1　字符串的定义

简单地理解，字符串就是由一堆字符串接而成的变量。如图 4.1 所示，字符串"abcde132"就是由 8 个字符（'a', 'b', 'c', 'd', 'e', '1', '2', '3'）组成的。一般定义从左到右（从前到后）的顺序为正向的连接顺序。排在第 i 个位置上的字符其索引就是 i。索引 i 可以用来定位具体位置上的字符。

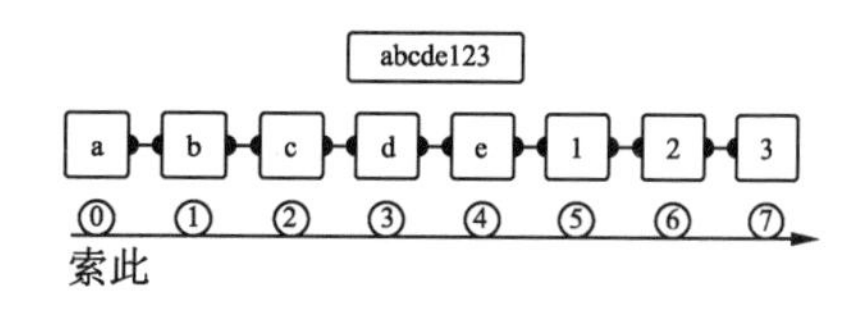

图 4.1　字符串示意

除了可以利用某个字符的索引 i 来定位字符，还可以用索引范围来截取子字符串。例如，假设字符串 str = "abcde132"，那么截取 str 的第 5 位到第 7 位的子字符串就是 substr = str[5:7] = "123"。

字符串是常用的数据变量类型。相对于单个字符来说，由多个字符构成的字符串能够表达更多的信息。

4.1.2　字符串与字节串

与字符串对应，由多个有序的字节构成的序列串称为字节串。简单地说，字节串就是由一串字节串成的，而字符串是由一串字符串成的。

字符串与字节串的应用情景不同。字符串主要用于存储文本信息，而字节串主要用于存储原始的字节，一般使用 ASCII 码显示。

在 Python 3 中加入了字节串的概念。Python 在定义字节串时，先添加引号，然后在添加的左引号前面添加一个小写字母 b 即可。

如果遍历字符串，则每个单元输出的是字符。如果遍历字节串，则每个单元输出的是字节内容，而且用 ASCII 码中的数字来表示。在 Python 中，用变量类型 str 表示字符串，用变量类型 bytes 表示字节串。

一般来说，字节 byte 有 8 个数据位。字节是计算机进行数据处理的基本单元。因为一个字节一般最多只有 8 个位，所以一个字节可以用一个范围为 0~255 的整数来表示。

4.1.3 字节与字节数组

除了字节串，Python 还引入了一种新的变量类型，就是字节数组。字节数组使用 bytearray 表示。字节数组与字节串类似，基础组成部分都是字节，而且用 0~255 的 ASCII 码表示字节。在 Python 中，可以使用 bytearray 函数来定义一个字节数组。

Python 中的字节串 bytes 是不可变的，而字节数组 bytearray 是可变的。使用 bytearray 函数可以直接将字节串转化为字节数组。一个字节数组对象本身可以调用多种函数，如清空 clear、追加 append、移除 remove、翻转 reverse、解码 decode 和查找子字节 find 函数等。

Python 中的字节数组与字符串和一般数组都支持切片操作。字节串与字节数组在程序设计中的使用频率一般情况下比字符串低。

4.1.4 字符串算法的处理逻辑

字符串算法可以分为单个字符串处理和多个字符串处理。多个字符串对象一般组合成多字符串文本进行处理，也就是字符串文本由多个字符串组成。

多字符串文本的处理也是基于单个字符串的。通常对多字符串的处理就是循环遍历处理多个单字符串，或者将多个单字符串合并成一个大的单字符串进行处理。

因此，不论是单字符串还是多字符串，处理基元都是单字符串。如图 4.2 所示，字符串算法在对多个字符串进行处理时，一般将多个字符串看作字符串数组按顺序进行逐个处理。图中的处理单元 uniti=stringi 代表第 i 个子字符串。在对单个字符串进行处理时，也是逐位进行处理。将 uniti=chari，也就是将处理单元看作单个字符即可。

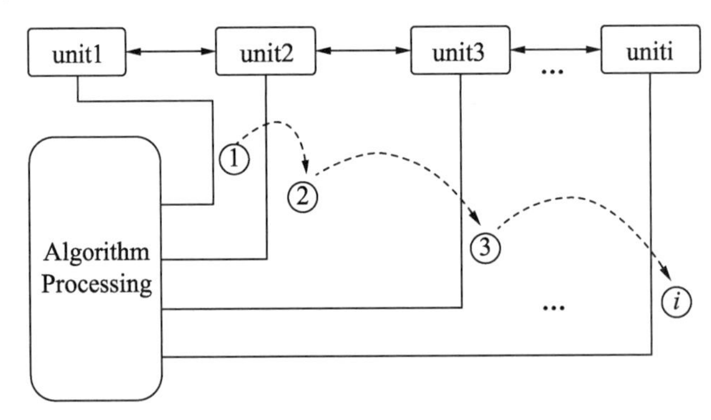

图 4.2　多字符串处理逻辑示意

对于字符串的处理，在设计算法时，寻找处理单元有特定的逻辑顺序，不一定要按照索引升序或者降序逻辑，也可以使用其他跳变式的逻辑进行处理。寻找处理单元对象就是寻址的过程。

总体来说，不管使用哪一种处理逻辑，都要保证对字符串或者字符串数组的所有单元都进行处理，不存在漏处理或者没处理的情况。通过寻址对字符串进行处理，被处理的单元的索引是非常重要的。快速寻址算法能够快速地定位到需要处理的对象地址，从而实现相关的处理算法。

4.2　字符串判断算法

本节主要介绍如何使用 Python 进行常用的字符串判断算法设计。对于字符串的判断是字符串处理算法中的重要内容。字符串判断主要是判断两个字符串之间的关系，可以是不同级别的大字符串与小字符串之间的关系判断，也可以是同级字符串之间的关系判断。

4.2.1　寻找相同的部分

对于两个给定的字符串，找出它们之间的相同部分。

对于不同的两个字符串来说，寻找它们之间是否存在一个相同的字符，是比较而简单的。一般来说，寻找特定长度的子字符串部分或者寻找最大长度的子字符串比较困难。

如果只是寻找两个字符串之间相同的单一字符，可以使用单一元查找法。判断某个字符是否存在于某个字符串中，直接使用 if 字符 in 字符串即可，如果返回为真，则存在，否则表示不存在。

如果需要查找某个字符 char 在某个字符串 str 中的所有位置，可以使用单一元查找法。

1. 单一元查找法

单一元查找法，是指遍历整个字符串，逐一比较被检查的字符是否为目的字符，然后收集对字符的索引，如图 4.3 所示。

代码实现：

```
a_str = 'abcade'

ind_list = []
for i in range(len(a_str)):
    if a_str[i] == 'a': ind_list.append([i, a_str[i]])

print(f'{ind_list = }')
```

输出：

```
ind_list = [[0, 'a'], [3, 'a']]
```

上述算法直接逐个寻找相同的字符，记录其索引与对应内容后将其收集在集合列表中。

2．固定元比较法

如果已经知道需要查找的子字符的长度，那么可以使用固定元比较法来寻找匹配的字符串。如图 4.4 所示，要查找字符串中是否存在'ai'子串，可以每次选取固定长度为 2 的子串进行比较。

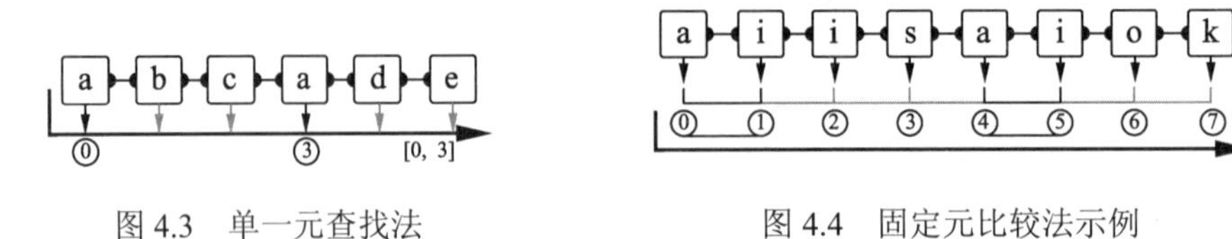

图 4.3　单一元查找法　　　　图 4.4　固定元比较法示例

3．递增元比较法

由于字符串的最小组成单位是字符，所以可以从基元入手。从长度为 1 的子字符串开始，不断增加字符串的长度，持续寻找相同的部分。如果两个字符串之间仍然存在相同的部分，则继续增加比较子字符串的长度，直至两个字符串不存在相同的部分，则最大的相同部分就是所求的最大相同子字符串。

如图 4.5 所示，被检索的目的子串为"abc"，原字符串为"1abc2abc3"。步骤如下：

（1）算法会以长度为 1 开始检索原字符串，也就是寻找第一个字符与原字符串相同的字符位置。

（2）使检索子串的长度递增 1，即判断当前字符的下一位字符是否为目的子串对应位置上的字符。

（3）重复第（2）步，直至当前检索的子串长度累加到目的子串的长度，即完成对当前索引的递增长度子串的检索。在索引为 1 的位置完成长度为 3 的检索后，将不再递增被检索的子串的长度，而是继续寻找下一个开头字符，如位置 5 的字符'a'，然后重复第一步，直至被检索的字符串中所有符合条件的子串都被检索一遍。

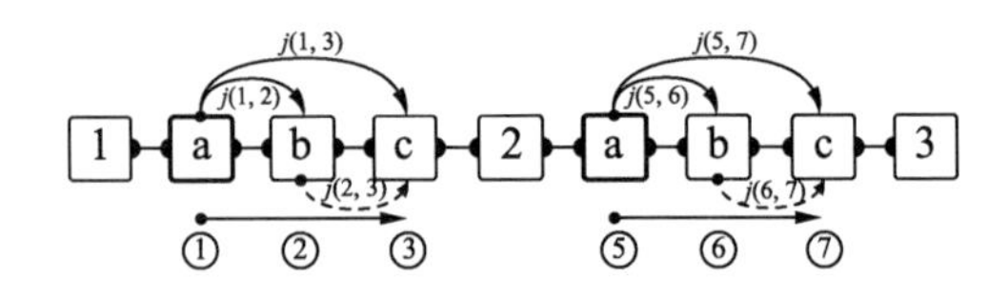

图 4.5　递增元比较法示例

代码实现：

```
# 原字符串
ori_str = '1abc2abc3'
# 目的子串
tar_str = 'abc'
# 主程序
# 符合条件的子串索引列表
str_list = []
for c in range(len(ori_str)):
    char = ori_str[c]
```

```
        if char == tar_str[0]:
            equal = True
            for i in range(len(tar_str)):
                if ori_str[c+i] != tar_str[i]:
                    equal = False
            if equal:
                str_list.append([c, c+len(tar_str)-1])

    # 输出目的子串索引列表
    print(f'{str_list = }')
```

输出：

```
    str_list = [[1, 3], [5, 7]]
```

4.2.2　字符串的内置操作

一般的编程语言都内置了对字符串的处理函数，可以对字符串进行快速处理，如获取字符串长度、判断两个字符串是否相等，以及判断 A 字符串是否为 B 字符串的子串等。

如图 4.6 列举了 Python 支持的直接可以对字符串进行的操作。

S1：两个字符串直接相加可以串联。

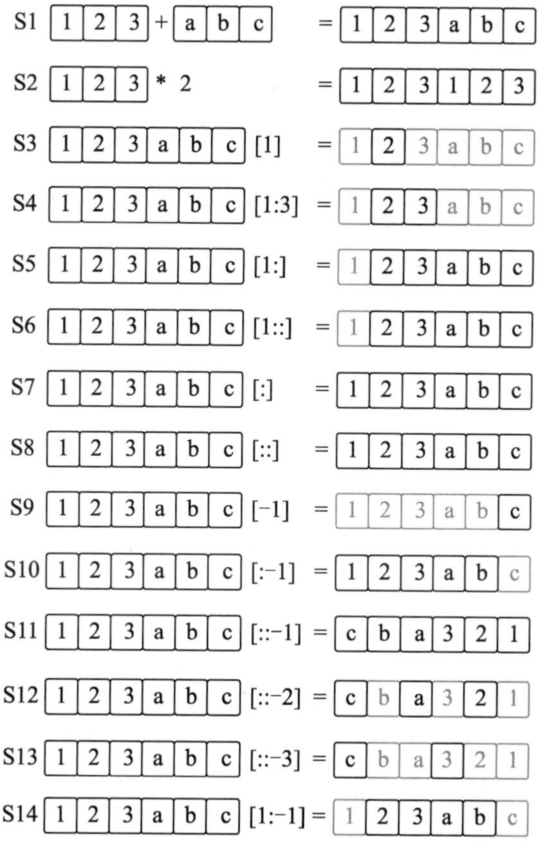

S1 1 2 3 + a b c = 1 2 3 a b c
S2 1 2 3 * 2 = 1 2 3 1 2 3
S3 1 2 3 a b c [1] = 1 2 3 a b c
S4 1 2 3 a b c [1:3] = 1 2 3 a b c
S5 1 2 3 a b c [1:] = 1 2 3 a b c
S6 1 2 3 a b c [1::] = 1 2 3 a b c
S7 1 2 3 a b c [:] = 1 2 3 a b c
S8 1 2 3 a b c [::] = 1 2 3 a b c
S9 1 2 3 a b c [−1] = 1 2 3 a b c
S10 1 2 3 a b c [:−1] = 1 2 3 a b c
S11 1 2 3 a b c [::−1] = c b a 3 2 1
S12 1 2 3 a b c [::−2] = c b a 3 2 1
S13 1 2 3 a b c [::−3] = c b a 3 2 1
S14 1 2 3 a b c [1:−1] = 1 2 3 a b c

图 4.6　字符串内置操作

S2：字符串*i = 字符串复制 i 次。

S3：字符串[i] = 获取字符串索引为 i 的字符。

S4：字符串[i:j] = 截取字符串位置 i 到 j 的子串。

S5：字符串[i:] = 截取字符串位置 i 到末尾的子串。

S6：字符串[i::] = 截取字符串位置 i 到末尾的子串。

S7：字符串[:] = 获取整个字符串，相当于没有操作。

S8：字符串[::] = 获取整个字符串，相当于没有操作。

S9：字符串[-i] = 获取整个字符串的倒数第 i 位字符。

S10：字符串[:-i] = 截取字符串开头到第 i 位的子串。

S11～S13：字符串[::-i] = 翻转字符串，并在每个 i-1 位上获取子串连接。

S14：字符串[i:-j] = 截取字符串第 i 位到倒数第 j 位的子串。

代码实现：

```
# 字符串
a_str='123abc'
print(f'{"123"+"abc" = }')
print(f'{"123"*2 = }')
print(f'{a_str[1] = }')
print(f'{a_str[1:3] = }')
print(f'{a_str[1:] = }')
print(f'{a_str[1::] = }')
print(f'{a_str[:] = }')
print(f'{a_str[::] = }')
print(f'{a_str[-1]= }')
print(f'{a_str[:-1]= }')
print(f'{a_str[::-1]= }')
print(f'{a_str[::-2]= }')
print(f'{a_str[::-3]= }')
print(f'{a_str[1:-1]= }')
```

输出：

```
"123"+"abc" = '123abc'
"123"*2 = '123123'
a_str[1] = '2'
a_str[1:3] = '23'
a_str[1:] = '23abc'
a_str[1::] = '23abc'
a_str[:] = '123abc'
a_str[::] = '123abc'
a_str[-1]= 'c'
a_str[:-1]= '123ab'
a_str[::-1]= 'cba321'
a_str[::-2]= 'ca2'
a_str[::-3]= 'c3'
a_str[1:-1]= '23ab'
```

除了上述直接对字符串进行处理的操作，Python 还内置了其他处理函数或关键字。常见的有：in 关键字用于判断子串是否存在于字符串中；encode 和 decode 函数用于对字符串进行编码和解码；index 函数用于获取字符所在字符串的索引位置等，具体可参照 Python 语法教程。

4.3　字符串匹配算法

本节主要介绍如何使用 Python 进行字符串常用匹配算法的设计。字符串匹配算法属于模式匹配的一种。对字符串的匹配处理也是字符串处理算法中的重要内容。本节对多个常用字符串匹配算法进行介绍。

4.3.1　BF 算法

BF（Brute Force，暴力求解）算法的特点在于逐个比较模式串与目标串的各个字符。

在字符串模式匹配中，目标串就是待匹配的子串，模式串就是被查找的原字符串。模式串也称为子串，目标串也称为主串。BF 算法是一种模式匹配算法，通常与 KMP 算法和 BM 算法合称为字符串匹配的三大主要算法。

BF 算法的暴力匹配的特点在于，将模式串的字符从头到尾与目标串的字符逐一比较，直至模式串的全部字符都完成比较，所有被比较的字符应该是一一对应的，并且被比较的两子字符串同时到达字符串末尾位置，则两个字符串相匹配，否则两个字符串不匹配。

也就是说，将模式串与目标串的字符进行逐个比较，判断模式串是否与目标串中的某一段子串相等，如果相等，则在目标串中存在匹配的子串，否则不存在匹配的子串。

如图 4.7 所示，目标串为"12abc1a2ab3abc"，模式串为"abc"。BF 算法执行时，会从目标串的第 0 个字符开始，索引 0 对应的是字符 1 而不是字符 a，因此继续寻找目标串的下一个字符。目标串的下一个字符是 2 而不是 a，因此继续在目标串中寻找下一个字符，直到该字符为 a 为止。

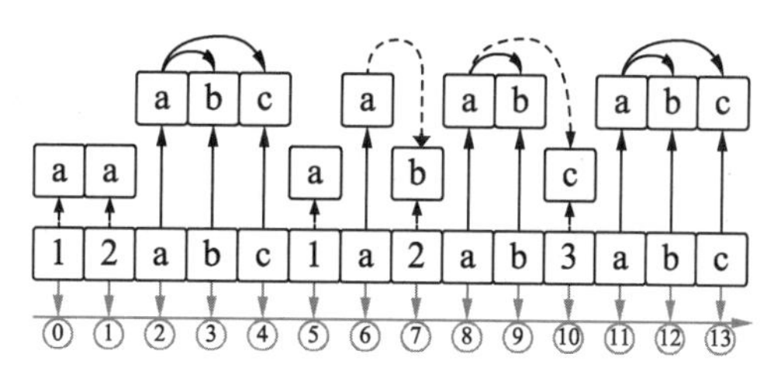

图 4.7　BF 算法实现逻辑

在索引 2 位置处，对应字符为 a，此时启动模式串匹配模式，逐个对比接下来的模式串中的剩余字符与目标串中的剩余字符是否完全相同。

可见，目标串的索引范围为 2～4 和 11～13 的子串都是与模式串对应字符匹配的，可以收集，而目标串的索引范围为 6、8、9 对应的子串或者单个字符都与模式串不匹配，不能收集。

代码实现：

```
# 目标串
a_str= '12abc1a2ab3abc'
```

```
# 模式串
tar_str = 'abc'

# 主程序
str_list = []
for c in range(len(a_str)):
    char = a_str[c]
    # 如果当前索引的字符等于模式串的开头字符
    if char == tar_str[0]:
        equal = True
        # 判断当前剩余位置的字符与模式串是否逐个相等
        for i in range(len(tar_str)):
            if a_str[c+i] != tar_str[i]:
                equal = False
        # 如果当前子串与模式串逐个相等
        if equal:
            str_list.append([c, c+len(tar_str)-1])

# 输出目的子串索引列表
print(f'{str_list = }')
```

输出：

```
str_list = [[2, 4], [11, 13]]
```

4.3.2 BK 算法

BK（Burkhard-Keller）算法也叫 Burkhard-Keller 树算法。BK 算法用来度量特定单词与字典库中的单词的匹配程度。由于其用于单个单词的匹配度量，所以适用于离散度量空间。

BK 算法的核心是 BK 树，它是由 Walter Austin Burkhard 和 Robert M.Keller 共同提出的一种用于度量的树结构。

要理解 BK 算法，首先要理解 BK 树。下面讲述 BK 树的定义。

如图 4.8 所示，图中的每个单词作为一个独立的单元存在。单词之间的相似度使用 Levenshtein 距离来表示，即单词之间的连线上的数字。Levenshtein 距离是由 Levenshtein 提出的，用于计算两个单词之间的相似度，也是自然语言处理（NLP）常用的一种衡量相似度的方法。

如图 4.9 所示，第 1 步，单词 ai 经过删除一个 i 的操作变成 a，该操作称为删除（delete）操作，本次操作的 Levenshtein 距离为 1。第 2 步，将单词 a 增加一个 t 变成 at，该操作称为增加（add）操作，该操作的 Levenshtein 距离为 1。第 3 步，将单词 at 的 t 改成 n，该操作称为修改（change）操作，再增加一个 y，变成 any，是 add 操作，经过连续两个操作，操作过程中的 Levenshtein 距离为 1+1=2。

Levenshtein 距离的操作可以分为 3 种，分别是增加、删除和修改，可以简单记忆为“增、删、改”。这 3 种操作，每操作一个字母，操作过程的 Levenshtein 距离就增加 1。

通过分析可知，一个单词变为另一个单词的操作可以是多样的，每种操作对应的 Levenshtein 距离可能不同。如图 4.9 中的第 3 步，可以通过将单词 at 先改变字母 t 为 n 再加 y 的操作实现，所需的 Levenshtein 距离为 2；也可以通过将单词 at 删除 t，然后加 n 再加 y 的操作来实现，所需的 Levenshtein 距离为 3。

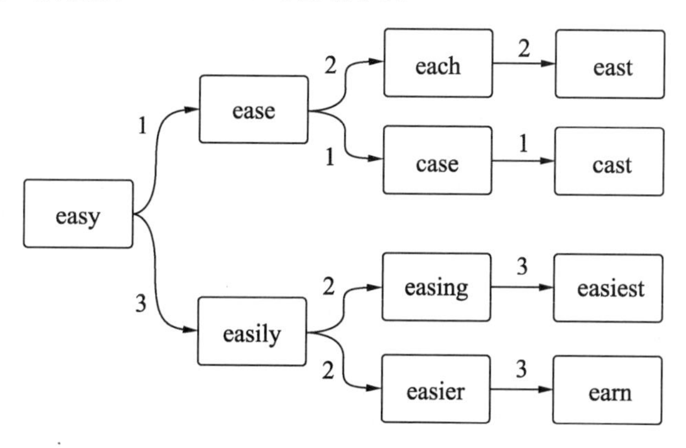

图 4.8　BK 算法实现示例

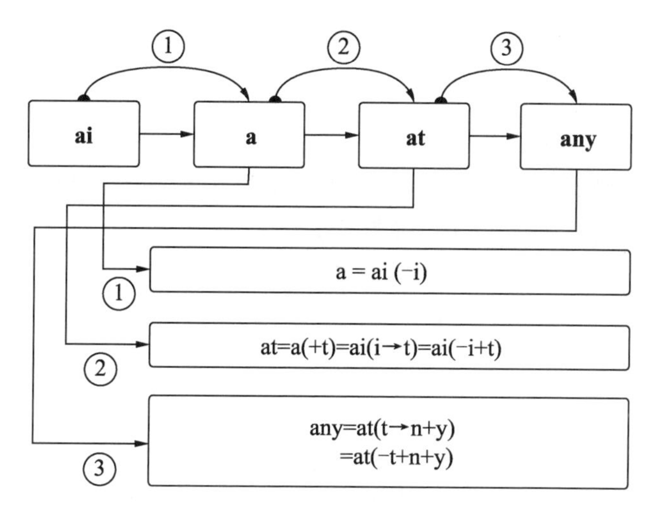

图 4.9　Levenshtein 距离计算

为了便于对 Levenshtein 距离的操作过程进行描述，下面进行以下约定：

- 增加操作用+表示，+c 表示增加字母 c。
- 删除操作用-表示，-c 表示删除字母 c。
- 修改操作用→表示，c→i 表示将字母 c 修改为 i。
- 单词 A 到单词 B 的操作，即单词 B 经过一系列操作后变成单词 A，表示为：

B=A(operations + —>⋯)

Levenshtein 距离具有三角形关系特性。设 $d(a,b)$表示单词 a 到单词 b 的 Levenshtein 距离，则有如下法则：

- $d(a,b)=0 \Leftrightarrow a=b$，即两个单词相等，等价于它们的 Levenshtein 距离为 0。
- $d(a,b) = d(b,a)$，即两个单词到彼此的 Levenshtein 距离相等。
- $d(a,b)+d(b,c) \geqslant d(a,c)$，即单词 A 直接经过操作变成单词 C 的 Levenshtein 距离不会

大于一个单词 A 先操作变成一个中间单词 B，再由中间单词变成目标单词 C 所需的 Levenshtein 距离。

上述法则中的第三条经常用到，此法则也称为 Levenshtein 三角形法则。

BK 算法可以用于比较两个单词之间的匹配度，也可以用于比较由任意字符构成的两个子字符串的匹配度。BK 算法还可以用于计算离散空间的模糊字符串之间的匹配度。

相比于暴力匹配的穷举法搜索匹配，BK 算法具有快速与轻量的特点。BK 算法是基于 BK 树实现的，下面介绍 BK 树的构建。

首先，假设所给字符串的单词集合为 A=[ai, a, any, file, at, aim, hi, ant, are, git, bill, make, as, hat, arm, add, fan, fall, mike]，如图 4.10 所示。

（1）在字符串单词集合中任意选取一个单词作为根。在图 4.10 中选择单词 ai 作为根。

（2）从单词集合 A 中选择一个单词，如 a，计算该单词 a 与根单词 ai 的 Levenshtein 距离=1。第 1 个子层中没有 Levenshtein 距离为 1 的分支，则新建距离为 1 的分支：ai→a。

（3）重复第（2）步，继续从单词集合 A 中选择一个单词，如 any，计算该单词 any 与根单词 ai 的 Levenshtein 距离=2。在第 1 子层中没有 Levenshtein 距离为 2 的分支，则新建距离为 2 的分支：ai→any。

（4）重复第（2）步，继续从单词集合 A 中选择一个单词，如 at，计算该单词 at 与根单词 ai 的 Levenshtein 距离=1。在第 1 子层中已经有 Levenshtein 距离为 1 的分支，则分析该分支。该分支末端为 a，单词 at 与该分支末端单词 a 的 Levenshtein 距离=1，则在分支末端单词 a 下新建距离为 1 的分支：ai→a→at。

（5）继续重复第（2）步，将单词集合 A 中的所有单词都逐个分配到对应的距离分支上，如图 4.10 所示，所形成的树结构称为 BK 树。

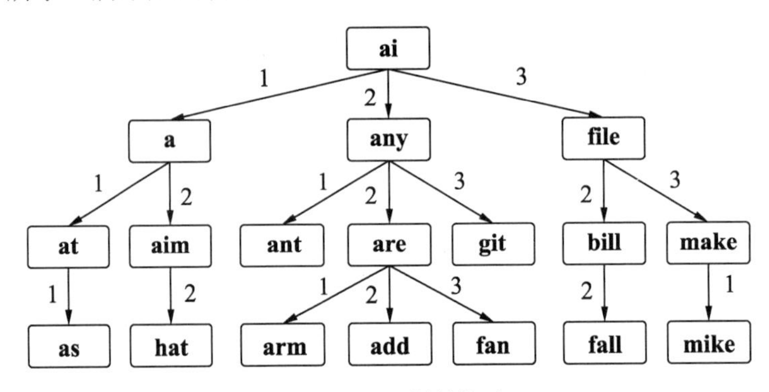

图 4.10　BK 树的构建

那么，BK 算法与 BK 树有什么关系呢？BK 算法主要是在一个包含很多字符串的数据集中找出与给出的目标字符串相似的所有字符串，其中的相似度就用 Levenshtein 距离来衡量。

如图 4.11 所示，假设字符串集合中的字符串都用单个单词或者短语表示。字符串集合 A=[at, any, and, where, an, ai]，目标字符串为 ai，要求找出集合 A 中与目标字符串 ai 相似的所有字符串。

那么需要定义到底多相似才算相似？由此引入了 Levenshtein 距离。在寻找相似字符串的时候可以定义，在集合 A 中，Levenshtein 距离 n 小于或等于 i 的字符串为目标字符串的相似字符串。

按照使用 Levenshtein 距离衡量相似度的原则，将相似度 $n \leqslant i$ in[0,1,2,3,4,5]的各种分类检索情况一一列出。通常定义，当 n>0 时的查找为模糊查找，当 n=0 时的查找为精确查找。

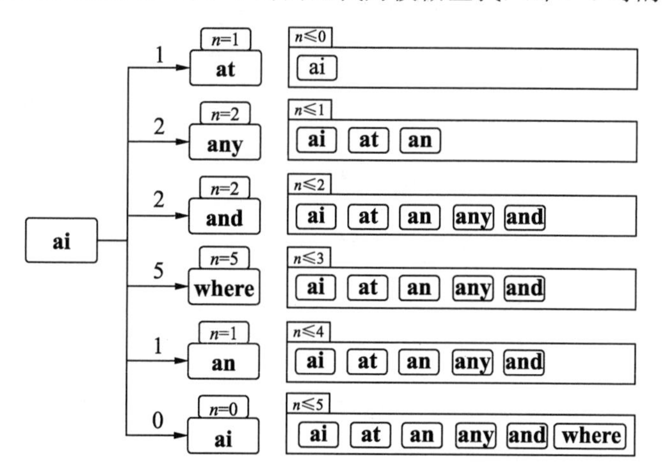

图 4.11　BK 算法查找相似字符串

在如图 4.11 所示的查找过程中，需要对字符串集合中的每个字符串都进行对比查找，如果不利用已查找的数据而重复查找，那么消耗的资源比较大，因此引入 BK 树的结构来优化查找过程。

如图 4.12 所示，按照如图 4.11 所示的方法，将 Levenshtein 距离相同的字符串集中在一个根子分支上。例如，将 Levenshtein 距离同为 1 的字符串 at 和 an 放在一个分支上。将 Levenshtein 距离同为 2 的 any 和 and 放在一个分支上。其余 Levenshtein 距离不相同的字符串单独称为子分支。

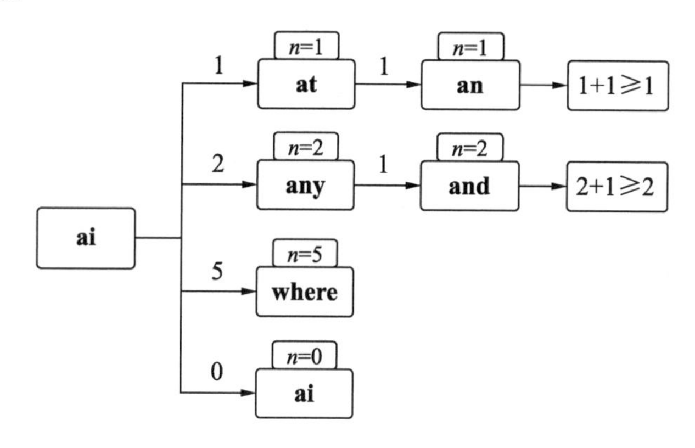

图 4.12　使用 BK 树结构查找相似的字符串

根据 BK 树的原理，图 4.12 所示的结构可以转化为如图 4.13 所示的以字符串 ai 为根的 BK 树结构。

假设已经对字符串集合构建了 BK 树结构，要查找新增字符串 Str 与字符串集合 A 中的各个字符串之间的相似度，只需要将 Str 到字符串 ai 的距离值 d 分别加到集合 A 的各个字符串的距离值中即可。

例如，要查找集合 A 中所有与字符串 Str 的 Levenshtein 距离为 1 的字符串（假设需要查找的字符串为 Stri），可以使用 $d(a,b)$表示字符串 a 到字符串 b 的相似距离。

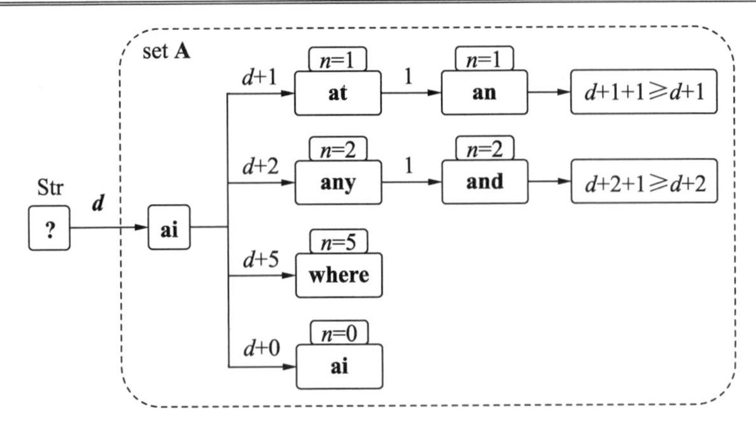

图 4.13　BK 树查找新增元相似度原理

因此，字符串 Str 到字符串 Stri 的距离必然小于或等于字符串 Str 经过其他字符串再到字符串 Stri 的距离。该过程可以表示为：

$$d(\text{Str,Stri}) \leqslant d(\text{Str,ai}) + d(\text{ai,Stri}) = d + d(\text{ai,Stri})$$

根据 Levenshtein 距离三角形原理，可以通过控制 $d(\text{Str,ai}) + d(\text{ai,Stri})$ 来控制所获取的 $d(\text{Str,stri})$ 距离，进而获取符合设定条件的字符串，简单来说就是通过控制大范围来定位小范围。其实就是通过三角形三条边关系中的两条边和差关系来限制第三条边的取值范围。

这里将 Levenshtein 距离简称为相似距离。如图 4.14 所示，假设原字符串 Str 到中继字符串 media 之间的相似距离为 d，中继字符串 media 到目标字符串 target 之间的相似距离为 m，而由原字符串 Str 到目标字符串 target 之间的相似距离为 n，按照 Levenshtein 距离三角形原理，有：

$$d - n < m < d + m$$

对应图 4.13 所示的 BK 树可得：

$$d(\text{Str,ai}) - d(\text{Str,Stri}) < d(\text{ai,Stri}) < d(\text{Str,ai}) - d(\text{Str,Stri})$$

将 $d(\text{Str,ai}) = d$ 代入上式可得：

$$d - d(\text{Str,Stri}) < d(\text{ai,Stri}) < d + d(\text{Str,Stri})$$

由于 $d(\text{Str,ai}) = d = 1$，$d(\text{Str,Stri}) = 1$，所以，要查找集合 A 中所有与字符串 Str 的 Levenshtein 距离为 1 的字符串，则需要 BK 分支上的距离满足：

$$0 < d(\text{ai,Stri}) < 2$$

因此，$d(\text{ai,Stri}) = 1$。容易找出，只有图 4.13 中的第一条分支（ai→at→an）符合。

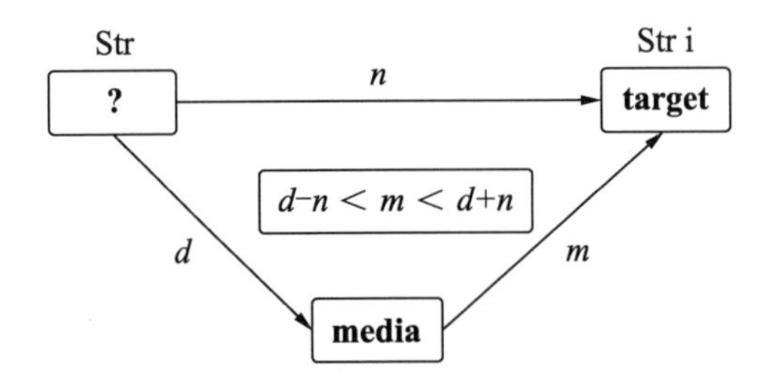

图 4.14　Levenshtein 距离三角形原理

下面通过具体的代码示例来讲解 BK 算法的设计过程。

代码实现：

```
# 获取 Levenshtein 距离
def leven_d(stra, strb):
    # 分别获取字符串 a 与 b 的长度
    len_a = len(stra)
    len_b = len(strb)
    bigger_len = max(len_a, len_b)

    # 获取两个字符串初始的相似距离
    all_d = bigger_len

    # 根据长度判断字符串的长短
    if len_a >= len_b:
        str_long = stra
        str_small = strb
    else:
        str_long = strb
        str_small = stra

    # 分别获取长字符串和短字符串中的相同字符所在的索引列表
    mov_long_ind = 0
    long_c_ind_list = []
    small_c_ind_list = []
    for c_s_i in range(len(str_small)):
        for c_l_i in range(mov_long_ind, len(str_long)):
            if str_long[c_l_i] == str_small[c_s_i]:
                long_c_ind_list.append(c_l_i)
                small_c_ind_list.append(c_s_i)
                break

    # 如果长字符串和短字符串中没有相同的字符
    if long_c_ind_list == small_c_ind_list == []:
        all_d = len(long_c_ind_list)
    else:
        # 则定义重新排序后有意义的索引列表
        new_long_c_ind_list = []
        new_short_c_ind_list = []

        # 如果长字符串的长度大于 1
        if len(long_c_ind_list) > 1 and new_long_c_ind_list != []:
            #则判断 ind 是否对应 c_ind_list 的最后一位
            for ind in range(0, len(long_c_ind_list)):
                if ind != len(long_c_ind_list)-1:
                    if long_c_ind_list[ind] < long_c_ind_list[ind+1]:
                        new_long_c_ind_list.append(long_c_ind_list[ind])
                        new_short_c_ind_list.append(small_c_ind_list[ind])
                else:
```

```
                if long_c_ind_list[ind] > max(new_long_c_ind_list):
                    new_long_c_ind_list.append(long_c_ind_list[ind])
                    new_short_c_ind_list.append(small_c_ind_list[ind])
        else:
            # 如果长字符串的长度等于短字符串的长度且都等于 1
            new_long_c_ind_list = long_c_ind_list
            new_short_c_ind_list = small_c_ind_list

        # 则定义长字符串或短字符串距离第一个相同字符前的最大长度
        max_start = 0
        # 则定义长字符串距离最后一个相同字符后的字符子串的长度
        max_end_to_long_end = 0
        # 则定义相同字符间距的不同字符的个数
        middle_c_l = 0
        middle_c_s = 0

        # 分别计算短字符串和长字符串对应的参数
        if len(new_short_c_ind_list) > 0:
            max_start = max(new_short_c_ind_list[0], new_long_c_ind_list[0])
            for i in range(new_long_c_ind_list[0], new_long_c_ind_list[-1]+1):
                if i not in new_long_c_ind_list:
                    middle_c_l += 1

        if len(new_long_c_ind_list) > 0:
            max_end = max(new_short_c_ind_list[-1], new_long_c_ind_list[-1])
            max_end_to_long_end = len(str_long)-1 - max_end
            for i in range(new_short_c_ind_list[0], new_short_c_ind_list[-1]+1):
                if i not in new_short_c_ind_list:
                    middle_c_s += 1

        # 总的相似距离等于两边的距离加上中间的距离
        all_d = max_start + max_end_to_long_end + max(middle_c_l, middle_c_s)

    return all_d


# 通过类定义树节点，方便拓展
class TreeNode:
    def __init__(self, astr):
        # 当前节点字符串
        self.astr = astr
        # 当前节点的分支保存字典
        self.branch = {}


# 通过类定义树，方便拓展
class BKStrTree:
    def __init__(self, str_list):
```

```
        # 初始化待处理字符串列表
        self.str_list = str_list

        # 初始化树的根节点
        self.root_node = TreeNode(str_list[0])

        # 逐渐给树的根节点添加新的分支
        for res_str in str_list[1:]:
            self.new_branch(res_str, self.root_node,)


    # 构建新的分支
    def new_branch(self, astr, father_node):
        # 获取当前字符串与根字符串的相似距离
        two_str_d = leven_d(astr, father_node.astr)

        # 判断当前相似距离是否已有分支，如果有则添加，如果没有则新建
        if two_str_d not in father_node.branch:
            father_node.branch[two_str_d] = TreeNode(astr)
        else:
            self.new_branch(astr, father_node.branch[two_str_d])


    # 需要使用递归时应该独立定义一个函数
    # 根据设定的相似距离的取值范围查找 BK 树
    def check_tree(self, check_str, d_range):
        # 定义递归收集查找结果列表
        recur_check_list = []
        self.recur_check_tree(check_str, d_range, self.root_node,
recur_check_list)
        return recur_check_list

    # 根据设定的距离范围递归查找满足条件的字符串
    def recur_check_tree(self, check_str, d_range, tree_node,
recur_check_list):
        def recur_get_tree_node(tree_node, recur_check_list):
            recur_check_list.append(tree_node.astr)
            for _, node_branch in tree_node.branch.items():
                recur_get_tree_node(node_branch, recur_check_list)

        # 设置相似距离的最值
        [min_d, max_d] = d_range
        # 获取被查找字符串与当前节点的相似距离
        two_str_d = leven_d(tree_node.astr, check_str)
        # 获取两边相减的距离
        sub2_v = max(1, two_str_d - max_d)
        # 获取两边相加的距离
        add2_v = two_str_d + max_d
```

```
        # 如果两个字符串的相似距离为 0，则说明二者相等
        if two_str_d == 0:
            # 则获取满足三角形法则的第三边的距离
            for two_str_d_i in range(sub2_v, add2_v + 1):
                # 如果第三边的距离存在于当前分支上
                if two_str_d_i in tree_node.branch:
                    # 而且满足设定的距离范围要求
                    if min_d <= two_str_d_i and two_str_d_i <= max_d:
                        # 则递归获取所有满足条件的距离
                        recur_get_tree_node(tree_node.branch[two_str_d_i],
recur_check_list)
            return None

        # 获取满足三角形法则的第三边的距离
        for two_str_d_son in range(sub2_v, add2_v + 1):
            # 如果第三边的距离存在于当前分支上
            if two_str_d_son in tree_node.branch:
                # 则获取对应的子分支距离
                son_branch_d = leven_d(tree_node.branch[two_str_d_son].astr,
check_str)

                # 如果该子分支的距离满足设定的距离范围
                if min_d <= son_branch_d and son_branch_d <= max_d:
                    # 则将当前字符串添加到当前递归查找列表中
                    recur_check_list.append(tree_node.branch
[two_str_d_son].astr)

                # 继续调用函数进行递归，直至完成所有查找
                self.recur_check_tree(check_str, d_range, tree_node.branch
[two_str_d_son], recur_check_list)


A = ['ai', 'a', 'any', 'file', 'at', 'aim', 'hi', 'ant', 'are', 'git', 'bill',
'make', 'as', 'hat', 'arm', 'add', 'fan', 'fall', 'mike']
bk_str_tree = BKStrTree(A)
check_str_item = "ai"
print(f'{bk_str_tree.check_tree(check_str_item, [1, 1]) = }')
```

输出：

```
bk_str_tree.check_tree(check_str_item, [1, 1]) = ['a', 'at', 'as', 'aim',
'hi']
```

4.3.3 KMP 算法

KMP 算法是一种改进的字符串匹配算法。KMP 算法是由 D. E. Knuth、J. H. Morris 和 V. R. Pratt 提出的，因此称为克努特-莫里斯-普拉特算法（简称 KMP 算法）。

KMP 算法是相对于朴素的 BF 算法的一种改进，能够节省较多的计算资源并提高运算速度。当目标串长度为 n、模式串长度为 m 时，BF 算法的时间复杂度为 $O(n*m)$，而 KMP 算法的时间复杂度为 $O(m+n)$。

在 BF 算法中，如果模式串 p_str 的当前位的字符与目标串 t_str 的当前字符不同，则模式串往后移一位，如图 4.15 所示。

很显然，BF 算法在模式串与目标串不匹配时的移位方法是可以改进的。改进的原则就是一次能够多移几位。

在改进的时候，还需要考虑如果多移了几位也不会影响匹配，也就是说就算多移了几位，也可以在这个过程中产生匹配。反之，就是将不能产生匹配的多余的几位一次性移除，而不是明知不能匹配，还要一位一位地移动。

那么问题就来了，最多能够移动几位而不会产生匹配呢？如果要提高算法效率，一次能够移动的位数应该是在当前情况下最多的。

假设目标串 t_str="abcad?1?2?3"，其中的"? i, i=1, 2, 3…"表示后面不确定或者不需要确定的字符，模式串 p_str="abcabe"。

如图 4.16 所示，目标串与模式在前 4 个字符"abca"上都是匹配的，但是当索引 i=4，也就是"d"与"b"位置上发生了不匹配的情况。下面我们来看看最多可以直接移动几位而不影响最终的匹配结果。

在图 4.16 中，mi (i=1, 2, 3…)表示第 i 种移动方法。首先，假设只移动 1 位，就是 $m1$ 所示的情况，这是最基本并且至少要满足的，因此不是最多移动多少位考虑的重点。

如果移动 2 位，如 $m2$ 所示，移动模式串后还需要经过一次对比，才知道此时目标串的第 1 位与模式串的第 1 位不匹配。

如果移动 3 位，如 $m3$ 所示，移动模式串后也需要经过一次对比，才知道此时目标串的第 1 位与模式串的第 1 位匹配。

在 $m3$ 所示的情况下，模式串与目标串是有可能匹配的，在 $m2$ 所示的情况下，模式串与目标串在对比第 1 位时就是不可能匹配的。

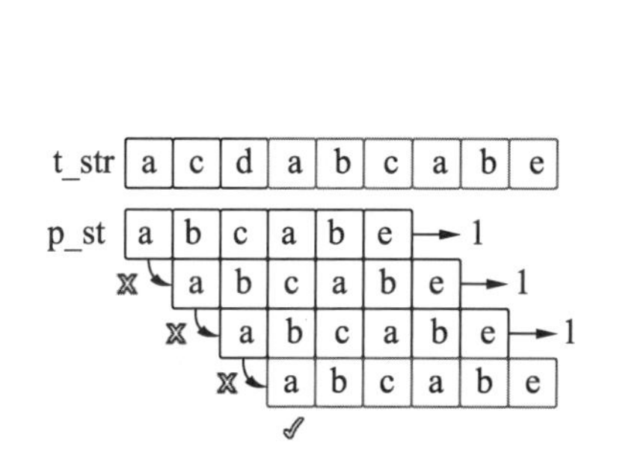

图 4.15　BF 算法的移位原理

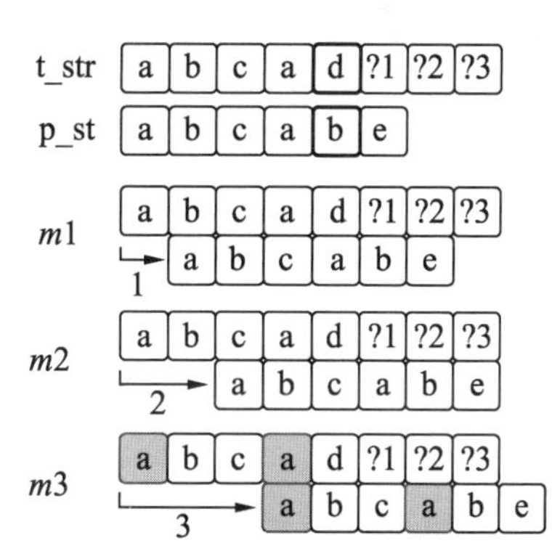

图 4.16　KMP 算法移多少位合适示意

那么移动多少位后，模式串与目标串在接下来的至少一步内不需要判断就知道是可以匹配的呢？

假设算法知道模式串与目标串在接下来的至少 k 步内不需要判断就是可以匹配的，那么算法可以直接跳过这 k 次的 BF 算法对比。

在图 4.16 中，通过分析可知，如果在模式串中的不匹配位置之前存在中心对称的两个子串，那么可以直接移动到后一个子串上。

在图 4.16 中，模式串与目标串是在模式串第 i=4 位对应的字符"b"上不匹配的。前面的子字符串为"abca"，长度 len_nomatch=4，并且首尾对称的字符子串 len_son="a"，长度为 1，移动长度为 len_move=3，满足下面的关系：

len_move=len_nomatch-len_son

再来看一个实例，如图 4.17 所示，目标串 t_str="abcabf?1?2"，模式串 p_str="abcabe"。模式串的冲突位 i=5。

如图 4.17 所示，模式串与目标串是在模式串的第 i=5 位对应的字符"e"上不匹配的。前面的子字符串为"abcab"，长度 len_nomatch=5，并且首尾对称的最长字符子串 len_son="ab"，长度为 2，移动长度 len_move=3，满足关系：len_move=len_nomatch-len_son。

在 $m1$ 和 $m2$ 所示的情况下，模式串的匹配并不能减少步骤，在 $m3$ 所示的情况下，相对于 BF 算法，模式串的匹配能够减少两步。

由此可见，减小的移动步骤与模式串发生冲突位前面的最长中心对称子串的长度有关，而这个长度，被定义为最长前缀长度。

如图 4.18（a）所示，假设模式匹配时冲突位置为第 5 位的"e"，冲突位"e"前面的前缀有 a、ab、abc、abca、abcae 共 5 种情况。每种前缀都包含首位字符"a"。

在图 4.18（a）所示的 5 种前缀中，以字符"c"为对称中心，则最长的中心对称子串为"ab"，即最大对称子串长度为 2，最长对称前缀为"ab"。

如图 4.18（b）所示，假设模式匹配时冲突位置为第 4 位的"e"，冲突位"e"前面的前缀有 a、ab、abc、abca 共 4 种情况，每种前缀都包含首位字符"a"。

在这 4 种前缀中，以字符"b"和"c"为对称中心，则最长的中心对称子串为"a"，即最大对称子串长度为 1，最长对称前缀为"a"。

根据使用对称中心寻找最长对称子串的原理，将冲突位前面的字符串的最长对称子串称为最长前缀。与最长前缀对应的就是最长后缀，两者长度相等，内容相同，只不过前缀在前，后缀在后。

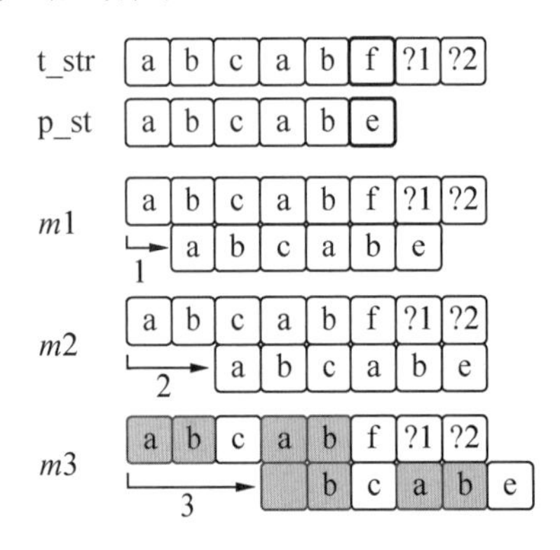

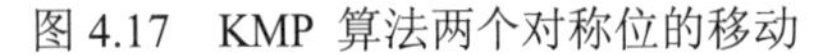

图 4.17　KMP 算法两个对称位的移动

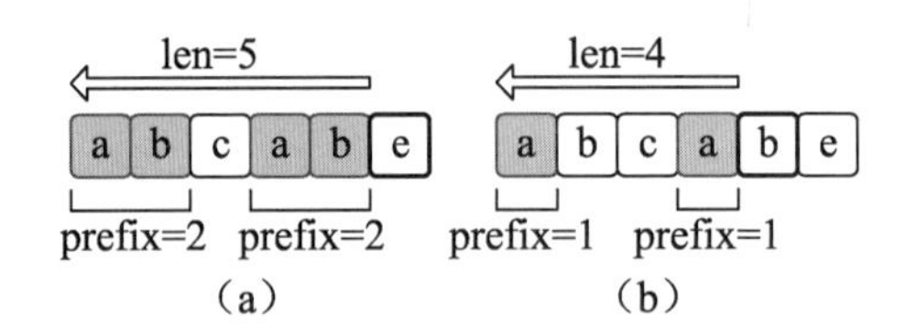

图 4.18　KMP 最长前缀

如图 4.19 所示，模式串为"abcaabce"。模式串的索引从 0 开始，假设匹配的冲突位依次为 ind=6,5,4,3,2,1,0，对应的最长前缀的长度分别为 $prefix$=3,2,1,1,0,0,0。

同样，如图 4.20 所示，将最长前缀的长度存入数组，形成的数组就是 next[i]数组。这个 net[i]数组对于 KMP 算法实现跳位移动十分重要。数组 next[i]对应位上存储的就是移动的位数，即当前索引为 *i* 的字符不匹配时，模式串最多可以往后面跳跃式移动多少位而不会影响最终的匹配结果。

如图 4.20 所示，next[*i*]数组中的 next[0]=−1 是人为规定的。这是因为，当模式串与目标串在模式串的首位即索引为 0 处发生冲突时，冲突位的前缀子不存在，长度 len=0，而实际上，*move*=*len*−*next*[0]=0−next[0]=1，即首位发生冲突时，直接移动的位数为 1，因此定义 next[0]=1。

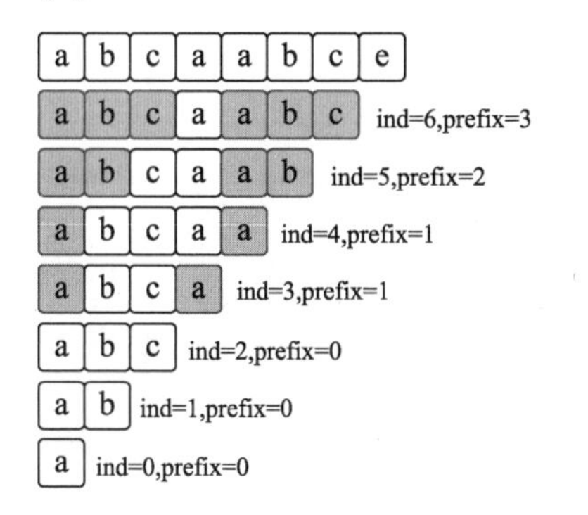

图 4.19　KMP 最长前缀、后缀的获取

p_str	a	b	c	a	a	b	c	e
ind	0	1	2	3	4	5	6	7
prefix	0	0	0	1	1	1	2	3
next[i]	−1	0	0	1	1	1	2	3

图 4.20　KMP next[*i*]数组的定义

下面通过一个实例来具体讲解 KMP 算法的原理与实现过程。如图 4.21 所示，目标串为 "abcabcababcabe"，模式串为 "abcabe"。在图 4.21 所示的位置上，移动距离 move=len−next[5]=5−2=3。

其中，len 为冲突位置前的子串长度，next[5]表示冲突位置所在的索引 5 对应的最长对称前缀的长度，下一次模式串应该移动的距离为 move。从图 4.21 中可以看出，模式串应该往后移动 3 位。

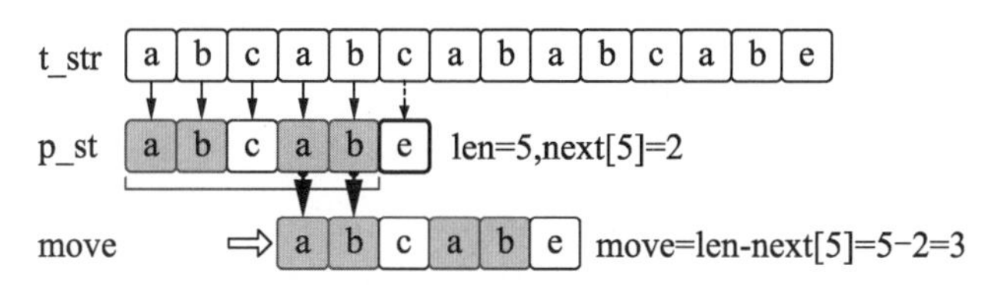

图 4.21　KMP 算法实例步骤 1

在如图 4.22 所示的位置上，匹配的冲突字符同样位于模式串的第 5 位，移动距离 move=len−next[5]=5−2=3，模式串往后移动 3 位。

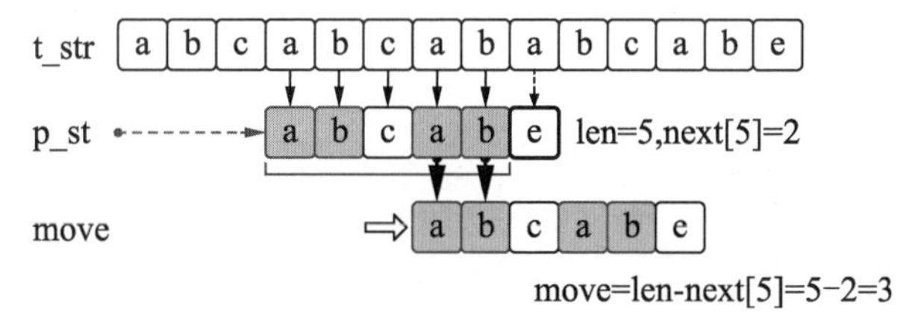

图 4.22　KMP 算法实例步骤 2

在图 4.23 所示的位置上，匹配的冲突字符位于模式串的第 2 位，移动距离 move=len−

next[2]=2−0=2，模式串往后移动 2 位。

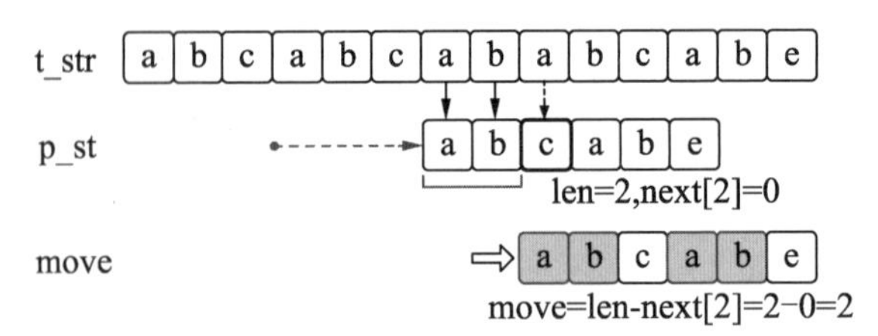

图 4.23　KMP 算法实例步骤 3

移动 2 位后，模式串与目标串完全匹配重合，本次字符串匹配完成。

下面通过具体的代码来展示 BK 算法的实现过程。

代码实现：

```
# 获取前缀对称数组
def symmetry_set(p_str):
    # 利用中心对称获取前缀
    # 存储对称字符串的列表
    symmetry_list = []
    for i in range(len(p_str)):
        # 保存当前的前缀列表
        son_symmetry_list = []
        # 获取当前的前缀
        prefix_str = p_str[:-(i+1)]
        # 初始化开头和结尾子串
        start_str = end_str = ''

        # 如果前缀长度为奇数且大于 1
        if len(prefix_str) % 2 != 0 and len(prefix_str) > 1:
            #则 start_str 取 center_ind 前一位字符
            center_ind = int((len(prefix_str)-1)/2)
            start_str = prefix_str[:center_ind]
            end_str = prefix_str[center_ind+1:]

        # 如果前缀长度为偶数且大于 1
        elif len(prefix_str) % 2 == 0 and len(prefix_str) > 1:
            #则 start_str 取 center_ind 到当前位字符
            center_ind = int((len(prefix_str)-1)/2)
            start_str = prefix_str[:center_ind+1]
            end_str = prefix_str[center_ind+1:]

        # 循环获取当前前缀的对称子串
        # 如果开头子串与结尾子串长度大于 1
        if len(start_str) > 1:
            #则开始循环获取对称子串
            for i in range(1, len(start_str)):
                son_start_str = start_str[0:i]
                son_end_str = end_str[len(start_str)-i:len(start_str)]
```

```
                # 如果开头子串与结尾子串相同，则加入对称子串列表
                if son_start_str == son_end_str != '':
                    son_symmetry_list.append(son_start_str)
        # 如果开头子串与结尾子串长度等于 1 且两者相同，则加入对称子串列表
        elif len(start_str) == 1 and start_str == end_str:
            son_symmetry_list.append(start_str)
        symmetry_list.append(son_symmetry_list)

    return symmetry_list


# 获取 next[i]数组
def next_set(p_str):
    # 获取模式串的前缀对称数组
    symmetry_l = symmetry_set(p_str)
    next_i_set = []
    # 对每位前缀对称子数组进行判断
    for i_list in symmetry_l:
        max_len = 0
        if i_list != []:
            for it in i_list:
                if len(it) > max_len:
                    # 获取最长前缀的长度
                    max_len = len(it)
        # 将最长前缀的长度加入 next[i]列表
        next_i_set.append(max_len)
    # 翻转 next_i_set，使得顺序对应
    next_i_set.reverse()
    # 设置 next_i_set[0] = -1
    next_i_set[0] = -1
    return next_i_set


# KMP 算法
def KMP_str(t_str, p_str):
    # 获取 next[i]数组
    next_i_set = next_set(p_str)
    # 判断当前情况下是否匹配
    str_match = False
    # 记录移位的总次数
    move_add = 0

    while not str_match:
        # 假设当前位字符是匹配的
        now_t_i_ok = True
        # 从当前 t_str 的 0 位开始
        t_i = 0
        for p_i in range(len(p_str)):
```

```
            # print('___________________________________')
            # print('对比目标串字符: ' + t_str[t_i+p_i])
            # print('对比模式串字符: ' + p_str[p_i])

            if t_str[t_i+p_i] != p_str[p_i]:
                now_t_i_ok = False
                next_i = next_i_set[p_i]
                move_i = p_i - next_i
                # print(f'冲突, 冲突位: {p_i = }')
                # print(f'对应 {next_i = }')
                # print(f'往后移动: {move_i = }')
                t_str = t_str[move_i:]
                move_add += move_i
                break
        # 如果模式串完成匹配没冲突
        if now_t_i_ok: str_match = True
        # 如果移位超过对比限度，则说明不匹配
        if len(t_str) < len(p_str): break
    print()
    if str_match: print('OK 模式串与目标串匹配的位置在模式串的索引为:i = ' +
str(move_add) + ' 处')
    else: print('模式串与目标串之间不存在匹配')


# 测试
t_str = 'abcabcababcabe'
p_str = 'abcabe'
KMP_str(t_str, p_str)
```

输出：

```
OK 模式串与目标串匹配的位置在模式串的索引为:i = 8 处
```

4.3.4 BM 算法

BM 算法也是一种高效的字符串匹配算法。相对于基于 BF 算法的 KMP 算法从前到后的匹配方向而言，BM 算法是从后到前匹配的。

BM 算法的效率大于 KMP 算法。假设目标串的长度为 n，模式串的长度为 m，则 BM 算法时间复杂度为 $O(n)$，而 KMP 算法的时间复杂度是 $O(n+m)$。

与 KMP 算法的目的相似，BM 算法的目的也是在发生字符匹配冲突时，能够让模式串尽可能地往后面移动，以达到快速匹配的目的。

BM 算法的核心是两个独立可并行的比较规则，一个是坏字符，另一个是好后缀。这两个规则独立运行，其中，好后缀规则的效率较高。

下面通过实例讲解 BM 算法中坏字符规则的匹配原理。

如图 4.24 所示，目标串 t_str="ababcaabbaa"，模式串 p_str="abbaa"。BM 算法是从后面开始匹配的。因此，首先是目标串的子串"ababc"的第 4 位的"c"与模式串的第 4 位匹配，此时发生冲突。

目标串中冲突位对应的字符"c"称为坏字符。确定坏字符对应的字符后，接下来判断坏字符是否在模式串中存在。

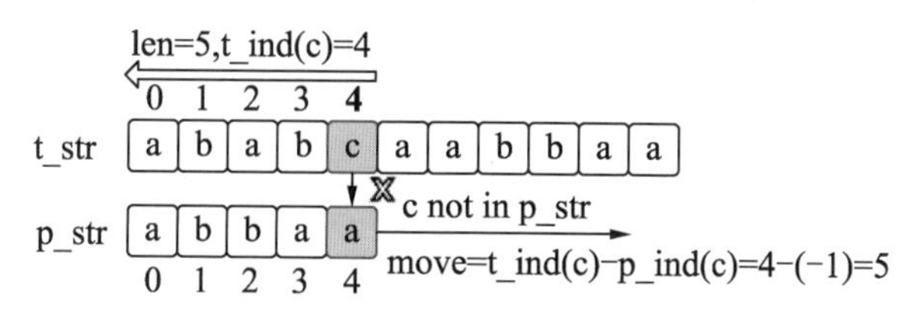

图 4.24　BM 算法坏字符规则原理示意 1

BM 算法在计算模式串可以往后移动的位数 move 时，使用下面的公式：

$$move=t\_ind(c)-p\_ind(c)$$

在上式中，move 为模式串可以往后移动的位数。其中，t_ind(c)代表目标串中的坏字符 c 在当前目标子串的索引位置，p_ind(*c*)代表坏字符 *c* 在模式串 p_str 中的索引位置。BM 算法的坏字符规则中定义，如果坏字符 *c* 不存在于模式串中，则对应的 p_ind(*c*)= −1。

值得注意的是，p_ind(*c*)可能有多个，需要比较后选择使得 move 为正数且最大的那一个值。如果坏字符在模式串中不存在 p_ind(*c*)大于 0 的情况，则使用好后缀规则继续移位。注意，t_ind(*c*)与 p_ind(*c*)的字符 c 是代指非特指。

如图 4.24 所示，在当前情况下，模式串向后的移动距离为 move=t_ind(*c*)−p_ind(*c*)=4−(−1)=5。因此，模式串往后移动 5 位。

如图 4.25 所示，模式串往后移动 5 位后，也是从当前参与匹配的目标串的子串"aabba"的最后一位，即子串的第 4 位字符"a"开始匹配。

匹配出现冲突，冲突位为目标串的第 3 位，也就是坏字符为"b"，对应的坏字符"b"在模式串中有两个，一个是位于模式串第 2 位的"b1"，另一个是位于模式串第 1 位的"b2"。一般取模式串最左边的坏字符位置。

于是，按照 BM 坏字符规则，可以分别计算两个移动量 move1 与 move2，然后取 move1 与 move2 的最大值作为最终的移动量，也就是往后移动 1 位。

模式串往后移动 1 位后，如图 4.26 所示，模式串与目标串实现了完全匹配，整个 BM 算法的坏字符匹配实施流程完成。

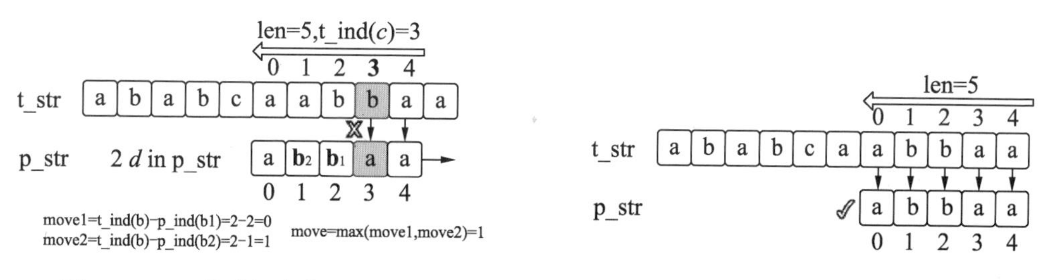

图 4.25　BM 算法坏字符规则原理 2　　图 4.26　BM 算法坏字符规则原理 3

在 BM 算法中，坏字符规则移位虽然优秀，但是也存在一些不足，如会出现根据公式最后计算出的移位数小于 0 的情况。

如图 4.27 所示，目标串为 t_str="aecbcaabbaa"，模式串为"aebbc"。根据 BM 算法的坏

字符规则，从索引为 4 的位置开始从后往前匹配，发现冲突位置为 2，即目标串的字符"c"为坏字符，根据 BM 算法的坏字符规则，坏字符在模式串中位于第 4 位，所以 move=t_ind(*c*)−p_ind(*c*)=2−4=−2。

根据 BM 算法坏字符规则得出的移动位数只会出现大于 0 或者小于 0 这两种情况，而不是等于 0，如果等于 0，则模式串中坏字符所在的位置必须等于目标串中坏字符所在的位置，即对应位置模式串与目标串字符相同，也就是两个字符匹配，而这与两个字符不匹配才会出现坏字符不符，所以不存在等于 0 的情况。

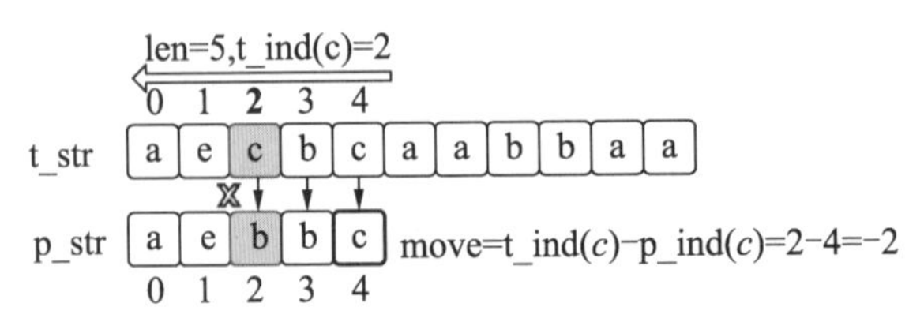

图 4.27　BM 算法坏字符移动位数为负数的情况

为了避免 BM 算法中的坏字符规则有时得出的移动位数为 0 的情况，BM 算法又提出了一种更加先进的规则，称为好后缀规则。

如图 4.28 所示，目标串为 t_str="abcebaabbab"，模式串 p_str="abbab"。

在如图 4.28 所示的位置开始匹配，发现目标串与模式串在索引为 4 处匹配。在 BM 算法的好后缀规则定义中，如果目标串与模式串的后缀子串相同，则称该相同的后缀子串为好后缀。图 4.28 所示的好后缀为子串"b"。

从后往前匹配，发现冲突位为目标子串中索引为 3 的字符"e"，发生冲突之前已经获得的好后缀集合为 suffix_set=["b"]。

好后缀"b"开头的字符在目标串中出现的位置为 t_suf=4。同时，好后缀"b"开头的字符在模式串中最早出现的位置为 pf_suf=1。则 BM 算法中的好后缀规则定义是，当模式串与目标串匹配发生冲突时，模式串可以往后移动的最大位数 move 为：

$$move=t\_suf-pf\_suf$$

根据上式，如图 4.28 所示的模式串应该往后移动的位数 move=4−1=3。

定义：模式串中如果不存在两个以上的相同的好后缀子串，说明不存在最前面的好后缀子串，则 front_p_suffix_ind=−1。

通过上面的分析可知，如果目标串 t_str 与模式串 p_str 在首位就发生不匹配，那么在模式串 p_str 中就不存在好后缀，因此 t_suffix_ind=0，front_p_suffix_ind=−1，模式串的移动位数 move=0−(−1)=1，即模式串往后移动一位。

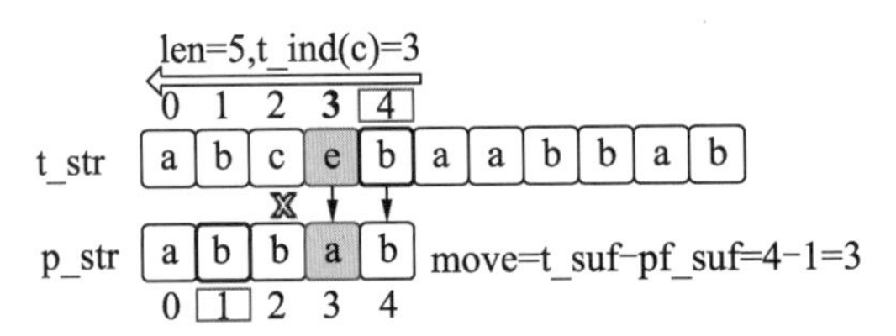

图 4.28　BM 算法好后缀规则原理 1

如图 4.29 所示，发现冲突位为目标子串"ebaab"的索引为 2 的字符"a"，发生冲突之前已经获得的好后缀集合为 suffix_set=["ab","b"]。在模式串中，最早出现的以后缀"ab"开头的字符"b"所在的位置为 1，因此当前情况下模式串应该移动的距离为 move=4−1=3。

模式串往后移动 3 位后，如图 4.30 所示，此时模式串 p_str 与目标串的子串"abbab"完全匹配，move=4−4=0。即如果模式串 p_str 与目标串 t_str 存在匹配，那么 BM 算法的好后缀匹配规则算法完成并停止匹配。

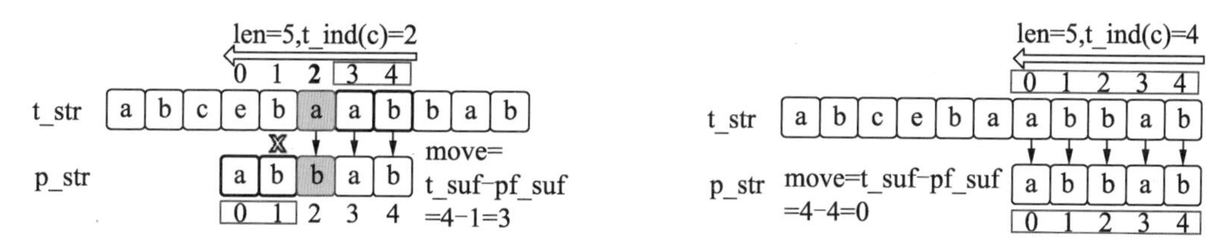

图 4.29　BM 算法好后缀规则原理 2　　　　图 4.30　BM 算法好后缀规则原理 3

下面结合具体实例讲述 BM 算法的代码设计过程。

代码实现：

```
# 坏字符规则
def bad_char_rule(t_son_str, p_str):
    for i in range(len(p_str)):
        # 从后往前匹配的当前位置
        ind = len(p_str)-1-i
        # 收集坏字符列表
        bad_char_list = []
        # 判断当前目标子串与模式串是否匹配
        str_match = True

        # 如果当前位置的模式串与目标子串不匹配
        # 说明出现了坏字符
        if t_son_str[ind] != p_str[ind]:
            # 获取坏字符
            bad_char = t_son_str[ind]
            # 判断坏字符在模式串中存在多少
            for c_i in range(len(p_str)):
                if p_str[c_i] == bad_char:
                    bad_char_list.append(c_i)

            # 获取 t_ind_c 即 ind
            t_ind_c = ind
            # 如果模式串中包含超过 0 个的坏字符
            # 说明需要根据坏字符位置移位
            if len(bad_char_list) > 0:
                p_ind_c = min(bad_char_list)
            # 如果不存在，则移位 p_ind_c=-1
            else: p_ind_c =-1
            # 获取 move
            move = t_ind_c - p_ind_c
            str_match = False
```

```
            break
    # 如果当前就匹配则返回 0
    if str_match: move = 0
    # 否则返回移动位数
    return move


# 好后缀规则
def good_suf_rule(t_son_str, p_str):
    # 初始化好后缀字符串为空
    good_suf = ''
    # 获取好后缀字符串
    for i in range(len(p_str)):
        ind = len(p_str)-1-i
        if t_son_str[ind] == p_str[ind]:
            good_suf += t_son_str[ind]
        else: break
    # 将好后缀翻转
    good_suf = good_suf[::-1]
    # 如果当前就匹配则返回 0
    if good_suf == p_str: return 0
    # 否则返回移动位数
    else:
        # 获取好后缀的子后缀
        good_suf_list = []
        for i in range(0, len(good_suf)):
            good_suf_list.append(good_suf[i:])
        # 获取可以使用，即在模式串中存在两个以上的好后缀
        ok_suf_list = []
        for suf in good_suf_list:
            res_str = p_str[:len(p_str)-len(suf)]
            if suf in res_str:
                ok_suf_list.append(suf)
        # 获取 t_suf 和 pf_suf
        t_suf = len(p_str)-1
        if ok_suf_list != []:
            suf = ok_suf_list[0]
            res_str = p_str[:len(p_str)-len(suf)]
            pf_suf = res_str.index(suf)+len(suf)-1
        else:
            pf_suf = -1
        # 计算 suf_move
        suf_move = t_suf - pf_suf
        return suf_move


# BM 算法
def BM_str(t_str, p_str):
```

```
    # 判断当前情况下是否匹配
    str_match = False
    # 记录总共移位的次数
    move_add = 0

    # 一直循环直至匹配成功或者遍历完成
    while not str_match:
        if len(p_str) <= len(t_str):
            # 获取当前用于匹配的目标串子串
            t_son_str = t_str[:len(p_str)]
            print(f'{t_son_str = }')
            # 使用坏字符规则获取移动位数
            move_next = bad_char_rule(t_son_str, p_str)
            print(f'while: {move_next = }')
            # 如果不需要移动则实现匹配
            if move_next == 0:
                str_match = True
                print('\n模式串与目标串发生匹配，匹配位置在：move_add = ' +
str(move_add))
                return move_add
            # 如果移动位数为负数，则说明坏字符规则不适用
            # 采用好后缀规则进行匹配
            if move_next < 0:
                move_next = good_suf_rule(t_son_str, p_str)
                print('Use good_suf_rule: move_next =', move_next)
            else: print('Use bad_char_rule: move_next =', move_next)
            # 记录总共移动的位数
            move_add += move_next
            # 更新目标串的当前子串
            t_str = t_str[move_next:]
        else:
            print('\n目标串中不存在与模式串匹配的子串')
break


# 测试
t_str = 'abcebaabbab'
p_str = 'abbab'
BM_str(t_str, p_str)
```

输出：

```
t_son_str = 'abceb'
while: move_next = 4
Use bad_char_rule: move_next = 4
t_son_str = 'baabb'
while: move_next = 2
Use bad_char_rule: move_next = 2
t_son_str = 'abbab'
while: move_next = 0

模式串与目标串发生匹配，匹配位置在：move_add = 6
```

4.3.5 Sunday 算法

Sunday 算法是 Daniel M.Sunday 于 1990 年提出的一种线性字符串匹配算法，通常会取得优于 BM 算法的效率。Sunday 算法的匹配方向与 KMP 算法相同，都是从前往后匹配的。

Sunday 算法也是使用逐个目标串子串与模式串进行匹配。该算法的原理是，匹配时，如果在目标子串中出现与模式串中对应位置字符不匹配的情况，则考虑当前目标子串的下一位，并判断该位的字符是否存在于模式串中。

如果目标子串的下一位存在于模式串中，则移动模式串，使这两位字符位置对应。如果目标子串的下一位不存在于模式串中，则移动模式串，使模式串整个跳过该位。

如果目标子串的下一位对应模式串中的多个位，则移动模式串，使模式串的第一个对应的字符与目标子串的下一位对应。

下面结合实例讲解 Sunday 算法的实施过程。

如图 4.31 所示，目标串 t_str="abcdefgbdabe"，模式串 p_str="abe"。从当前位置开始匹配，冲突位为索引 i=2 处的字符，下一位 next_i=2+1=3。目标子串 t_son_str="abc"的下一位为"d"，"d"不存在与模式串中，因此移动模式串直接跳过该位"d"，以下一位"e"作为开头对应位。

移动模式串后，如图 4.32 所示，继续使用目标子串 t_son_str="efg"与模式串进行匹配，发现目标串索引 4 处为冲突位，当前目标子串的下一位是索引为 7 的"b"，字符"b"在模式串中存在且只有一个，本身为第一个，因此移动模式串使得模式串的"b"与目标子串的"b"对应。

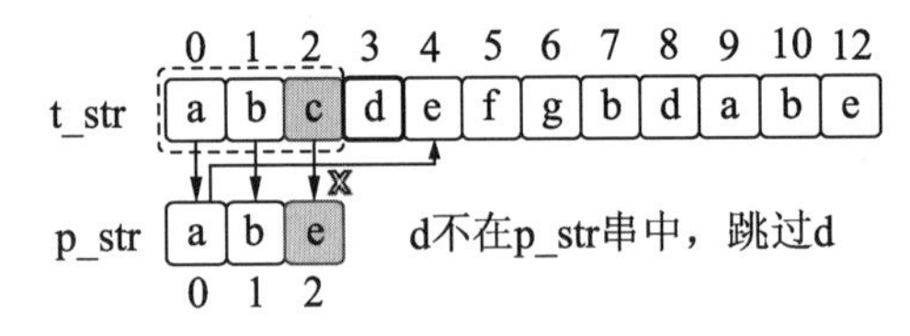

图 4.31　Sunday 算法实施原理 1

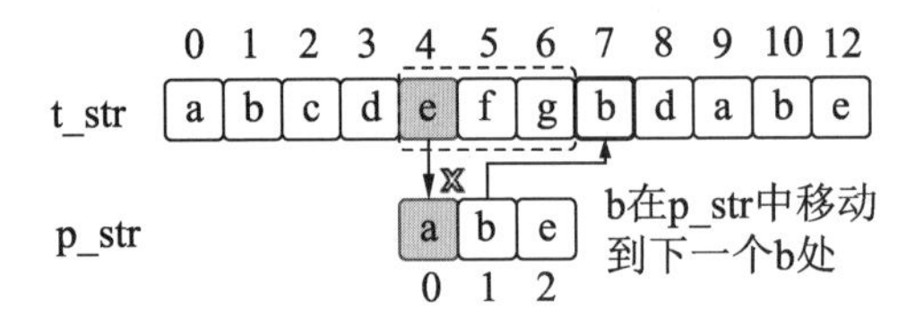

图 4.32　Sunday 算法实施原理 2

移动模式串后，如图 4.33 所示，继续使用目标子串 t_son_str="gbd"与模式串进行匹配，发现目标串索引为 6 处为冲突位，当前目标子串的下一位为索引为 9 的"a"，字符"a"在模式串中存在且只有一个，本身为第一个，因此移动模式串使得模式串的"a"与目标子串的"a"对应。

移动模式串的最终结果如图 4.34 所示，模式串与目标串的当前子串"abe"一一匹配，因此模式串与目标串得以匹配，本次匹配结束。

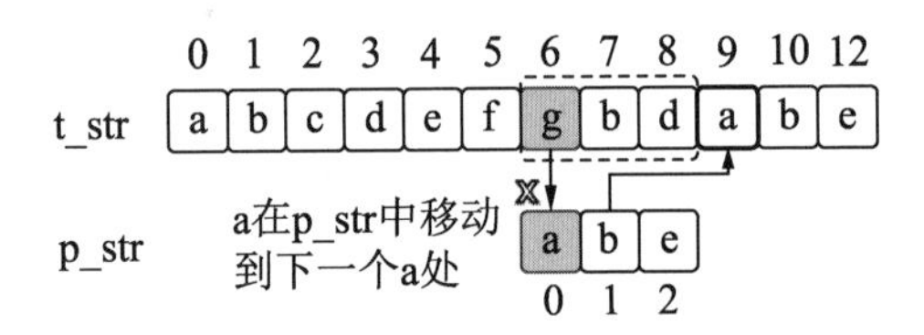

图 4.33　Sunday 算法实施原理 3

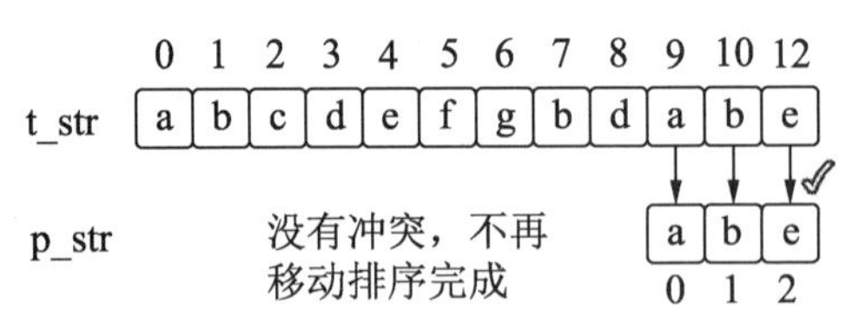

图 4.34　Sunday 算法实施原理 4

下面通过代码实例具体讲解 Sunday 算法的设计与实施过程。

代码实现：

```
# Sunday 算法
def Sunday_str(t_str, p_str):
    # 判断当前情况下是否匹配
    str_match = False
    # 记录总共移位的次数
    move_add = 0

    # 一直循环直至匹配成功或者遍历完成
    while not str_match:
        if len(p_str) <=  len(t_str):
            # 获取当前用于匹配的目标串子串
            t_son_str = t_str[:len(p_str)]
            # 初始化 son_str_ok 判断子串是否匹配
            son_str_ok = True
            # 使用目标子串与模式串进行匹配判断
            for i in range(len(t_son_str)):
                if t_son_str[i] != p_str[i]:
                    son_str_ok = False
            # 如果当前目标子串匹配
            if son_str_ok:
                str_match = True
                print('\n 模式串与目标串发生匹配，匹配位置在：move_add = ' +
str(move_add))
                return move_add
            else:
                # 选取当前目标子串的下一个字符
                next_1_c = t_str[len(p_str)]
                print(f'{next_1_c = }')
                # 判断该字符是否在模式串中
                if next_1_c in p_str:
                    # 如果在，则获取其第一个字符位置
                    left_next_ind = p_str.index(next_1_c)
                    print(f'{left_next_ind = }')
                    move_next = len(p_str)-left_next_ind
                # 如果不在，则直接移动跳过该字符
                else:
                    print('left_next_ind not in p_str')
                    move_next = len(p_str)+1
                print(f'{move_next = }')
                # 记录总共移动的位数
                move_add += move_next
                # 更新目标串的当前子串
                t_str = t_str[move_next:]
        else:
            print('\n 目标串中不存在与模式串匹配的子串')
```

```
            break


    # 测试
    t_str = 'abcdefgbdabe'
    p_str = 'abe'
    Sunday_str(t_str, p_str)
```

输出：

```
next_1_c = 'd'
left_next_ind not in p_str
move_next = 4
next_1_c = 'b'
left_next_ind = 1
move_next = 2
next_1_c = 'a'
left_next_ind = 0
move_next = 3

模式串与目标串发生匹配，匹配位置在：move_add = 9
```

4.3.6 Robin-Karp 算法

Robin-Karp 算法也是一种字符串匹配算法，也称 Karp-Robin 算法，是由 Karp 和 Rabin 在 1987 年提出的。与其他字符串匹配算法不同的是，Robin-Karp 是采用了预处理的算法。

所谓预处理，就是不直接对目标串和模式串进行对比匹配，而是先对它们进行一些处理后，再根据处理的结果进行匹配。而 Robin-Karp 算法是对目标串和模式串进行哈希函数处理后，根据得到的哈希值进行分析对比。

因此，要理解 Robin-Karp 算法，首先要理解哈希函数与哈希值。哈希函数与哈希值都与哈希算法有关。哈希算法也可以称为哈希思想，其代表的是一种解决问题的方法。

哈希思想的核心是，将原来不限长度的数据输出到一个哈希函数中，从而得到一个限定范围内的输出，实现将不定范围量映射到限定范围量的目的。这个映射的过程就称为哈希。对应的映射表称为哈希表。

也就是说，经过哈希函数，输入是不确定范围的，而输出是可以确定范围的。

假设有一个哈希函数，其表达如下：

$$\text{hash}(c1,c2,c3) = (\text{ascii}(c1)+\text{ascii}(c2)+\text{ascii}(c3))\%q$$

其含义是将任意 3 个字符对应的 ACII 码求和后对 q 求余。很明显，由于这 3 个字符是任意的，因此对 3 个字符对应的 ACII 码求和很可能数据量过大而超出变量数据的表达范围，再对三者的和进行求余，就将 hash 值限定在一定范围内了。

如图 4.35 所示，原字符串为 str="abcdefghijklmn"。现在要对该字符串每 3 个字符进行一次上述的哈希函数预处理。

例如，第 1 个处理的是子串"abc"，代入哈希函数(ascii(c1)+ascii(c2)+ascii(c3))%8 中，所得的哈希值为 6。如表 4.1 所示，依次将子串"bcd"、"cde"和"def"等代入哈希函数，通过计算可得出各个子串经过哈希函数预处理后对应的哈希值。

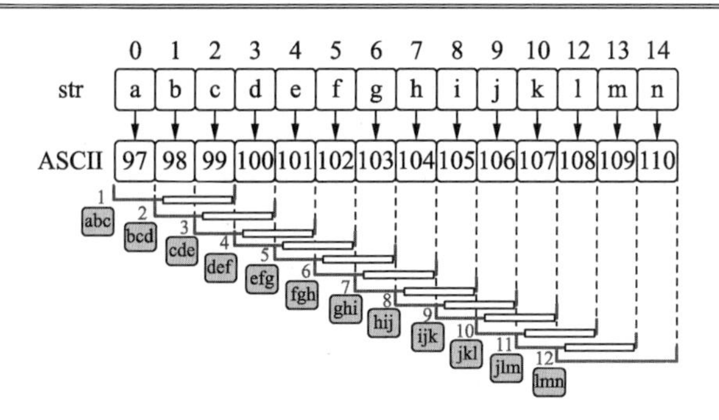

图 4.35　哈希算法原理 1

采用步进长度为 1 的方式，逐个将原字符串中每隔 3 个字符划分为一个子串，然后代入上述哈希函数获取对应的哈希值。

表 4.1　哈希算法原理 2

content	front	end	hash()=(ha+hb+hc)%n	hash value
abc	\	bc	(97+98+99)%8=6	6
bcd	bc	cd	(98+99+100)%8=1	1
cde	cd	de	(99+100+101)%8=4	4
def	de	ef	(100+101+102)%8=7	7
efg	ef	fg	(101+102+103)%8=2	2
fgh	fg	gh	(102+103+104)%8=5	5
ghi	gh	hi	(103+104+105)%8=0	0
hij	hi	ij	(104+105+106)%8=3	3
ijk	ij	jk	(105+106+107)%8=6	6
jkl	jk	kl	(106+107+108)%8=1	1
klm	kl	lm	(107+108+109)%8=4	4
lmn	lm	mn	(108+109+110)%8=7	7

通过分析得出，如果每次获取的子串长度为 len_son，步进长度为 *d*，则在相邻的两个子串之间，上一个子串的后 len_son-d 程度的子子串与下一个子串的前 len_son-d 程度的子子串是相等的，也就是具有重合子子串。

哈希函数能够将原子串与哈希值进行对应，即通过哈希函数，将原字符串进行处理后，原来的字符串匹配就变成了以哈希值数字匹配为主。

另外，在哈希函数中，不同的输入可以有相同的输出，在表 4.1 中，子串"abc"与子串"ijk"经过相同的哈希函数处理后输出的哈希值是一样的。这说明，在一般情况下，通过哈希函数预处理之后，如果有多个输出，则需要对这多个输出进行进一步的匹配判断。

即便如此，在经过哈希函数处理后，Robin-Karp 算法仍然能够节省大量步骤，因为经过同一个哈希函数处理后，如果两字符串的输出不同，那么两字符串肯定不匹配，如果相同，则两字符串有可能匹配。

此外，哈希函数的输入和输出满足不可逆原理。如图 4.36 所示，某个特定的输入可以通过哈希函数获得唯一的一个确定的哈希值输出。但是不能通过一个特定的输出，逆向反推获得哈希函数确定的输入。

也就是说，在哈希函数中，输入可以唯一确定输出，而输出不能唯一确定输入。

通过上述分析可知，Robin-Karp 算法在进行哈希函数预处理的时候，需要根据步进长度，每隔固定的距离，将特定长度的子串输入哈希函数，变成对应的哈希值。

上述哈希函数在对原字符串进行预处理的时候，前后两个字符串之间会重叠，即前一个字符串的后面两个字符与后一个字符串的前面两个字符是相同的。

例如，子串"abc"与子串"bcd"之间的"bc"子子串是相同的。如果使用哈希函数对这两个子串进行处理，很可能需要重复处理字符"b"和"c"。如果能够将前一个子串的相同子子串的哈希操作提取出来，在对下一个子串进行哈希操作时，就可以避免对相同部分进行重复的哈希操作。

如图 4.37 所示，对字符串"abc"进行哈希函数处理，如果能够符合分配率，就是将前一个子串的第一个子串"a"与后面相同部分的子串"bc"的哈希处理分开，那么对后面紧接着的子串"bcd"的处理就可以变为，用前一个字符串"abc"的处理结果减去第一个字符"a"的处理结果，再加上当前字符串后一个字符"d"的处理结果。

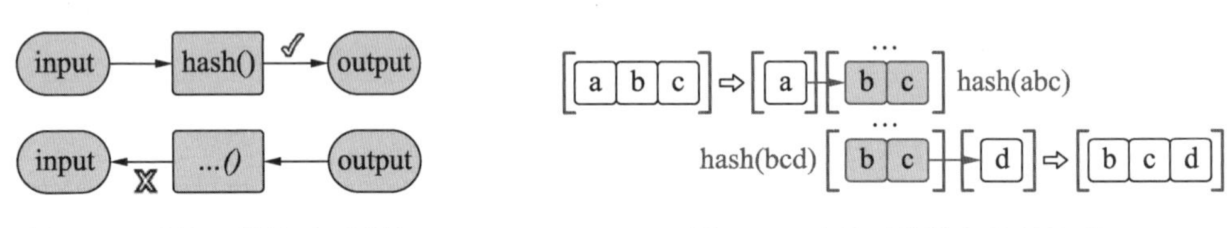

图 4.36　哈希函数的不可逆性　　　　图 4.37　哈希函数避免重复处理

使用公式表达如下：

$$hash(bcd)=hash(abc)-hash(a)+hash(d)=hash(bc)+hash(d)$$

很明显，并不是所有的哈希函数都满足上述分配律，特别是进行了求余运算的哈希函数。为此，Robin 在 1981 年提出了 Rabin Fingerprint 的思想，也称为罗宾指纹或滚动哈希。1987 年，Robin 与 Karp 在 Rabin Fingerprint 的基础上提出了改进算法思想 Rolling Hash，也称为多项式滚动哈希。此外，还有学者提出了其他滚动哈希处理算法，感兴趣的读者可以自行学习。

下面讲解滚动哈希，即罗宾指纹的设计原理。

Rabin Fingerprint 的核心在于，顺序使用以长度为 k 的字符串中的各个字符对应的数字 c1、c2、c3…作为多项式的系数，以一个固定的变量 x 作为各项相同的基，构成 k-1 次多项式，即：

$$str = rf(str) = c_0 \bullet x^0 + c_1 \bullet x^1 + \cdots + c_i \bullet x^i + \cdots + c_{k-1} \bullet x^{k-1}$$

如图 4.38 所示，根据不同子串的字符信息，将前后两个子串的字符信息代入可以发现，在 Rabin Fingerprint 多项式中，前一个子串多项式首位字符之后的子串内容与后一个子串多项式末位字符前面的子串内容是相同的。

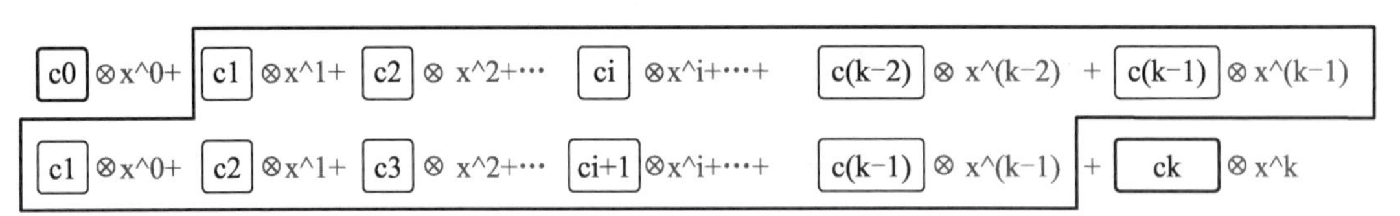

图 4.38　Rabin Fingerprint 滚动哈希示意 1

根据前后两个子串的计算公式，即可通过去掉前一个子串的开头字符再加上后一个子串的结尾字符来不断地向后面进行移动计算，而且中间的重复内容可以不计算，这就大大加快了哈希函数预处理的效率。

如图 4.39 所示，经过哈希滚动可以不断地往后递送前面的哈希滚动多项式的相同部分，从而获取整个字符串的哈希函数预处理值。在相同哈希滚动多项式中，前后两个子串之间的表达式必然存在相同的部分，如果开头索引为 i，则两个子串的哈希滚动多项式的相同部分的长度为 $k-i$。

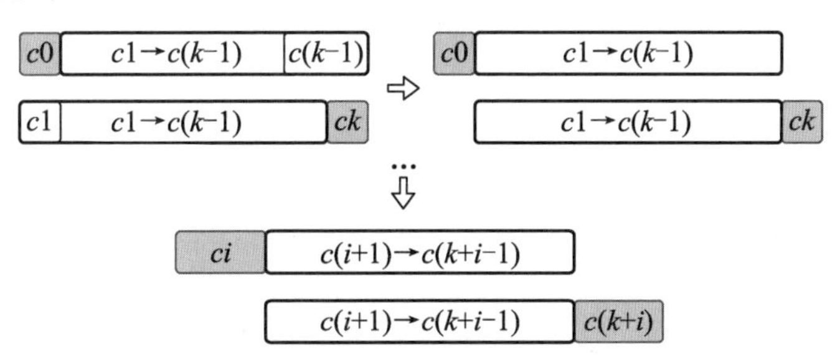

图 4.39　Rabin Fingerprint 滚动哈希示意 2

Robin-Karp 算法就是利用 Rabin Fingerprint 哈希滚动多项式的思想，减少对前后两个字符串的相同部分的运算，从而达到加快预处理的目的。

在实际应用中，一般使用 Rolling Hash，也就是多项式滚动哈希来计算字符串对应的哈希值。下面讲解 Rolling Hash 算法思想与原理。

假设对上述字符串 str="$c_1c_2\cdots c_{k-1}$"进行哈希函数处理，使用 str(ci,cj)表示字符串从索引 i 到索引 j 的子串，则当前字符串的哈希值为：

$$\text{hash}\left(\text{str}(c_0,c_{k-1})\right)=c_0\bullet x^{k-1}+c_1\bullet x^{k-2}+\cdots+c_{k-1}\bullet x^0$$

在上式中，c_i 是对应索引位置为 i 处的字符，x 为质数。通过分析可得，子串往后滚动一位后，对应的子串的哈希函数计算为：

$$\begin{aligned}&\text{hash}\left(\text{str}(c_1,c_k)\right)=c_1\bullet x^{k-1}+c_2\bullet x^{k-2}+\cdots+c_k\bullet x^0\\&=\left(c_0\bullet x^{k-1}+c_1\bullet x^{k-2}+\cdots+c_{k-1}\bullet x^0-c_0\bullet x^{k-1}\right)\bullet x+c_k\\&=\left(\text{hash}\left(\text{str}(c_0,c_{k-1})\right)-c_0\bullet x^{k-1}\right)\bullet x+c_k\end{aligned}$$

通过上式，可以在前一个字符串的哈希函数值经过简单的运算后，快速得到后一个字符串的哈希函数值，从而快速跳过前后两个字符串之间相同哈希函数的运算，提高 Robin-Karp 算法的效率。

这种定义哈希函数的方式与平时我们定义进制的方式类似。下面，将通过实例来具体讲解 Robin-Karp 算法的设计实施过程。

结合图 4.35 所示的实例，定义字符串 str="abcdefghijklmn"的每个字符都限定为小写字母。而小写字母的 ACII 码取值范围为 97～122 共 26 个。因此以 26 为基，每次预处理的子串长度为 3，可以设置下面的哈希函数：

$$\text{hash}\left(\text{str}(c_i c_{i+1} c_{i+2})\right)=c_i\bullet 26^2+c_{i+1}\bullet 26^1+c_{i+2}\bullet 26^0$$

根据哈希滚动多项式的设计原理，下一子项的哈希函数表达式如下：

$$\begin{aligned}\text{hash}\left(\text{str}(c_{i+}c_{i+1}c_{i+2})\right) &= c_{i+1}\bullet 26^2 + c_{i+2}\bullet 26^1 + c_{i+3}\bullet 26^0 \\ &= \text{hash}\left(\text{str}(c_i c_{i+1} c_{i+2})\right) - c_i\bullet 26^2 + c_{i+3}\bullet 26^0\end{aligned}$$

结合上式，下面通过具体的代码来讲解 Robin-Karp 算法的实现过程。

在下面的代码中，先进行滚动哈希函数预处理，然后对处理后的结果列表进行求余处理，最终得到限定范围内的哈希表。

代码实现：

```
# 滚动哈希函数
def get_h_v(astr, x):
    # 初始化累加值
    hash_v = 0
    # 逐个字符进行哈希函数预处理
    for i in range(len(astr)):
        hash_v += (ord(astr[i])-ord('a'))*x^(len(astr)-1-i)
    return hash_v

# 滚动哈希
def rolling_hash(ori_str, l, x, q):
    # 定义记录哈希值的列表
    hash_v_list = []
    # 逐个获取对应长度的目标子串
    for i in range(len(ori_str)-l+1):
        son_str = ori_str[i:i+l]
        # 如果是首个哈希值，则无法通过滚动优化，直接计算后添加
        if i == 0:
            hash_v_list.append(get_h_v(son_str, x))
        # 如果不是首个哈希值，则通过哈希滚动的前一个哈希值的计算进行优化
        else:
            last_diff_str = ori_str[i-1:i]
            now_diff_str = ori_str[i+(l-1):i+l]
            now_hash_v = hash_v_list[i-1] - get_h_v(last_diff_str, x) +
get_h_v(now_diff_str, x)
            hash_v_list.append(now_hash_v)
    # 然后将获取的哈希值列表的元素进行求余处理
    mod_hash_v_list = []
    for h_v in hash_v_list:
        mod_hash_v_list.append(h_v%q)

    return mod_hash_v_list


# Robin-Karp 算法
def robin_Karp_str(t_str, p_str, x, q):
    # x 为滚动哈希的基，q 为求余的基数，l 为模式串长度
    l = len(p_str)
    # 获取目标串与模式串各自对应的哈希值列表
```

```
    t_str_h_v = rolling_hash(t_str, l, x, q)
    p_str_h_v = rolling_hash(p_str, l, x, q)
    # 初始化可能的索引列表
    possible_inds = []
    # 遍历，将哈希值与模式串中相同的目标子串的索引记录下来
    for h_v_i in range(len(t_str_h_v)):
        if t_str_h_v[h_v_i] == p_str_h_v[0]:
            # 将相同哈希值对应的索引记录下来
            possible_inds.append(h_v_i)

    # 输出满足哈希函数的可能结果
    print(f'{possible_inds = }')

    # 进一步判断收集的索引对应的目标子串与模式串是否匹配
    get_target = False
    if possible_inds != []:
        # 遍历可能的索引列表，进行最终匹配判断
        for ind in possible_inds:
            item = t_str[ind:ind+l]
            if item == p_str:
                get_target = True
                print('模式串与目标串发生匹配，匹配的位置为：', ind)
    if not get_target:
        print('目标串中不存在与模式串匹配的子串')


t_str = 'abcdefghijklmn'
p_str = 'efg'
robin_Karp_str(t_str, p_str, 26, 10)
```

输出：

```
possible_inds = [4, 9]
模式串与目标串发生匹配，匹配的位置为： 4
```

4.3.7 Bitap 算法

Bitap 算法也称为 Shift-And 算法、Shift-Or 算法或 Baeza-Yates-Gonnet 算法。Bitap 算法也是一种通过预处理进行字符串匹配的算法。

Bitap 算法主要分为两种，一种是 Shift-And 算法，另一种是 Shift-Or 算法。其中，Shift-Or 算法比 Shift-And 算法的效率更高。

Shift-And 算法和 Shift-Or 算法都是将字符串转化成二进制数，然后通过位运算加速字符串匹配的操作。

下面先讲解 Shift-And 算法，从而理解使用位运算表达字符串匹配的特点。

1. Shift-And算法

由于在模式串与目标串的匹配中，只有模式串是保持不变的，所以重点应该放在模式

串的二进制表达上。如图 4.40 所示，根据字符串中各个字符所在的位置，将模式串从前往后进行二进制位置编码。

例如字符"a"在模式串中共出现过两次，分别是索引位置为 0 与 3 处，别的位置没有，然后将字符 a 出现的位置变成 1，其余位置为 0。同理可得字符"a"、"b"、"c"的出现位置。

通过统计各个字符在模式串中出现的位置，可得到模式串中各个字符的二进制基础表达形式。对于一个固定的模式串而言，各个字符的基础表达形式也是固定的，可以将其作为基元，参与字符串的二进制匹配运算。

在直接对两个字符串进行对比匹配的算法中，是通过对应位置上的字符直接对比来判断的。而在进行字符串二进制化之后，比较的就是对应字符的二进制数字位是否完全相同，以此判断两个字符串对应位上的字符是否相同。

如图 4.41 所示，模式串 p_str="abbac"，目标子串 ts_str="abbea"。如果要将模式串与目标子串通过二进制化进行匹配，很明显，需要寻找或者定义一种二进制化方法，使得对应的不同字符转化为特定的二进制表达形式，而且该二进制表达方式还能使得目标子串与模式串完成匹配判断。

直接的方法是，将模式串与目标子串的各个字符通过二进制转化规则或者函数进行转化后，再将每个字符对应的二进制结果进行对比，从而判断两个字符串的各个字符是否相同。

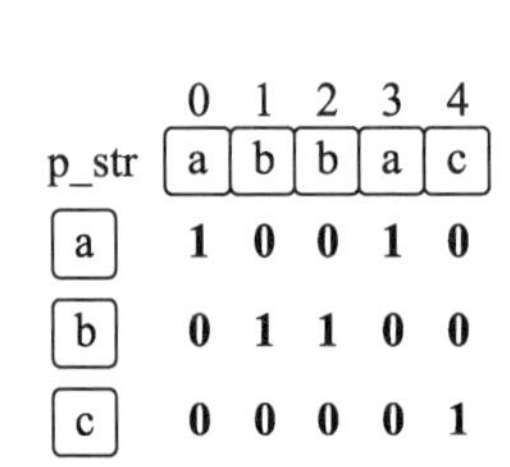

图 4.40　模式串的二进制位表示

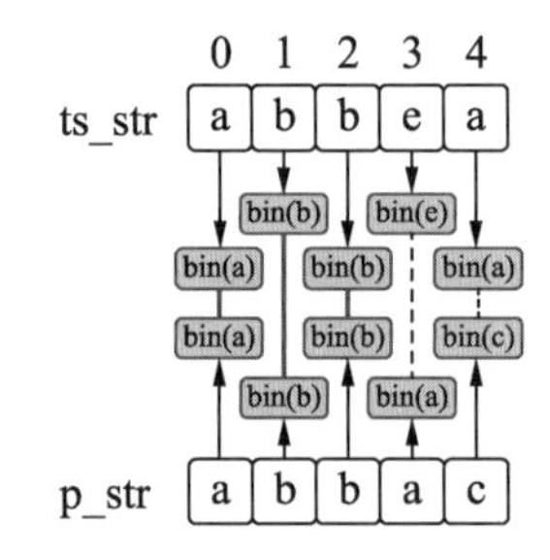

图 4.41　字符串二进制化对比

不管是二进制，还是十进制，或者其他进制，要设立进制，就必须寻找对应的基数，如二进制的基数为 0 和 1。使用二进制表示字符串，是因为二进制数可以通过位运算快速判断两个数字是否相同以及进行累加进位。

但是仅仅使用 0 或者 1 表示所有字符显然是不够的，0 和 1 最多只能代表两种情况。

对于模式串来说，其组成的字符种类是可以确定和有限的，因此可以将整个模式串作为二进制的第三方基，然后在这个第三方基的基础上，确定组成模式串的有限的各个字符对应的二进制基数。

这个确定的不同字符对应的二进制基数就是新基数。注意，在模式串中，相同字符应该具有相同的基数，不同字符对应的基数应该不同。

如图 4.40 所示，模式串只有"a"、"b"、"c"这 3 个不同的字符，因此以模式串为新基底，只需要构建 3 种不同的二进制基数即可。容易想到的是，可以通过对应位置的字符是否存在来判断字符的位置分布是否相同。因为字符的位置分配与由字符构成的字符串之间的匹配判断有直接关系。

根据字符的位置分配关系及其规则，可以确定模式串中所有字符的二进制表达方式。

但是，在目标子串中与模式串不对应的字符（如目标子串"abbea"中的字符"e"），应该怎么定义呢？

由图 4.40 可知，在进行目标子串与模式串的匹配判断时，我们关心的只有模式串的某个字符是否出现在目标子串的某个特定位置上。因此，我们只需要对比模式串与目标串在某个位置上的二进制基数是否一致即可。

如果在目标子串的某个位置上出现了任何不存在于模式串中的字符，那么只需要将其设置为以模式串为基底的基数集合之外的一个二进制基数即可。前面讲过，如果某个字符在模式串中不存在，那么只需将该字符设置为各个位全为 0 的二进制基数即可。

如图 4.42 所示，当前匹配的目标子串 ts_str="abbea"，对应的模式串 p_str="abbac"。可以知道，在目标子串中除了包含模式串的字符 a、b、c 之外，还包含模式串不存在的字符 e，因此 e 的二进制数全为 0。

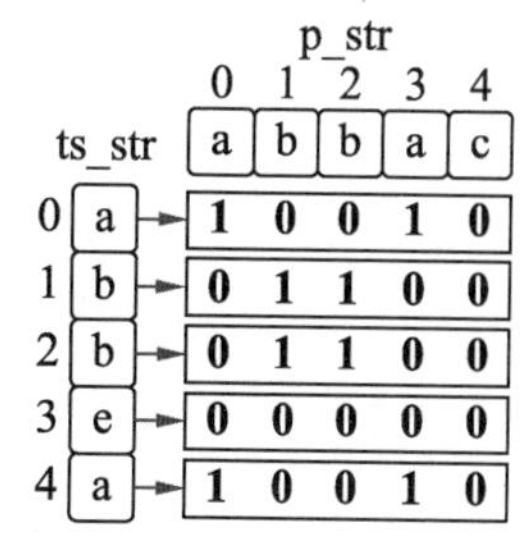

图 4.42　将目标子串使用模式串的二进制基数进行表达

通过上述分析我们知道了为什么要使用模式串作为第三方基底，为什么要使用模式串中的不同字符作为二进制基数，以及在目标子串中不同的字符应该对应什么样的模式串基数。

很明显，我们现在可以通过上述方法使用二进制表达逐个对比模式串与目标子串对应位置上的字符。那么使用什么位运算来表征两个字符串对应位置上的相同字符呢？

如图 4.43 所示，如果是 0 和 1 的二进制数，则判断两个二进制数的对应位是否相同一般采用与运算。对两个字符串的对应位逐个进行与运算，即可判断两个字符串对应位的字符是否相等。

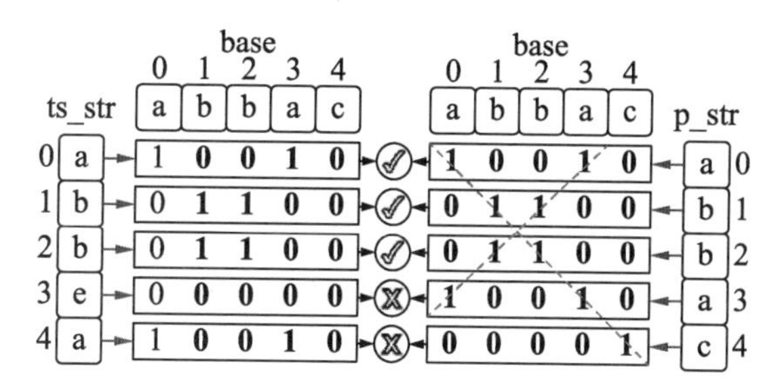

图 4.43　模式串与目标子串进行逐个字符二进制匹配

通过分析可知，判断目标子串与模式串对应位的二进制数是否相同，可以逐个字符去判断，也可以通过目标子串经过模式串的基数表达后的矩阵是否为对称矩阵进行判断。

如果某目标子串与模式串的各个字符一一对应，那么该目标子串以模式串为基数的构成的二进制矩阵应该是对称矩阵。

进行了模式串与目标子串对应位的字符的二进制对比之后，怎么定义和记录两个字符串在某一位置上对应的字符是相同的呢？

用目标子串 ts_str="abbea"与模式串 p_str="abbac"进行二进制匹配。如图 4.44 所示，目标子串在索引为 0 处的二进制数为 10010，而模式串在索引为 0 处的二进制数也是 10010。两者进行与运算，仍然保持原状并且包含 1，由此可以得出两个字符串相同。

当存在匹配结果时，定义与模式串长度相同的二进制 00000 数字 A 表示当前字符是否匹配。在进行与运算之后，如果对应的二进制数保持不变，即在对应位置设置为 1。

如果下一位字符如"b"，经过与运算后保持不变，说明也匹配，则有两种记录方式，一种是直接将二进制数字 A 的对应位置上的 0 设置为 1，另一种方式就是通过在前一个匹配字符的存储位置加 1 进位。

例如 10000 加 1 向右进位变成 01000，注意这不是标准的二进制表达形式，为了与标准的二进制表达形式相匹配，需要将该加 1 运算的结果进行反转。

这里我们选择第二种记录方式，因为该方式可以将前一个字符的匹配关系与后一个字符的匹配关系相关联，便于进行整体联动性设计。

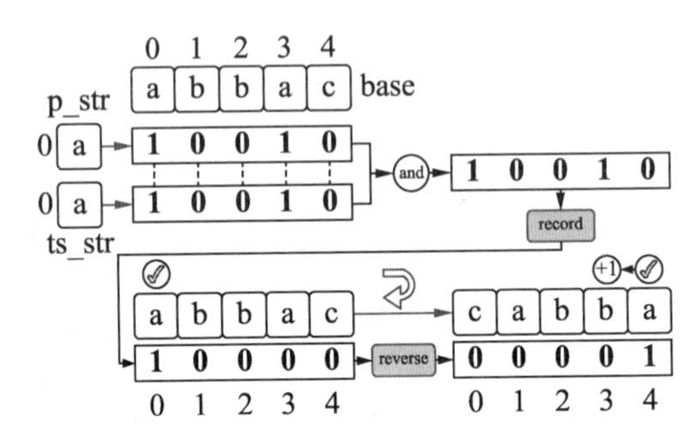

图 4.44　模式串与目标子串之间的字符正确匹配与记录

按照上述的字符匹配记录规则，如果目标子串与模式串在某个位置不匹配，那么字符对应的记录匹配情况应该为 0。

如图 4.45 所示，目标子串在索引为 3 处的二进制数为 00000，模式串在索引为 3 处的二进制数为 10010，两者进行与运算之后为 00000，反转后也为 00000，相加后不变，因此相加记录二进制数不进位。

也就是说，可以通过相加进位或者相加不进位来判断模式串与目标子串在某一索引处的字符是否匹配。相加进位即匹配，不进位即不匹配。

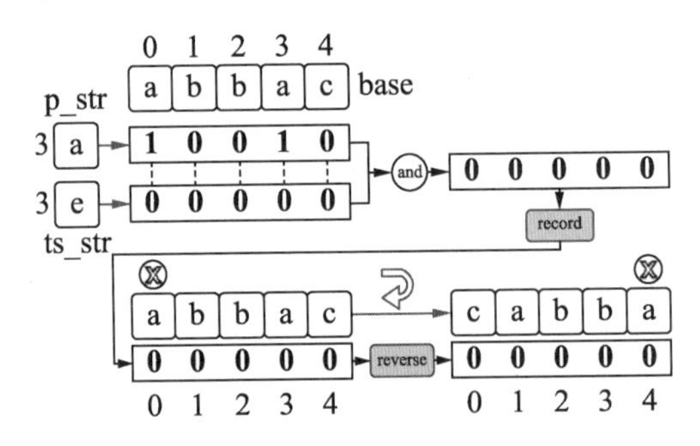

图 4.45　模式串与目标子串之间的字符错误匹配与记录

下面基于上述的模式串与目标串的二进制基数编码规则，以及对应位使用二进制基数判断是否匹配的原则，结合实例对 Shift-And 算法的设计原理与实施步骤进行讲解。

目标串 t_str="abbeabbacd"，模式串 p_str="abbac"，要求通过转化为二进制数对比的方式判断并找出匹配模式串的目标子串。

首先设计一个匹配位记录器列表 A，其记录的是当前目标子串与模式串在某一位置上的字符是否匹配的情况。匹配位记录器 A 的长度与模式串的长度相同，该列表的初始值全部设置为 0。

如图 4.46 所示，选择目标串字符为 a，对应模式串基的反转二进制数为 01001，其实就是该字符在模式串中的位置存在情况的反转，即，如果该字符在某个位置上存在，对应位置记录则为 1，否则为 0。

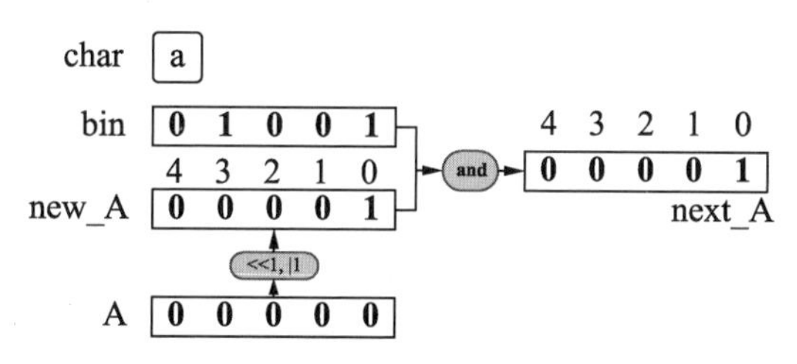

图 4.46　Shift-and 算法实施原理 1

字符 a 在模式串 p_str="abbac"中的存在位置为第 0 位与第 3 位。因此，位置存在情况为 10010，反转之后就是 bin=01001。

对于 A，初始化为 A=00000，对 A 进行运算，先向左移动 1 位，然后加 1，也就是或 1，即 new_A=00001。

因为向左移位后，末尾始终为 0，所以 0 加 1 与 0 或 1 是等价的。Shift-And 算法采用的说法是或 1。为了保持一致，这里也采用或 1 运算。

然后用 bin 与反转后的新记录值 new_A 进行按位与运算，得到下一个匹配的初始记录值 next_A=00001。

其中，new_A 就是下一步开始时继承于上一步的记录值。记录值 next_A=00010，最左边的 1 的前面 4 位都为 0，代表本次前 len(p_str)−4=5−4=1 位的字符得到了匹配。

如图 4.47 所示，Shift-And 算法的基本执行过程与移位规则为：A 先左移后再或 1 获得 new_A，然后 new_A 再与由字符 char 转化的二进制数 bin 进行与运算后获得 next_A。

对于 A，如果某个位置上的字符相匹配则记录为 1，否则记录为 0。

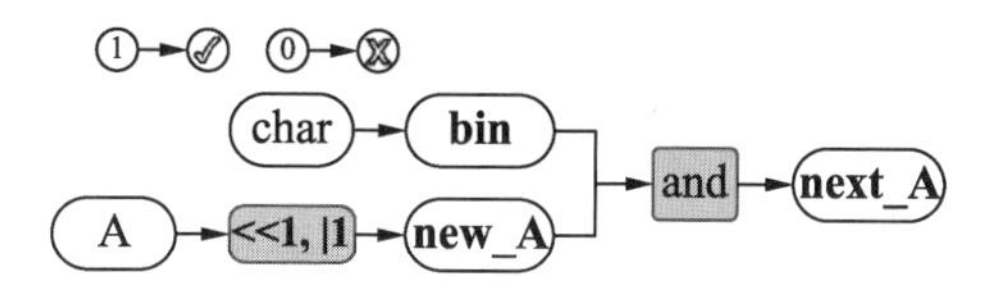

图 4.47　Shift-And 算法的基本执行过程

接着，选取目标串字符为 b，对应模式串基的反转二进制数为 bin=00110，初始 A 继承于上一步为 00001。对 A 先左移 1 位再加 1 得到 new_A=00011，将 new_A 与 bin 逐位进行与运算，得到 next_A=00010，如图 4.48 所示。

记录值 next_A=00010，最左边的 1 前面的 3 位都为 0，代表本次前 len(p_str)−3=5−3=2 位的字符得到了匹配。

接着选取目标串字符为 b，对应模式串基的反转二进制数为 bin=00110，初始 A 继承于上一步为 00010。对 A 先左移 1 位再进行或 1 运算，得到 new_A=00101，将 new_A 与 bin 逐位相与，得到 next_A=00100，如图 4.49 所示。

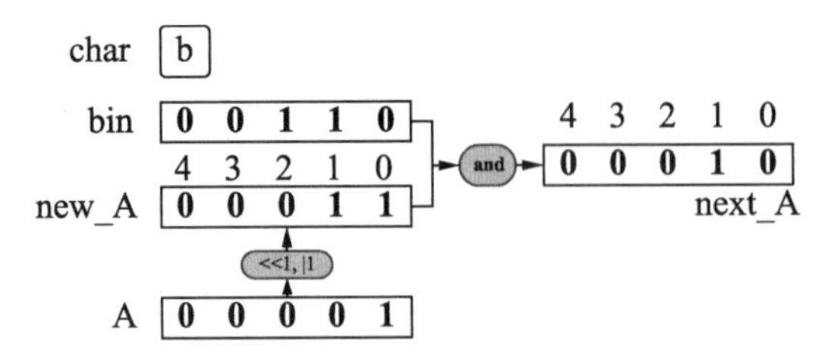

图 4.48　Shift-And 算法实施原理 2

记录值 next_A=00100，最左边的 1 前面的 2 位都为 0，代表本次前 len(p_str)−2=5−2=3 位的字符得到了匹配。

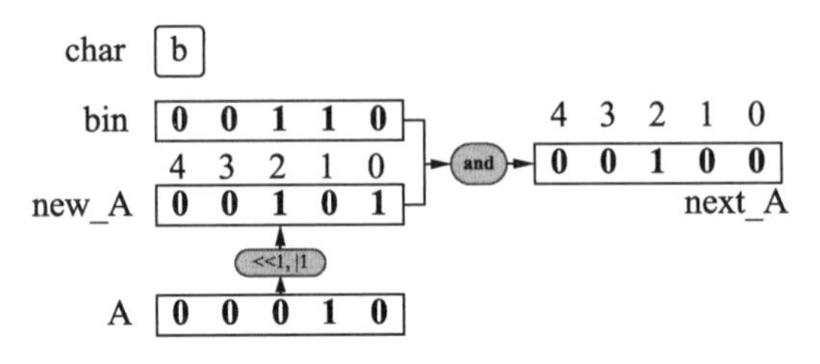

图 4.49　Shift-And 算法实施原理 3

接着，选取目标串字符为 e，如图 4.50 所示。对应模式串基的反转二进制数为 bin=00000，因为 b 在模式串中不存在。初始 A 继承于上一步为 00100。对 A 先左移 1 位再或 1 得到 new_A=01001，将 new_A 与 bin 逐位进行与运算，得到 next_A=00000，因此当前的模式串与目标子串的字符二进制值匹配出现了匹配冲突，而且目标子串中的冲突字符在模式串中不存在。

通过分析可知，目标子串中的冲突字符在模式串中是存在的，则 next_A 中必然会出现 1，因为移位后要进行或 1 运算。

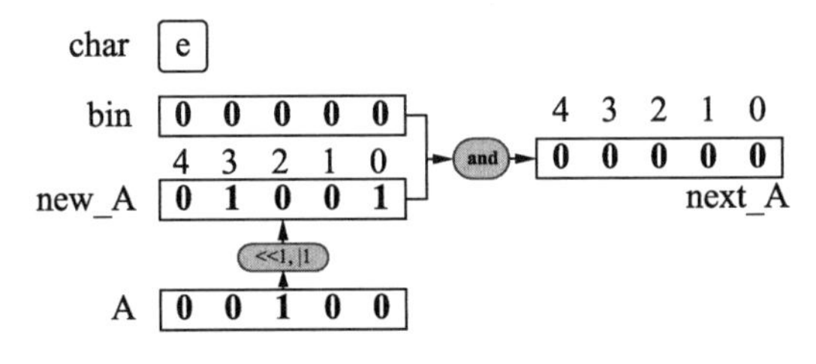

图 4.50　Shift-And 算法实施原理 4

继续选取目标串字符为 a，对应模式串基的反转二进制数为 bin=01001。初始 A 继承于上一步为 00000。对 A 先左移 1 位再进行或 1 运算得到 new_A=00001，将 new_A 与 bin 逐位相与，得到 next_A=00001，如图 4.51 所示。

上述步骤相当于在目标串位置为 4 的第 2 个字符 a 重新更新 A 后进行匹配。注意，如果之前参与匹配的目标串的字符都是存在于模式串中的，则这里的 A 中的位置数值有可能不全为 0。

记录值 next_A=00001，最左边的 1 的前面 4 位都为 0，代表本次前 len(p_str)−4=5−4=1 位的字符得到了匹配。

继续选取目标串字符为 b，对应模式串基的反转二进制数为 bin=00110。初始 A 继承于上一步为 00000。对 A 先左移 1 位再进行或 1 运算得到 new_A=00011，将 new_A 与 bin 逐位相与，得到 next_A=00010，如图 4.52 所示。

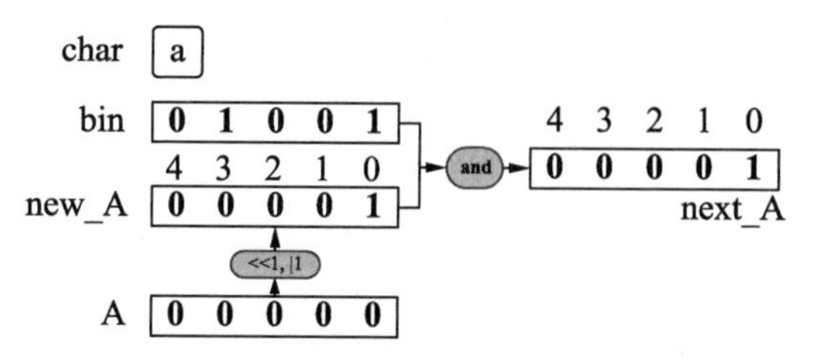

图 4.51　Shift-And 算法实施原理 5

记录值 next_A=00010，最左边的 1 前面的 3 位都为 0，代表本次前 len(p_str)−3=5−3=2 位的字符得到了匹配。

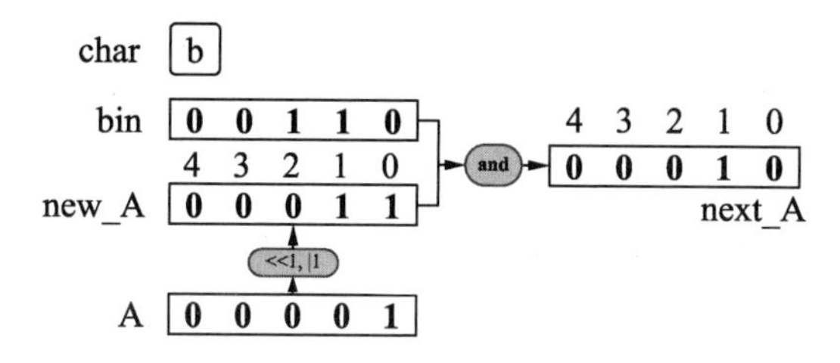

图 4.52　Shift-And 算法实施原理 6

如图 4.53 所示，继续选取目标串字符为 b，对应模式串基的反转二进制数为 bin=00110。初始 A 继承于上一步为 00010。对 A 先左移 1 位再进行或 1 运算得到 new_A=00101，将 new_A 与 bin 逐位相与，得到 next_A=00100。

记录值 next_A=00100，最左边的 1 前面的 2 位都为 0，代表本次前 len(p_str)−2=5−2=3 位的字符得到了匹配。

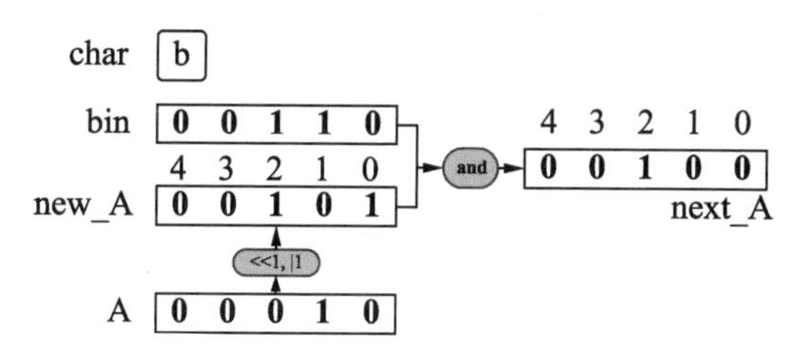

图 4.53　Shift-And 算法实施原理 7

继续选取目标串字符为 a，对应模式串基的反转二进制数为 bin=01001。初始 A 继承于上一步为 00100。对 A 先左移 1 位再进行或 1 运算得到 new_A=01001，将 new_A 与 bin 逐位相与，得到 next_A=01001，如图 4.54 所示。

记录值 next_A=01001，最左边的 1 前面的 1 位为 0，代表本次前 len(p_str)−1=5−1=4 位的字符得到了匹配。

继续选取目标串字符为 c，对应模式串基的反转二进制数 bin=10000。初始 A 继承于上一步为 01001。对 A 先左移 1 位再进行或 1 运算得到 new_A=10011，将 new_A 与 bin 逐位相与，得到 next_A=10000，如图 4.55 所示。

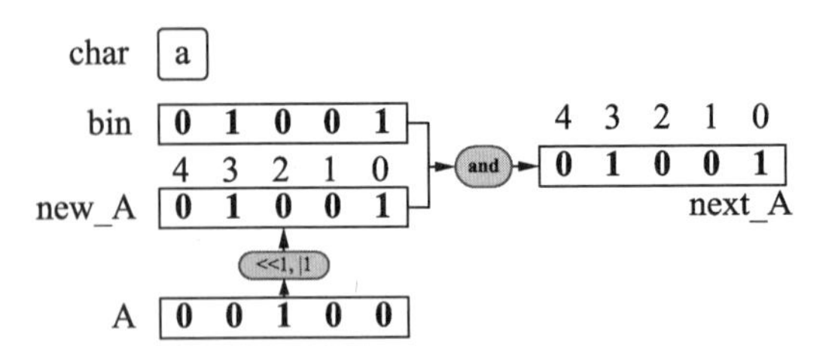

图 4.54　Shift-And 算法实施原理 8

记录值 next_A=10000，最左边的 1 前面 0 位都为 0，代表本次前 len(p_str)-0=5-0=5 位的字符得到了匹配，即模式串在目标串中得到了完全的匹配。本次两个字符串的匹配查找完成。

下面结合上述实例，通过具体的代码来讲解 Shift-And 算法的设计与实施过程。

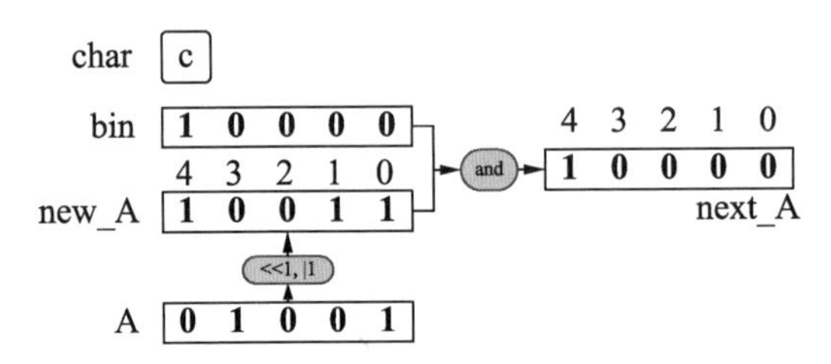

图 4.55　Shift-And 算法实施原理 9

代码实现：

```
# 获取模式串基数的基础字符二进制数
def bin_p(p_str):
    # 设置记录各个字符出现的位置
    c_ind_d = {}
    # 遍历模式串
    for i in range(len(p_str)):
        c = p_str[i]
        # 只需要对相同的字符进行一次记录，因为相同字符的位置记录相同
        if c not in c_ind_d:
            ind_list = []
            # 统计模式串中相同字符出现的所有位置
            for j in range(len(p_str)):
                if p_str[j] == c: ind_list.append(j)
            # 将出现位置列表传给字典记录
            c_ind_d[c] = ind_list
    # 设置存储模式串中不同的字符对应的二进制数
    bin_d = {}
    for c in c_ind_d:
        bin_str = ''
        # 二进制数的位数与模式串的长度相同
        for i in range(len(p_str)):
            # 如果位置上存在对应的字符，则该位置设置为 1
            if i in c_ind_d[c]: bin_str += '1'
            # 否则设置为 0
```

```
            else: bin_str += '0'
        # 为方便算法设计，将二进制数字符串反转后返回
        bin_d[c] = bin_str[::-1]

    return bin_d


# 获取任意单个字符对应模式串基的二进制数
def c_bin_p(c, p_str):
    # 获取模式串中不同字符对应的二进制基数列表
    bin_p_list = bin_p(p_str)
    # 如果目标串当前字符 c 存在于模式串中
    if c in bin_p_list:
        # 则返回对应基数
        return bin_p_list[c]
    else:
        # 否则返回长度与模式串相同的全 0 的二进制数字符串
        zero = ''
        for i in range(len(p_str)):
            zero += '0'
        return zero


# 按照模式串长度在前面补全 0
def normalize_bin(bin_num_str, p_str):
    # 初始化补 0 前缀
    prefix = ''
    # 如果当前二进制字符串中没有字符 1
    if '1' not in bin_num_str:
        # 则返回长度与模式串相同的全 0 的二进制数字符串
        for i in range(len(p_str)):
            prefix += '0'
        return prefix
    else:
        # 否则，先计算要补充多少个 0
        prefix_zeros = len(p_str) - len(bin_num_str)
        # 再生成补 0 前缀
        for i in range(prefix_zeros):
            prefix += '0'
        # 最后进行补 0 操作
        bin_v = prefix + bin_num_str
        # 根据模式串长度截取，只返回规范部分的字符串
        # 如有溢位超出，则删除这些多余的 0
        return bin_v[len(bin_v)-len(p_str):]


# 十进制数字转存纯二进制字符串
def bin_2_binStr(d_num, p_str):
```

```
    # 将生成的二进制字符串中的字符 b 删除并规范化后返回
    basic_bin = str(bin(d_num)).replace("b", "")
    return normalize_bin(basic_bin, p_str)


# 移动更新记录匹配列表 A
def update_A(a, p_str):
    binStr = bin_2_binStr((int(a, 2) << 1) | 1, p_str)
    return binStr


# Shift-And 算法
def shift_and(t_str, p_str):
    # a 为当前记录匹配位置的字符串 A
    a = ''
    # 初始化 A
    for i in range(len(p_str)): a+='0'
    # 定义匹配成功标志
    get_target = False
    # 遍历目标串的各个字符进行匹配
    for t_i in range(len(t_str)):
        t_c = t_str[t_i]
        print('当前目标子串字符为 char =', t_c)
        t_c_bin = c_bin_p(t_c, p_str)
        print('其对应的二进制数为 bin =', t_c_bin)
        print(f'当前 A 记录的二进制数为 A =', a)
        new_a = update_A(a, p_str)
        print(f'左移后或 1，new_A =', new_a)
        next_a = bin_2_binStr((int(t_c_bin, 2)) & (int(new_a, 2)), p_str)
        print('按位相与后，next_A =', next_a)
        # 将 next_a 赋值给下一次匹配的 A
        a = next_a
        # 设置 A 除了开头字符后的剩余部分
        next_a_res = '0'*(len(p_str)-1)
        print('___________________________________')
        # 如果当前相与后的 A 的长度与模式串相等，并且只有开头字符是 1 的二进制字符串，则
说明模式串与目标串匹配成功
        if next_a[0] == '1' and next_a_res == next_a[1:]:
            print('模式串与目标串发生匹配，匹配开始位置在', str(t_i-len(p_str)+1))
            get_target = True
            break

    if not get_target:
        print('模式串与当前目标串不存在匹配')

# 测试
t_str = 'abbeabbacd'
p_str = 'abbac'
```

```
shift_and(t_str, p_str)
```

输出：

```
当前目标子串字符为 char = a
其对应的二进制数为 bin = 01001
当前 A 记录的二进制数为 A = 00000
左移后或 1，new_A = 00001
按位相与后，next_A = 00001
______________________________
当前目标子串字符为 char = b
其对应的二进制数为 bin = 00110
当前 A 记录的二进制数为 A = 00001
左移后或 1，new_A = 00011
按位相与后，next_A = 00010
______________________________
当前目标子串字符为 char = b
其对应的二进制数为 bin = 00110
当前 A 记录的二进制数为 A = 00010
左移后或 1，new_A = 00101
按位相与后，next_A = 00100
______________________________
当前目标子串字符为 char = e
其对应的二进制数为 bin = 00000
当前 A 记录的二进制数为 A = 00100
左移后或 1，new_A = 01001
按位相与后，next_A = 00000
______________________________
当前目标子串字符为 char = a
其对应的二进制数为 bin = 01001
当前 A 记录的二进制数为 A = 00000
左移后或 1，new_A = 00001
按位相与后，next_A = 00001
______________________________
当前目标子串字符为 char = b
其对应的二进制数为 bin = 00110
当前 A 记录的二进制数为 A = 00001
左移后或 1，new_A = 00011
按位相与后，next_A = 00010
______________________________
当前目标子串字符为 char = b
其对应的二进制数为 bin = 00110
当前 A 记录的二进制数为 A = 00010
左移后或 1，new_A = 00101
按位相与后，next_A = 00100
______________________________
当前目标子串字符为 char = a
其对应的二进制数为 bin = 01001
当前 A 记录的二进制数为 A = 00100
```

```
左移后或 1, new_A = 01001
按位相与后, next_A = 01001
________________________________
当前目标子串字符为 char = c
其对应的二进制数为 bin = 10000
当前 A 记录的二进制数为 A = 01001
左移后或 1, new_A = 10011
按位相与后, next_A = 10000
________________________________
模式串与目标串发生匹配, 匹配开始位置在 4
```

2. Shift-Or算法

在理解了 Shift-And 算法的基本原理和设计方法后，下面来了解 Bitap 算法中的另一个重要的子算法——Shift-Or 算法。

Shift-Or 算法与 Shift-And 算法类似，只不过在二进制表示上反转过来，用 0 表示某位置上的字符发生了匹配，用 1 表示不匹配，省去了由 A 到 new_A 的或 1 运算，将 new_A 与 bin 的运算变成或运算从而提高了效率。

即由 Shift-And 算法的核心原理：

$$\text{next}_A = \text{new\_A} \ \& \ \text{bin} \ = (A << 1 | 1) \ \& \ \text{bin}$$

Shift-Or 算法的核心原理：

$$\text{next}_A = \text{new\_A} \ \& \ \text{bin} \ = (A << 1) \ | \ \text{bin}$$

对比图 4.47，Shift-Or 算法的核心思想可以用图 4.56 来表示。

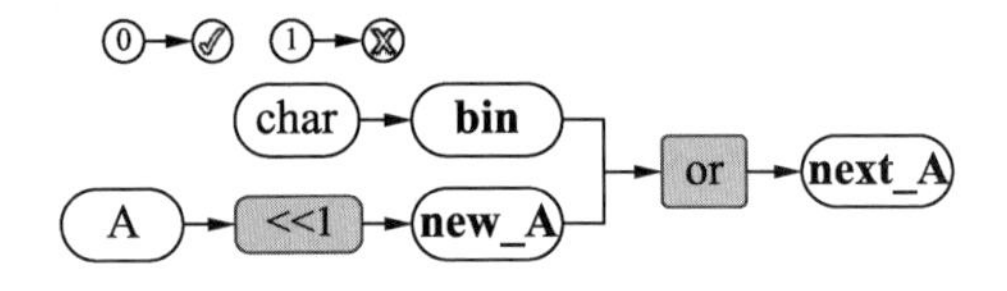

图 4.56　Shift-Or 算法的基本执行过程

Shift-Or 算法相比于 Shift-And 算法有两个重要的反转，一个是二进制数匹配表示的 01 反转，另一个是 new_A 与 bin 相与变成相或的反转，这两步可以理解为 Shift-And 算法的反操作。

下面结合 Shift-And 算法中的图解实例，逐步讲解 Shift-Or 算法的原理与实施过程。

如图 4.57 所示，本次选用的实例与 Shift-or 算法相同，模式串 p_str="abbac"，目标串 t_str="abbeabbacd"。

	0	1	2	3	4	5	6	7	8	9
t_str	a	b	b	e	a	b	b	a	c	d
p_str	a	b	b	a	c					

图 4.57　Shift-Or 算法模式串与目标串

首先选取目标串字符为 a，对应模式串基的反转二进制数为 bin=10110，匹配记录二进制数初始化为 A=11111。对 A 左移 1 位得到 new_A=11110，将 new_A 与 bin 逐位相或运算，得到 next_A=11110，如图 4.58 所示。

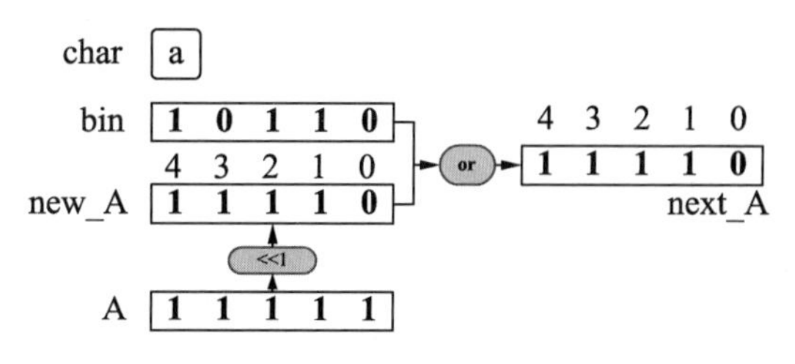

图 4.58　Shift-Or 算法实施原理 1

记录值 next_A=11110，最左边的 0 的前面 4 位都为 1，代表本次前 len(p_str)-4=5-4=1 位的字符得到了匹配。

接着选取目标串字符为 b，对应模式串基的反转二进制数为 bin=11001。初始 A 继承于上一步为 A=11110。对 A 左移 1 位得到 new_A=11100，将 new_A 与 bin 逐位相或运算，得到 next_A=11101，如图 4.59 所示。

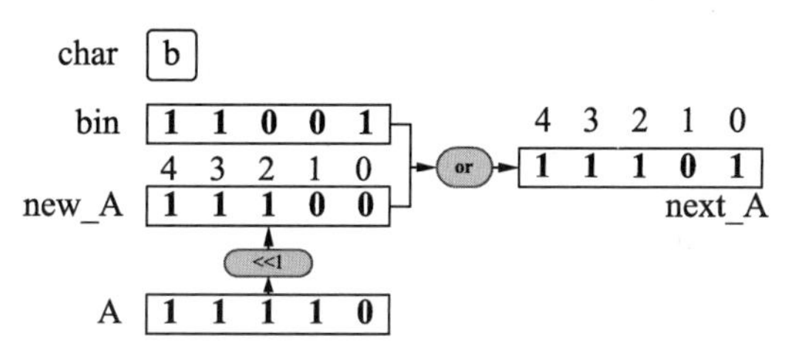

图 4.59　Shift-Or 算法实施原理 2

记录值 next_A=11101，最左边的 0 前面的 3 位都为 1，代表本次前 len(p_str)-3=5-3=2 位的字符得到了匹配。

接着选取目标串字符为 b，对应模式串基的反转二进制数为 bin=11001。初始 A 继承于上一步为 A=11101。对 A 左移 1 位得到 new_A=11010，将 new_A 与 bin 逐位相或运算，得到 next_A=11011，如图 4.60 所示。

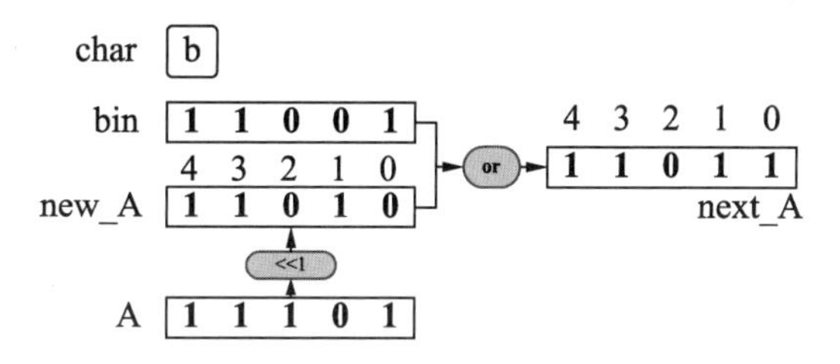

图 4.60　Shift-Or 算法实施原理 3

记录值 next_A=11011，最左边的 0 前面的 2 位都为 1，代表了本次前 len(p_str-2=5-2=3 位的字符得到了匹配。

接着选取目标串字符为 e，对应模式串基的反转二进制数为 bin=11111。目标串的字符如果不存在于模式串中，则初始化为全 1 的二进制数。初始 A 继承于上一步为 A=11011。对 A 左移 1 位得到 new_A=10110，将 new_A 与 bin 逐位相或运算，得到 next_A=11111，如图 4.61 所示。

记录值 next_A=11111，不存在最左边的 0，将最左边的 0 虚拟为在索引-1 处，即最左边 0 前面的 5 位都为 1，代表本次前 len(p_str)-5=5-5=0 位的字符得到了匹配。

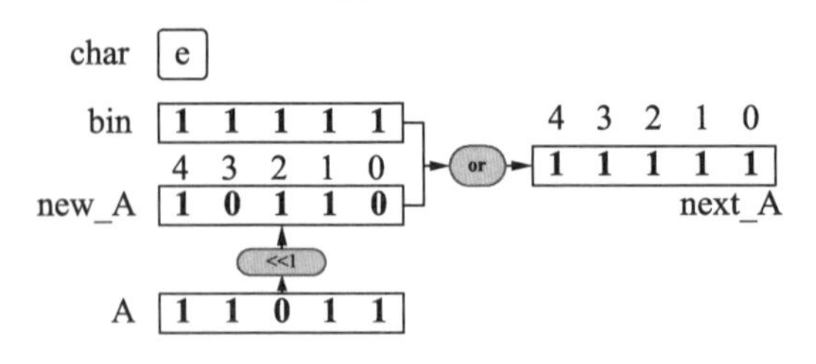

图 4.61 Shift-Or 算法实施原理 4

经过上述步骤，二进制字符匹配又返回了原点，接着继续从目标串的下一个字符 a 开始，继续进行二进制字符匹配。

如图 4.62 所示，选取目标串字符为 a，对应模式串基的反转二进制数为 bin=10110。匹配记录二进制数初始化为 A=11111。对 A 左移 1 位得到 new_A=11110，将 new_A 与 bin 逐位相或运算，得到 next_A=11110。

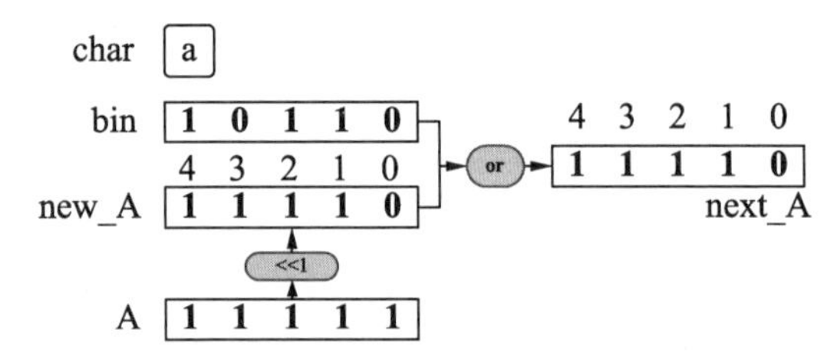

图 4.62 Shift-Or 算法实施原理 5

记录值 next_A=11110，最左边的 0 前面的 4 位都为 1，代表本次匹配了前 len(p_str)-4=5-4=1 位的字符。

然后选取目标串字符为 b，对应模式串基的反转二进制数为 bin=11001。初始 A 继承于上一步为 A=11110。对 A 左移 1 位得到 new_A=11100，将 new_A 与 bin 逐位相或运算，得到 next_A=11101，如图 4.63 所示。

记录值 next_A=11101，最左边的 0 前面的 3 位都为 1，代表本次匹配了前 len(p_str)-3=5-3=2 位的字符。

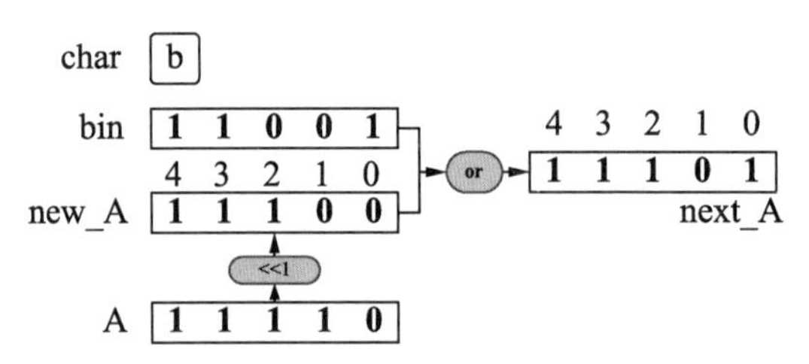

图 4.63 Shift-Or 算法实施原理 6

然后选取目标串字符为 b，对应模式串基的反转二进制数为 bin=11001。初始 A 继承于上一步为 A=11101。对 A 左移 1 位得到 new_A=11010，将 new_A 与 bin 逐位相或运算，得到 next_A=11011，如图 4.64 所示。

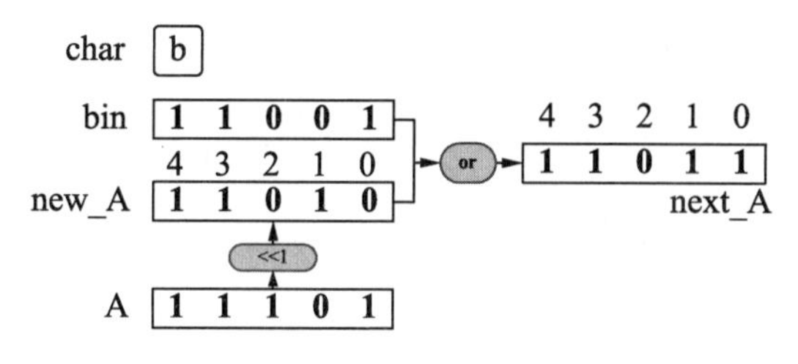

图 4.64　Shift-Or 算法实施原理 7

记录值 next_A=11011，最左边的 0 前面的 2 位都为 1，代表本次匹配了前 len(p_str)-2=5-2=3 位的字符。

然后选取目标串字符为 a，对应模式串基的反转二进制数为 bin=10110。初始 A 继承于上一步为 A=11011。对 A 左移 1 位得到 new_A=10110，将 new_A 与 bin 逐位相或运算，得到 next_A=10110，如图 4.65 所示。

记录值 next_A=10110，最左边的 0 前面的 1 位为 1，代表本次匹配了前 len(p_str)-1=5-1=4 位的字符。

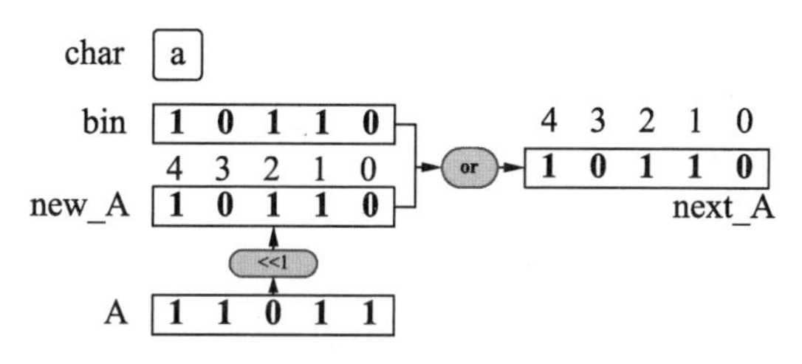

图 4.65　Shift-Or 算法实施原理 8

然后选取目标串字符为 c，对应模式串基的反转二进制数为 bin=01111。初始 A 继承于上一步为 A=10110。对 A 左移 1 位得到 new_A=01100，将 new_A 与 bin 逐位相或运算，得到 next_A=01111，如图 4.66 所示。

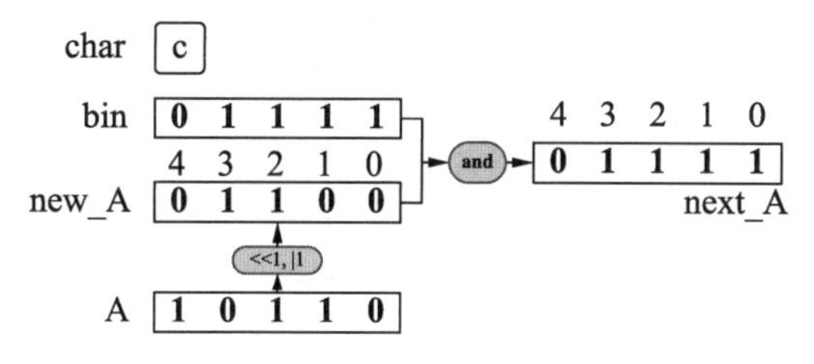

图 4.66　Shift-Or 算法实施原理 9

记录值 next_A=01111，最左边的 0 前面的 0 位为 1，代表本次匹配了前 len(p_str)-0=5-0=5=len(p_str)位的字符，即模式串的所有字符在目标串中都依次得到了匹配，本次匹配成功完成。

下面结合上述实例，通过具体的代码来讲解 Shift-Or 算法的设计原理与实施过程。

代码实现：

```
# 获取模式串基的基础字符二进制数
def bin_p(p_str):
    # 设置记录各个字符出现的位置
```

```
    c_ind_d = {}
    # 遍历模式串
    for i in range(len(p_str)):
        c = p_str[i]
        # 只需要对相同的字符进行一次记录，因为相同字符的位置记录相同
        if c not in c_ind_d:
            ind_list = []
            # 统计模式串中相同字符所有出现的位置
            for j in range(len(p_str)):
                if p_str[j] == c: ind_list.append(j)
            # 将出现位置列表传给字典记录
            c_ind_d[c] = ind_list
    # 设置存储模式串不同的字符对应的二进制数
    bin_d = {}
    for c in c_ind_d:
        bin_str = ''
        # 二进制数的位数与模式串的长度相同
        for i in range(len(p_str)):
            # 如果位置存在对应字符，则该位置设置为 0
            if i in c_ind_d[c]: bin_str += '0'
            # 否则设置为 1
            else: bin_str += '1'
        # 为方便算法设计，将二进制数字符串反转后返回
        bin_d[c] = bin_str[::-1]

    return bin_d


# 获取任意单个字符对应模式串基的二进制数
def c_bin_p(c, p_str):
    # 获取模式串对应的不同字符对应的二进制数基的列表
    bin_p_list = bin_p(p_str)
    # 如果目标串当前字符 c 存在于模式串中
    if c in bin_p_list:
        # 则返回对应的基数
        return bin_p_list[c]
    else:
        # 否则返回长度与模式串相同的全为 1 的二进制数字符串
        ones = ''
        for i in range(len(p_str)):
            ones += '1'
        return ones


# 按照模式串长度在前面补全 1
def normalize_bin(bin_num_str, p_str):
    # 初始化补 1 前缀
    prefix = ''
```

```
    # 如果当前二进制字符串中没有字符 0
    if '0' not in bin_num_str:
        # 则返回长度与模式串相同的全为 1 二进制数字符串
        for i in range(len(p_str)):
            prefix += '1'
        return prefix
    else:
        # 否则先计算要补充多少个 1
        prefix_ones = len(p_str) - len(bin_num_str)
        # 再生成补 0 前缀
        for i in range(prefix_ones):
            prefix += '1'
        # 最后进行补 0 操作
        bin_v = prefix + bin_num_str
        # 根据模式串长度截取，只返回规范部分的字符串
        # 如果有新的 1 出现并超出前面的 1，则删除这些多余的 1
        return bin_v[len(bin_v)-len(p_str):]


# 十进制数字转存纯二进制字符串
def bin_2_binStr(d_num, p_str):
    # 将生成的二进制字符串中的字符 b 删除并规范化后返回
    basic_bin = str(bin(d_num)).replace("b", "")
    return normalize_bin(basic_bin, p_str)


# 移动更新记录匹配列表 A
def update_A(a, p_str):
    # Shift-Or 算法只移位不加 1
    binStr = bin_2_binStr((int(a, 2) << 1), p_str)
    return binStr


# Shift-Or 算法
def shift_or(t_str, p_str):
    # a 为当前记录匹配位置的字符串 A
    a = ''
    #初始化 A
    for i in range(len(p_str)): a+='1'
    #定义匹配成功标志
    get_target = False
    #遍历目标串中的各个字符进行匹配
    for t_i in range(len(t_str)):
        t_c = t_str[t_i]
        print('当前的目标子串字符为 char =', t_c)
        t_c_bin = c_bin_p(t_c, p_str)
        print('其对应的二进制数为 bin =', t_c_bin)
        print(f'当前 A 记录的二进制数为 A =', a)
```

```
        new_a = update_A(a, p_str)
        print(f'左移 1 位，new_A =', new_a)
        next_a = bin_2_binStr((int(t_c_bin, 2)) | (int(new_a, 2)), p_str)
        print('按位相或运算后，next_A =', next_a)
        # 将 next_a 赋值给下一次匹配的 A
        a = next_a
        # 设置 A 除了开头字符后的剩余部分
        next_a_res = '1'*(len(p_str)-1)
        print('________________________________')
        # 如果当前相与运算后的 A 的长度与模式串相等,并且只有开头字符是 1 的二进制字符串，
则说明模式串与目标串匹配成功
        if next_a[0] == '0' and next_a_res == next_a[1:]:
            print('模式串与目标串发生匹配，匹配开始位置在', str(t_i-len(p_str)+1))
            get_target = True
            break

    if not get_target:
        print('模式串与当前目标串不存在匹配')


# 测试
t_str = 'abbeabbacd'
p_str = 'abbac'
shift_or(t_str, p_str)
```

输出：

```
当前的目标子串字符为 char = a
其对应的二进制数为 bin = 10110
当前 A 记录的二进制数为 A = 11111
左移 1 位，new_A = 11110
按位相或运算后，next_A = 11110
________________________________
当前的目标子串字符为 char = b
其对应的二进制数为 bin = 11001
当前 A 记录的二进制数为 A = 11110
左移 1 位，new_A = 11100
按位相或运算后，next_A = 11101
________________________________
当前的目标子串字符为 char = b
其对应的二进制数为 bin = 11001
当前 A 记录的二进制数为 A = 11101
左移 1 位，new_A = 11010
按位相或运算后，next_A = 11011
________________________________
当前的目标子串字符为 char = e
其对应的二进制数为 bin = 11111
当前 A 记录的二进制数为 A = 11011
左移 1 位，new_A = 10110
```

```
按位相或运算后，next_A = 11111
________________________________
当前的目标子串字符为 char = a
其对应的二进制数为 bin = 10110
当前 A 记录的二进制数为 A = 11111
左移 1 位，new_A = 11110
按位相或运算后，next_A = 11110
________________________________
当前的目标子串字符为 char = b
其对应的二进制数为 bin = 11001
当前 A 记录的二进制数为 A = 11110
左移 1 位，new_A = 11100
按位相或运算后，next_A = 11101
________________________________
当前的目标子串字符为 char = b
其对应的二进制数为 bin = 11001
当前 A 记录的二进制数为 A = 11101
左移 1 位，new_A = 11010
按位相或运算后，next_A = 11011
________________________________
当前的目标子串字符为 char = a
其对应的二进制数为 bin = 10110
当前 A 记录的二进制数为 A = 11011
左移 1 位，new_A = 10110
按位相或运算后，next_A = 10110
________________________________
当前的目标子串字符为 char = c
其对应的二进制数为 bin = 01111
当前 A 记录的二进制数为 A = 10110
左移 1 位，new_A = 01100
按位相或运算后，next_A = 01111
________________________________
模式串与目标串发生匹配，匹配开始位置在 4
```

4.3.8　Horspool 算法

Horspool 算法是一种使用后缀从后往前进行搜索的字符串匹配算法，由 Nigel Horspool 在 1980 年提出。该算法与前面学习的 BM 算法中的坏字符规则算法有类似之处。

Horspool 算法是一种简化的算法，与 BM 算法中的坏字符规则算法相比，Horspool 算法始终关注的是目标子串的最后一位。

在 Horspool 算法中，当目标子串与模式串进行匹配时，对比的方向为从后往前。如果某位置上的目标子串的当前字符与模式串的对应字符不匹配，则将模式串往后移动。模式串往后移动多少位，由模式串的字符移动列表决定。

对于一个确定的模式串来说，在 Horspool 算法中，其对应的字符移动列表也可以在匹配之前确定。

下面讲解在 Horspool 算法中，如何确定某个给定的模式串所对应的字符移动距离。这里说的字符移动距离就是目标串中某个字符发生错误匹配时，对应的模式串应该往后移动的位数。

如图 4.67 所示，给定模式串为 p_str="abbc"，move 为模式串的字符移动距离字典。

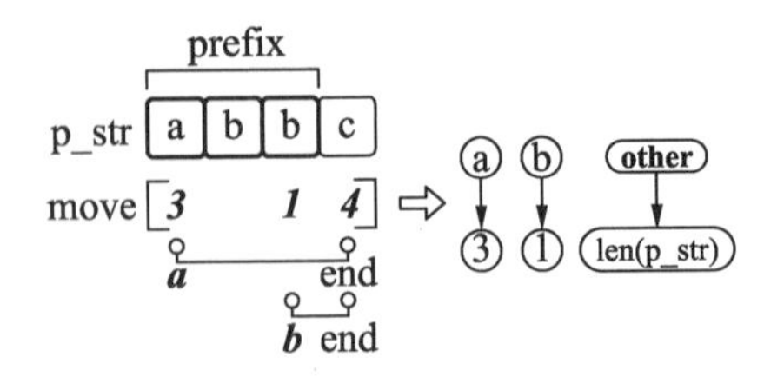

图 4.67　由模式串获取字符移动距离

首先对于长度为 L 的模式串，将其第 0 位到第 L 位的子串作为前缀 prefix，模式串的字符移动距离字典 move 通过分析前缀 prefix 获得。

然后对于存在前缀子串 prefix 中的每个独立字符，取最右边的字符作为分析对象。如果在模式串中只存在一个该字符，则其本身就是分析对象。

设某字符 char 在模式串 p_str 中的索引位置为 i，则该字符在字符移动字典 move 中的数值就是 m=len(p_str)−1−i。

字符移动字典 move 中存储的数值就是某个字符发生错误匹配时对应的移动距离。如图 4.67 所示，字符 a 对应的移动距离为 4−1−0=3。取最右边的字符 b 作为分析对象，其对应的移动距离就是 4−1−2=1。

对于不存在模式串 p_str 的前缀 prefix 中的其他字符，其对应的移动距离全部为模式串的长度 len(p_str)。

因此，对于模式串 p_str="abbc"而言，其前缀为 prefix="abb"，其对应的字符移动距离字典为 move={'a':3, 'b':1}。

字符移动距离字典 move 是 Horspool 算法中的核心部分，在进行模式串与目标子串的匹配判断之前，能够提前计算出模式串对应的字符移动距离字典 move，对提高 Horspool 算法的运行效率是十分关键的。

下面通过具体的实例进一步分析 Horspool 算法的设计原理与执行过程。

如图 4.68 所示，目标串为 t_str="abcbaabceabbc"，模式串为 p_str="abbc"。首先使模式串的首位字符与目标串的首位字符对应。此时目标子串为 ts_str="abcb"。模式串字符移动距离字典为 move={'a':3, 'b':1}。

当前的目标子串 ts_str="abcb"与模式串 p_str="abbc"从后往前进行匹配。在目标串索引为 3 处的字符 b 发生匹配错误。按照字符移动距离字典 move，模式串往后移动 1 位。

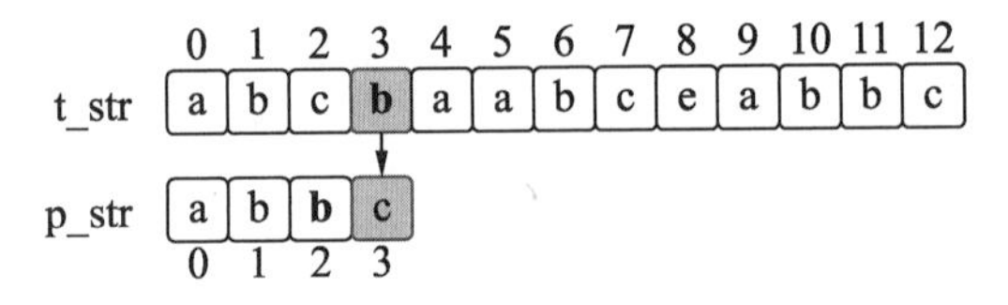

图 4.68　Horspool 算法实施原理 1

如图 4.69 所示，如果在目标串中发生匹配冲突的字符在模式串中存在，则模式串往后移动，使模式中最右边对应于匹配冲突字符 b 的字符与目标串中上一次的冲突字符对应。

当前的目标子串 ts_str="bcba"与模式串 p_str="abbc"从后往前进行匹配。在目标串索引为 4 处的字符 a 发生匹配错误。按照字符移动距离字典 move，模式串往后移动 3 位。

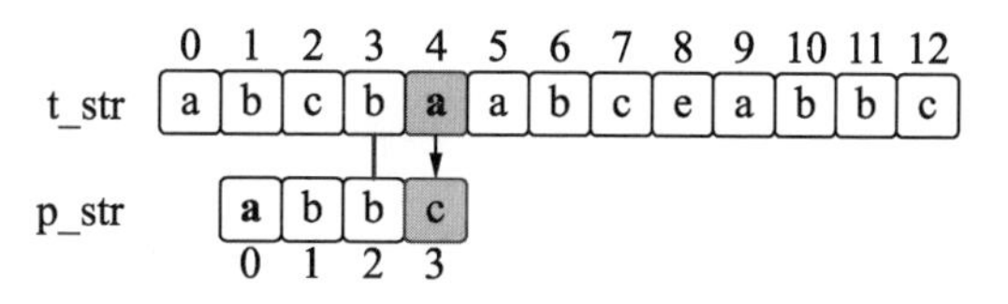

图 4.69　Horspool 算法实施原理 2

如图 4.70 所示，当前的目标子串 ts_str="aabc"与模式串 p_str="abbc"从后往前进行匹配。在目标串索引为 7 处的字符 c 发生匹配错误。由于字符 c 不存在于模式串 p_str 中，按照字符移动距离字典 move，模式串往后移动 len(p_str)=4 位。

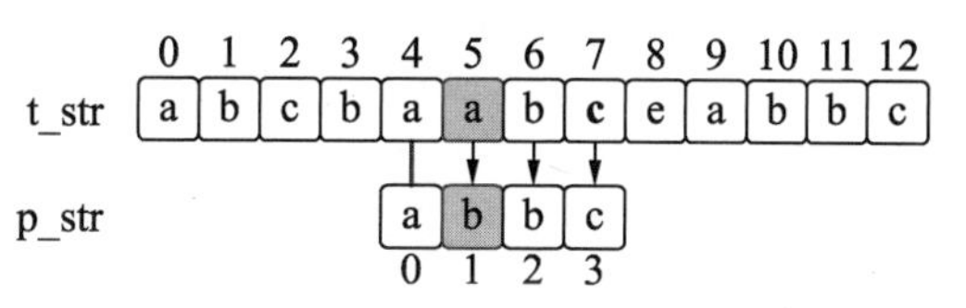

图 4.70　Horspool 算法实施原理 3

如图 4.71 所示，当前目标子串 ts_str="eabb"与模式串 p_str="abbc"从后往前进行匹配。在目标串索引为 11 处的字符 b 发生匹配错误。按照字符移动距离字典 move，模式串往后移动 1 位。

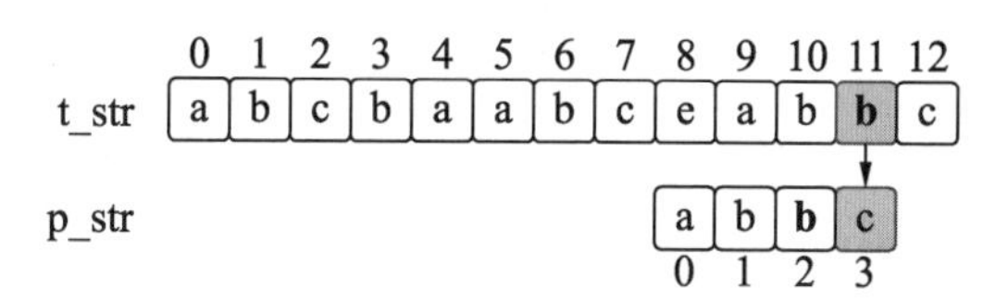

图 4.71　Horspool 算法实施原理 4

如图 4.72 所示，当前目标子串 ts_str="abbc"与模式串 p_str="abbc"从后往前进行匹配，没有发生匹配错误，即本次字符串匹配成功。

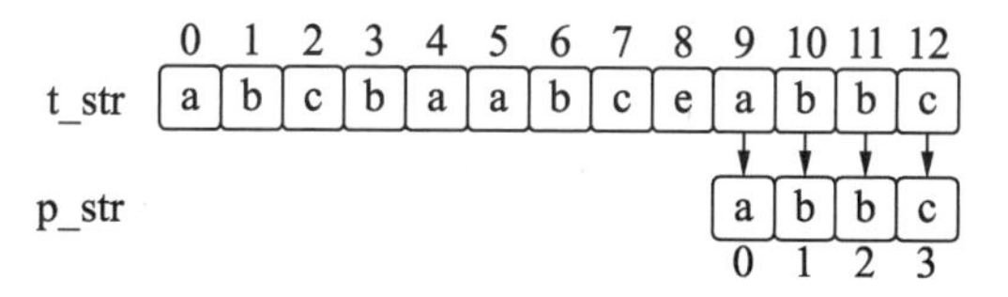

图 4.72　Horspool 算法实施原理 5

下面结合上述实例，通过具体的代码来讲解 Horspool 算法的设计与实施过程。

代码实现：

```
# 获取字符移动距离字典 move
def move_d(p_str):
```

```
    m_d = {}
    prefix = p_str[:-1]
    rev_prefix = prefix[::-1]
    for c_i in range(len(rev_prefix)):
        c = rev_prefix[c_i]
        if c not in m_d:
            m_d[c] = c_i+1
    print(f'{m_d = }')
    return m_d


# 获取字符冲突时的移动位数
def c_move(c, m_d):
    if c in m_d: return m_d[c]
    else: return len(m_d)


# Horspool 算法
def Horspool_str(t_str, p_str):
    # 判断当前情况下是否匹配
    str_match = False
    # 记录总共移位的次数
    move_add = 0
    # 提前获取字符移动字典
    m_d = move_d(p_str)

    # 一直循环直至匹配成功或者遍历完成
    while not str_match:
        if len(p_str) <=  len(t_str):
            # 获取当前用于匹配的目标串子串
            t_son_str = t_str[:len(p_str)]
            print(f'{t_son_str = }')

            # 判断当前目标子串与模式串是否相等
            if t_son_str == p_str:
                # 如果相等则匹配成功
                str_match = True
                print('\n 模式串与目标串发生匹配，匹配位置在：move_add = ' +
str(move_add))
                return move_add
            else:
                # 如果不等，则往后移动模式串
                # 先使用字符移动距离字典获取移动位数
                move_next = c_move(t_son_str[-1], m_d)
                print(f'running: {move_next = }')

            # 记录总共移动的位数
            move_add += move_next
            # 更新目标串的当前子串
            t_str = t_str[move_next:]
        else:
            print('\n 目标串中不存在与模式串匹配的子串')
            break
```

```
# 测试
t_str = 'abcbaabceabbc'
p_str = 'abbc'
Horspool_str(t_str, p_str)
```

输出：

```
m_d = {'b': 1, 'a': 3}
t_son_str = 'abcb'
running: move_next = 1
t_son_str = 'bcba'
running: move_next = 3
t_son_str = 'aabc'
running: move_next = 2
t_son_str = 'bcea'
running: move_next = 3
t_son_str = 'abbc'

模式串与目标串发生匹配，匹配位置在：move_add = 9
```

4.4　字符串排序算法

本节主要介绍经典的字符串排序算法的设计原理与实施过程。字符串排序算法的应用对象是多个字符串。对于字符串的排序处理也是字符串处理算法中的重要内容。本节将对多个常用的字符串排序算法进行介绍。

4.4.1　字符串排序的原理

在学习各种字符串的基本排序算法之前，我们先要理解为什么要对字符串进行排序，排序的原理是什么，以及排序的基本执行过程。

字符串排序算法就是对多个字符串进行快速、高效地排序、整合的算法。

一般来说，字符串排序算法处理的对象都是多个排序混乱的字符串。由于顺序混乱的多个字符串在可读性等方面不具有优势，所以需要对多个字符串进行排序，以便更加直观理解数据，或展示多个数据间的逻辑关系。

字符串排序后的直接结果就是多个字符串得到了整合汇聚，并且展现出了多个字符串之间的关系。如图 4.73 所示为在字符串池中分布杂乱无序的字符串，难以直观获取有用的信息。

在对字符串池中的多个字符串进行排序后，可以分别按照升序顺序与降序顺序排列字符串表。这种顺序表展示的数据信息比之前无序的数据信息更具有可读性。

通过对字符串排序，能够直观地了解不同数据上下左右的排序关系与关联性，快速地掌握整个数据集展示的信息。

在进行字符串排序的时候，可以使用一种排序规则，也可以使用多种排序规则。不同的排序规则共同作用时应该具有优先级。优先级最高的排序规则将作为主规则对不同字符串继续排序。

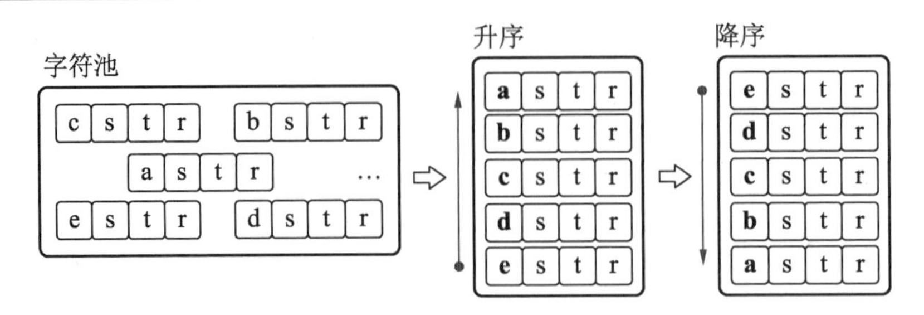

图 4.73　字符串排序的顺序性

如图 4.74 所示，设定排序方向为阅读时从上到下，在排序 sort1 中只有一种规则，即按照首字母进行排序。在排序 sort2 中也只有一种规则，也是按首字母排序。这里的首字母排序是指以首字母为排序的参考位或以首字母作为排序的参考基准。

在排序 sort3 中存在两种排序规则，其中，按首字母排序为主规则，按照字符串长度由长到短排序为次规则。而在排序 sort4 中也存在两种排序规则，其中，按照字符串长度由长到短排序为主规则，按首字母排序为次规则。

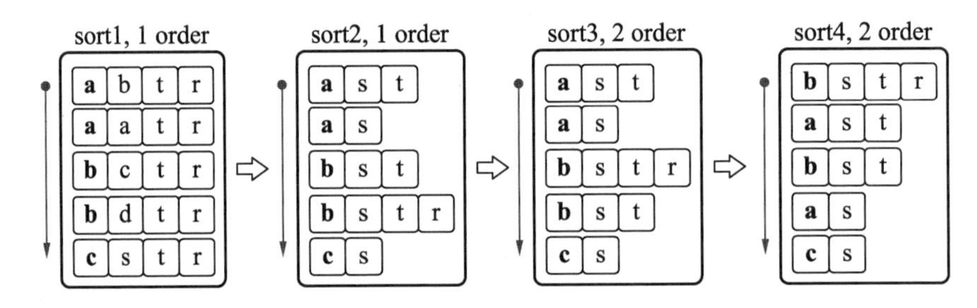

图 4.74　字符串的多规则排序

对于应用多规则排序的字符串集而言，对不同规则设定不同的优先级，最终得到的排序结果很可能是不同的。

在了解了字符串排序的基本原理与特性后，下面具体讲解不同的字符串排序算法的设计原理与实施过程。

4.4.2　键索引计数法

键索引计数法是字符串排序算法中基础的入门算法。多种其他字符好惨排序算法也是基于键索引计数算法的基础上改进研发的。

不是所有的字符串排序场景都适合使用键索引计数法，其主要适用于使用小整数作为键值进行排序的情形。

键索引计数法的主要实施步骤可以分为 4 步：

（1）获取统计频率。

（2）将统计频率转化为索引。

（3）根据索引表进行数据分类。

（4）将排列元素回写到原数组中。

下面结合具体的实例，详细讲解键索引计数法排序字符串的设计原理与实施过程。

1. 获取统计频率

如图 4.75 所示，有不同的水果类型的 15 个单词数组 A。这 15 个水果单词被分成 3 组，方框前面的数字就是水果单词的组号，分别为 1、2、3 组。

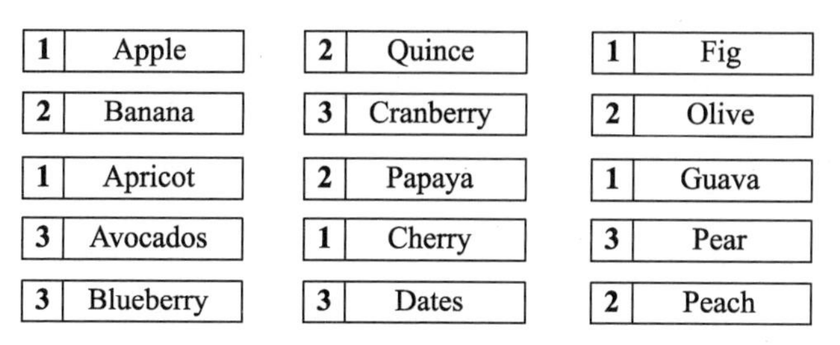

图 4.75　带有组号的原始水果名称数据

现在设置一个分类计数数组 count，其长度为类别数加 1。例如，对于上述 3 种分类，分类计数数组 count 的长度就是 3+1=4。

接着按照组号分类，对这 15 个水果单词对应的组号索引分类计数统计。

如图 4.76 所示，origin data 列是原始数据，ind+1 列展示的是每个单词对应的组号键索引值加 1 后的结果，count[]列展示的是分类计数数组 count 对原数据集合中的每个单词遍历后的各个统计位的数值。数组 count 的第 0 位始终是 0，是为了匹配算法设计。

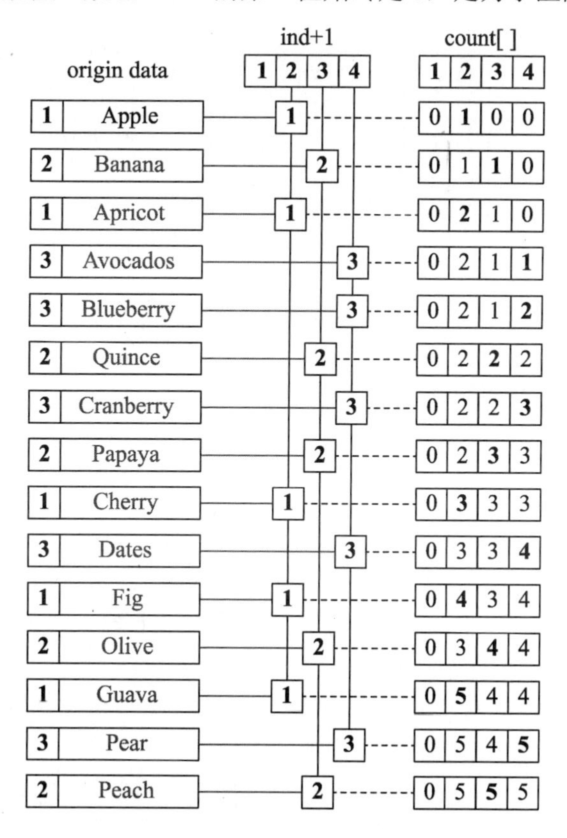

图 4.76　根据组号索引分类计数统计

注意，count 数组的长度 count 等于需要分类的类别数目 class 加 1，即：

count 数组的长度 = 类别数目 + 1

对原数据集进行一次遍历之后，获取的 count 数组为 count=[0,5,5,5]，即共有 len(count)-1=3 组，每组包含的类别数目都是 5。

在 count[]列中，每一行表示一次对组成员的统计，加粗数字的位置代表当前加 1 的位置，其数值代表加 1 后的结果，即经过本次统计，对应类别的项目个数。

2. 将统计频率转化为索引

在图 4.76 所示的 count[]列的最后一行中，从索引为 1 到最后一位的数值，就是原数据集中各个类别分别包含的个体数目，也就是各个类别的统计频率。

下面需要将从上一步中获取的统计频率转化为索引。如图 4.77 所示，转化索引前的 count 数组为 old count=[0,5,5,5]。将 old count 数组的第 i 位元素变成 old count 的前 i+1 个元素之和，可得 new count=[0,5,10,15]。

上述过程就是将统计频率转化为索引的过程，转化的结果保存在 new count 数组中。在 new count 数组中，第 i（i>0）位元素代表第 i 分类的起始与终止索引为[count[i-1], count[i]]，也就是前一个类别对应的元素数值到当前类别对应的元素数值的半闭半开区间。

新的 count 数组也称为索引表。

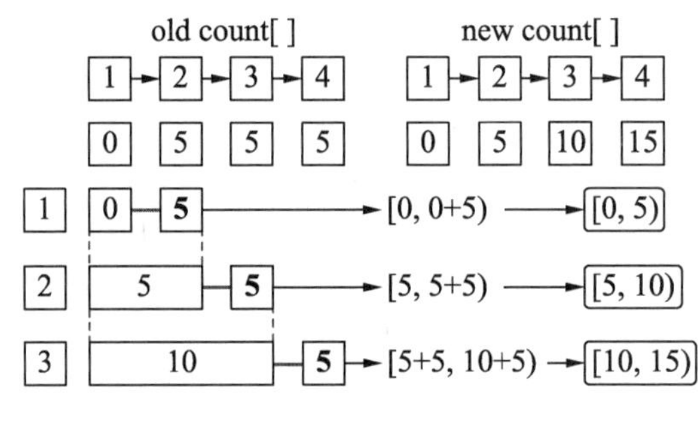

图 4.77　将统计频率转化为索引

3. 根据索引表进行数据分类

获取到索引表之后，下一步就是根据索引表对数据进行分类。

如图 4.78 所示，图中共有 3 列，左边一列代表第一步，单词框左边的数值代表该单词的类别，单词框右边的数值代表选取单词进行分组的步骤顺序。

按照图 4.78 所示的选取步骤，对给出的数据进行选取，将单词数据分成 3 类，也就是图 4.78 中间一列所表示的步骤。然后将分类后的 3 组从上到下按顺序串联起来，即图 4.78 右边一列展示的结果，即可得到分类后的结果。

上述步骤就是键索引计数法的分类过程。

键索引计数法的分类实质上是根据键值的不同类型对数据集进行遍历分类，核心是先分类再排序。这种先分类是一种只大分不细排的操作，也就是分类后不对相同类别集合内的元素进行二次分类。

将得到的不同类别的数据子集合按照分类的先后顺序依次连接起来就是最终的分类

排序结果。如图 4.78 所示的组 1+组 2+组 3 就是与键索引计数法最终得到的排序结果。

在键索引计数法中，图 4.78 右边的排序列称为辅助列，或者辅助数组 aux[]。辅助数组 aux[]用于暂存本次步骤的处理结果。

将数组 count 与 aux[]联合使用的目的就是智能保留后面用于存放排序元素的位置。

其实，辅助数组 aux[]的内容与键索引计数法最终得到的排序结果是相同的，这里为了方便计算处理，使用了辅助数组。

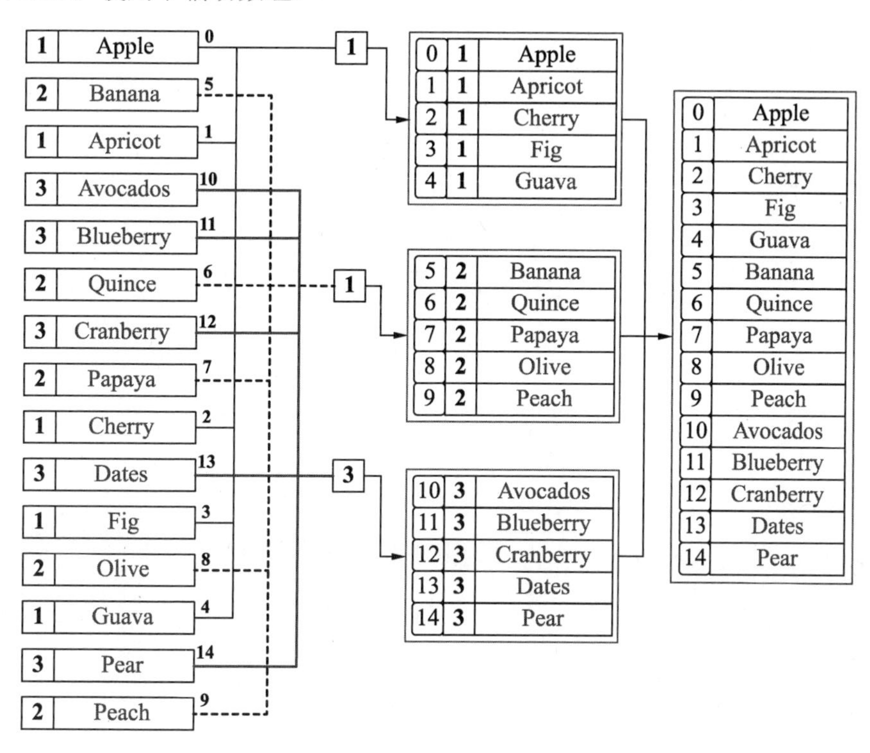

图 4.78　根据索引表进行数据分类

4．将排列元素回写到原数组

其实经过上一步的操作，已经可以得到键索引计数法的最终排序结果。这里使用上一步中得到的暂存辅助数组 aux[]的数据对原数组（也就是被处理的数据集合）进行数据排序更新。

最简单的办法就是直接将辅助数组 aux[]的数值一一复制到原数组中，使得原数组的数据得到更新，也就是对原数组中的各个元素进行排序。也可以直接将辅助数组 aux[]复制并传值给原数组。

如图 4.79 所示，设原数据数组为 origin[]，经过前面的三步操作，得到图 4.79 中间列所示的用于暂存数据的辅助数组 aux[]。

最后将辅助数组 aux[]中的元素逐个赋值给原始数组 origin[]，形成返回数组 origin[]=return[]，即通过直接对逐个元素赋值，实现将数据回写入原数组的目的。

其实，在 Python 代码设计中，可以直接通过数组名赋值而不是逐个元素赋值的方法实现排序数据的回写。

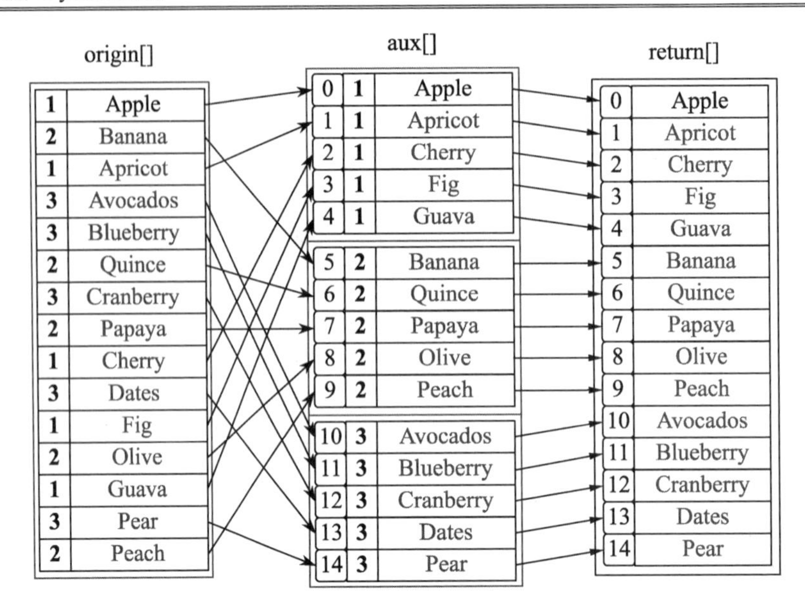

图 4.79　将排列元素回写到原数组

下面结合具体的代码，讲解键索引计数法的设计原理与实施过程。

代码实现：

```
# 获取统计频率
def get_frequency(ori_a, count):
    for i in range(len(ori_a)):
        count[ori_a[i][0]] += 1
    return count


# 将统计频率转化为索引
def f_2_inds(count):
    for i in range(len(count)-1):
        count[i+1] += count[i]
    return count


# 根据索引表进行数据分类
def sort_by_inds(ori_a, count, aux):
    print('分类前：')
    print(f'{count = }')
    print(f'{aux  = }')

    for i in range(len(ori_a)):
        aux[count[ori_a[i][0]-1]] = ori_a[i]
        count[ori_a[i][0]-1] += 1

    print('分类后：')
    print(f'{count = }')
    print(f'{aux  = }\n')
    return aux, count


# 将排列元素回写到原数组中
```

```
def re_writing(ori_a, aux):
    for i in range(len(ori_a)):
        ori_a[i] = aux[i]
    return ori_a


# 键索引计数法
# ori_a_i = [class, word]
def key_index_count_sort(ori_a, classes):
    count = [0]*(classes+1)
    aux = ['']*(len(ori_a))
    # 获取统计频率
    count = get_frequency(ori_a, count)
    # 将统计频率转化为索引
    count = f_2_inds(count)
    # 根据索引表进行数据分类
    aux, count = sort_by_inds(ori_a, count, aux)
    # 将排列元素回写到原数组中
    ori_a = re_writing(ori_a, aux)

    print('排序结果：')
    print(f'{ori_a = }]')


# 测试
ori_a = [[1, 'Apple'], [2, 'Banana'], [1, 'Apricot'], [3, 'Avocados'],
[3, 'Blueberry'], [2, 'Quince'], [3, 'Cranberry'], [2, 'Papaya'],
[1, 'Cherry'], [3, 'Dates'], [1, 'Fig'], [2, 'Olive'], [1, 'Guava'],
[3, 'Pear'], [2, 'Peach']]
classes = 3
key_index_count_sort(ori_a, classes)
```

输出：

```
分类前：
count = [0, 5, 10, 15]
aux  = ['', '', '', '', '', '', '', '', '', '', '', '', '', '', '']
分类后：
count = [5, 10, 15, 15]
aux  = [[1, 'Apple'], [1, 'Apricot'], [1, 'Cherry'], [1, 'Fig'], [1, 'Guava'],
[2, 'Banana'], [2, 'Quince'], [2, 'Papaya'], [2, 'Olive'], [2, 'Peach'],
[3, 'Avocados'], [3, 'Blueberry'], [3, 'Cranberry'], [3, 'Dates'],
[3, 'Pear']]

排序结果：
ori_a = [[1, 'Apple'], [1, 'Apricot'], [1, 'Cherry'], [1, 'Fig'],
[1, 'Guava'], [2, 'Banana'], [2, 'Quince'], [2, 'Papaya'], [2, 'Olive'],
[2, 'Peach'], [3, 'Avocados'], [3, 'Blueberry'], [3, 'Cranberry'],
[3, 'Dates'], [3, 'Pear']]]
```

4.4.3　LSD 低位优先排序

前面所讲的键索引计数法排序的时间级别可以是线性的，因此是一种高效的字符串排序算法。基于键索引计数法，有两个常用的排序算法，一种是 LSD 低位优先排序算法，另一种是 MSD 高位优先排序算法。

LSD 低位优先排序算法使用的字符串集是有限定的，就是字符串集中的每个字符串的长度都是相同的。

假设字符串集中的字符串的长度都是 L，那么 LSD 低位优先算法将进行 $L-1$ 次键索引计数排序后获取最终的排序结果。

如图 4.80 所示，这里说的低位或者高位，指的是类似于二进制的位置编排，也就是前面位置大于后面位置，左边位置大于右边位置。

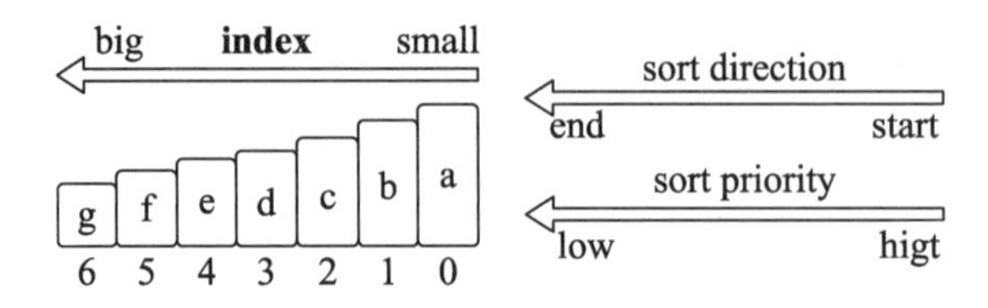

图 4.80　LSD 低位优先算法排序优先级

低位优先，就是从后往前排序，这样排序的结果是：随着位置从后往前变化，排序的优先级逐渐降低，所以排序结果就是较低位的位置优先，也就是后面位置上的字符优先于前面位置上的字符。

按照低位优先排序原则，先排位于较后面的位置，再排较前面的位置。随着排序的进行，排序方向从后到前变化，排序位置的优先级将由高到低变化，排序的位置索引由小到大变化。

下面结合具体实例讲解 LSD 低位优先排序算法。

如图 4.81 所示，原字符串集为 origin[]=["tea","eat","car","air","bit","are""aim""far", "ear"]。字符串集在排序过程中变化的位置索引为 i，对应不变的原索引为 n，对应位置的字符串为 item。

先排最后 1 位，即位置索引为 len(item)−1=2。使用键索引计数法进行排列，排列的结果如图 4.81 右图 sort1 列所示。

origim[]

i	n	item
0	0	t e a
1	1	e a t
2	2	c a r
3	3	a i r
4	4	b i t
5	5	a r e
6	6	a i m
7	7	f a r
8	8	e a r

⇨

sort1

i	n	item
0	0	t e **a**
1	5	a r **e**
2	6	a i **m**
3	2	c a **r**
4	3	a i **r**
5	7	f a **r**
6	8	e a **r**
7	1	e a **t**
8	4	b i **t**

图 4.81　LSD 低位优先算法实施原理 1

再排倒数第 2 位，即位置索引为 len(item)−2=1。使用键索引计数法进行排列，排列的结果如图 4.82 所示。

注意，这里说的索引是从前往后递增的字符串索引。图 4.82 中的数字为位置索引，并非字符串索引。

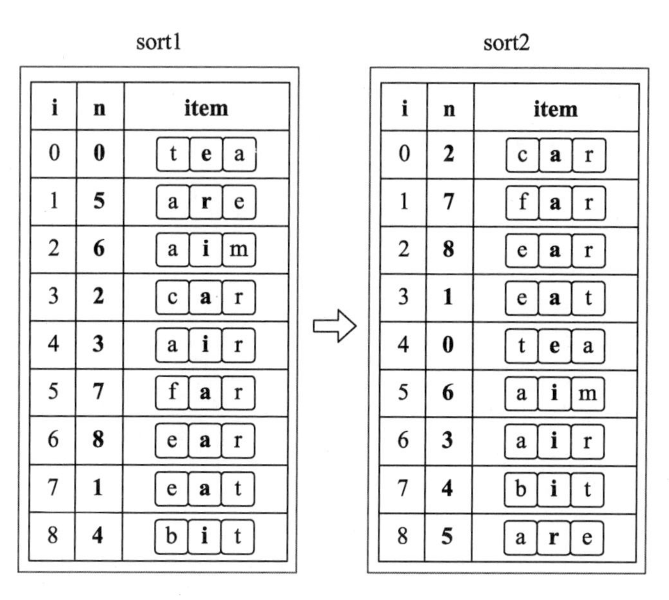

sort1

i	n	item
0	0	t e a
1	5	a r e
2	6	a i m
3	2	c a r
4	3	a i r
5	7	f a r
6	8	e a r
7	1	e a t
8	4	b i t

sort2

i	n	item
0	2	c a r
1	7	f a r
2	8	e a r
3	1	e a t
4	0	t e a
5	6	a i m
6	3	a i r
7	4	b i t
8	5	a r e

图 4.82　LSD 低位优先算法实施原理 2

最后，排倒数第 1 位，即索引为 len(item)−3=0。使用键索引计数法进行排列，排列结果如图 4.83 所示。

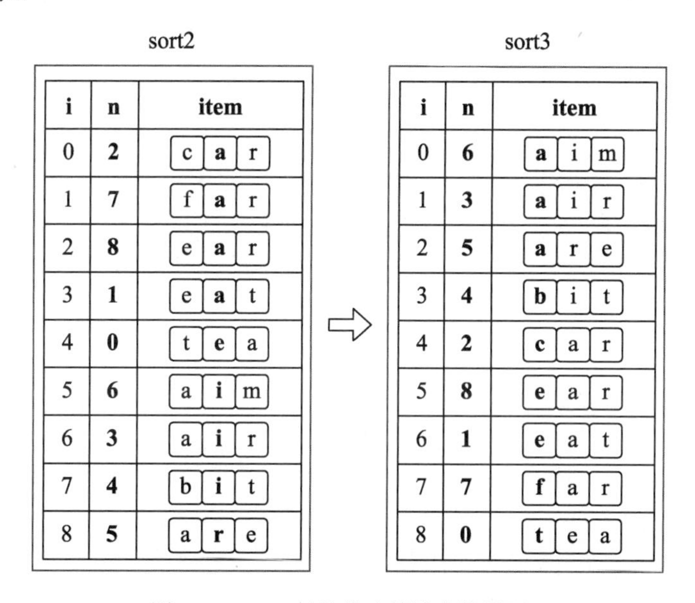

sort2

i	n	item
0	2	c a r
1	7	f a r
2	8	e a r
3	1	e a t
4	0	t e a
5	6	a i m
6	3	a i r
7	4	b i t
8	5	a r e

sort3

i	n	item
0	6	a i m
1	3	a i r
2	5	a r e
3	4	b i t
4	2	c a r
5	8	e a r
6	1	e a t
7	7	f a r
8	0	t e a

图 4.83　LSD 低位优先算法实施原理 3

此时得到的排序结果 sort3 就是最终的排序结果。将其复制给要输出的结果数据集或者直接输出即可。

下面结合上述实例，通过具体的代码来讲解 LSD 低位优先排序算法的实施原理与过程。

代码实现：

```
# 使用键索引计数法进行单次排序
# 被排序集合为 array，排序位置索引为 ind
def sort_at_ind(array, ind):
    # 定义存储键值字典
    key = {}
    # 定义存储键值列表
    key_a = []
    # 定义存储键值对应的字符 ASCII 码列表
    key_ord = []
    # 遍历原数组，获取字符 ASCII 码列表与 key 字符字典
    for it in array:
        if it[ind] in key:
            key[it[ind]] += 1
        else:
            key[it[ind]] = 1
            key_ord.append([ord(it[ind]), it[ind]])
    # 对字符 ASCII 码列表进行排序，使得对应位置的字符得到初步整理与排序
    key_ord.sort()
    # 生成键值列表 key_a
    for ord_c in key_ord:
        key_a.append(ord_c[1])
    # 定义记录分类个数的 count 列表
    count_a = [0]*len(key)
    # 通过字符 ASCII 码列表与 key 列表结合，获取 count 列表
    for i in range(len(key_ord)):
        count_a[i] += key[key_ord[i][1]]
    # 对 count 列表前后累加，获取对应字符单词区间的分类个数
    for i in range(1, len(count_a)):
        count_a[i] += count_a[i-1]
    # 为 count 列表前面补充一位 0 方便计算区间
    count_a = [0] + count_a
    # 定义辅助数组列表 aux
    aux = ['']*len(array)
    # 通过遍历原数组，从分区起始点开始对分区对应的单词索引进行累加
    # 将对应位置的单词赋值给数组 aux 的对应位置进行保存
    for it in array:
        c = it[ind]
        key_ind = key_a.index(c)
        aux[count_a[key_ind]] = it
        # 新增一个单词，同区间累加记录加 1
        count_a[key_ind] += 1
    return aux


# LSD 低位优先排序算法排序
def lsd_sort(array):
```

```
    for i in range(len(array[0])):
        ind = len(array[0])-1-i
        print('当前排序索引为 ind =', ind)
        aux = sort_at_ind(array, ind)
        print('经过键索引排序后，array =', aux)
        array = aux


array = ['tea', 'eat', 'car', 'air', 'bit', 'are', 'aim', 'far', 'ear']
lsd_sort(array)
```

输出：

```
当前排序索引为 ind = 2
经过键索引排序后，array = ['tea', 'are', 'aim', 'car', 'air', 'far', 'ear',
'eat', 'bit']
当前排序索引为 ind = 1
经过键索引排序后，array = ['car', 'far', 'ear', 'eat', 'tea', 'aim', 'air',
'bit', 'are']
当前排序索引为 ind = 0
经过键索引排序后，array = ['aim', 'air', 'are', 'bit', 'car', 'ear', 'eat',
'far', 'tea']
```

4.4.4　MSD 高位优先排序

前面所述的 LSD 低位优先排序就是后面的字符优于前面的字符进行排序。相比 LSD 排序，这里讲的 MSD 高位优先排序就是前面的字符优先于后面的字符进行排序，也即从前往后排序。

如图 4.84 所示，排序方向从前往后，位置索引由 6 变到 0，即由大到小，排序的优先级逐个降低，即前面的字符优先于后面的字符进行排序，并且前面的字符对最终排序的影响优先于后面的字符，即大于后面的字符。

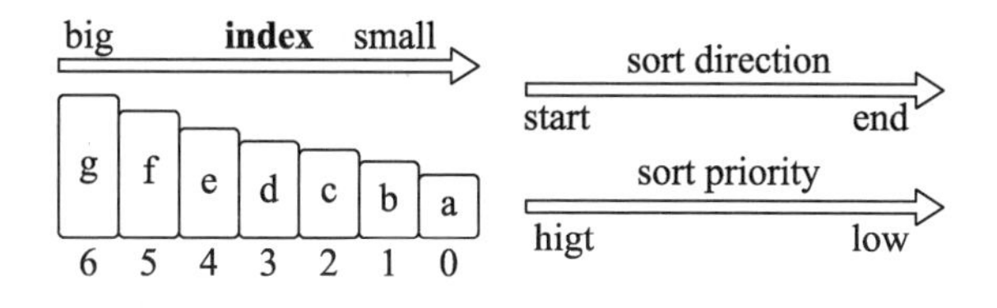

图 4.84　MSD 高位优先算法优先级

如图 4.85 所示，原字符串数组 origin[]=[a, as, in, ant, east, it, bit, cat, b, do, ease, can, ios]。通过分析可知，在 origin[]中有 4 种长度的字符串，分别为 1、2、3、4。这 4 种长度的字符串混杂排列。

MSD 高位优先排序可以用于处理上述排序问题，可见该算法的处理对象可以是不同长度的字符串。

当前对比的字符位置的索引称为当前索引，当前排序索引对应的字符为排序字符。字符索引从前往后递增，位置索引从后往前递增，两者方向相反，数值范围相同。

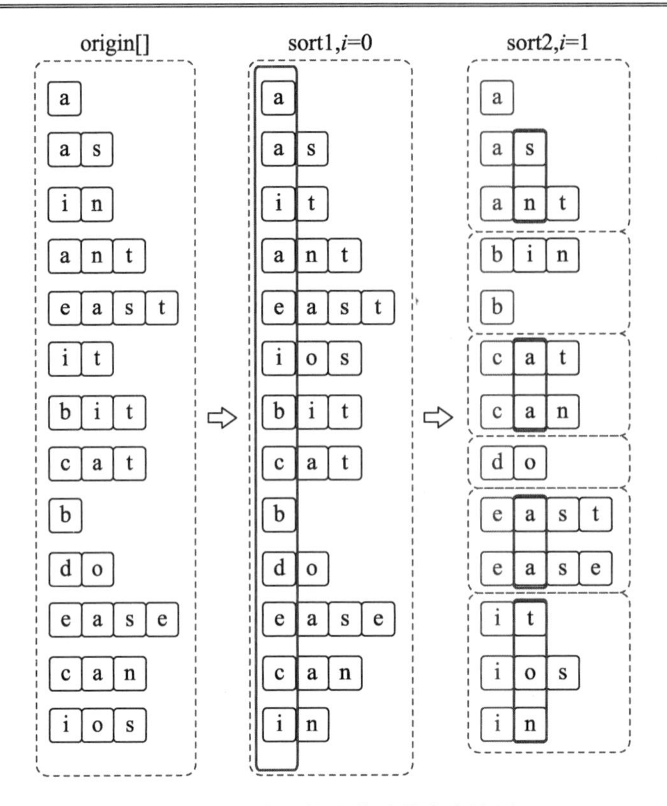

图 4.85　MSD 高位优先算法排序实施原理 1

MSD 高位优先排序的实现主要有 5 步：

（1）设置当前排序对应的字符索引 *i*，对应字符串最小程度为 minL=*i*。

（2）对当前各个分组进行再次分组：将之前分组 preA 中所有长度不小于 minL 的字符串依次合成一组，构成当前分组 A。如果 A 分组内的字符串个数不大于 1，则不对 A 进行排序即 A 排序完成。

（3）判断，如果当前分组 A 中对应的索引 *i* 不能产生超过 1 个字符串的字符排序，则当前分组 A 排序完成；否则，对 A 进行排序。对 A 进行排序有两种。一种是根据长度进行排序，即根据分组 A 内的字符串的长度排序，长度较小的排在前面；第二种是根据字符排序，即根据 A 内的各个字符串按索引为 *i* 处的字符进行排序。注意，排序时长度排序优先于字符排序，即先将长度为 minL 的字符串排在 A 前面，再对 A 剩余的字符串进行字符排序。如果排序索引已经达到某组内最长字符串的长度 L 再减 1 即 L−1，则该组排序后即完成排序。

（4）如果分组在当前排序索引处的字符不同，则该分组对应的多个字符串可以继续排序但不能继续分组。如果分组在当前排序索引处的字符相同，则该分组对应的多个字符串不可以继续排序但可以继续分组。

（5）重复第（2）～（4）步骤，直至所有原数组内的字符串都完成排序。

如果整个字符串数组没有出现其他的分组，即整个原字符串数组排序完成。

下面结合图 4.85 与图 4.86，分步骤阐述 MSD 高位优先排序算法的原理实施与过程。

首先获取被排序数组为图 4.85 中的 origin[]。

接着进行 sort1 排序，排序索引 *i*=0。当前分组是整个原字符串大集合。对该字符串大集合进行再分组，得到 sort2 所示的结果。

在 sort2 中，排序索引 i=1，minL=1。经过上一步 sort1 分组，得到 A 为[a, as, ant], [bit, b], [cat, can], [do], [east, ease], [in, ios, it]。

对 sort2 的各个分组进行排序，先进行长度排序，将长度为 minL=1 的字符串依次排在该分组的前面。然后对该分组内的其他字符串进行字符排序，将排序结果排在长度排序结果的后面。

例如，在分组[a, as, ant]中，由于 a 字符串的长度为 minL=1，排序后其本来就位于前面，所以位置维持不变。剩余的字符串 as 和 ant，其长度都大于 minL=1，因此对其进行字符排序，排序后，两字符串的位置应该互换。

对于与当前排序字符相同的字符串，在本次字符排序中将保持位置不变，如 sort2 中的分组[cat, can] 和 [east, ease]。

如果分组内所有字符串的长度都不小于 minL，则对该组的字符串直接进行字符排序。例如，在 sort2 中分组[in, ios, it]。因为只看索引为 1 的字符，所以排序后该分组应该为[in, ios, it]。

接着来到 sort3，当前排序索引 i=2。由于在之前的分组中[a, as, ant]排序后变成[a, ant, as]，该组内的字符串在当前索引处没有相同的字符，所以该分组排序完成。

在 sort3 中，由于分组[cat, can]在当前排序索引为 2 处的字符不同，即分别为字符 t 与 n，所以该分组的这两个字符串可以继续排序但不能继续分组。在分组[east, ease]中，在当前排序索引 2 处的字符相同，即都为字符 s，因此该分组的这两个字符串不可以继续排序但可以继续分组。

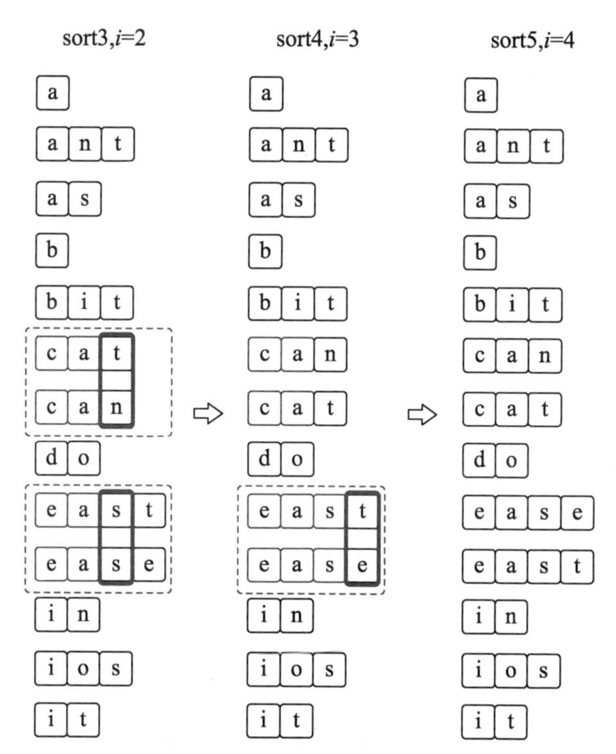

图 4.86　MSD 高位优先算法排序实施原理 2

接着来到 sort4，当前排序索引 i=3。由于在之前的分组中[cat, can]排序后变成[can, cat]，该组内的排序索引已经达到最长字符串的最末尾，不能再比较其他字符，因此该组的字符串排序完成。

在 sort4 中，只有在字符串分组[east, ease]中，在当前排序索引 3 处具有不同的字符，即分别为字符 t 和 e，因此该分组的这两个字符串可以排序但不能继续分组。

对分组[east, ease]排序后，排序结果为 sort5 所示的列。此时整个字符串数组没有出现其他分组，即原字符串数组排序完成。

综合上述，对 MSD 高位优先算法的实施步骤进行总结，如图 4.87 所示，首先是 ind=i 的情况，第一步是进行分组，将当前分组内长度小于 i+1 的字符串即末尾索引小于 i 的字符串去掉，比如 str1 与 str2。

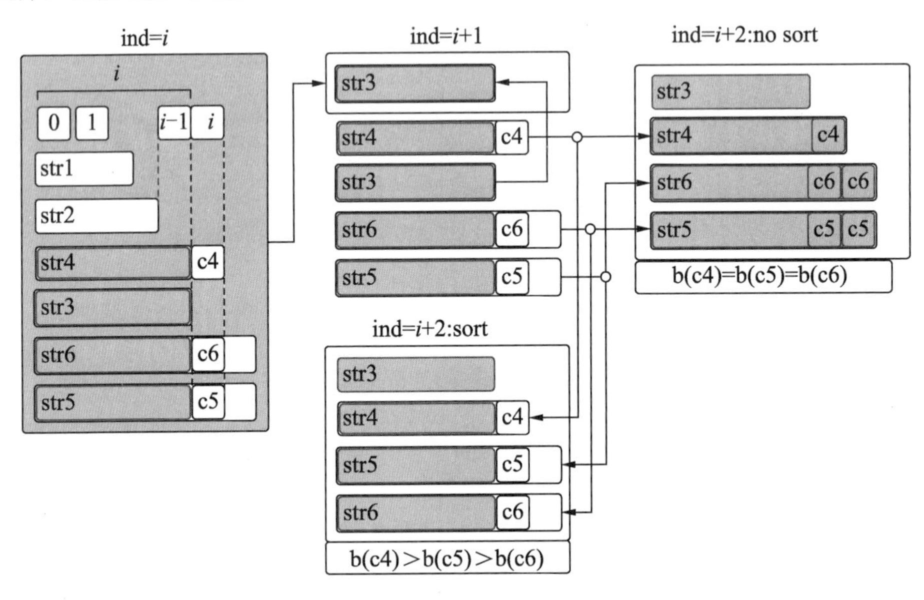

图 4.87　MSD 高位优先算法排序实施原理 2

因此在图 4.87 的 ind=i 列中能够进入下一步分组的只有字符串 str3、str4、str5、str6，而且这些字符串在索引 i-1 之前的子串应该是相同的，也就是具有长度为 i 的相同前缀。

进入 ind=i+1 后，首先进行再分组。分组时，首先将长度为 i 的字符串依次排在分组前面的位置（如 str3），然后对剩余的字符串进行字符排序（即 str4、str5、str6）。

进行字符排序一般有两种结果：如果在当前排序索引 i+1 处，剩余的字符串（即 str4、str5、str6）具有相同的字符则继续进行排序；如果具有不同的字符，则不进行排序，直接进入下一步。

当排序索引为 i+2 时，长度为 i+1 的字符串会先排在分组前面，再对剩余的字符串根据索引为 i+2 处的字符进行排序。因此图 4.87 右列的排序字符为 str6 中的 n6 与 str5 中的 n5。

重复上述步骤，直至无法再分组，即排序完成。

下面结合上述实例，通过具体的代码讲解 MSD 高位优先排序算法的实施过程与原理进行讲解。

代码实现：

```
# 使用键索引计数法进行单次排序
# 被排序集合为 array，排序位置索引为 ind
def sort_at_ind(array, ind):
    # 定义存储键值字典
    key = {}
    # 定义存储键值列表
    key_a = []
    # 定义存储键值对应字符的 ASCII 码列表
    key_ord = []
    # 遍历原数组，获取字符 ASCII 码列表与 key 字符字典
    for it in array:
        if it[ind] in key:
            key[it[ind]] += 1
        else:
            key[it[ind]] = 1
            key_ord.append([ord(it[ind]), it[ind]])
    # 对字符的 ASCII 码列表进行排序，使得对应位置上的字符得到初步整理与排序
    key_ord.sort()
    # 生成键值列表 key_a
    for ord_c in key_ord:
        key_a.append(ord_c[1])
    # 定义记录分类个数的 count 列表
    count_a = [0]*len(key)
    # 通过字符 ASCII 码列表与 key 列表结合，获取 count 列表
    for i in range(len(key_ord)):
        count_a[i] += key[key_ord[i][1]]
    # 对 count 列表前后累加，获取对应字符的单词区间的个数
    for i in range(1, len(count_a)):
        count_a[i] += count_a[i-1]
    # 为 count 列表前面补充一位 0 方便计算区间
    count_a = [0] + count_a
    # 定义辅助数组列表 aux
    aux = ['']*len(array)
    # 通过遍历原数组，从分区起始点开始对分区对应的单词索引进行累加
    # 将对应位置的单词赋值给数组 aux 的对应位置进行保存
    for it in array:
        c = it[ind]
        key_ind = key_a.index(c)
        aux[count_a[key_ind]] = it
        # 新增一个单词，同区间累加记录加 1
        count_a[key_ind] += 1
    return aux


# MSD 低位优先排序算法排序
def msd_sort(array):
    # 判断是否排序完成
    has_son_group = True
```

```
# 设置当前排序索引
ind = 0
# 用于记录前一次分组的排序情况
last_all_gourp = []
# 循环判断
while has_son_group:
    # 清空当前分组
    now_group = []
    # 根据排序索引长度收集符合条件的当前分组项
    for it in array:
        if len(it) > ind:
            now_group.append(it)
    # 归零前缀
    prefix = []
    # 归零所有分组
    all_gourp = []
    # 获取当前分组的当前前缀
    for it in now_group:
        if it[:ind+1] not in prefix:
            prefix.append(it[:ind+1])
    # 排序前缀
    prefix.sort()
    # 根据分组前缀构建子分组
    for prefix_i in prefix:
        son_group = []
        for it in now_group:
            if it[:ind+1] == prefix_i:
                son_group.append(it)
        all_gourp.append(son_group)
    # 获取首批分组
    if ind == 0:
        # 使用 list 函数直接复制列表
        first_g_w = list(prefix)
        # 使用列表生成式生成列表，使用数字占位，用于后续补充元素时的定位，避免错误
        aux = [[i] for i in range(len(first_g_w))]
        # 打印初始的字符数组
        print(f'ind == 0: {first_g_w = }')
        # 获取辅助数组 aux
        for it_g in all_gourp:
            for it in it_g:
                if len(it) == 1:
                    aux[first_g_w.index(it)] = [it]
    # 当 ind 大于 0 时，根据前分组与当前分组的对比，获取已经排好的元素
    if ind > 0:
        for it_g in last_all_gourp:
            if len(it_g)==1 and it_g not in all_gourp:
                g_ind = first_g_w.index(it_g[0][0])
                aux[g_ind].append(it_g[0])
```

```
        # 将当期分组赋值给上一个分组
        last_all_gourp = all_gourp
        # 设置 while 循环的终止条件
        ind += 1
        if now_group == []:
            break
    # 设置最终的排序数组
    result = []
    # 循环去掉占位的数字元素
    for it_g in aux:
        for it in it_g:
            if isinstance(it, str):
                result.append(it)
    # 输出最终的排序数组
    print(f'\n{result = }')


# 测试
array = ['a', 'as', 'in', 'ant', 'east', 'it', 'bit', 'cat', 'b', 'do',
'ease', 'can', 'ios']
msd_sort(array)
```

4.4.5　三向字符串快速排序

与 MSD 高位优先排序算法类似，三向字符串快速排序也是一种经典的分组排序算法。

三向字符串快速排序算法的核心就是通过选定一个分割排序字符，将待排序字符串数组内的元素划分为 3 组：一组是排序字符前面的字符串，一组是排序字符后面的字符串，一组是排序字符中间的字符串。

注意，上面说的排序字符前面的字符串是指这些字符串索引的 ASCII 码小于分割排序字符的 ASCII 码；排序字符后面的字符串是指这些字符串索引的 ASCII 码大于分割排序字符的 ASCII 码；排序字符中间的字符串是指这些字符串索引的 ASCII 码等于分割排序字符的 ASCII 码。

将当前分组内的所有元素划分为 3 组，然后对得到的子分组继续进行分组，直到分组全部结束，不再有新的分组。

在分组过程中，不断选择的新的分组分割字符串其实相当于定位符，将所有定位符字符串附近的字符串都排序完成后，整个数组即完成排序。

下面结合具体实例对三向字符串快速排序算法的原理与实施过程进行介绍。

如图 4.88 所示，原待排序字符串数组 array=[do, b, in, ant, a, east, as, cat, ease, bit, it, does, ios, can]。首先需要选取一个字符串作为分割字符串。一般选择当前分组的第一个字符串作为分割字符串。

因此这里选择第一个字符串 do 作为分割字符串，排序索引为 i=0。通过排序索引 i=0，即可将原数组分为 3 组。

pf_str 表示排序在字符串 str 前面的分组，pm_str 表示中间的分组，pb_str 表示排序在 str 后面的分组。

于是原数组通过三向分组后，得到 pf_do、pm_do 和 pb_do 这 3 个分组。

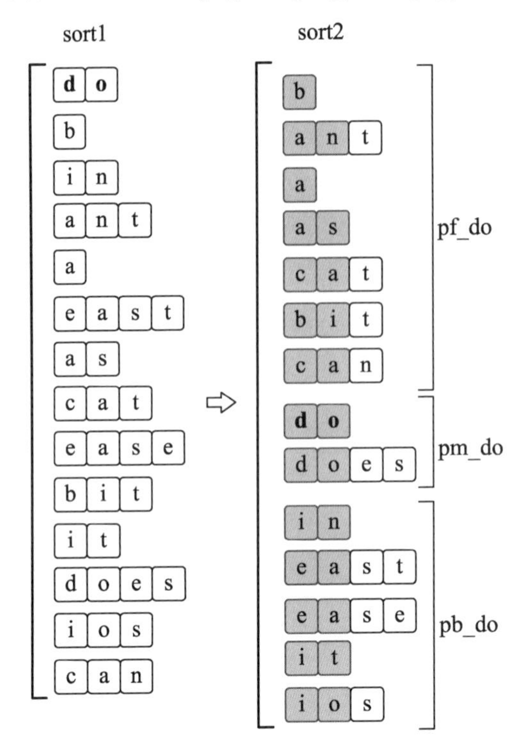

图 4.88　三向字符快速排序实施原理 1

对当前数组分组时，子分组元素的插入顺序应该与之前的分组保持一致。例如，在原分组中，ant 排在 b 的后面，在索引子分组 pf_do 中也应该保持一致。

如图 4.89 所示，经过 sort2 的分组后，原 pf_do 分组将以第一个字符串 b 为分割字符串，按照三向分割原理分成三个子分组：pf_b、pm_b 和 pb_b。其中，bit 与 b 在首个字母分组上相同，因此被划分为 pm_b 分组。

原 pm_do 分组将以第一个字符串 do 为分割字符串，按照三向分割原理分成两个子分组：pm_do 和 pb_do。

原 pb_do 分组将以第一个字符串 in 为分割字符串，按照三向分割原理分成三个子分组：pf_in、pm_in 和 pb_in。

如图 4.90 所示，经过 sort3 的分组后，原 pf_b 分组将以第一个字符串 ant 为分割字符串，按照三向分割原理分成三个子分组：pf_ant、pm_ant 和 pb_ant。

原 pm_b 分组将以第一个字符串 b 为分割字符串，按照三向分割原理分成两个子分组：pm_b 和 pb_b。

原 pb_b 分组将以第一个字符串 cat 为分割字符串，按照三向分割原理分成两个子分组：pf_cat 和 pm_cat。

原 pm_do 分组与原 pb_do 分组由于分组长度为 1，即分组的元素个数为 1，因此无须再进行分组，当前此分组排序结束。

原 pf_in 分组将以第一个字符串 east 为分割字符串，按照三向分割原理分成两个子分组：pf_east 和 pm_east。

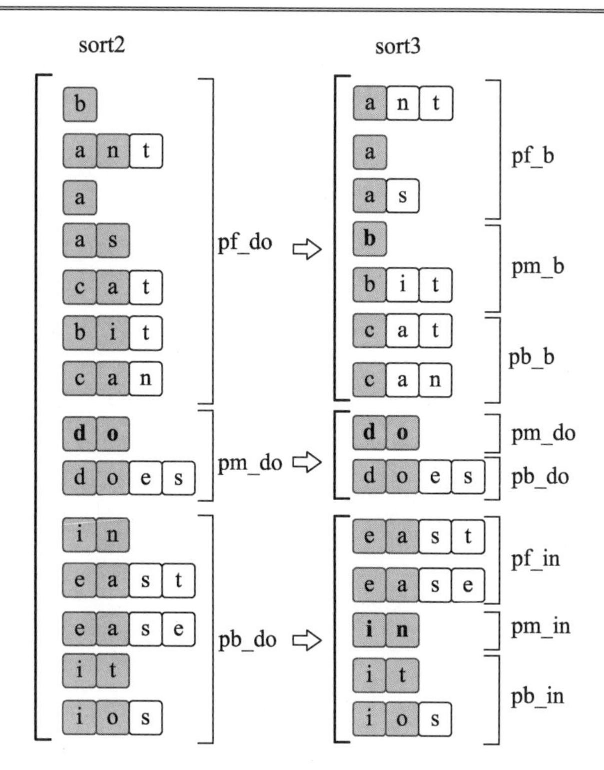

图 4.89　三向字符快速排序实施原理 2

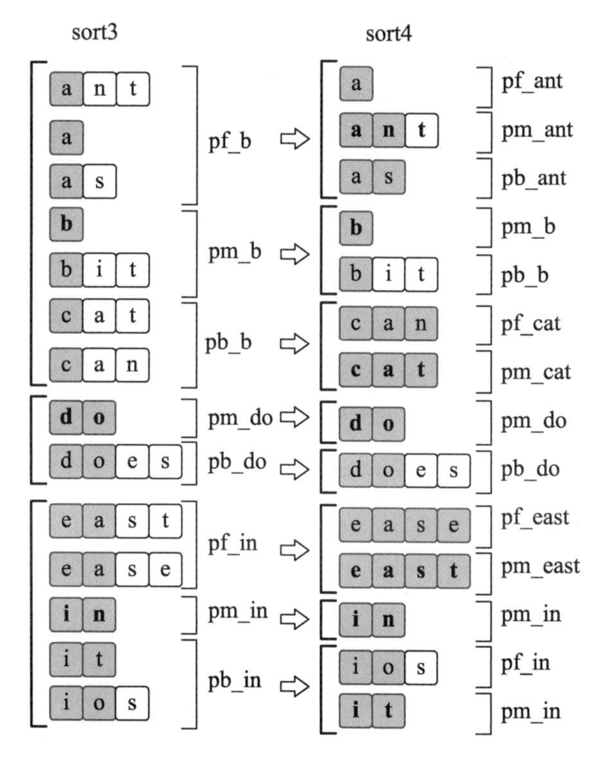

图 4.90　三向字符快速排序实施原理 3

原 pm_in 分组由于分组长度为 1，即分组的元素个数为 1，因此无须再进行分组，当前此分组排序结束。

原 pb_in 分组将以第一个字符串 ios 为分割字符串，按照三向分割原理分成两个子分组：pf_it 和 pm_it。

现在，分析 sort4 可知，sort4 中分个单词都成了独立的分组，即每个分组内的元素个数只有一个，原字符串数组分组排序完成。

综合上面分析可知，在三向字符串快速排序中，排序的优先级如下：

- 如果字符串在当前排序索引位置上不存在字符，即字符串较短以致于无法进行字符排序，则默认排在前面。
- 如果字符串在当前排序索引位置上存在字符，即字符串足够长可以进行字符排序，则使用字符排序。

下面结合上述实例，通过具体的代码介绍三向字符串快速排序的原理与实施过程。

代码实现：

```
# 判断字符串的先后顺序
def f_or_m_or_b(str1, str2):
    # 如果两字符串相等，则返回'='
    if str1 == str2:
        return '='
    else:
        # 预设字符串 1 大于字符串 2
        str_1_big_2 = True
        # 获取长字符串与短字符串
        if len(str1) >= len(str2):
            str_l = str1
            str_s = str2
        else:
            str_l = str2
            str_s = str1
            # 获取字符串 1 与字符串 2 的真实情况
            str_1_big_2 = False
        # 从短字符串开始进行遍历
        for c_i_1 in range(len(str_s)):
            # 判断对应位的字符大小
            if ord(str_s[c_i_1]) < ord(str_l[c_i_1]):
                if str_1_big_2: return '1>2'
                else: return '1<2'
            elif ord(str_s[c_i_1]) > ord(str_l[c_i_1]):
                if str_1_big_2: return '1<2'
                else: return '1>2'
            # 如果短字符串的所有字符都完成比较
            # 则说明短字符串包含在长字符串中
            elif c_i_1 == len(str_s)-1:
                if str_1_big_2: return '2in1'
                else: return '1in2'
```

```
# 获取三向分组
def group3(array):
    if array != []:
        # 获取待比较数组的第一个字符串
        firt_str = array[0]
        f_str = []
        m_str = []
        b_str = []
        # 对待排序字符串数组进行遍历
        for astr in array:
            # 使用比较函数获取两个字符串的比较结果
            the_f_or_m_or_b = f_or_m_or_b(firt_str, astr)
            if the_f_or_m_or_b == '1<2':
                b_str.append(astr)
            elif the_f_or_m_or_b == '1>2':
                f_str.append(astr)
            elif the_f_or_m_or_b in ['1in2', '=']:
                m_str.append(astr)
            elif the_f_or_m_or_b == '2in1':
                m_str = [astr] + m_str
        # 返回当前分组数组的三向排序分组
        return [f_str, m_str, b_str]
    else: return []


# 三向字符串快速排序算法排序
def divi3_sort(array):
    # 为待排序数组添加方括号使其成为元素
    big_a = [array]
    # 如果待排序的字符串数组的个数小于原数组的元素个数
    # 说明还没有排序完成，否则说明排序完成
    while len(big_a) < len(array):
        new_big_a = []
        # 遍历当前分组的元素
        for s_g in big_a:
            # 获取其三向分组
            g3 = group3(s_g)
            # 累加有效的排序结果
            if g3 != []: new_big_a += g3
        # 转录当前分组
        big_a = new_big_a
    # 设置用于存储结果数据的列表
    result = []
    # 遍历之前的处理结果，将非空列表的元素累加
    for str_g in big_a:
        if str_g != []:
            result += str_g
    # 输出最终的处理结果
```

```
    print(f'\n{result = }')


# 测试
array = ['do', 'b', 'in', 'ant', 'a', 'east', 'as', 'cat', 'ease', 'bit',
'it', 'does', 'ios', 'can']
divi3_sort(array)
```

输出：

```
result = ['a', 'ant', 'as', 'b', 'bit', 'can', 'cat', 'do', 'does', 'ease',
'east', 'in', 'ios', 'it']
```

4.5 字符串压缩算法

本节主要介绍经典的字符串压缩算法的设计原理与实施步骤。字符串压缩算法的应用对象也是多个字符串。对于字符串的压缩处理也是字符串处理算法中的重要内容。本节将对多个常用的字符串压缩算法进行介绍。

4.5.1 字符串压缩的原理

对字符串压缩，实质上就是对使用字符串表示的数据信息进行压缩。因此字符串压缩，更多的是在表示层面上的压缩，而不是存在形式的直接压缩。例如，使用 0 表示"这是一个0"这个字符串，就是表示层面的压缩。

对字符串进行压缩，最直接的就是通过小数据量表达大数据量。

与字符串压缩对应的就是字符串解压。一种可行的字符串压缩算法应该是能够获取可逆结果的，也就是说一种可行的字符串压缩算法压缩的字符串应该是可以被解压缩的，即可以被解压的。

理想的字符串压缩是被压缩的数据量是有限的，并且存在大量重复的字符串或者存在有规律的字符串文本。

如果存在第一种情况，即存在大量重复的字符串，可以通过小数据编码大数据的思想进行压缩和解压。

如图 4.91 所示，如果待压缩的字符串文本只有[I, have, an, apple, a, car]这 6 个单词字符串，则可以通过更加简短的字符串来表示上述字符串。在图 4.91 中，用[1, 2, 3, 4, 5, 6]分别代表[I, have, an, apple, a, car]。

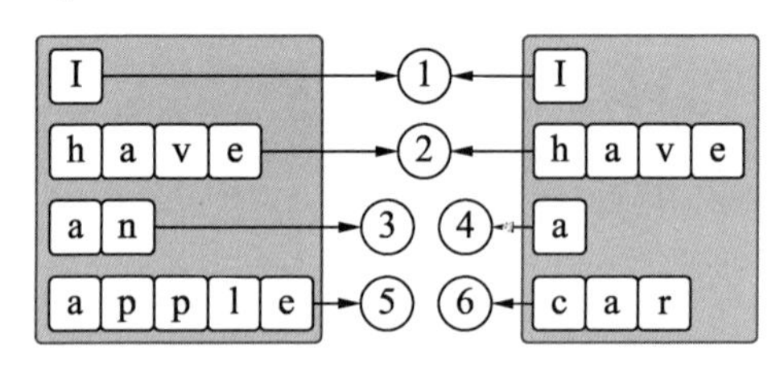

图 4.91　小数据编码大数据

上述用来代表长字符串的短字符串编码称为编码库。

如图 4.92 所示，使用上述编码库，将字符串"Ihaveacar"与字符串"Ihaveanapple"分别表示为"1246"与"1235"。

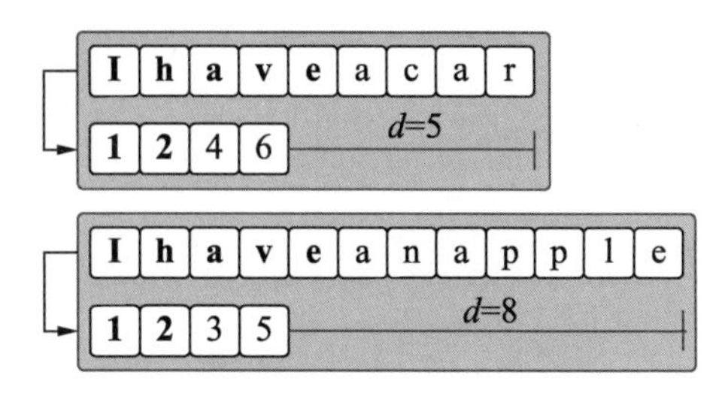

图 4.92　编码压缩字符串

如果使用字符个数表示字符串压缩距离的程度，通过上述编码库压缩，字符串"Ihaveacar"与字符串"Ihaveanapple"的压缩距离分别为 d=5 与 d=8，说明相同长度的压缩编码取得的压缩距离不一定相同。

通过上述分析可知，字符串"I"与字符串"have"可以合并成字符串"Ihave"，然后使用一个新的编码表示。

如图 4.93 所示，假设使用编码 7 表示，则字符串"Ihaveacar"与字符串"Ihaveanapple"可分别表示为"746"与"735"，对应的压缩距离分别变成 d=6 与 d=9，说明通过不同的编码形式，可以获得不同的压缩距离，即可以获得不同的压缩效率。

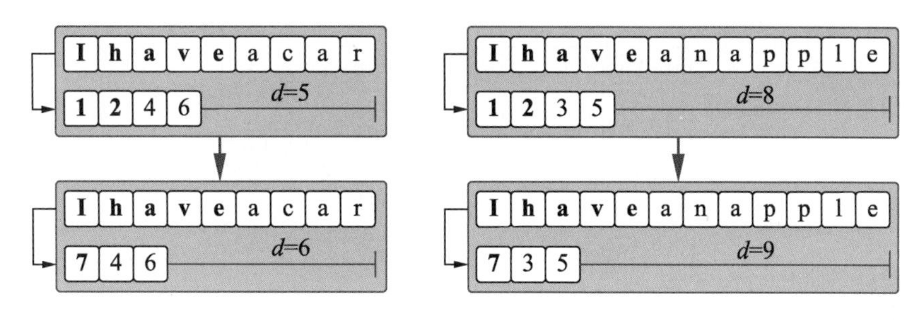

图 4.93　不同的压缩编码处理的结果

字符串文本需要进行压缩，一般是为了传输或者存储的目的。如果需要重新获取未压缩前的字符串文本信息，则需要进行解压。

通过编码压缩，可以表达比较短的字符串文本，这些经过编码压缩的字符串文本通常失去了字符串的直接表达含义，即失去了可读性。如果需要使用或者阅读，则需要进行反压缩处理，即解压处理。

现在需要对图 4.93 所示的压缩结果进行解压缩。解压过程很简单，即逐个读取压缩字符串的编码，然后按照前后顺序，逐个从编码库 library 中获取压缩编码对应的原字符串，然后将整个编码对应的字符串依次串联起来，就可以获取原字符串。

例如，压缩字符串“1235”解压后获得解压字符串"Ihaveanapple"，如图 4.94 所示。

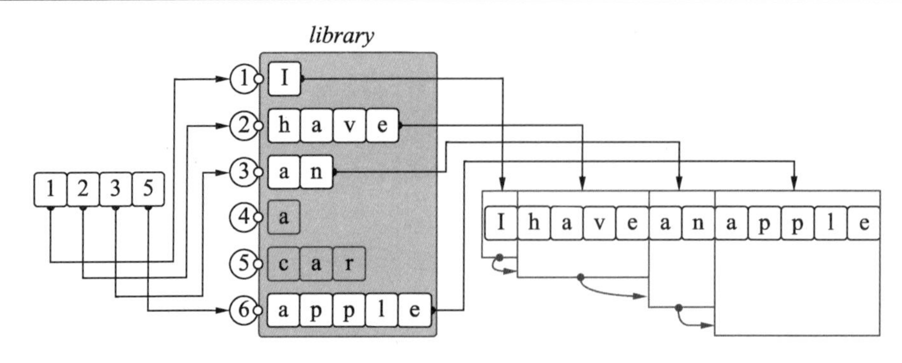

图 4.94　编码压缩后解码还原

第二种字符串压缩的理想情况就是存在有规律的字符串文本。这种情况很少见，但是压缩效率非常高。

在图 4.95 所示，左图中，未压缩文本为"aabbccddeeffgghhii"，其规律为小写字母 a 至 i 的双写，因此可以用[开头字母][结尾字母][重复个数]这个表达规律来表达，即 ai2。

在图 4.95 所示的右图中，未压缩文本为"aaaaaabbbbbbcccccc"，其规律为小写字母 c 的 n 次重复，可以表示为 cn，即上述字符串压缩表示为"a6b6c6"。

图 4.95 左图与右图所示的字符串压缩距离分别为 15 与 12。由此可见，有规律的字符串的压缩效率非常高效。

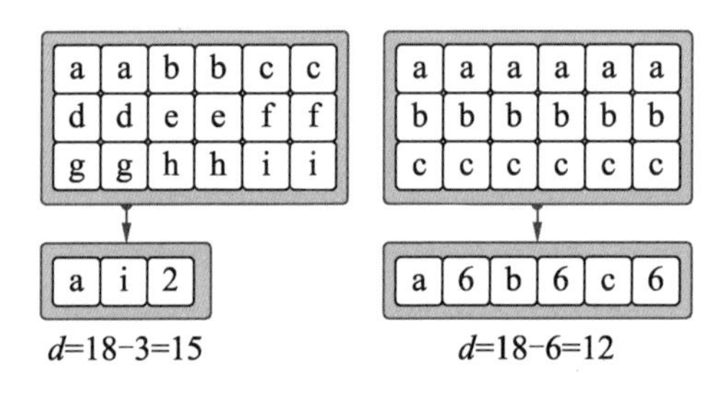

图 4.95　有规律的字符串压缩

4.5.2　有损压缩与无损压缩

对于信息数据的压缩方式一般可以分成两种，一种是有损压缩，另一种是无损压缩。

有损压缩指压缩过程会使原来的信息数据部分损失，即信息数据不能完全还原，不具有保真性。

无损压缩指压缩过程不会使得原来的信息数据发生损失，即信息数据能够完全还原，具有保真性。

为了追求保真性，无损压缩一般比有损压缩的效率低。经过有损压缩后，原有数据会发生变形，但是变形通常不影响使用。经过有损压缩后，数据的体积更小，更加易于存储与传输。

如果追求数据的保真性，则使用无损压缩。如果要追求数据的压缩效率，则使用有损压缩。

通常情况下，对细节要求比较高的数据如文本，建议使用无损压缩，而对传输速率和压缩大小要求比较高的数据如音频和视频，建议使用有损压缩。

由于字符串的文本细节十分重要，所以字符串压缩算法一般以无损压缩算法为主。

采用无损压综还是有损压缩，需要对压缩后的数据质量与大小进行均衡判断。

4.5.3　字典压缩算法

字典压缩算法是一种非常简单的字符串文本压缩算法，其核心就是构建转化字典，将较长字符串中的子串通过较短的编码来代替，从而实现压缩文本的目的。

字典压缩算法与前面介绍的大量重复字符串压缩的情形类似。其核心原理就是通过短字符串表示长字符串的转化编码。由于这种转化编码是一一对应的，所以可以通过字典来表示。

下面通过具体实例来进一步介绍字典压缩算法的设计原理与实施过程。

如图 4.96 所示，有原始字符串为"This is a graphic algorithm book. With the good book, you will be good at cs algorithm."。

T	h	i	s		i	s		a		g	r	a	p	h	i	c		a	l	g	o	r	i	t	h	i	m	
b	o	o	k	.	W	i	t	h		t	h	e		g	o	o	d		b	o	o	k	,	y	o	u		w
i	l	l		b	e		a		g	o	o	d		a	l	g	o	r	i	t	h	i	m		g	u	y	.

图 4.96　有规律的字符串压缩

然后统计字符串中各个单词的出现频率，如图 4.97 所示。

然后根据字符串中各个单词的出现频率，将出现次数大于 N 的单词进行入库编码。由于图 4.97 所示的单词次数在 1～2 之间，因此 N 设置为 1 或者 2 皆可。

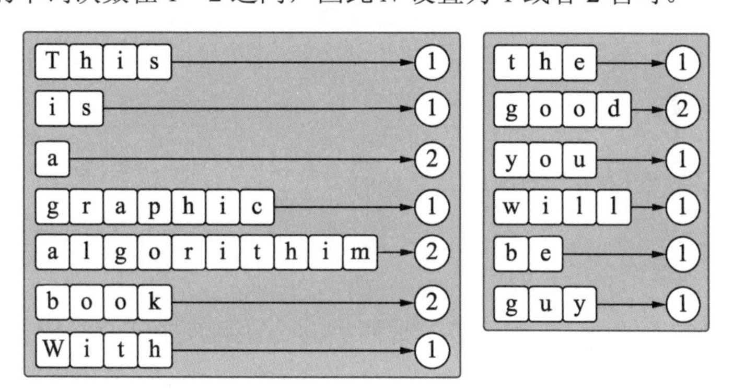

图 4.97　统计各个单词出现的次数

如图 4.98 所示，由于文本中的独立单词个数较少，不超过 26 个，所以使用小写字母顺序编码即可。编码时，单个的小写字母就充当了单词编码字典中的键，小写字母具体代表的字符串就是对应键的值，二者构成编码字典。

获取编码字典后，就可以对原字符串文本进行顺序编码了。首先是分词，即将字符串包含的单词分离提取，然后将分离出来的单词按照编码库的编码对应关系，逐个编译成对应的字符串，如图 4.100 所示。

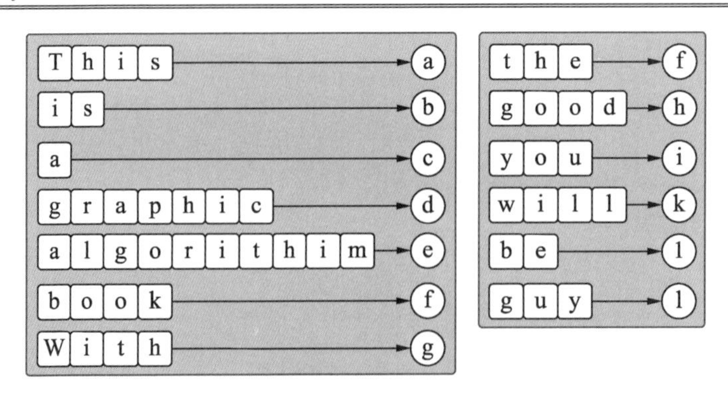

图 4.98　根据统计个数进行单词编码

通过如图 4.99 所示的编码，原字符串长度由 87 变为 34，压缩效率为 61%左右，压缩效果还是比较好的。

如果想将经过压缩后的文本字符串数据还原，就需要进行解压处理。压缩字符串解压时，先将压缩后的字符串进行分词，然后逐个词对应解码库进行解码。将解码后的字符串按照顺序串联，即可获得原字符串文本。

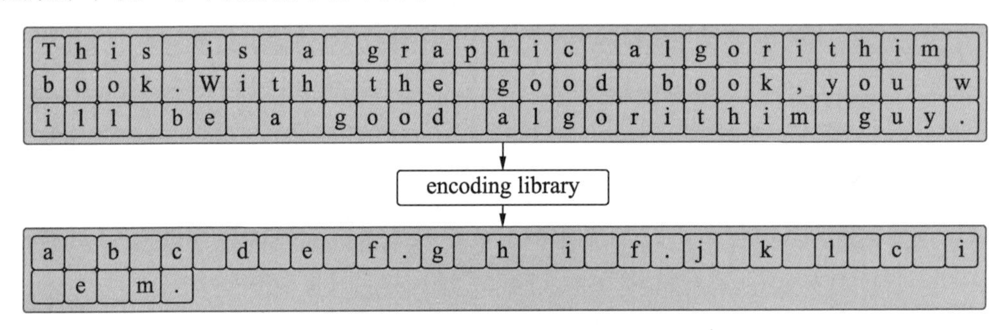

图 4.99　根据统计个数进行单词编码

通过分析图 4.99 所示的编码可知，除了带标点符号的字母，每一个编码字母后面都带有一个空格，因此图 4.99 所示的编码还可以继续压缩为如图 4.100 所示的字符串。

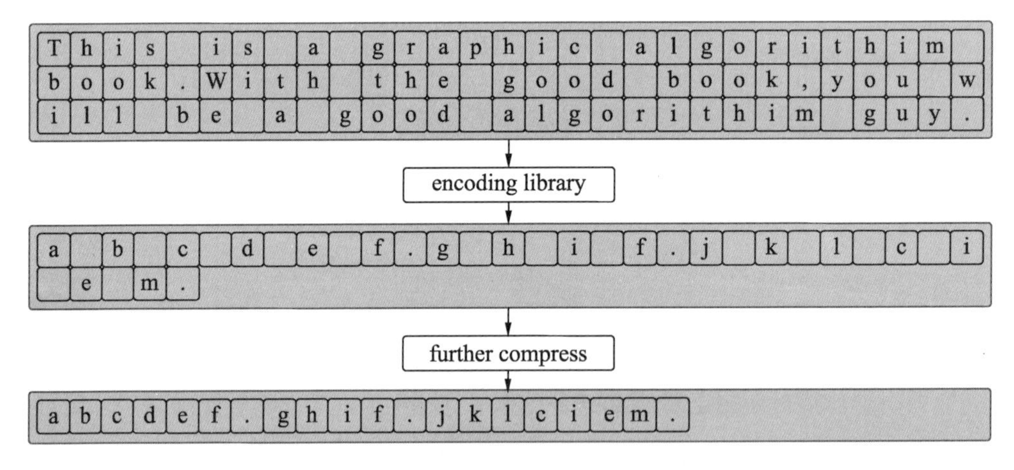

图 4.100　去除空格后的进一步编码压缩

如图 4.100 所示，原字符串的长度由 87 变为 20，压缩效率为 77%左右，压缩效果进一步提高。这说明通过不同的编码压缩方式，能够获取不同的压缩效果。

下面结合上述实例，通过具体代码详细介绍字符串字典压缩算法的设计原理与实施过程。

代码实现：

```
# 分词函数
def words(lstr):
    # 按照空格划分
    words_list = lstr.split("")
    # 复制原来带有逗号和句号的分割数组
    ori_word_list = list(words_list)
    # 遍历分割数组，为包含分割符号的单词去掉逗号和句号
    for word_i in range(len(words_list)):
        word = words_list[word_i]
        if "," in word or "." in word:
            words_list[word_i] = word[:-1]
    # 返回处理后的分割单词数组与原来的未处理的分割单词数组
    return words_list, ori_word_list


# 统计单词出现的频率
def words_frequency(words_list):
    # 设置保存频率字典
    words_fre = {}
    # 遍历单词数组，统计相同单词出现的个数
    for word1 in words_list:
        if word1 not in words_fre:
            word_count = 0
            for word2 in words_list:
                if word1 == word2:
                    word_count += 1
            # 使用字典更新统计值
            words_fre[word1] = word_count
    return words_fre


# 根据单词频率构建编码字典
# 单词频率不小于 n 的都加入编码字典
def codedict(words_fre, n):
    # 定义需要加入编码字典的单词收集待考虑列表
    add_word = []
    # 遍历单词频率字典
    for word_f in words_fre:
        # 将出现次数不少于 n 的单词加入待考虑列表
        if words_fre[word_f] >= n:
            add_word.append(word_f)
    # 定义单词频率收集字典
    code_d = {}
```

```
    for word_i in range(len(add_word)):
        # 使用字符 a 开始的 ASCII 码顺序依次编码
        code_d[add_word[word_i]] = chr(ord('a')+word_i)
    return code_d


# 根据编码字典编码压缩字符串
def compress_str(ori_word_list, code_d, n):
    # 初始化编码字符串
    encode_str = ''
    for sstr in ori_word_list:
        # 处理带有分割符“,”逗号的单词
        if "," in sstr:
            en_sstr = code_d[sstr[:-1]]+","
        # 处理带有分割符“.”句号的单词
        elif "." in sstr:
            en_sstr = code_d[sstr[:-1]]+"."
        else:
            en_sstr = code_d[sstr]
        encode_str += en_sstr
    return encode_str


# 根据编码字典编码解压字符串
def decompress_str(comprestr, code_d):
    # 初始化解码字典
    decompress_d = {}
    # 遍历编码字典，生成解码字典
    for word in code_d:
        decompress_d[code_d[word]] = word
    # 初始化解码字符串
    decompress_str = ''
    # 逐个字符遍历压缩字符串
    for c in comprestr:
        # 处理不带分割符字符的解压
        if c not in [",", "."]:
            decompress_str += decompress_d[c] + ' '
        # 处理带分割符字符的解压
        else:
            decompress_str = decompress_str[:-1] + c + ' '
    # 返回去掉末尾空格的解码字符串
    return decompress_str[:-1]


# 测试
# 原字符串
lstr = 'This is a graphic algorithm book. With the good book, you will be
good at cs algorithm.'
```

```
# 统计个数，将不少于 n 次出现个数的单词加入编码与解码
n = 1
# 获取处理与未处理分词列表
words_list, ori_word_list = words(lstr)
# 获取单词频率字典
words_fre = words_frequency(words_list)
# 获取单词编码字典
code_d = codedict(words_fre, n)
# 获取编码压缩字符串
comprestr = compress_str(ori_word_list, code_d, n)
# 获取解码解压字符串
decomprestr = decompress_str(comprestr, code_d)

print(f'原字符串为：{lstr = }')
print(f'压缩字符串为：{comprestr = }')
print(f'解压字符串为：{decomprestr = }')
```

输出：

```
原字符串为：lstr = 'This is a graphic algorithm book. With the good book, you
will be good at cs algorithm.'
压缩字符串为：comprestr = 'abcdef.ghif,jklimne.'
解压字符串为：decomprestr = 'This is a graphic algorithm book. With the good
book, you will be good at cs algorithm.'
```

4.5.4　哈夫曼压缩算法

哈夫曼压缩算法是一种利用哈夫曼树进行编码解码的压缩与解压算法。哈夫曼压缩算法的核心就是哈夫曼树。哈夫曼树是一种最优二叉树，即树节点的权重长度和达到最小的二叉树。

哈夫曼树是由哈夫曼于 1952 年提出的。

在介绍哈夫曼压缩算法这一经典算法的优点与特性之前，首先来了解另一个基础的压缩算法，即固定位长算法。

由于字符串在计算机中是以二进制形式表现的，所以处理的核心就是将普通字符串转换为以二进制表达的字符串后进行压缩处理。

由于字符串是由多个字符构成的，将字符串转为二进制字符串，可以将字符串中的每个字符表达成二进制字符串后再串联起来，形成最终的二进制字符串。

举个例子，现在有字符串"This is a book."。如果使用固定位长算法计算机整个字符串互异的字符个数，易得，在"This is a book."中，互异字符有"T"、"h"、"i"、"s"、" "、"a"、"b"、"o"、"k"、"."共 10 个，因此需要使用 int($\log_2(10)$)+1=4 位来表示。

如果待编码字符串互异字符个数为 N，则在固定位长压缩算法中，需要使用的编码位数为：

$$l = \text{int}(\log_2 N + 1)$$

在上式中，int 表示向下取整。

使用固定位长压缩算法编码字符串"This is a book."，如图 4.101 所示编码时，对应原字符串中的互异字符，对每个字符从二进制 0 开始编码。注意，标点符号与空格也视为一个独立的字符。

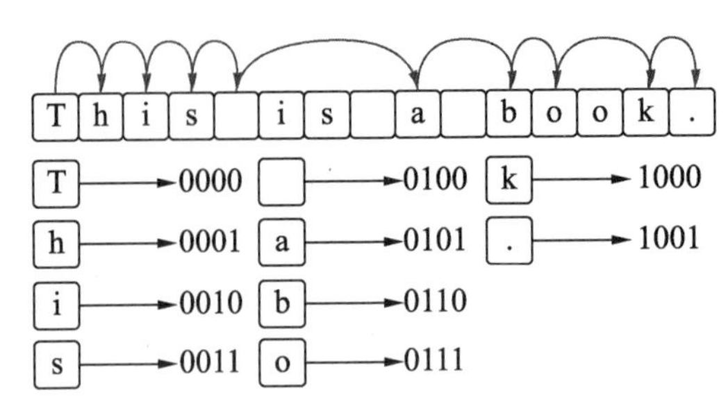

图 4.101　固定位长算法编码

通过如图 4.101 所示的编码表，对原字符串进行编码的二进制字符串为"00000001001000110100001000110100010101000110 011110001001"，如图 4.102 所示。

通过分析可知，经过固定位长算法编码字符串后得到的二进制字符串长度为 L1=15×4=60。

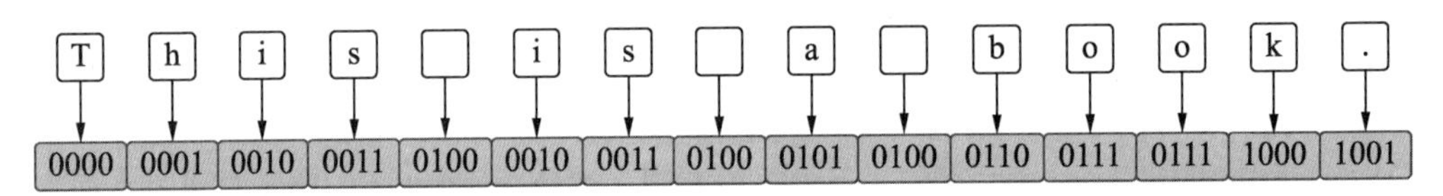

图 4.102　固定位长算法编码字符串

通过统计原字符串 ostr="This is a book."的互异字符的出现频率可知，不同的互异字符出现的频率不一定相同。例如空格" "字符出现过 3 次，字符"o"与字符"i"和"s"都出现过 2 次，而字符"k"只出现过 1 次。

在固定位长算法中，对于出现频率不同的互异字符的编码都是使用相同长度的（即 4 位）二进制字符串来表示的。如果可以使用不固定的二进制数来表示字符串，将出现频率高的字符用短的二进制数来表示，显然可以节省大量二进制表达数。

如图 4.103 所示为原字符串 ostr 中各个互异字符的出现频率。

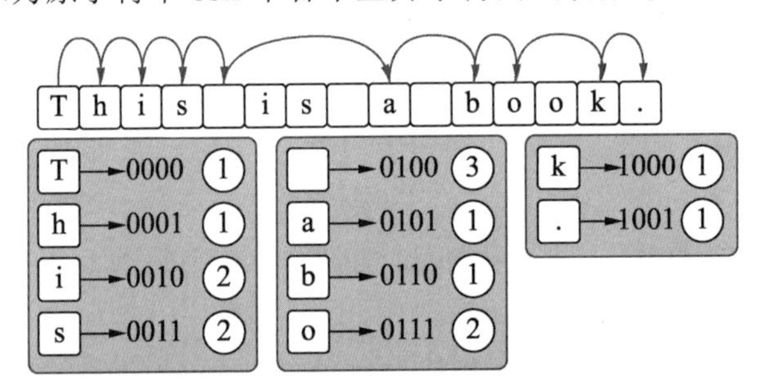

图 4.103　获取互异字符的出现频率

在获取了字符串中各个互异字符的出现频率后，可以按照字符出现的频率对个互异字符进行二进制编码，编码规则是出现频率越高，二进制字符串越短。

如图 4.104 所示为原字符串 ostr 的互异字符二进制编码。可以看出，出现频率最高的字符" "（空格）的二进制编码最短，符合前面所讲的字符的二进制编码规则。

在编码互异字符时应该考虑到，互异字符对应的二进制字符串也必须是互异的，并且互异字符的二进制数不能存在前缀包含的关系。

也就是说，字符 A 的二进制数不能成为其他字符的二进制数的开始部分，否则将出现译码时双重或多重结果的冲突。

上述就是哈夫曼压缩算法的原理。从上述内容可知，哈夫曼压缩算法的结果可以多样，因此哈夫曼压缩算法更像一种方法。

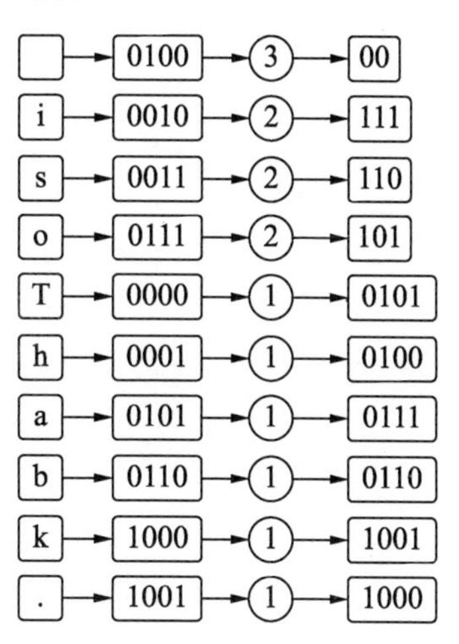

图 4.104　互异字符的二进制编码

在图 4.104 中，按照列数从左到右的顺序，每列依次表示原字符、固定位长算法的二进制数、字符出现频率、哈夫曼编码的二进制数。

通过分析可知，哈夫曼编码的二进制数不是唯一的，但需要满足 3 个条件：

- 出现频率越高的字符对应的二进制数的长度越短。
- 各个互异字符对应的二进制数的都不是其他二进制数的前缀。
- 互异字符对应的二进制数的也是互异的。

很明显，在上述实例中，关键是找到一种方法，以便通过这种方法快速找到各个互异字符对应的符合设定条件的二进制数。

为了解决上述问题，哈夫曼提出了一种构建最优二叉树的方法，即哈夫曼树。通过哈夫曼树，可以快速生成需要的二进制数。

通过字符串的互异字符的频率集合，可以构建哈夫曼树，具体可以分为 3 步：

（1）对频率集合排序，从中选择频率最小的两种字符频率作为节点，频率较小的作为左节点，赋权重为 0；频率较大的作为右边节点，赋权重为 1。如果两个节点的频率相同，则将包含字符分支多的节点作为右节点，也可以作为左节点，但是需要在整个流程中该分配方式保持不变，即在整个操作中左右分支分配原则保持不变。

（2）将两个节点合并为新的分支节点，并加入新增节点集合，然后将两个节点从原字符频率集合中删除。新增节点集合与原字符频率集合共同参与新一轮的频率排序与筛选。

（3）重复第（1）至（2）步，直至所有合并的新分支节点与原始节点都被加入二叉树，则完成哈夫曼二叉树的构建。

注意，由于不能出现前缀重合，所以哈夫曼二叉树的字符不能出现在分支节点中。另外，具有相同频率的字符可以互换位置，互换位置后，对应的二进制数也会互换。

出现频率相同的互异字符进行哈夫曼树内的位置互换，不会影响整个哈夫曼二叉树的运作，因为互异字符所在的位置对应的二进制数也是互异的，仍然满足字符节点不为其他前缀且互异的原则。

在哈夫曼树中，为了避免字符的二进制数成为其他字符的前缀，规定任意字符的频率节点只能是叶子节点，不能是分支节点。

下面结合上述实例，具体讲解哈夫曼树的构建过程。

首先将原字符串的互异字符按照出现频率进行排序。

如图 4.105 所示，在字符频率集合中，取频率最小的两个字符作为叶子节点，频率相加后合并为新的分支节点。由于此时在字符频率集合中，字符 h、T、b、a、.、k 对应的频率都是 1，即频率相等，所以任取两个字符作为叶子节点即可。这里取的是字符 h 与 T，两者合并频率为 2。

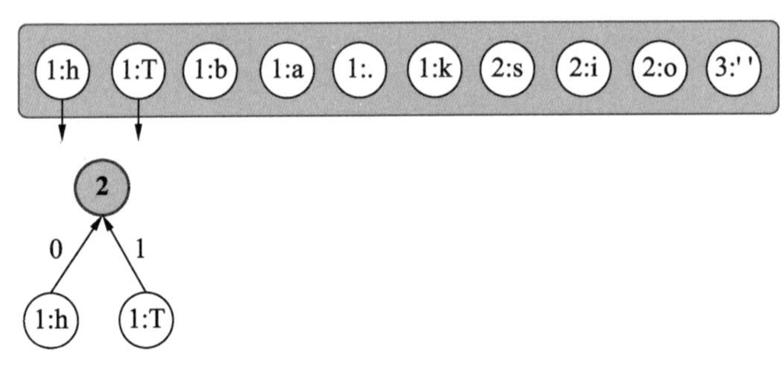

图 4.105　哈夫曼树的构建 1

如图 4.106 所示，在上面的矩形框中，左边包含圆角矩形元素的框称为合并节点框，右边包含圆形元素的框称为原始节点框。

在图 4.106 中，合并节点框中已经有新增的分支节点[2:hT]。

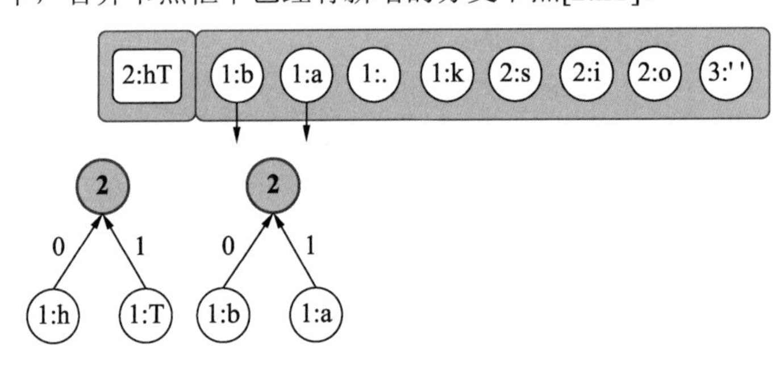

图 4.106　哈夫曼树的构建 2

注意，合并节点框中的元素都是分支节点。这里的 2 表示相加权重为 2，冒号右边的 h 和 T 代表该节点由子节点 h 与 T 构成。先 h 再到 T，表示 h 在 T 的左边，也就是分布顺序。

当前节点框由合并节点框与原始节点框合并而成。

同理，在当前节点框中，选取权重最小的两个节点，这里任选节点[1:b]与[1:a]，由两者合并变成合并节点[2:ba]，并将其加入合并节点框中，然后将参与合并的原始节点[1:b]

与[1:a]从原始节点框中删除。经过上述步骤后，树结构如图 4.107 所示。

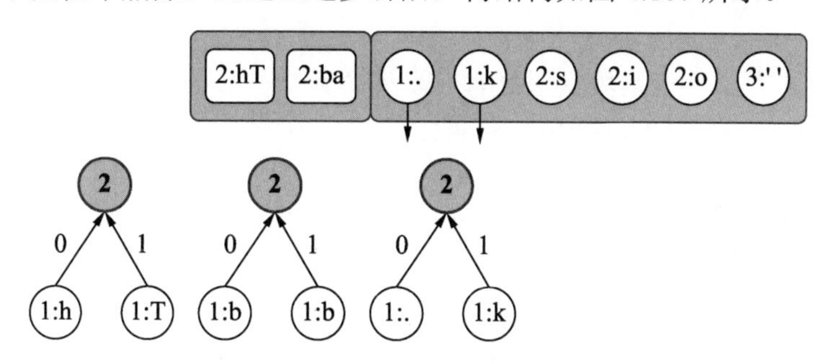

图 4.107　哈夫曼树的构建 3

此时的合并节点框有 2 个元素，即[2:hT]和[2:ba]，而原始节点框只剩下 6 个元素。

同理，在当前节点框中，选取权重最小的两个节点，这里任选节点[1:.]与[1:k]，由两者合并变成合并节点[2:.k]，并将其加入合并节点框中，然后将参与合并的原始节点[1:.]与[1:k]从原始节点框中删除。经过上述步骤后，树结构如图 4.108 所示。

此时的原始节点框有两个原始字符元素：[2:s]和[2:i]。注意，其实此时合并节点框中也有 3 个权值为 2 的合并节点，此时不用是了为了遵循节点选用原则。此处采用的节点选用原则是先使用原始节点进行合并，合并完同级的原始节点后，再合并同级的合并节点。

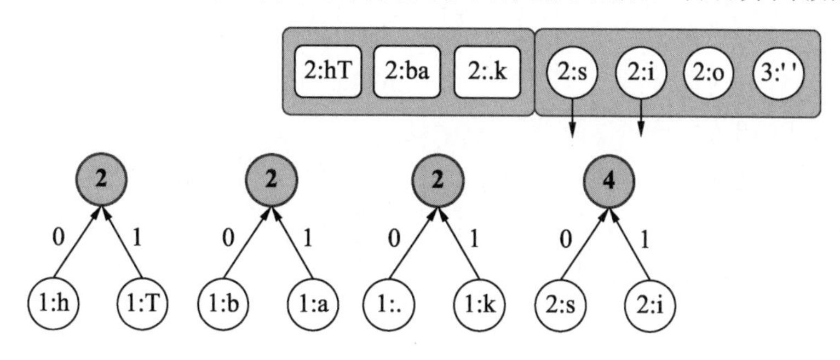

图 4.108　哈夫曼树的构建 4

同理，在当前节点框中，选取权重最小的两个节点，这里任选节点[2:s]与[2:i]，由两者合并变成合并节点[4:si]，并将其加入合并节点框中，然后将参与合并的原始节点[2:s]与[2:i]从原始节点框中删除。经过上述步骤后，树结构如图 4.109 所示。

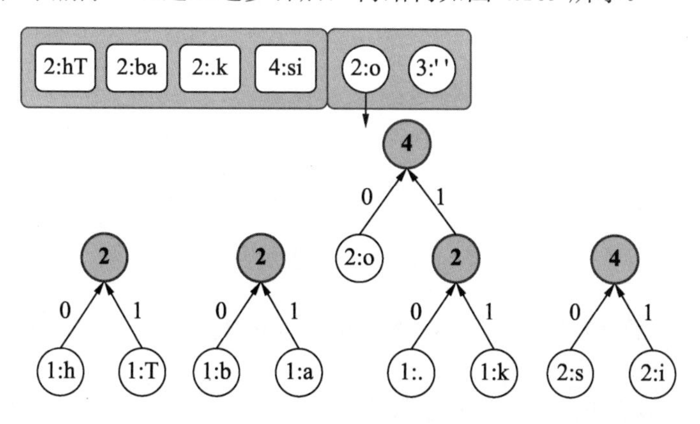

图 4.109　哈夫曼树的构建 5

此时的合并节点框有 4 个元素，分别是[2:hT]、[2:ba]、[2:.k]和[4:si]，而原始节点框只剩下 2 个元素。

同理，在当前节点框中，选取权重最小的两个节点，这里任选节点[2:o]与[2:.k]，此时由于原始节点框中不存在符合权值最小的两个节点，所以不足的节点转到合并节点框中。例如，任选一个同权值的节点[2:.k]，由两者合并变成合并节点[4:o.k]，并将其加入合并节点框中，然后将参与合并的原始节点[2:o]与[2:.k]分别从原始节点框与合并节点框中删除。经上述步骤后，树结构如图 4.110 所示。

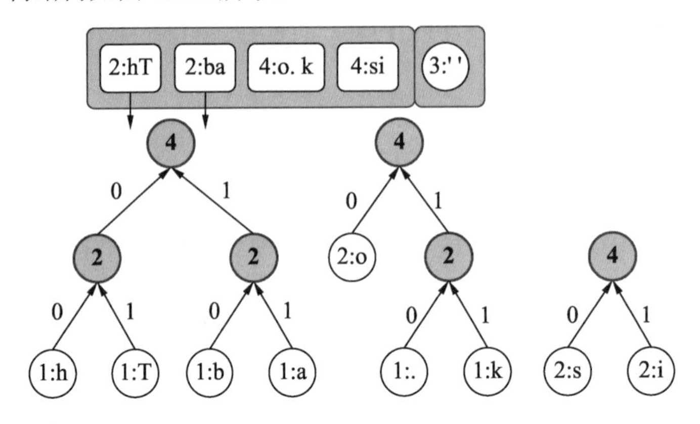

图 4.110　哈夫曼树的构建 6

此时的合并节点框有 4 个元素，分别是[2:hT]、[2:ba]、[4:o.k]和[4:si]，而原始节点框只剩下 1 个元素[3:' ']。

同理，在当前节点框中，选取权重最小的两个节点，由于原始节点框不存在满足条件的节点，这里只能在合并节点框中选当前最小权值皆为 2 的合并节点[2:ht]与[2:ba]。

由两者合并变成合并节点[4:htba]，并将其加入合并节点框中，然后将参与合并的合并节点[2:ht]与[2:ba]分别从合并节点框中删除。经上述步骤后，树结构如图 4.111 所示。

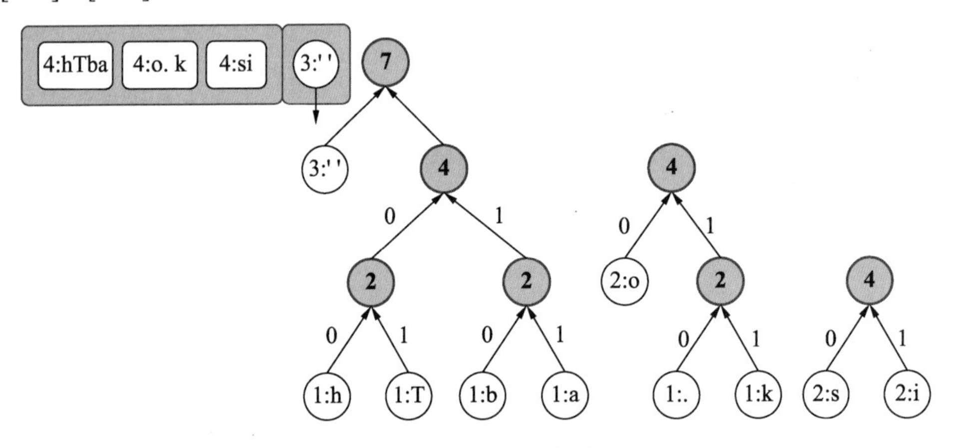

图 4.111　哈夫曼树的构建 7

此时的合并节点框有 2 个元素，即[4:htba]，[4:o.k]，[4:si]，而原始节点框只剩下 1 个元素[3:' ']。

同理，在当前节点框中，选取权重最小的两个节点，原始节点框存在最小权重为 3 的节点，因此节点[3:' ']被采用，另外还需要在合并节点框中选择一个次最小权值皆为 4 的合并节点，按照从左到右的顺序，选择[4:htba]。

由两者合并变成合并节点[4:htba]，并将其加入合并节点框中，然后将参与合并的合并节点[2:ht]与[2:.ba]分别从合并节点框中删除。经过上述步骤后，树结构如图 4.112 所示。

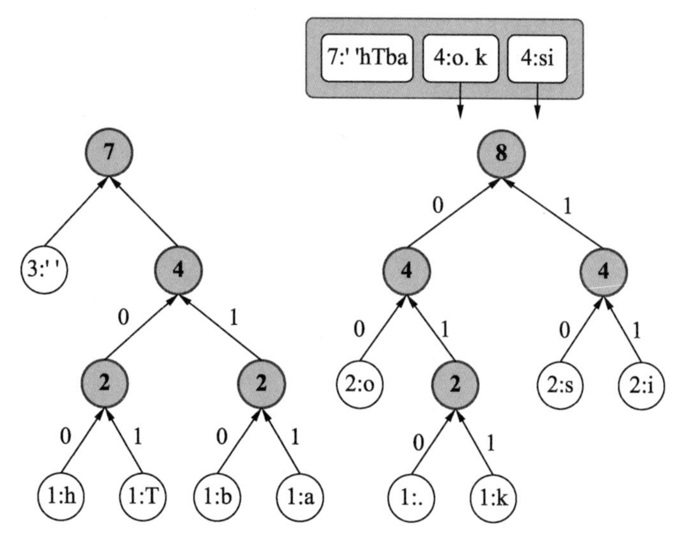

图 4.112　哈夫曼树的构建 8

此时的合并节点框有 3 个元素，分别是[7:' 'hTba]、[4:o.k]和[4:si]，而原始节点框已经没有元素了。

同理，在当前节点框中，在合并节点框中选择一个次小权值为 4 的合并节点，按照从左到右的顺序选择[4:o.k]与[4:si]。

由两者合并变成合并节点[8:o.ksi]，并将其加入合并节点框中，然后将参与合并的合并节点[4:o.k]与[4:si]分别从合并节点框中删除。经上述步骤后，树结构如图 4.113 所示。

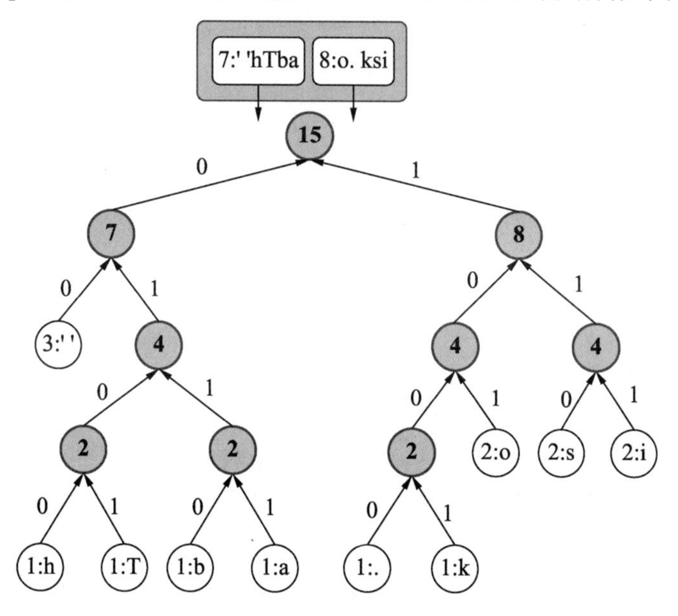

图 4.113　哈夫曼树的构建 9

此时的合并节点框有 2 个元素，分别是[7:' 'hTba]和[8:o.ksi]，而原始节点框中已经没有元素了。

同理，在合并节点框中选择两个最小权重的合并节点，按照从左到右的顺序，选择[7:' 'hTba]和[8:o.ksi]。

由两者合并变成合并节点[15: ' 'hTbao.ksi]，并将其加入合并节点框中，然后将参与合并的合并节点[7:' 'hTba]和[8:o.ksi]分别从合并节点框中删除。经过上述步骤后，树结构如图 4.114 所示。

此时的合并节点框只有 1 个元素，即[15:' 'hTbao.ksi]。原始节点框不包含元素。此时，哈夫曼树构建完成，根节点就是节点元素[15:' 'hTbao.ksi]。

然后为整个哈夫曼树添加路径值，将任意一个分支的左分支的路径值设为 0，右分支路径值设为 1。

至此，原字符串 ostr="This is a book."哈夫曼树的构建全部完成。

将分支节点绘制为灰色的圆，由此可知，所有的分支节点都不是独立的互异字符。所有的互异字符都分布在哈夫曼二叉树的叶子节点上。

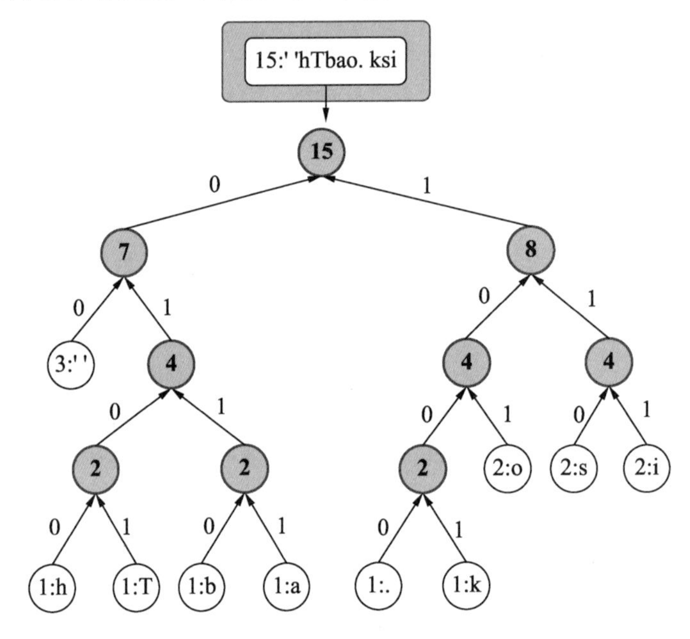

图 4.114　哈夫曼树的构建 10

需要注意的是，同一个字符串，其对应的哈夫曼树不是唯一的，但具有相同的特性，就是二叉树中带权重的路径长度之和最短。

下面结合上述实例，通过具体的代码详细介绍哈夫曼压缩算法的设计原理与实施步骤。

在本实例中，测试的原字符串为 ostr="This is a graphic algorithm book. With the good book, you will be good at cs algorithm."，最终输出的哈夫曼树结构如图 4.115 所示。读者可以换成其他字符串进行测试。

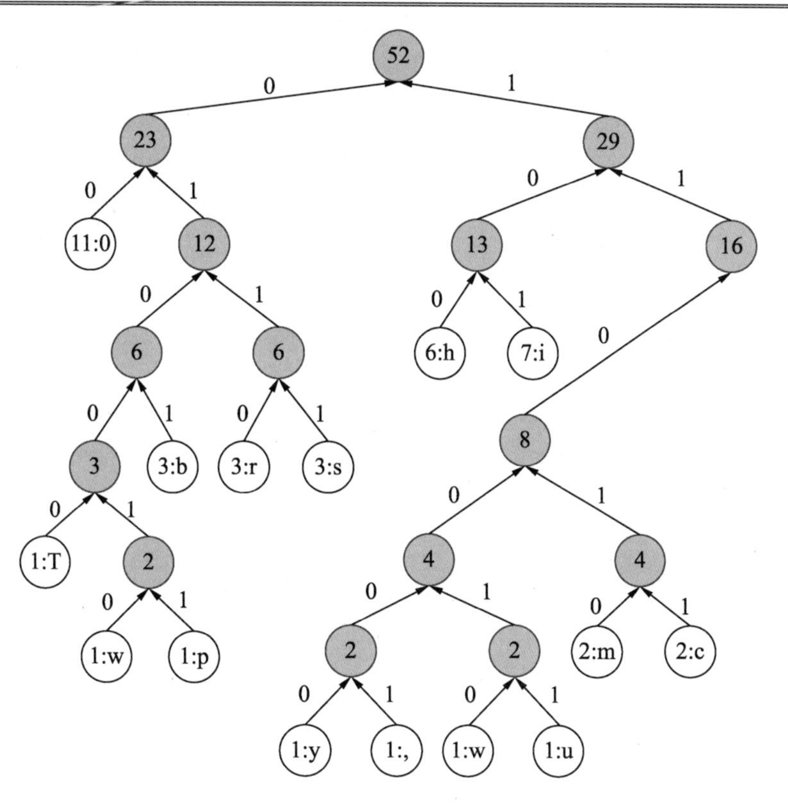

图 4.115　输出对应的哈夫曼树结构

代码实现：

```
# 获取当前频率最小的两个元素
def min2(cfre_array):
    # 获取第 1 个最小值
    min_1_it = min(cfre_array)
    # 设置收集与第 1 最小值相同的累加值的元素集合
    min_1_it_list = []
    i = 0
    # 遍历当前 cfre_array，获取 min_1_it_list
    for it in cfre_array:
        if it[0] == min_1_it[0]:
            min_1_it_list.append([len(it), i, it])
        i += 1
    re_min_1_it = max(min_1_it_list)
    i = re_min_1_it[1]
    # 更新当前的 cfre_array
    cfre_array = cfre_array[:i] + cfre_array[i+1:]

    # 获取第 2 个最小值
    min_2_it = min(cfre_array)
    # 设置收集与第 2 个最小值相同的累加值的元素集合
    min_2_it_list = []
```

```
    j = 0
    # 遍历当前的 cfre_array，获取 min_2_it_list
    for it in cfre_array:
        if it[0] == min_2_it[0]:
            min_2_it_list.append([len(it), j, it])
        j += 1
    re_min_2_it = max(min_2_it_list)
    j = re_min_2_it[1]
    # 更新当前的 cfre_array
    cfre_array = cfre_array[:j] + cfre_array[j+1:]
    # 处理后返回关键数据
    re_min_1_it = re_min_1_it[2]
    re_min_2_it = re_min_2_it[2]
    return re_min_1_it, re_min_2_it, cfre_array


# 构建哈夫曼树
def huffman_tree(cfre_array):
    # 所有节点集合，用于保存节点
    nodes = []
    # 用于预处理 cfre_array
    new_a = []
    for it in cfre_array:
        new_a.append(it+[0, 0])
    cfre_array = new_a
    # 循环处理，直到所有节点连接上
    while(len(cfre_array) > 1):
        # 获取第 1 个和第 2 个最小值与对应频率数组
        min_1, min_2, cfre_array = min2(cfre_array)
        # 获取 min_1 和 min_2 节点合并后的权值
        up_fre = min_1[0] + min_2[0]
        # 计算新的合并节点后的关键信息
        part1 = min_1[1:-2]
        part2 = min_2[1:-2]
        new_code = [up_fre] + part1 + part2 + [len(part1), len(part2)]
        # 添加收集的新节点
        nodes.append(new_code)
        # 使用新节点更新 cfre_array
        cfre_array.append(new_code)

    # 赋值 0/1 分支
    # 获取所有字符的集合
    clist = max(nodes)[1:-2]
    # 定义用于保存存在包含关系的字符集合
    all_c_in_g = []
    for c in clist:
```

```
        # 初始化用于存储当前节点的包含关系
        c_in_g = []
        # 遍历所有节点集合
        for nodes_g in nodes:
            # 如果节点集合包含当前字符 c
            if c in nodes_g:
                c_in_g.append(nodes_g)
        # 将当前字符包含的集合添加到总集合中
        all_c_in_g.append([c, c_in_g])
    # 设置哈夫曼树的收集集合
    hf_tree = []
    # 遍历字符包含的总集合
    for c_in_g in all_c_in_g:
        # 获取当前的字符
        c = c_in_g[0]
        # 获取包含关系集合
        in_g = c_in_g[1]
        # 初始化字符 c 的二进制数
        c_bin = ''
        # 遍历 in_g 进行判断，然后依次为 c_bin 添加 0 或 1
        for i in range(len(in_g)-1, -1, -1):
            # 获取当前字符的索引
            c_ind = in_g[i].index(c)
            # 判断索引关系，如果字符存在前半部分则加 0
            if c_ind <= in_g[i][-2]:
                c_bin += '0'
            # 否则即字符存在前半部分，则加 1
            else:
                c_bin += '1'
        hf_tree.append([c, c_bin])
    # 将哈夫曼列表转化为哈夫曼字典，便于编码和译码
    hf_tree_d = {}
    for node in hf_tree:
        hf_tree_d[node[0]] = node[1]
    return hf_tree_d


# 获取字符串对应的字符频率列表
def c_fre(lstr):
    # 初始化频率保存字典
    fre_d = {}
    # 初始化字符计数
    c_count = 0
    # 遍历 lstr
    for c in lstr:
        c_count += 1
```

```
        # 计算字符 c 的出现个数
        if c not in fre_d:
            c_fre = 0
            for cc in lstr:
                if cc == c:
                    c_fre+=1
            # 赋值频率字典
            fre_d[c] = c_fre
    # 将频率字典转化为频率列表
    cfre_array = []
    for c in fre_d:
        cfre_array.append([fre_d[c], c])
    return cfre_array


# 根据哈夫曼树对字符串文本进行编码
def hf_encode(ostr, hf_tree):
    encode_str = ''
    for c in ostr:
        encode_str += hf_tree[c]
    return encode_str


# 根据哈夫曼树对字符串文本进行解压
def hf_decode(codestr, hf_tree):
    # 根据编码字典构建解码字典
    decode_d = {}
    for c_code in hf_tree:
        decode_d[hf_tree[c_code]] = c_code
    # 初始解压字符串
    decode_str = ''
    # 逐个进行关键字解压
    # 初始化位移值
    i = 0
    while(len(codestr)>1):
        now_code = codestr[:i]
        if now_code in decode_d:
            # 累加解压后对应的字符
            decode_str += decode_d[now_code]
            codestr = codestr[i:]
            # 获取解压后，需要初始化位移值
            i = 0
        i += 1
    # 返回解压字符串
    return decode_str
```

```
# 测试
lstr = 'This is a graphic algorithm book. With the good book, you will be
good at cs algorithm.'

# 获取各个独立的字符频率
cfre_array = c_fre(lstr)
print(f'字符频率：{cfre_array = }')
# 获取哈夫曼树字典
hf_tree = huffman_tree(cfre_array)
print(f'\n 哈夫曼树字典：{hf_tree = }')
# 生成压缩编码字符串
encode_str = hf_encode(lstr, hf_tree)
print(f'\n 压缩编码字符串：{encode_str = }')
# 生成解压解码字符串
decode_str = hf_decode(encode_str, hf_tree)
print(f'\n 解压解码字符串：{decode_str = }')
```

输出：

```
# 字符频率：cfre_array = [[1, 'T'], [6, 'h'], [7, 'i'], [3, 's'], [16, ' '],
[5, 'a'], [5, 'g'], [3, 'r'], [1, 'p'], [2, 'c'], [4, 'l'], [11, 'o'],
[5, 't'], [2, 'm'], [3, 'b'], [2, 'k'], [2, '.'], [1, 'W'], [2, 'e'],
[2, 'd'], [1, ','], [1, 'y'], [1, 'u'], [1, 'w']]

哈夫曼树字典：hf_tree = {' ': '00', 'l': '0100', 't': '0101', 'g': '0110', 'a':
'0111', 'o': '100', 'T': '101000', 'W': '1010010', 'p': '1010011', 'b':
'10101', 'r': '10110', 's': '10111', 'h': '1100', 'i': '1101', 'y':
'1110000', ',': '1110001', 'w': '1110010', 'u': '1110011', 'm': '111010',
'c': '111011', '.': '111100', 'k': '111101', 'd': '111110', 'e': '111111'}

压缩编码字符串：encode_str = '10100011001101101110011011011100011100011010
11001111010011110011011110110001110100011010010110110101011100111010001
01011001001111011111000010100101101010111000001011100111111000110100100
11111000101011001001111011110001001110000100111001100111001011010100010
00010101111111000110100100111110000111010100111011101110001110100011010
010110110101011100111010111100'

解压解码字符串：decode_str = 'This is a graphic algorithm book. With the good
book, you will be good at cs algorithm.'
```

4.5.5　LZ77 压缩算法

LZ77 算法是由 Lempel 和 Ziv 于 1977 年提出的，因而以 L+Z+77=LZ77 命名。LZ77 算法是数据压缩算法中的经典算法，对现代的多种算法具有启发作用。

LZ77 也可以称为一种方法，这是因为该算法中的一些关键参数可以自定义，具有较大的灵活性。

简单地说，LZ77 的核心原理是：在一定区域内，利用字符串前面字符的特点来编码后面的相同字符，这样就可以通过特定的表达方式来描述后面的相同字符而不用重复表达，节省了字符串的存储空间。

LZ77 算法在实现时，使用一个特定的滑动窗口对待编码字符串从左到右地顺序编码。该滑动窗口由两部分构成，一个是搜索区 search，另一个是预读区 lookahead，如图 4.116 所示。

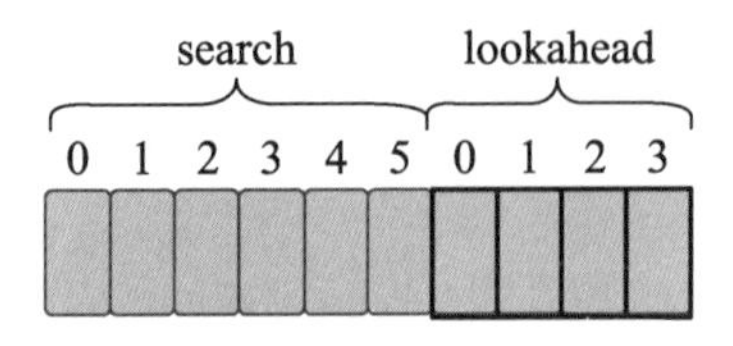

图 4.116　LZ77 算法的滑动窗口

其中，搜索区的长度为 6，预读区的长度为 4。

注意，搜索区 search 与预读区 lookahead 的长度是可以自定义的。预读区的长度越长，能够压缩的编码长度就越长，压缩效率就越大，不过执行速度就越慢。左边的搜索区长度越大，能够进行压缩编码的可能性就越大，同样，消耗的计算资源也越大。

下面使用具体实例，详细阐述 LZ77 算法的编码压缩的设计原理与实施过程。实例中使用的原字符串为 ostr ="abcaababcaceabcabcabc."。

如图 4.117 所示，新建滑动窗口，设置搜索区的长度为 6，预读区的长度为 4。开始时，将待编码字符串的首位字符放置于预读区的开头，即索引 il=0 处。

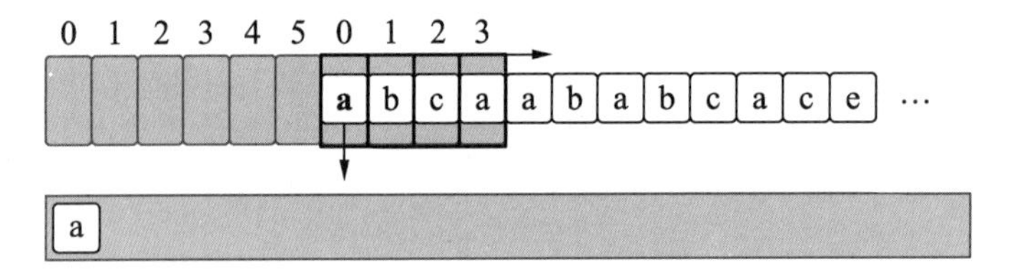

图 4.117　LZ77 算法编码实施过程 1

然后从预读区的索引 il=0 处开始逐个读取字符。首先读到的是位于索引 il=0 处的字符 a，该字符在搜索区不存在相同的索引，直接将该字符放置于编码区，即下方的矩形框内，即完成对该字符的编码。

如果预读区内的字符在搜索区内不存在，则滑动窗口往右边移动 1 位。

编码时，从预读区的索引 il=0 处开始读取字符，发现当前字符 b 在搜索区中不存在，因此直接将该字符 b 添加到编码区中，滑动窗口右移 1 位，如图 4.118 所示。

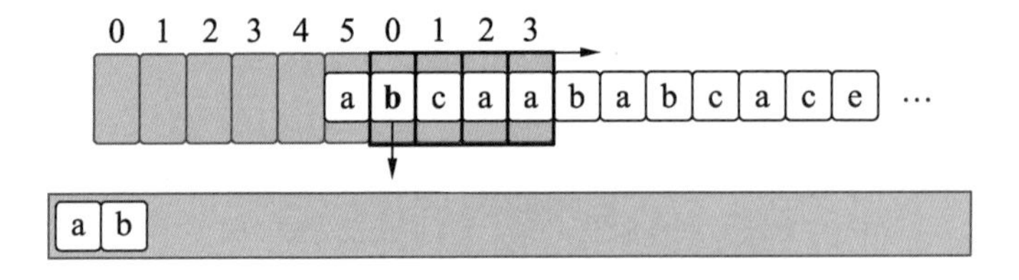

图 4.118　LZ77 算法编码实施过程 2

接着从预读区的索引 il=0 处开始读取字符，发现当前字符 c 在搜索区中也不存在，因此直接将该字符 c 添加到编码区，滑动窗口右移 1 位，如图 4.119 所示。

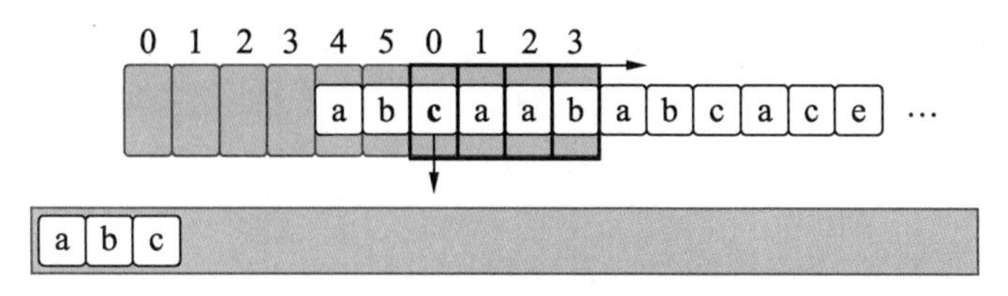

图 4.119　LZ77 算法编码实施过程 3

接着从预读区的索引 il=0 处开始读取字符，发现当前字符 a 在搜索区中也存在，继续读取预读区的字符，发现索引 il=1 处为 1，与搜索区中对应索引为 is=4 处的字符 b 不对应，则停止继续预读，如图 4.120 所示。

然后按照下面的公式，对上述情况进行编码：

(start_is,len_str,net_c)

在上式中，start_is 表示搜索区对应的子串的开始索引，len_str 表示预读区与搜索区对应的子串长度，net_c 表示预读区中对应子串的后一位字符。这种编码方式称为压缩括号编码方式。

这里的预读区与搜索区对应的子串是从预读区索引为 il=0 开始，预读区与搜索区都存在的最长子串。

例如，在图 4.120 中，预读区与搜索区对应的子串是 sstr="a"，分别在预读区与搜索区中加粗表示。子串 sstr 的长度为 l_sstr=1。预读区中对应子串 sstr 的下一位字符是 next_c=a，用灰色的圆角矩形表示。结合公式，编码区中应该添加的元素为(3,1,a)。

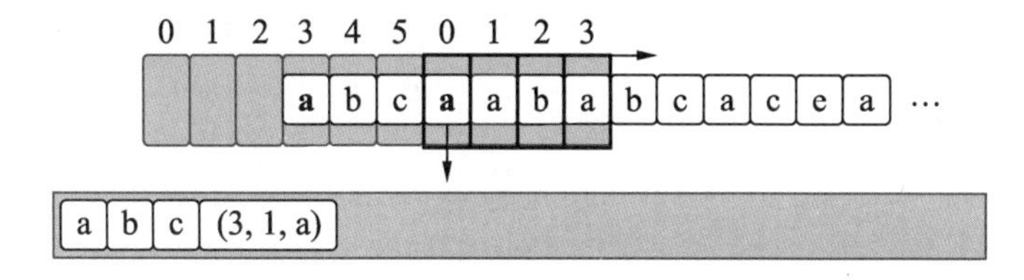

图 4.120　LZ77 算法编码实施过程 4

然后将滑动窗口向右滑动，使搜索区的最后一位包括子串 sstr 的下一位字符 next_c，即搜索区索引为 is=5 处包括下一位字符 next_c。

此时，预读区与搜索区对应的子串是 sstr="b"，分别在预读区与搜索区中加粗表示。子串 sstr 的长度为 l_sstr=1。预读区中对应子串 sstr 的下一位字符是 next_c=a，用灰色的圆角矩形表示。

结合公式，在编码区中应该添加的元素为(2,1,a)，如图 4.121 所示。

然后将滑动窗口向右滑动，使得搜索区的最后一位包括子串 sstr 的下一位字符 next_c，即搜索区索引为 is=5 处包括预读区索引为 il=1 的字符 a。

此时，预读区与搜索区对应的子串就是 sstr="bca"，分别在预读区与搜索区中加粗表示。子串 sstr 的长度为 l_sstr=3。预读区中对应子串 sstr 的下一位字符是 next_c=c，用灰色的圆角矩形表示。

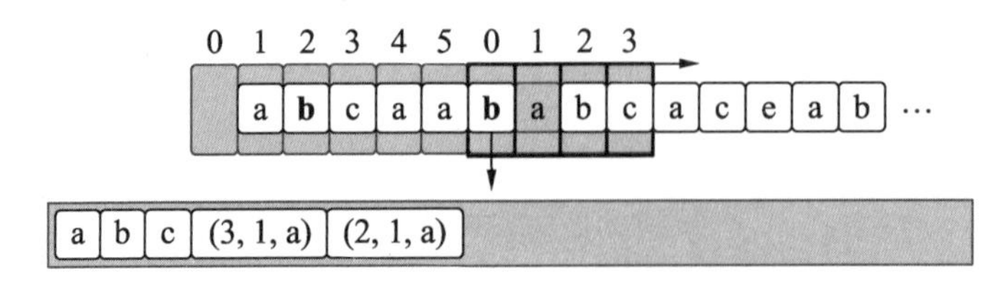

图 4.121　LZ77 算法编码实施过程 5

结合公式，编码区中应该添加的元素为(0,3,c)，如图 4.122 所示。

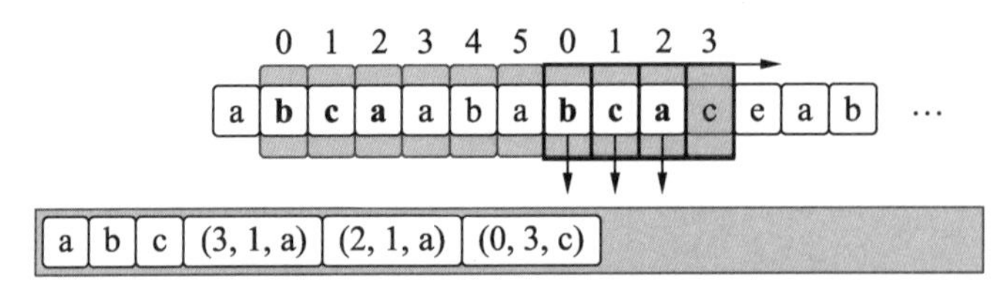

图 4.122　LZ77 算法编码实施过程 6

然后将滑动窗口向右滑动，使搜索区的最后一位包括子串 sstr 的下一位字符 next_c，即搜索区索引为 is=5 处包括下一位字符 next_c。

此时，继续从预读区的索引 il=0 处开始读取字符，发现当前字符 e 在搜索区中不存在，因此直接将该字符 e 添加到编码区中，滑动窗口右移 1 位，如图 4.123 所示。

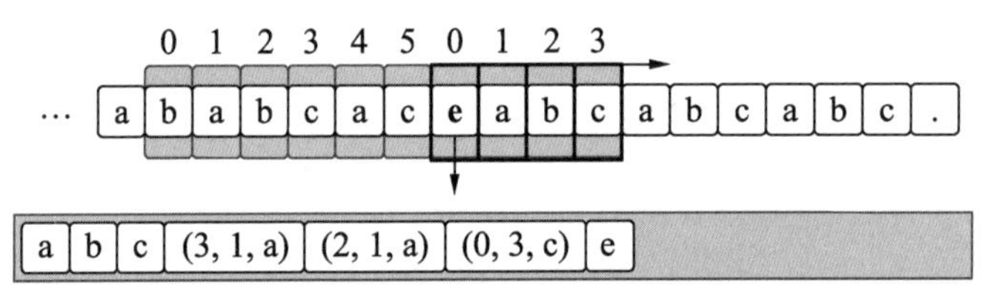

图 4.123　LZ77 算法编码实施过程 7

此时，预读区与搜索区对应的子串是 sstr="abcd"，分别在预读区与搜索区中加粗表示。子串 sstr 的长度为 l_sstr=4。预读区后对应子串 sstr 的下一位字符是 next_c=b，用灰色圆角矩形表示。

结合公式，编码区中应该添加的元素为(0,4,b)，如图 4.124 所示。

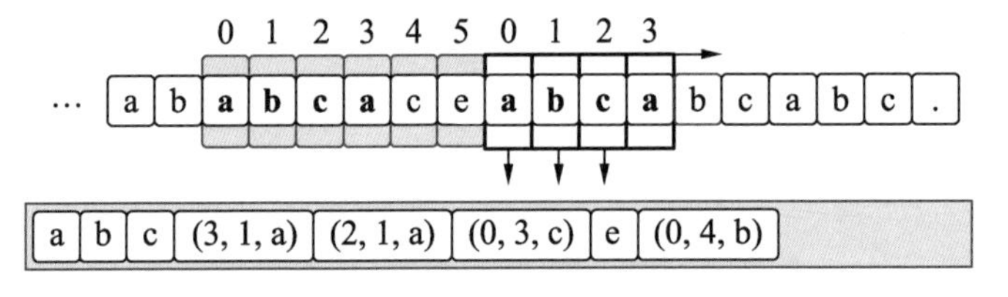

图 4.124　LZ77 算法编码实施过程 8

然后将滑动窗口向右滑动，使得搜索区的最后一位包括子串 sstr 的下一位字符 next_c。即搜索区索引为 is=5 处包括下一位字符 next_c。

此时，预读区与搜索区对应的子串就是 sstr="cab"，分别在预读区与搜索区中加粗表示。子串 sstr 的长度为 l_sstr=3。预读区中对应子串 sstr 的下一位字符是 next_c=c，用灰色的圆角矩形表示。

结合公式，编码区中应该添加的元素为(3,3,c)，如图 4.125 所示。

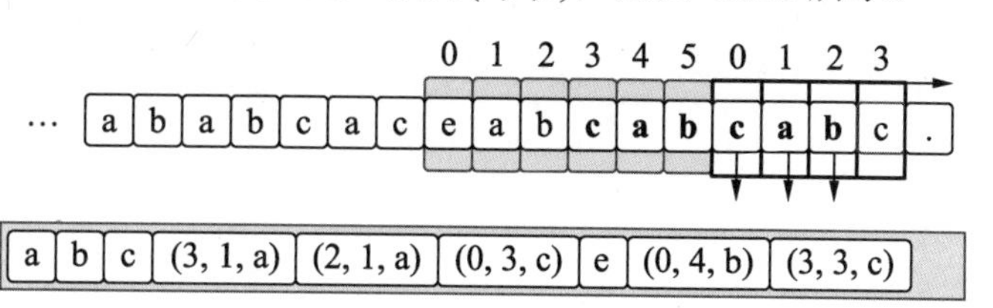

图 4.125　LZ77 算法编码实施过程 9

然后将滑动窗口向右滑动，使搜索区的最后一位包括子串 sstr 的下一位字符 next_c，即搜索区索引为 is=5 处包括下一位字符 next_c。

此时，继续从预读区的索引 il=0 处开始读取字符，发现当前字符"."在搜索区中不存在，因此直接将该字符"."添加到编码区中，此时发现原字符串的所有字符都被加入编码区中，本次 LZ77 编码完成，如图 4.126 所示。

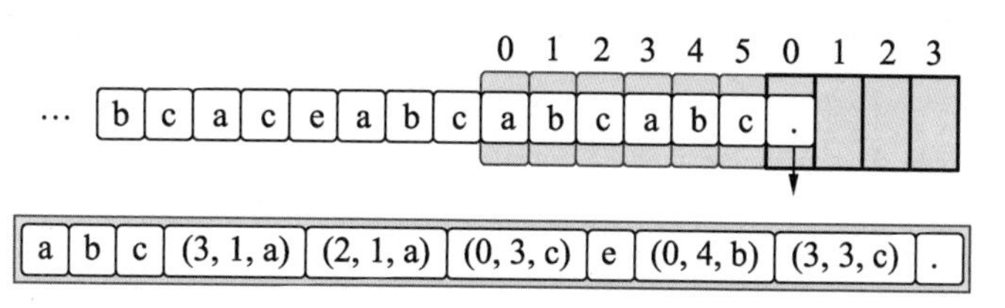

图 4.126　LZ77 算法编码实施过程 10

如图 4.127 所示，上面一行是原字符串，下面一行是编码字符串，原字符串得到了有效的压缩。

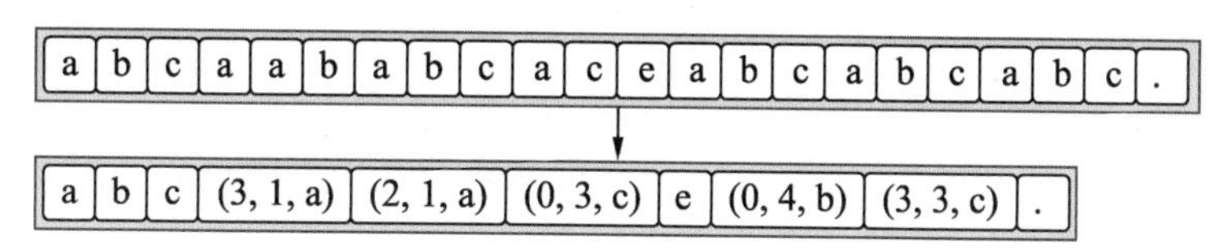

图 4.127　LZ77 算法编码完成

上面的例子由于考虑了叙述的简便性，使用了较小的预读区与搜索区。如果使用较大的预读区与搜索区，字符串的压缩效率会更高。另外，如果字符串中存在较多的相邻的重复子串，LZ77 算法的压缩效率也会更高。

通过上述讲解，我们了解了 LZ77 算法的压缩编码部分。下面继续结合上面的实例，讲述 LZ77 算法的解压码部分。

LZ77 在解码时需要构建一个长度与编码时的搜索区相同的解码区，如图 4.128 所示。

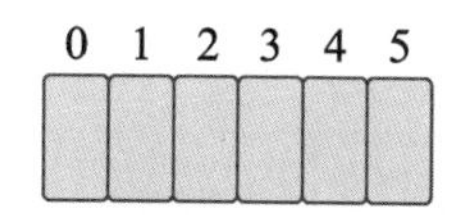

图 4.128　LZ77 解码区

将从编码字符串中解码的字符，依次在解码区中从右往左移动，需要保持每次解码后，当前解码子串的最后一个字符都位于解码区的最后索引处。例如在图 4.129 中，就是位于索引 5 处。

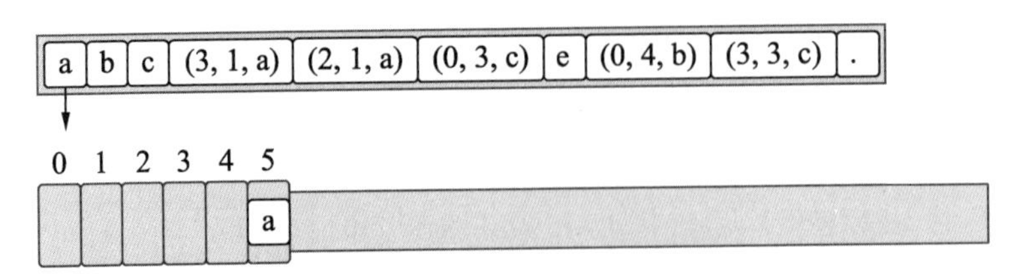

图 4.129　LZ77 算法解码实施过程 1

LZ77 算法在进行解码时，是从编码字符串的左边到右边进行解码的，也就是从前往后进行解码。

首先解码子串"a"。在 LZ77 算法中，如果子串不是用压缩括号编码形式表达的压缩串，则直接将子串加入解码区即可。图 4.129 中的灰色矩形框就是已解码的字符串区。

然后继续解码子串"b"。由于该子串不是压缩子串，所以直接加入已解码字符串区，解码区往后移动 1 位，如图 4.130 所示。

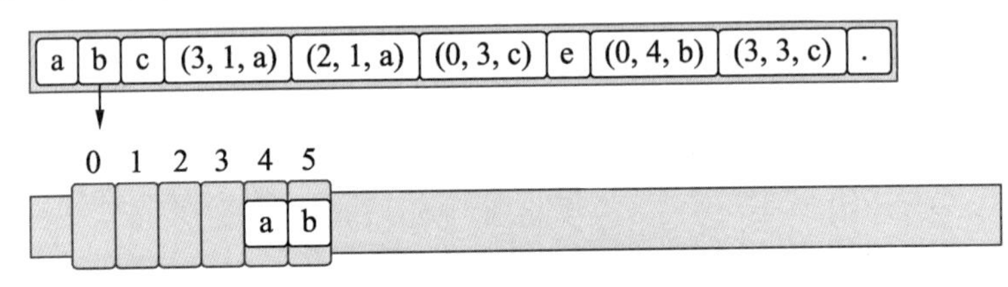

图 4.130　LZ77 算法解码实施过程 2

然后继续解码子串"c"。由于该子串不是压缩子串，所以直接加入已解码字符串区，解码区往后移动 1 位，如图 4.131 所示。

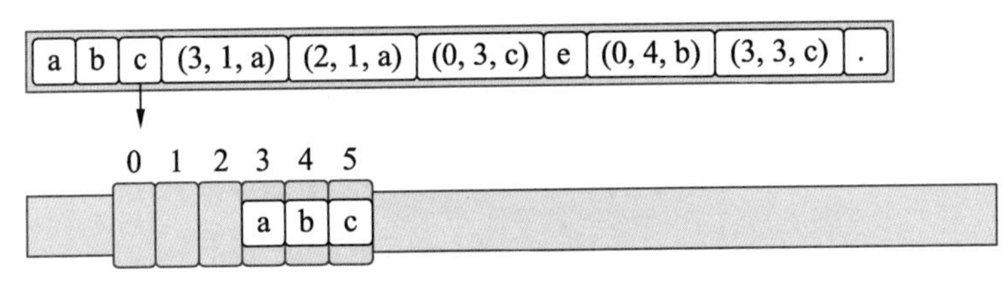

图 4.131　LZ77 算法解码实施过程 3

然后继续解码子串"(3,1,a)"。由于该子串是压缩子串，所以要进行特殊处理，如图 4.132 所示。

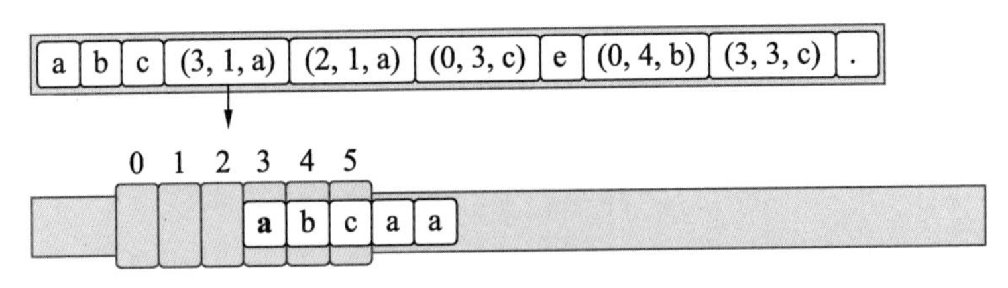

图 4.132　LZ77 算法解码实施过程 4

与编码公式对应，这里引入解码公式：

(decode_ind, len_str, add_c)

特殊解码就是利用上述表达式构建一个解码字符串。

上述的 decode_ind 是解码区中选择的字符串的开头位置，len_str 是从 decode_ind 开头位置开始，连续选取多少位作为解码开头的子串，add_c 就是在解码开头的子串后面添加的字符，最后构成解码子串 dstr。

在图 4.132 中，对于压缩子串"(3,1,a)"，具体的解码过程为：在当前解码区中，从索引为 3 开始，选择长度为 1 的子串，即"a"，然后在该子串的后面添加字符 a，构成最终的解码子串为 aa。

然后将解码子串加到已经解码的字符串后面，再将解码区往右边移动，使解码区的最后一位为当前解码字符串的最后一位"a"。

然后解压压缩子串"(2,1,a)"，具体的解码过程为：在当前解码区中，从索引为 2 开始，选择长度为 1 的子串，即"b"，然后在该子串的后面添加字符 a，构成最终的解码子串为"ba"，如图 4.133 所示。

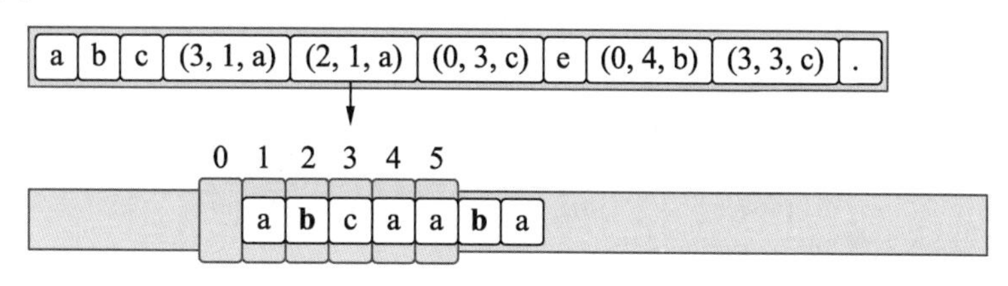

图 4.133　LZ77 算法解码实施过程 5

然后将解码子串加到已经解码的字符串后面，再将解码区往右边移动，使解码区的最后一位为当前解码字符串的最后一位 a。

然后解压压缩子串"(0,3,c)"，具体的解码过程为：在当前解码区中，从索引为 0 开始，选择长度为 3 的子串，即"bca"，然后在该子串的后面添加字符 c，构成最终的解码子串为"bcac"，如图 4.134 所示。

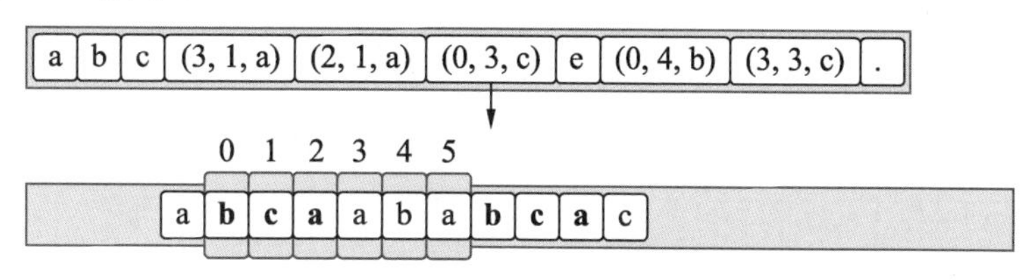

图 4.134　LZ77 算法解码实施过程 6

然后该解码子串加到已经解码的字符串后面，再将解码区往右边移动，使解码区的最后一位为当前解码字符串的最后一位 c。

然后继续解码子串"e"。由于该子串不是压缩子串，所以直接加入已解码的字符串区，解码区往后移动 1 位，如图 4.135 所示。

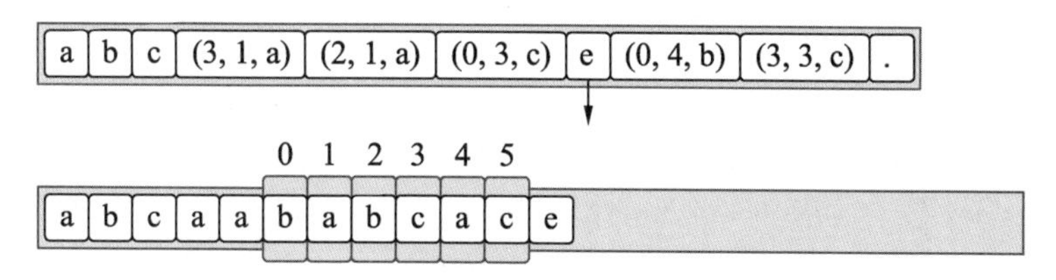

图 4.135　LZ77 算法解码实施过程 7

然后解压压缩子串"(0,4,b)"，具体的解码过程为：在当前解码区中，从索引为 0 开始，选择长度为 4 的子串，即"abca"，然后在该子串的后面添加字符 b，构成最终的解码子串为"abcab"。

然后将解码子串加到已经解码字符串后面，再将解码区往右边移动，使解码区的最后一位为当前解码字符串的最后一位 b，如图 4.136 所示。

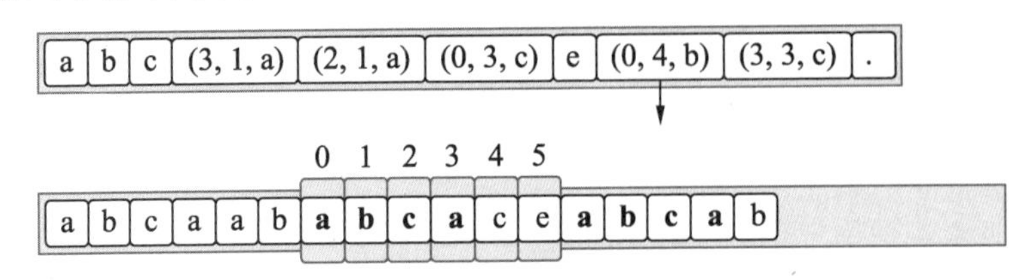

图 4.136　LZ77 算法解码实施过程 8

然后解压压缩子串"(3,3,c)"，具体的解码过程为：在当前解码区中，从索引为 3 开始，选择长度为 3 的子串，即"cab"，然后在该子串的后面添加字符 c，构成最终的解码子串为"cabc"，如图 4.137 所示。

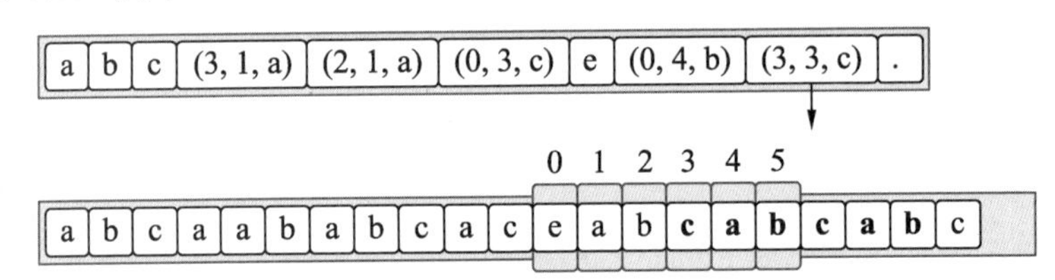

图 4.137　LZ77 算法解码实施过程 9

然后将解码子串加到已经解码字符串后面，再将解码区往右边移动，使解码区的最后一位为当前解码字符串的最后一位 c。

然后继续解码子串“.”。由于该子串不是压缩子串，所以直接加入已解码的字符串区，解码区往后移动 1 位。

至此，编码字符串的所有子串都已完成解码，整个解码过程完成，如图 4.138 所示。

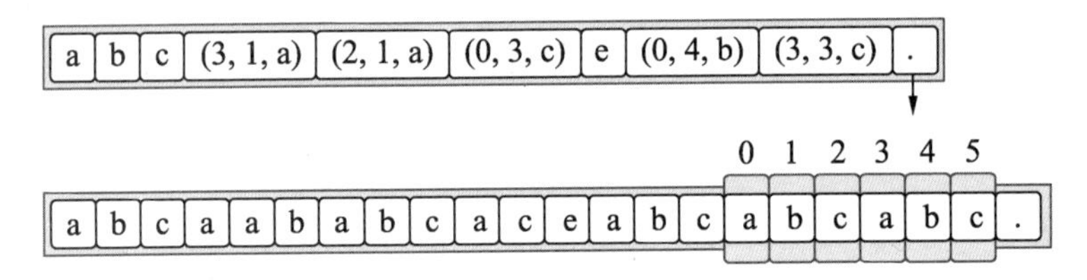

图 4.138　LZ77 算法解码实施过程 10

下面结合上述原理，通过具体的代码实例，进一步讲解 LZ77 算法的设计与实施过程。

代码实现：

```
# 编码压缩字符串
def encode_lz(ostr, sL, lL):
    # 定义搜索框的字符串
    searchA = ''
    # 定义已编码区的收集列表
```

```
    encode_l = []
    # 备份原字符串
    save_ostr = ostr
    # 设置是否完成全部编码
    all_encode = False
    # 记录滑动窗口的位移总数
    all_jump = 0
    # while 循环持续编码
    while not all_encode:
        # 当 ostr 长度小于 1 时，即原字符串的所有字符都已完成编码
        if len(ostr) < 1:
            all_encode = True
            break
        # 获取预读区子串
        lookaheadA = ostr[0:lL]
        # 根据当前位移总数，获取搜索区的子串
        if all_jump > sL:
            searchA = save_ostr[all_jump-sL:all_jump]
        else:
            searchA = '*'*(sL-all_jump) + save_ostr[0:all_jump]
        # 设置当前索引 i 是否被搜索
        now_i_ok = False
        # 遍历预读区进行搜索
        for il in range(len(lookaheadA)):
            if not now_i_ok:
                # 判断搜索区中是否有字符与预读区的当前字符对应
                if lookaheadA[il] in searchA:
                    # 若有则获取索引
                    s_ind0 = searchA.index(lookaheadA[il])
                    # 设置当前索引对应的位移数
                    ind_move_i = 0
                    # 设置相同子串在搜索区的递进索引
                    s_ind = s_ind0
                    # 设置相同子串在预读区的递进索引
                    l_ind = il
                    # 如果未搜索完预读区或搜索区则继续使用 while 循环搜索
                    while s_ind < len(searchA) and l_ind < len(lookaheadA):
                        # 如果由当前对应的索引开始，预读区或搜索区向后增加索引对应的长
度后，子串仍然相等
                        if searchA[s_ind] == lookaheadA[l_ind]:
                            # 更新搜索区与预读区对应的索引位置，即自增 1
                            s_ind = s_ind0+ind_move_i
                            l_ind = il+ind_move_i
                            # 位移自增 1
                            ind_move_i+=1
                        else:
                            break
                    # 按照子串压缩编码的记录方式记录当前子串的压缩编码
```

```
                    encode_l.append([s_ind0, ind_move_i-1, ostr[l_ind]])
                    # 总位移数增 1
                    jump = l_ind+1
                    # 当前索引搜索完成
                    now_i_ok = True
                else:
                    # 如果在搜索区中没有字符与预读区的当前字符对应
                    # 则直接将滑动窗口往后位移一位
                    searchA = searchA[1:] + lookaheadA[il]
                    # 然后直接将预读区的当前字符添加到已编码区
                    encode_l.append([lookaheadA[il]])
                    jump = 1
                    now_i_ok = True
                    break
        # 记录总位移数
        all_jump += jump
        # 截取原字符串，模拟滑动窗口位移
        ostr = ostr[jump:]
    # 返回已编码列表
    return encode_l


# 解码压缩字符串
def decode_lz(encode_list, sL):
    # 初始化解码区
    decodeA = '*'*sL
    # 设置已解码字符串
    decode_str = ''
    # 遍历编码字符串列表，逐个元素进行解码
    for c_g in encode_list:
        # 如果元素长度为 1，则不是压缩子串，可直接解码
        if len(c_g) == 1:
            decode_str += c_g[0]
            # 更新解码区
            decodeA = decodeA[1:]+c_g[0]
        # 如果元素长度为 3，则是压缩子串，需要结合解码区进行解码
        elif len(c_g) == 3:
            # 获取解码后新增的子串
            add_str = decodeA[c_g[0]:c_g[0]+c_g[1]] + c_g[2]
            decode_str += add_str
            # 更新解码区
            decodeA = decodeA[c_g[1]+1:]+add_str
    # 返回已编码字符串
    return decode_str


# 测试
```

```
ostr = 'abcaababcaceabcabcabc.'
# 设置搜索区大小
sL = 6
# 设置预读区大小
lL = 4

print(f'原字符串为：{ostr = }')
encode_list = encode_lz(ostr, sL, lL)
print(f'编码压缩字符串为：{encode_list = }')
decode_str = decode_lz(encode_list, sL)
print(f'解码解压字符串为：{decode_str = }')
```

输出：

```
原字符串为：ostr = 'abcaababcaceabcabcabc.'
编码压缩字符串为：encode_list = [['a'], ['b'], ['c'], [3, 1, 'a'], [2, 1, 'a'],
[0, 3, 'c'], ['e'], [0, 4, 'b'], [3, 3, 'c'], ['.']]
解码解压字符串为：decode_str = 'abcaababcaceabcabcabc.'
```

4.6 本章小结

本章主要讲解了字符串处理与操作相关算法的核心原理。

字符串是日常应用中常见的一种变量类型。使用字符串一般是为了存储比较丰富的文字信息，因此对字符串相关算法的学习与研究十分重要。

在设计更加高级的数据处理算法时，通常需要从信息数据的基本组成单位出发，而字符串是大量信息数据通用的基本处理单元。因此，学好字符串处理算法，对大数据处理算法的设计具有很大的作用。

字符串多种多样，本章采用了较多的篇幅对各类经典的字符串算法进行了详细的介绍，读者学习时需要注意算法的原理和实现逻辑。

另外，经典的字符串处理算法在自然语言处理中具有很好的启蒙和夯实基础的作用。

在不同的编程语言中，一般会设置内置的字符串处理函数。因此，在具体设计字符串算法时，应该结合编程语言自带的字符串函数辅助设计。

一词二句三文章，十语百言千方册。

第 5 章　经典算法思想

本章主要进行算法思想的介绍。算法思想与算法设计相比，前者侧重的是思维方法层面而不是具体的实践设计。从理论层面上看，算法设计是建立在算法思想基础上的。经过计算机科学与算法科学的发展，前辈们提出了大量优秀的算法。通过分析与总结，我们可以从中提炼出一些基本的算法设计思想。学习这些算法的设计思想，有助于提高算法设计思维，对算法设计的学习十分重要。本章将介绍几个经典算法思想的原理与应用。

5.1　枚举算法思想

枚举思想通常也称为穷举思想或者暴力解决思想。简单地说就是进行遍历而不经过深度思考，直接去解决问题，即不寻找提高效率的方法，但是肯定可以解决问题。

5.1.1　枚举的原理

要理解枚举思想，首先要理解什么是枚举。这里的枚举可以理解为，把东西一个一个地列举出来逐个处理的意思。

既然要将东西一个一个地摆出来，那么有一个问题需要考虑，那就是需要摆出来的东西是无限的还是有限的。因此，根据被枚举的东西或者对象的数量，可以将枚举分为有穷枚举与无穷枚举。

有穷枚举就是枚举的对象有限的枚举，而无穷枚举就是枚举的对象无限的枚举。算法问题处理的枚举通常属于有穷枚举一类。

5.1.2　枚举算法实例

下面结合具体实例来介绍枚举算法的原理。

枚举算法是最直接、最简单的一种算法，其核心原理是遍历或者逐个处理对象，最终总能得到想要的结果。

如图 5.1 所示，有 7 张牌，分别标有 A、B、C、D、E、F、G 这 7 个大写字母。然后将这 7 张牌打乱，重新摆放。问：D 字母对应的是哪张牌？

显然，这个问题使用枚举算法解决很简单。具体的实施思路是将这 7 张牌一张一张地翻转过来，肯定可以找到字母 D 对应的牌。

而“一张一张地翻转过来”就是枚举。

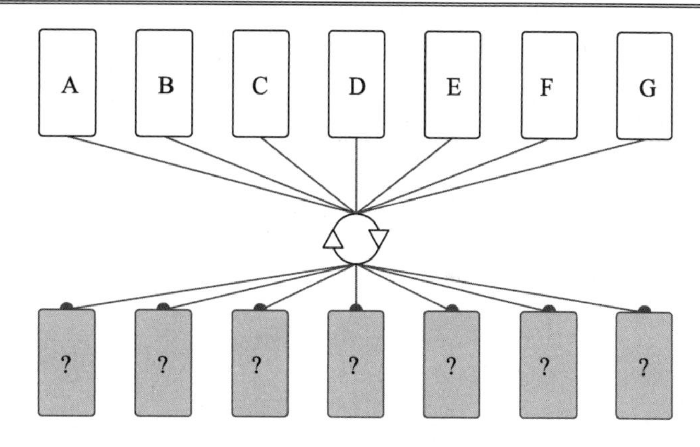

图 5.1　枚举思想示意

如图 5.2 所示，假设问题中有 n 个对象，则枚举算法就是逐个遍历这 n 个对象，将其代入解决方法中，查看其是否为所求解。如果不是，就找下一个对象，如果是，就是找到了所求解，问题解决。

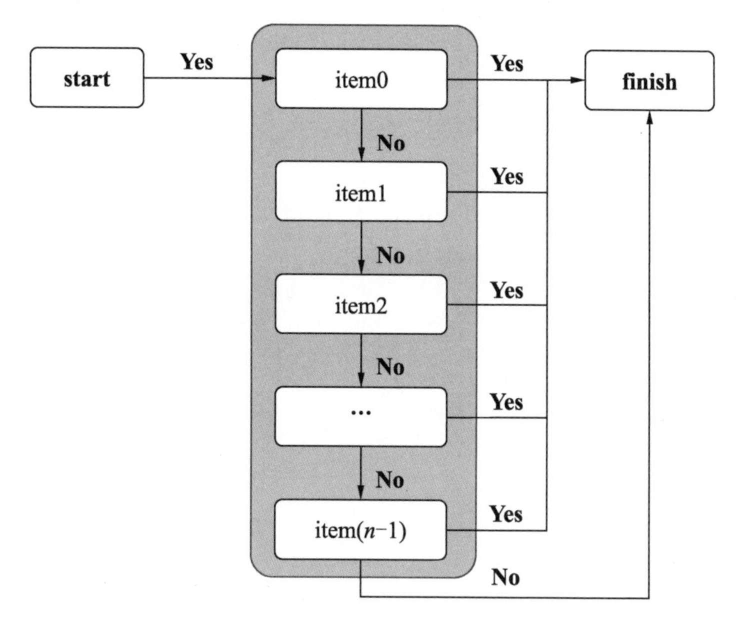

图 5.2　枚举原理示意

如果遍历完这 n 个对象还是没有找到所求解，则将遍历过程设置为枚举遍历完成但是没有找到所求解。

也就是说，使用枚举算法不一定能找到所求解。如果使用枚举算法还不能找到所求解，则说明原问题可能无解。

下面结合上述思路分析，通过具体的代码实例来进一步理解枚举算法的原理与实现过程。

代码实现：

```
# 原字符串
import random
```

```
# 枚举算法
def enumeration(n, c):
    # 生成随机的大写字母列表
    rand_list = []
    # 使用 while 循环，生成长度为 n 的随机互异字母列表
    while len(rand_list) < n:
        r_c = random.randint(ord("A"), ord("G"))
        if chr(r_c) not in rand_list:
            rand_list.append(chr(r_c))
    print(f'生成的随机大写字母列表为{rand_list = }')
    # 使用枚举算法，逐个查找目标字母
    for i in range(len(rand_list)):
        it = rand_list[i]
        print(f'\n 当前遍历的元素为 it=' + it + ' 索引为 i=' + str(i))
        if it == c:
            print('当前元素是所求元素，查找完成')
            break
        else:
            print('当前元素不是所求元素，继续查找')
# 测试
enumeration(7, 'D')
```

输出：

```
# 生成的随机大写字母列表为 rand_list = ['B', 'A', 'F', 'E', 'C', 'D', 'G']

当前遍历的元素为 it=B 索引为 i=0
当前元素不是所求元素，继续查找

当前遍历的元素为 it=A 索引为 i=1
当前元素不是所求元素，继续查找

当前遍历的元素为 it=F 索引为 i=2
当前元素不是所求元素，继续查找

当前遍历的元素为 it=E 索引为 i=3
当前元素不是所求元素，继续查找

当前遍历的元素为 it=C 索引为 i=4
当前元素不是所求元素，继续查找

当前遍历的元素为 it=D 索引为 i=5
当前元素是所求元素，查找完成
```

5.2 递推算法思想

本节要介绍的是递推算法思想。递推算法思想的核心就是结合前面已知的信息，通过一些通用的规则，推算出后面未知的信息。一般来说，对于数据具有方向性变化的，并且数据前后变化具有规律性的一类问题，可以使用递推思想。递推思想一般与数学中的递推

公式有关。也就是说，可以通过一个比较明确的数学公式来描述前后数据的关系。这类前后数据通常称为数列，比较著名的数列有两类，即等差数列与等比数列。

5.2.1　递推的原理

递推思想可以分类两类：一类是正向递推，即正推思想；另一类是逆推，即逆向递推思想。

正向递推思想是通过已知的规律，由前面的数据推算出后面的数据。逆向递推则相反，它通过已知规律，由后面的数据推算出前面的数据。

递推思想正推的基本原理，如图 5.3 所示。

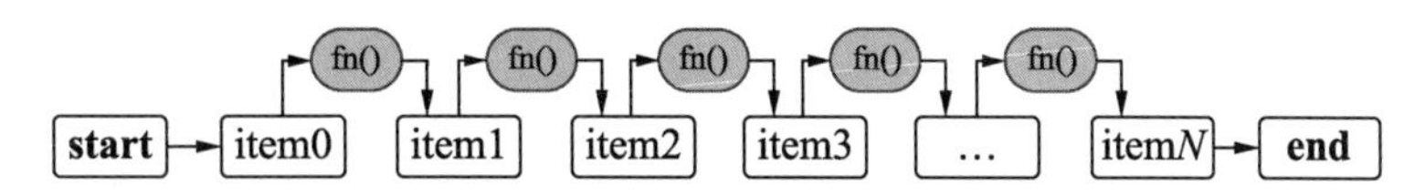

图 5.3　递推思想的正推原理示意

适合使用正向递推算法解决的问题，其对象一般具有前后关联的固定推导关系。例如在图 5.3 中，假设问题对象有 N 个，通过第 i–1 个对象以及推导公式 fn()可以推出第 i 个对象。

递推思想逆推的基本原理，如图 5.4 所示。

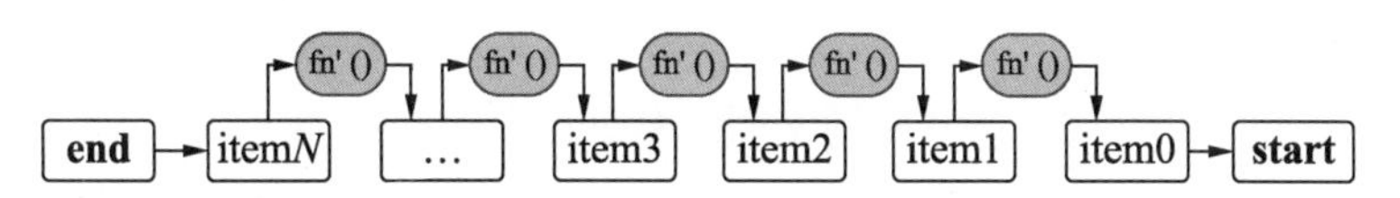

图 5.4　递推思想的逆推原理示意

适合使用逆向递推算法解决的问题，其对象一般具有后前关联的固定推导关系。例如在图 5.4 中，假设问题对象有 N 个，通过第 i 个对象及推导公式 fn'()可以推出第 i–1 个对象。

与枚举算法思想类似，递推算法思想也不需要遍历全部对象，通过固定的推导公式，不断地使用前面的对象推导后面的对象，或者不断地使用后面的对象推导前面的对象，一旦发现所求的问题得到解决，即当前对象有效，即可以提前结束遍历。

5.2.2　递推与斐波那契数列

斐波那契数列是一个著名的递推数列，可以使用递推与递归算法思想来解决相关的问题。

斐波那契数列指第 i 个对象的值是第 i–1 与第 i–2 个对象的值之和，即当前项的值是前面两项值之和。

想要使用递推的正推思想获取 item2 的值，就需要知道 item0 与 item1 的值，要获取 item3 的值，就需要知道 item1 与 item2 的值，以此类推，要获取 item(i)的值，就需要知道 item(i–2)与 item(i–1)的值，如图 5.5 所示。

通过上面的逐步递推就可以实现：已知 item0, item1 与 item2 的值，往前逐个推算出第 0 个到第 i–1 个 item 的值。

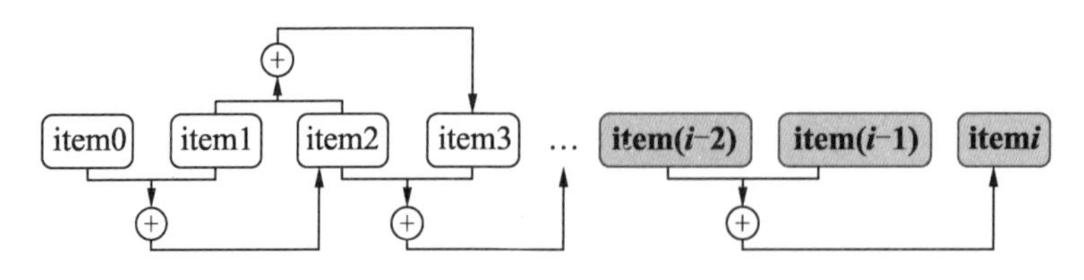

图 5.5　斐波那契数列正推

递推的逆推与正推过程类似，只不过是将待推算序列的首尾元素调换后再进行正推操作。

如图 5.6 所示，使用递推的逆推思想，想要获取 item(*i*)的值，就需要知道 item(*i*−1)与 item(*i*−2)的值；要获取 item(*i*−1)的值，就需要知道 item(*i*−2)与 item(*i*−3)的值；要获取 item(*i*−2)的值，就需要知道 item(*i*−3)与 item(*i*−4)的值，以此类推。

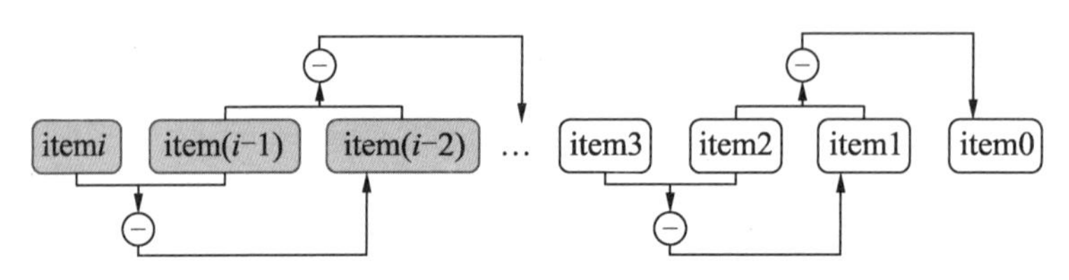

图 5.6　斐波那契数列逆推

通过上面的逐步递推，可以实现：已知 item(*i*), item(*i*−1)与 item(*i*−2)的值，往后逐个推算出前面第 0 个到第 *i*−1 个 item 的值。

上述就是通过递推思想的正推与逆推思想解决斐波那契数列获取元素值的例子。

一般来说，在实际应用中，递推思想的正推应用比较多，而逆推则剑走偏锋，通常在一些意想不到或者比较独特的问题中能够提供帮助。

下面结合递推思想分析，通过具体的代码实例，展现如何解决斐波那契数列生成问题。

代码实现：

```
# 递推算法生成斐波那契数列数
def recursion_fibonacci(n):
    # 初始化第 i 项
    fibo_i = 1
    # 初始化第 i-1 项
    fibo_i_1 = 1
    # 初始化第 i-2 项
    fibo_i_2 = 1
    # 遍历，使用递推公式，由前面项正推后面项
    for i in range(1, n, 1):
        fibo_i = fibo_i_1 + fibo_i_2
        fibo_i_2 = fibo_i_1
        fibo_i_1 = fibo_i

    return fibo_i

# 循环添加斐波那契数列数
fibonacci_list = []
n = 20
for i in range(n+1):
```

```
    fibonacci_list.append(recursion_fibonacci(i))

print('生成的 0-'+str(n)+' 的斐波那契数列为'+str(fibonacci_list))
```

输出：

```
生成的 0～20 的斐波那契数列为[1, 1, 2, 3, 5, 8, 13, 21, 34, 55, 89, 144, 233, 377,
610, 987, 1597, 2584, 4181, 6765, 10946]
```

5.3　递归算法思想

递归算法思想在处理逐层问题时经常使用。递归思想主要用于解决多重循环中不能直接获取结果，但是可以将输出结果作为输入继续进行循环处理，而且具有明显的终止循环条件的问题。利用递归思想处理问题时，首先由外向内设置层层包含的递进处理关系，在外层进行一些计算，然后在未得到结果前将本层（即外层）的计算结果作为下一层（即内层）的输入，不断进行层层包含计算，直至得到满足终止条件的输出，再反过来，由内向外层层返回并填补之前设置的未知值，最终得到所求的结果。

5.3.1　递归的原理

所谓递归，拆开就是两个字，一个是“递”，指逐层，一个是“归”，指回溯。在递归算法中，逐层就是将原问题分解成多个内外包含的子问题，子问题又包含子问题。

递归算法一般结合编码的循环结构来实现，因此递归算法有一个入口，对应的也有一个出口。在不断的层层循环中，如果算法的计算结果触发了递归的返回条件或机制，就会逐层往外跳出循环，而使递归跳出循环的条件就是递归算法的出口。

下面通过一个 4 层递归实例来进一步阐述递归算法的原理。

如图 5.7 所示，使用 C1、C2、C3、C4 表示 4 层循环。每层循环代表一次处理，使用圆角矩形框来表示。每层循环处理都包含 5 个主要部分。其中，in(*i*)表示第(*i*)层输入，fn()表示本次的相关操作，对号和叉号表示是否获得所求值，out(*i*)表示第(*i*)层输出。

4 层递归操作的开始点是第 C1 层的输入点，即 in1。为了方便读者理解，采用数字序号表示每一个步骤。读者可以从序号 1～20，逐步查看该实例的实施过程。

下面简单阐述图 5.7 所示的递归算法的具体实施过程。

（1）从 C1 层的 in1 开始输入原始参数或数据，或者不输入，C1 层的执行函数 fn()将执行本层的处理。

（2）对输出结果进行判断。

（3）输出的结果不是触发回归值，因此将结果处理后输出到 out1。

（4）C2 层的 in2 将上一层的输出 out1 作为本层的输入。

（5）C2 层的执行函数 fn()将执行本层的处理。

（6）对输出结果进行判断。

（7）输出结果不是触发回归值，因此将结果处理后输出到 out2。

（8）C3 层的 in3 将上一层的输出 out2 作为本层的输入。

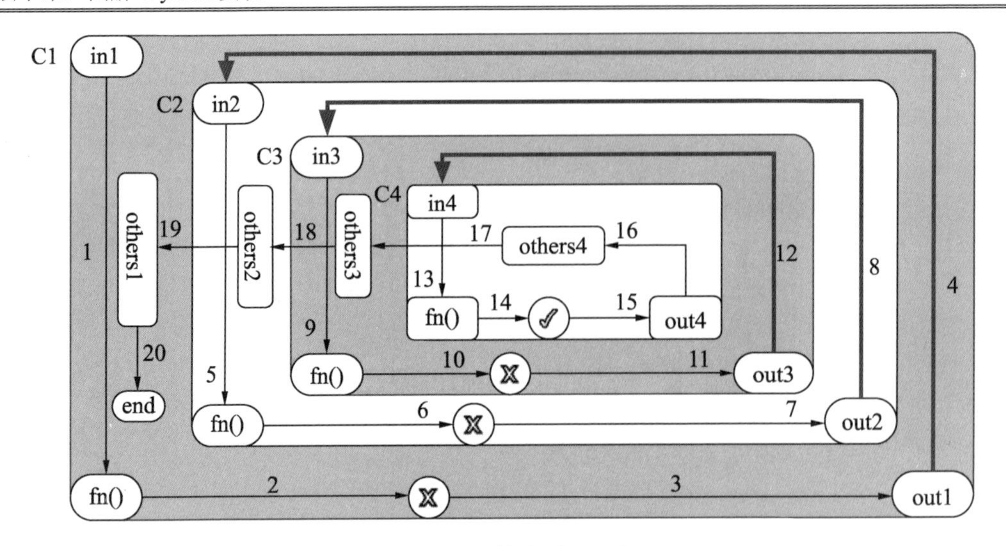

图 5.7　递归算法原理示意

（9）C3 层的执行函数 fn()将执行本层的处理。

（10）对输出结果进行判断。

（11）不是触发回归值，因此将结果处理后输出到 out3。

（12）C4 层的 in4 将上一层的输出 out3 作为本层的输入。

（13）C4 层的执行函数 fn()将执行本层的处理。

（14）对输出结果进行判断。

（15）输出结果是触发回归值，则立即触发得到所求值的回归机制，将结果处理后输出到 out4。

（16）递归算法将在触发层即第 4 层获得的输出 out4 赋值给本层的其他预设参数且未解 other4，使得 other4 得解。

（17）向外递归，将第 4 层向外输出的已解其他参数 other4 赋值给第 3 层的其他预设参数且未解 other3，使得 other3 得解。

（18）继续向外递归，将第 3 层向外输出的已解其他参数 other3 赋值给第 2 层的其他预设参数且未解 other2，使得 other2 得解。

（19）继续向外递归，将第 2 层向外输出的已解其他参数 other2 赋值给第 1 层的其他预设参数且未解 other1，使得 other1 得解。

（20）从最里面的触发层即第 4 层，到最外面的第 1 层，全部的未解参数都得解，即正确问题得解，递归算法顺利完成。

上面就是 4 层递归算法详细的实施过程。对于多层循环递归，其实现思路类似。在递归思想中，算法正向执行时，第一层输入称为入口，然后不断往里层携带参数进行执行，即自己调用自己的输出作为输入，直至遇到触发点返回。触发点也称为递归的出口。

5.3.2　用递归算法求阶乘

在递归算法的应用中，最经典的应用就是求阶乘。

既然要求阶乘，首先要理解什么是阶乘。阶乘是一个数学概念，假设有一个自然数 n，

那么 n 的阶乘就可以通过下面的式子来表示：

$$n! = 1\times2\times3\times\cdots\times(n-1)\times n$$

显然，对于 n 的前一位自然数$(n-1)$，其阶乘为：

$$(n-1)! = 1\times2\times3\times\cdots\times(n-2)\times(n-1)$$

结合上面的两个式子，自然数 n 的阶乘与$(n-1)$的阶乘的关系可表示如下：

$$n! = (n-1)!\times n$$

通过上式，设置开始的 0 的阶乘为 1 之后，即可通过递归算法求解任意自然数 n 的阶乘。

如图 5.8 所示，使用递归算法求解阶层时，需要注意本层与上一层和下一层的关系。将本层的输出作为下一层的输入不断地代入下一层的循环，直至满足条件后再逐层返回。

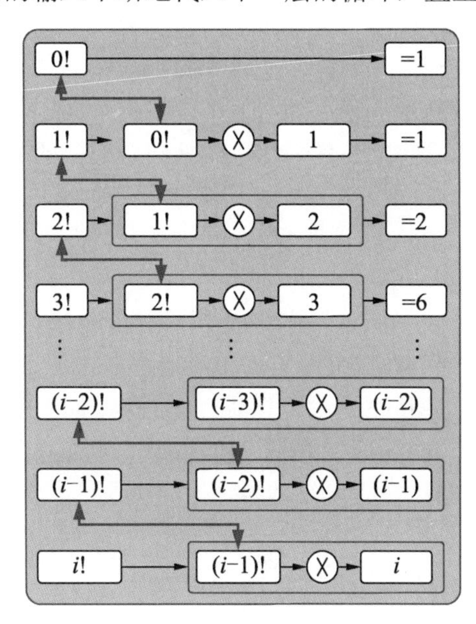

图 5.8　用递归算法求阶乘

在使用递归算法时，一般假设本层的一些位置参数已经获得，特别是与调用自身函数有关的参数一般假设为已知参数。在执行代码时，编译器会自动设置递归循环。

当递归循环执行到触发点时，编译器会自动逐层返回上一层位置参数的值，直至所有层设置的位置参数都已知，则第一层未知参数得解，整个递归循环即得解。

下面结合上述实例与分析，通过具体的代码实例，来展示递归算法的原理与实现过程。

代码实现：

```
# 用递归算法思想求阶乘
def recursion_factorial(n):
    # 定义开始的设定值
    if n==1 or n==0:
        return 1
    else:
        # 使用递归，调用自身函数 recursion_factorial(n-1)
        # 此时假设 recursion_factorial(n-1)已获得
        # 代码编译器会自动设置递归并触发，然后返回填补设定的未知值
```

```
        return recursion_factorial(n-1)*n
# 测试
print(f'{recursion_factorial(3) = }')
```

输出：

```
recursion_factorial(3) = 6
```

5.4　分治算法思想

分治，简单理解就是“分而治之”。所谓分而治之，通常是将大问题分成若干个小问题，然后对每个小问题分别解决，将所有的小问题都解决了，原来的大问题也就解决了。如同治理大河，将大河分成若干条小河，把所有的小河都治理好了，整条大河也就被治理好了。分治思想在处理一些复杂问题上经常使用。将复杂问题分成若干个比较简单的小问题后去解决，能够有效地降低问题的复杂性，提高问题解决的效率。

5.4.1　分治的原理

分治思想的核心十分简单，即将大问题分成若干个小问题后分别解决。

如图 5.9 所示，在处理解决大问题 Question 时，将 Question 分解为多个小问题 question1，quesion2，question3，…，questioni，然后分别对这 i 个小问题使用相同或者不同的解决方案，即 solution1，solution2，solution3，…，solutioni，最终这些小型的解决方案汇总成一个大的解决方案，即 Solution，从而使整个问题得到解决。

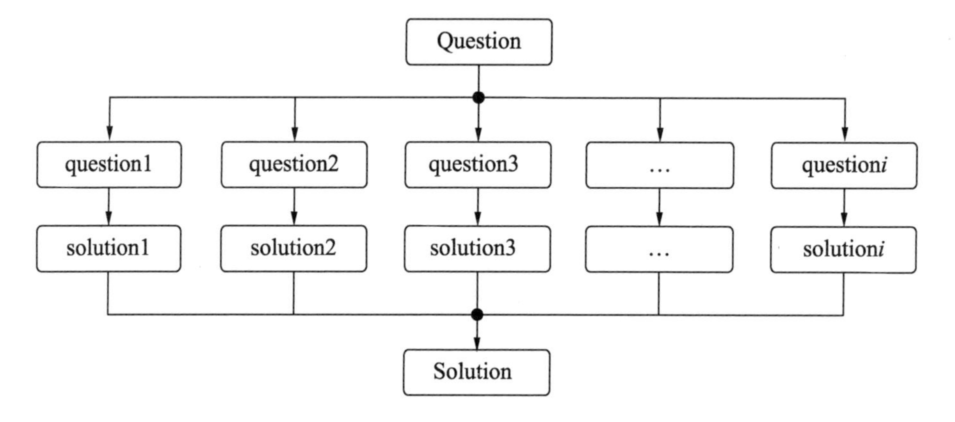

图 5.9　分治的基本原理

在使用分治思想处理问题时，原则是需要保证分治不遗漏，即所有的小问题都被考虑到且得到处理。这样大问题就不会有遗漏点，即解决了所有的小问题，大问题必然解决。

分治思想是许多经典算法的基本思想，如求最大值和最小值、汉诺塔问题。二分法搜索、合并排序和快速排序等。

为了方便读者理解，下面举一个使用分治法求随机最值的实例，进一步阐述分治算法的设计原理与实施过程。

5.4.2　用分治算法求最值

对一组随机数求其最大值与最小值，如果采用枚举算法解决，就要逐个遍历数组并进行比较。这个方法简单、直接，但是效率不高。

对于一些具有明显分类特征的对象，可以先将它们分类或分区，再对其进行相应的算法处理，这样能够加快算法的执行效率。

下面通过一个随机数求最值的实例来阐述分类算法的应用。

如图 5.10 所示，随机数产生器随机产生 11 个 0～9 的整数，现在要求出这 11 个数中的最大值与最小值。

（1）使用分治算法将这 11 个数每 3 个一组分成 4 组。其中，第 4 组只包含两个元素。

（2）对这 4 个分组分别进行求最大值与最小值的计算，于是 4 个分组就可以得到 4 个最大值与 4 个最小值。

（3）将 4 个最大值与 4 个最小值（8 个数）按照最大值一组与最小值一组分成两组。

（4）对分出的两组数求最大值与最小值，即可得出原数组的最大值与最小值。原数组的所有元素都经过比较、计算，不存在遗漏，应用分治算法求最大值与最小值完成。

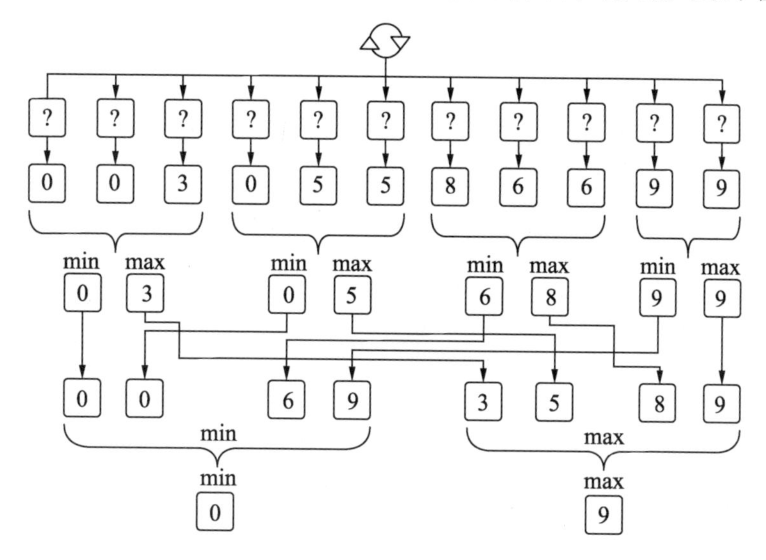

图 5.10　分治算法的应用

下面结合上述实例与分析，通过具体的代码实例，进一步理解分治算法的设计原理与实现过程。

代码实现：

```
# import random

# 分治算法
def divide_rule(n, m, l):
    # 生成 n-m 的 n-m+1 个随机自然数
    rand_list = []
    for i in range(m-n+2):
```

```
        rand_list.append(random.randint(n, m))
    print(f'生成的随机数列表为{rand_list = }')
    # 当前分组
    group = []
    # 汇总分组的集合
    groups = []
    for i in range(len(rand_list)):
        # 每隔一个元素新建一个分组
        if i%l == 0 and len(group) > 0:
            groups.append(group)
            group = []
        # 如果当前分组元素未满，则添加元素
        if len(group) < l:
            group.append(rand_list[i])
        # 添加最后一个分组
        if i == len(rand_list)-1:
            groups.append(group)
    print(f'首次分组结果：{groups = }')
    # 设置第 2 层最值收集集合
    m_group = []
    # 记录各个子分组的最小值
    min_g = []
    # 记录各个子分组的最大值
    max_g = []
    # 遍历当前分组，获取 min_g 与 max_g
    for g in groups:
        min_g.append(min(g))
        max_g.append(max(g))
        m_group.append([min(g), max(g)])
    print(f'第 3 层分组集合：{m_group = }')
    print(f'最小值集合：{min_g = }')
    print(f'最大值集合：{max_g = }')
    # 获取整体最大最小值
    min_v = min(min_g)
    max_v = max(max_g)
    print(f'整体最小值：{min_v = }')
    print(f'整体最大值：{max_v = }')
# 测试
n = 0
m = 9
l = 3
divide_rule(n, m, l)
```

输出：

```
生成的随机数列表为 rand_list = [7, 1, 1, 1, 4, 5, 8, 8, 2, 5, 6]
首次分组结果：groups = [[7, 1, 1], [1, 4, 5], [8, 8, 2], [5, 6]]
第 3 层分组集合：m_group = [[1, 7], [1, 5], [2, 8], [5, 6]]
最小值集合：min_g = [1, 1, 2, 5]
```

```
最大值集合：max_g = [7, 5, 8, 6]
整体最小值：min_v = 1
整体最大值：max_v = 8
```

5.5　贪心算法思想

所谓贪心，就是一直追求最好的选择。由于算法执行时重点关注的区域是本层执行空间，即本层循环或作用域，所以贪心算法的侧重点也是本层执行空间。因为其他层空间的参数无法直接涉及，所以贪心算法就是在本层空间或者本次执行中追求最优的算法结果。所以，贪心思想追求的是局部最优，并且是每一步都追求局部最优。但是本次局部最优可能会对上一次的局部最优造成影响，因此贪心思想可能无法获取最优解。但是，这对一些无最优解的问题又是很适合的。

5.5.1　贪心的原理

贪心算法的核心可以理解为：每次只追求局部最优，不兼顾或不考虑全局最优。贪心算法的设计直截了当，只看当前，不看整体或后来。

在贪心思想中，“贪心”的是本次的运算能够获取最优解，而不用顾虑对全局造成的影响，因此该算法执行时简单、直接、效率高，但是容易陷入局部最优的困境中。

因此在选择贪心算法时需要考虑效率与其对全局最优的影响。一般在效率比获取全局最优解更加重要时采用贪心算法。

在贪心思想中，每次执行都是为了寻求当前利益的最大化。

假设某个算法共有 12 个可选的执行步骤，在图 5.11 中用 12 个矩形来表示。这 12 个矩形的宽度相等，长度代表矩形的执行效果，长度越长，则执行效果越好。

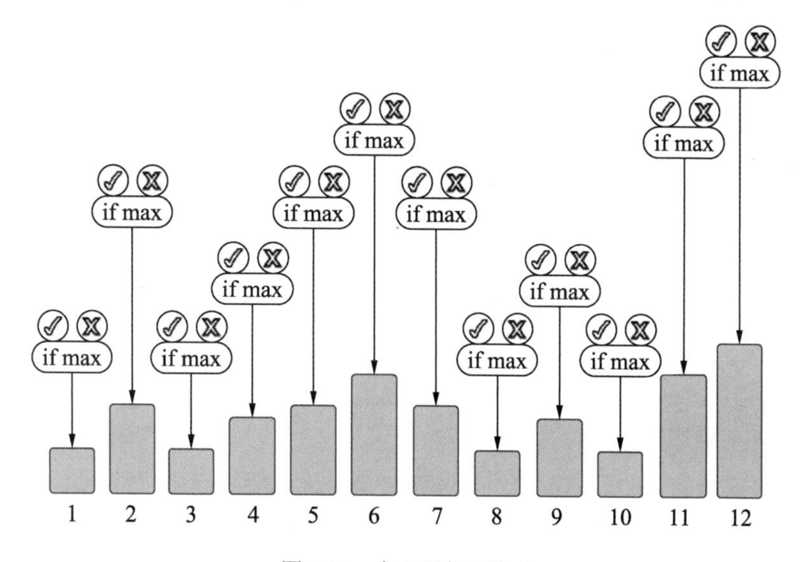

图 5.11　贪心思想示意 1

现在要求在有限的 N 次执行内执行完算法，每次执行只能选择有限的 M 个执行步骤。要求最后获得的算法执行效果最好。

因为执行次数 N 与执行步骤 M 是有限的，所以最终能够选择的有效执行次数只有 $N \times M$ 次。要求算法执行效果最好，那么每次选择的执行步骤的效果最好，即对应的矩形长度最长。

因此，每次选择执行步骤时，都要在剩余的可选步骤中选择最大的矩形。

因此尽量获取当前步骤的最大执行效果，就是贪心算法的特征。

假设当前有 3 种执行方案可选，如图 5.12 所示。每种方案有两个执行步骤，用矩形表示。

现在要求当前执行的效果最好，显然要选择执行步骤相加效果最好的方案，即矩形长度最长的两个矩形。

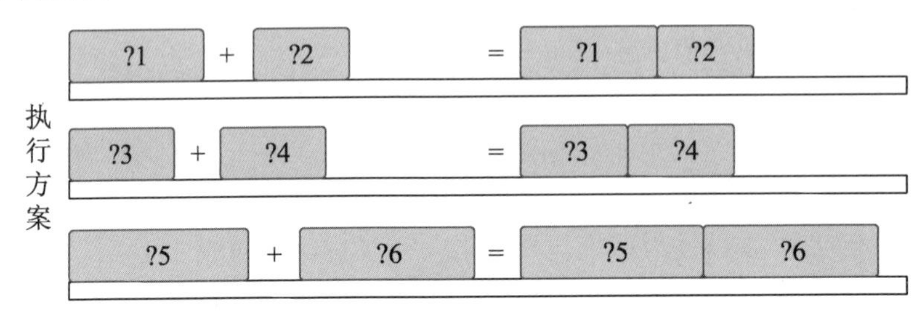

图 5.12　贪心思想示意 2

5.5.2　贪心算法实例

下面进一步拓展上一小节的实例，详细阐述贪心算法的设计原理与实施过程。

首先进一步量化如图 5.11 所示的实例，要求在有限的执行次数（N=3）内执行完算法，每次执行只能选择两个执行步骤（M=2）。要求最后获得的算法执行效果最好。

如图 5.13 所示，为了方便量化，将图 5.11 中代表执行步骤效果的矩形长度使用数字量化标注，数字越大，说明执行效果越好。

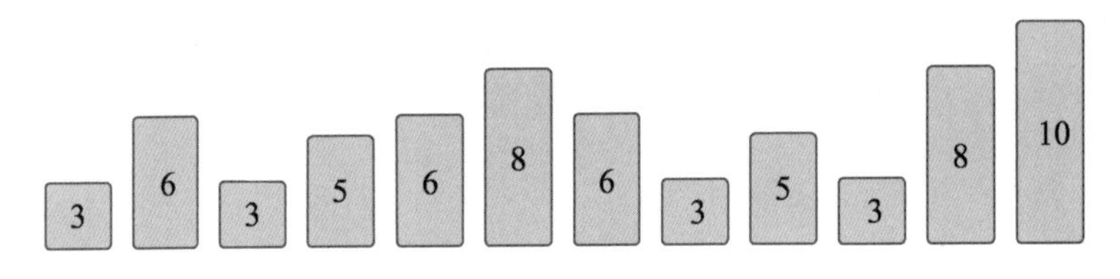

图 5.13　贪心算法应用实例 1

然后开始第 1 次执行，如图 5.14 所示，选取当前可选执行步骤中执行效果最好的两步，即长度最长的两个矩形 8 和 10。

然后开始执行第 2 次，如图 5.15 所示，选取当前可选执行步骤中执行效果最好的两步，即长度最长的两个矩形 6 和 8。

然后开始执行第 3 次，如图 5.16 所示，选取当前可选执行步骤中执行效果最好的两步，即长度最长的两个矩形 6 和 6。

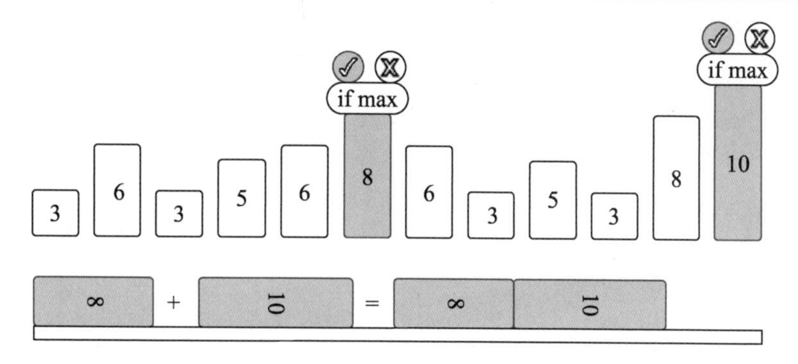

图 5.14　贪心算法应用实例 2

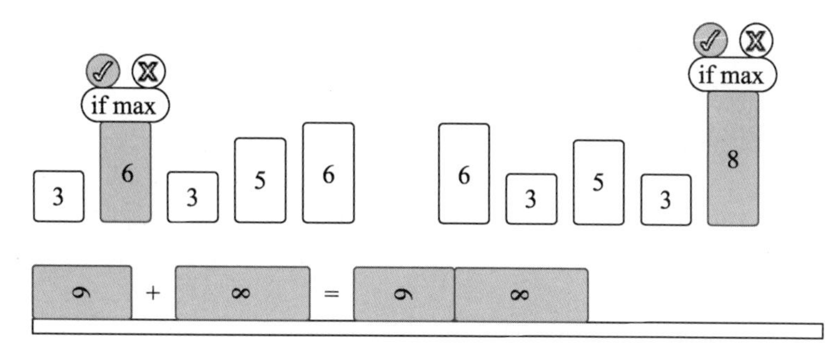

图 5.15　贪心算法应用实例 3

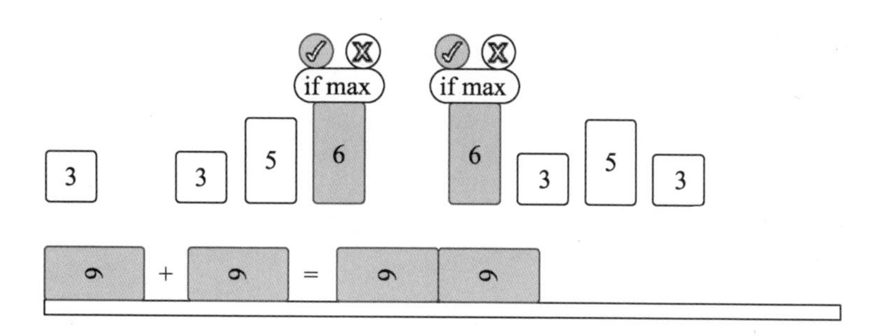

图 5.16　贪心算法应用实例 4

最终的执行效果如图 5.17 所示。

图 5.17　贪心算法应用实例 5

由于每次执行时选择的都是两个执行步骤中的最优效果，即长度最长的矩形，假设执行效果可以相加，经过 3 次执行（6 个执行步骤）后，所获得的执行效果应该是最好的，即矩形相加的长度最长。

下面结合上述实例与分析，通过具体的代码，来理解贪心算法的原理与实施过程。

代码实现：

```
# 贪心思想
def greedy():
```

```
    ops = [3, 6, 3, 5, 6, 8, 6, 3, 5, 3, 8, 10]
    print('所有可选的执行步骤的效果列表为' + str(ops))
    op_max_len = []
    for i in range(3):
        print('第'+str(i+1)+'次执行：')
        max_1 = max(ops)
        ops = ops[:ops.index(max_1)] + ops[ops.index(max_1)+1:]
        max_2 = max(ops)
        ops = ops[:ops.index(max_2)] + ops[ops.index(max_2)+1:]
        print('当前最优的 2 个执行步骤的矩形长度为'+str(max_1)+' 和 '+str(max_2))
        op_max_len.append(max_1)
        op_max_len.append(max_2)
    print(f'最优执行步骤的矩形长度集合为{op_max_len = }')
    # 计算最优执行步骤的矩形长度之和
    all_len = 0
    for it in op_max_len:
        all_len += it
    print(f'最优执行步骤的矩形长度之和为{all_len = }')
# 测试
greedy()
```

输出：

```
所有可选的执行步骤的效果列表为[3, 6, 3, 5, 6, 8, 6, 3, 5, 3, 8, 10]
第 1 次执行:
当前最优的 2 个执行步骤的矩形长度为: 10 和 8
第 2 次执行:
当前最优的 2 个执行步骤的矩形长度为: 8 和 6
第 3 次执行:
当前最优的 2 个执行步骤的矩形长度为: 6 和 6
最优执行步骤的矩形长度集合为 op_max_len = [10, 8, 8, 6, 6, 6]
最优执行步骤的矩形长度之和为 all_len = 44
```

5.6 动态规划算法思想

动态规划是运筹学中的一个重要知识点。动态规划就是动态地分配资源或规划执行路线，目的是实现决策的最优化。因此，动态规划追求的就是最优化结果。动态规划适用的通常是能够进行分类、具有多种可行解的问题。当问题中包含多个子问题且子问题之间相互关联或子问题的结果具有关联性，或者子问题的结果可以保存以便再次调用时，这类问题就适合使用动态规划思想来解决。但是动态规划思想也具有一定的局限性，如处理子问题时没有通用的方法，需要一定的设计能力。

5.6.1 动态规划的原理

动态规划，简单地说就是动态地规划，规划是动态的。当算法设计需要规划，而且需要结合具体情况多变的时候，通常采用动态规划。

在进行算法设计时，所谓规划就是对当前的最佳步骤或者下一次的最佳步骤进行决策。

因此如何决策在动态分布思想中十分重要，决策方法是动态规划思想的核心。

如图 5.18 所示，算法路径经过 A→B→C→D，到达 D 时有两条可供选择的路径，分别为路径 1 与路径 2。

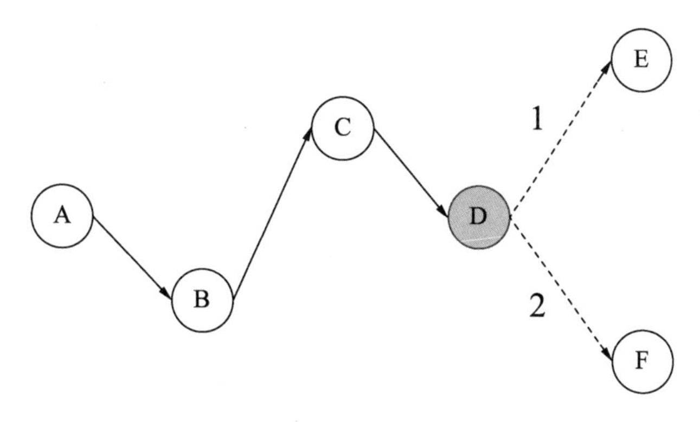

图 5.18　动态规划示意

选择路径 1 还是路径 2，可以通过算法来决策。

这种决策一般可以分成两种：一种是随机性决策，一般通过概率分布进行决策分析；另一种是确定性决策，是采用明确、固定的算法公式来推导出当前的执行步骤或者下一步的具体实施方案。

如图 5.19 所示，上面的图表示随机性决策的动态分布，下面的图表示确定性决策的动态分布。

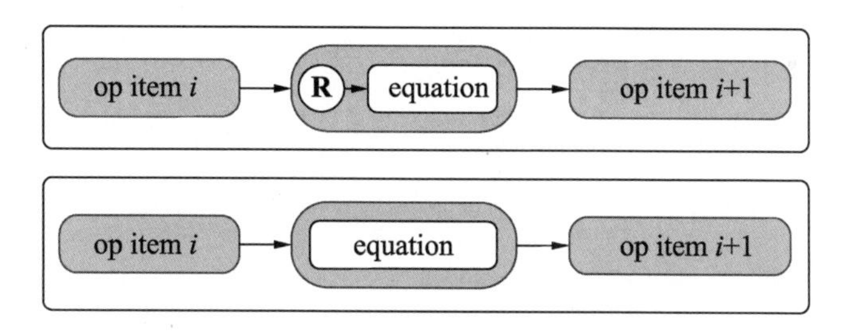

图 5.19　动态规划的随机决策与确定决策示意

至于动态规划在进行决策时，选择随机性决策还是确定性决策，则需要根据具体的问题分析来决定，即具体问题具体分析。

一般情况下，如果使用随机性选择能够带来更好的效果，则使用随机性决策。如果使用确定性选择能够带来更好的效果，则使用确定性决策。

5.6.2　动态规划与路径规划

动态规划思想经常在处理路径规划问题时使用。

所谓路径规划，即寻找一条从开始点到终止点的路径，使得路径长度或者其他参数满足一定的条件。常见的路径规划有寻找最优路径与最短路径等。

如图 5.20 所示，有 A、B、C、D、E、F、G、H、I、J 共 10 个关键点，开始点为 A，终止点为 J。现在要求一条从 A 点到 J 点的路径，使得路径之和最短。图中两点相连的箭头表示路径，路径上的数字表示路径长度或权重。

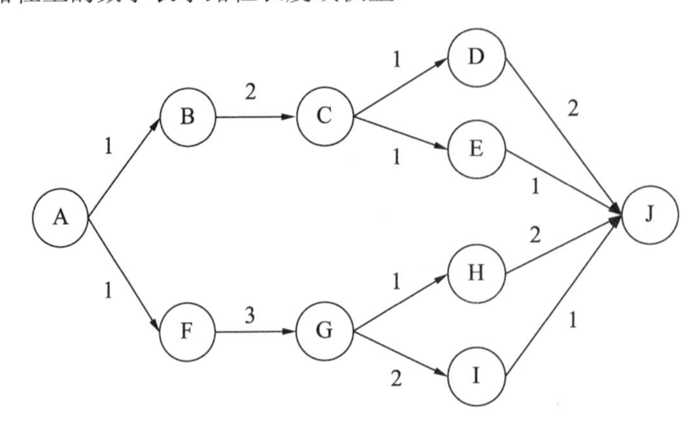

图 5.20　路径规划

由于在前面章节中已经讲述过路径规划的相关算法，所以这里不再赘述。这里简单地阐述动态规划的原理。

对于路径规划，一个简单的方法是将所有可能的路径都列举出来，然后逐个求每条可行路径的权重之和，如图 5.21 所示，可得 4 条可行路径。

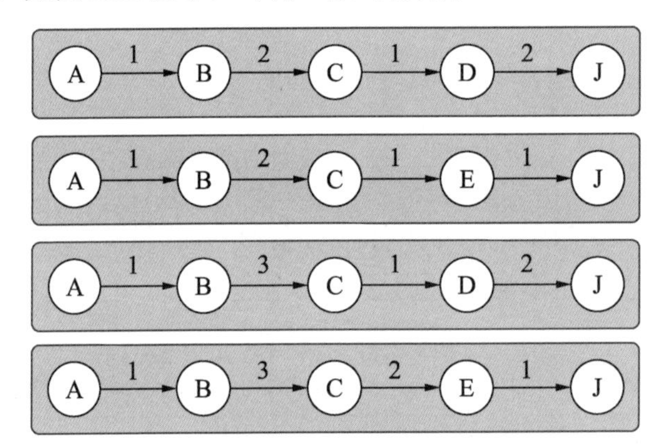

图 5.21　动态规划的路径集合

上述方法是将所有的可行路径都列举出来然后逐一求和，显然是应用了枚举思想或者分治思想，具有一定的效率，但是在可行路径非常多时显然不适合使用。

动态规划并不是对所有可行方案进行逐一遍历，而是在不同阶段执行算法，不断地将未知信息转为已知信息，然后结合获得的已知信息对未知的执行方向进行最有利的判断。

如图 5.22 所示，第 1 层有 2 点连接，由 A 点出发到第 1 个节点，有 A→B 点与 A→F 点两条路径，并且这两条路径的权重都为 1，所以此时往 B 点或者 F 点走都可以。

将路径 A→B 与 A→F 对应的权重添加到已知路径权重和列表 pre_w 中，即[[A,B,1],[A,F,1]]。

然后来到第 2 层，有 3 点连接，如图 5.23 所示。

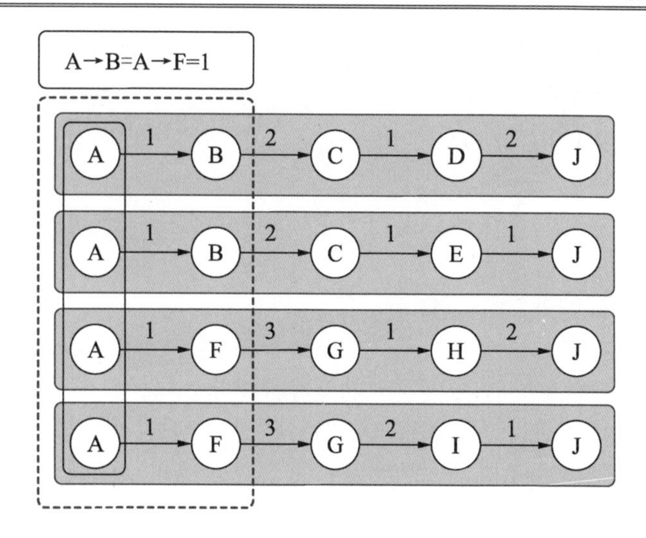

图 5.22　动态规划思想应用 1

如果之前走的路径是 A→B，则此时的第 3 个点为 C，只有一条路径，即 A→B→C。对应的权重和为 1+2=3。

此时计算 A→B→C 路径的权重和不需要从 A 点出发重新计算，只需要在已知路径的权重和列表 pre_w 中找到之前的路径 A→B 的权重和 1，再加上当前点对应的路径权重 2，即 w=1+2=3。

如果之前走的路径是 A→F，则此时的第 3 个点为 G，只有一条路径，即 A→B→G，对应的权重和为 1+3=4。

此时计算 A→F→G 路径的权重和不需要从 A 点出发重新计算，只需要在已知路径的权重和列表 pre_w 中找到之前的路径 A→F 的权重和 1，再加上当前点对应的路径权重 3，即 w=1+3=4。

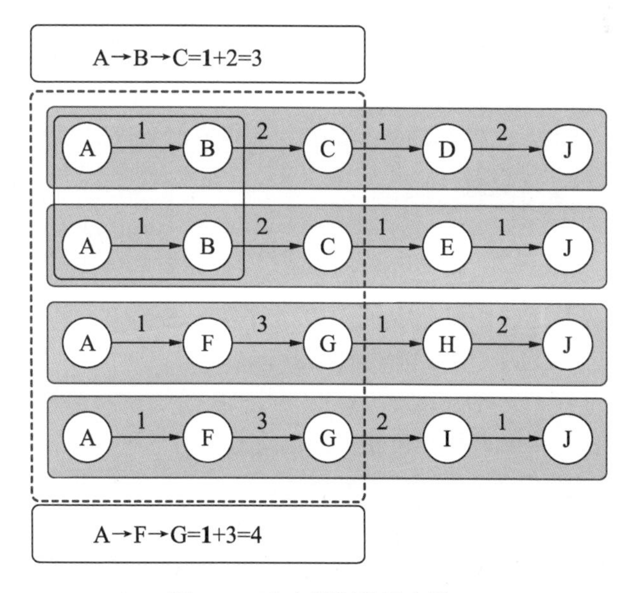

图 5.23　动态规划思想应用 2

同理，将路径 A→B→C 与路径 A→F→G 对应的权重添加到已知路径权重和列表 pre_w

中，即[[A,B,1], [A,F,1], [A,B,C,3], [A,F,G,4]]]。

至此，我们发现，在第 2 层路径计算中，当前点的选择有两个：一个是选择 C 点作为当前点，对应的现有路径权重和为 3；另一个是选择 G 点作为当前点，对应的现有路径权重和为 4。

此时就涉及动态规划。算法需要遵循一个规则并做出下一步选择。如何灵活地设计算法在此时的选择，就是动态规划。

例如，此时至少有以下 3 种方案可供选择：

- 当出现不同的权值时，选择权重大的路径往下走。
- 当出现不同的权值时，选择权重小的路径往下走。
- 当出现不同的权值时，随机选择一条路径往下走。

显然，此时无法判断后续权重大的路径是否会对应权重小的点，或者权重小的路径是否会对应权重大的点。但是第 2 个方案满足贪心思想，对目前的选择而言是最优的。

因此在上述 3 种方案中，如果求路径之和最小，则应该优先选择 2>3>1。如果求路径之和最大，则应该优先选择 1>3>2。

针对上述问题，此处选择方案 2 作为固定指导策略，即应用动态规划思想中的确定性策略进行算法设计。

然后来到第 3 层，有 4 点连接，如图 5.24 所示。

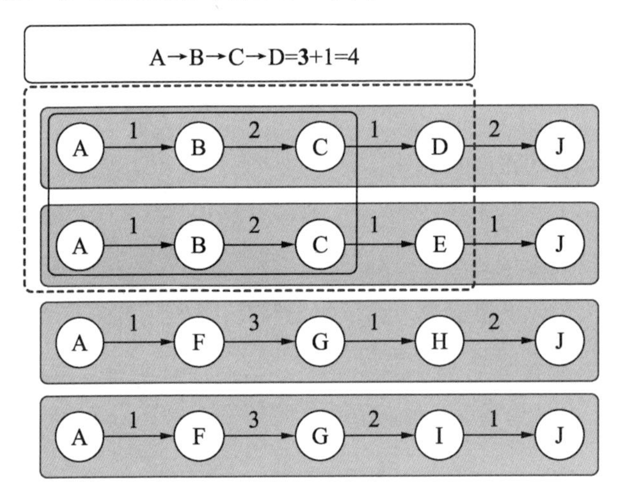

图 5.24　动态规划思想应用 3

如果之前走的路径是 A→B→C，则此时第 4 个点为 D 或 E，有 2 条路径，即 A→B→C→D 和 A→B→C→E，对应的权重和都为 1+2+1=4。

此时计算路径 A→B→C→D 和路径 A→B→C→E 的权重和都不需要从 A 点出发重新计算，只需要在已知的路径权重和列表 pre_w 中找到之前的路径 A→B→C 的权重和 3，再加上当前 D 点对应路径的权重 1 和当前 E 点对应路径的权重 1，即 $w1=3+1=4$，$w2=3+1=4$。

同理，将路径 A→B→C→D 和路径 A→B→C→E 对应的权重添加到已知路径权重和列表 pre_w 中，即[[A,B,1],[A,F,1],[A,B,C,3],[A,F,G,4]],[A,B,C,D,4], [A,B,C,E,4]]。

此时，算法的执行又遇到了另一个决策问题，即如果在当前的可选路径中存在相同权重和的多条路径，那么应该怎么选择当前的点呢？

例如，在图 5.24 中，路径 A→B→C→D 和路径 A→B→C→E 对应的权重和都是 4，那么当前点应该选择 D 点还是 E 点呢？

此时，再引入 3 个策略方案：

- 当出现相同的权重和时，选择权重的第一条路径往下走。
- 当出现相同的权重和时，选择权重的最后一条路径往下走。
- 当出现相同的权重和时，随机选择权重的一条路径往下走。

显然，以上 3 种方案的执行效果几乎是一样的，因为无法确定当前的路径是否为最优的选择。

上面的 3 个方案的主要区别在于，方案 1 和方案 2 都是确定性策略，而方案 3 是随机性策略。这再一次体现了动态规划思想实事求是的核心。这里可以随机在上述 3 个方案中选择一个方案。

至此，为了算法的顺利执行，已经引入了两种策略方案，这就是动态规划思想体现的“动态地规划算法的执行路线”。

假设此时继续选择方案 2 对应的策略，那么将获得的路径是 A→B→C→E→J，对应的权重和为 w=4+1=5，显然这是最优的路径。

如果选择的是方案 1，那么获得的路径是 A→B→C→D→J，对应的权重和为 w=4+2=6，虽然不是最优的路径，但也是次优解。

回顾刚开始的 A→B 与 A→F 的选择，显然两者路径权重相同，但我们选择的是第一条路径，所以刚开始路径的选择策略应该为上述 3 个方案中的方案 1 或者方案 3。

由此可见，在动态规划思想中，不同的策略对算法的最终执行结果可能会造成不同的影响，但是可以追求当前最优结果。因此动态规划算法一般与分治思想和贪心思想相关。

此外，在动态规划思想中，之前的执行步骤对应的结果如上述实例中的权重和，会作为新增的已知信息被保存并提供给后续操作参考或使用。另外，在算法执行过程中会可能返回修改已有的信息，因此动态规划算法一般也与递归思想相关。

动态规划思想解决的思路是结合当前步骤的具体情况进行相应的最合理的判断与选择。

下面结合上述分析，通过具体的代码来理解动态规划算法的原理与实现过程。

代码实现：

```
import random
# 动态规划算法
def dynamic_plan(points, points_table):
    # 选择连接节点的列表
    selected_poinst = []
    # 定义获取两两连接关系的函数
    def level_link():
        keep_while = True
        i = 0
        while keep_while:
            # 定义当前层的连接列表
            level_i = []
            print('\n 当前分析层为第'+str(i+1)+'层')
            # 获取下一节点对应的行
```

```
            if i == 0:
                # i=0 则直接是第 0 行
                next_line = points_table[0]
            else:
                # 否则，根据 selected_poinst 最后一位元素选择
                next_line = points_table[selected_poinst[-1][0]]
            # 遍历下一行的元素列表，获取有效的下一行索引
            for r_i in range(len(next_line)):
                r_it = next_line[r_i]
                if r_it != 0:
                   level_i.append([r_i, r_it])
            # 输出下一行的元素列表
            print(f'下一行的元素列表：{level_i = }')
            if level_i != []:
                # 判断，如果下一行的元素列表不为 1，则说明有多个连接点
                if len(level_i) > 1:
                    # 判断下一行的元素列表中的元素是否全部相同
                    all_equ = True
                    for it in level_i:
                        if it[1] != level_i[0][1]:
                            all_equ = False
                    # 进行动态规划的不同策略的定义
                    # 如果第 i+1 层连接权重都相等：
                    if all_equ:
                        # 如果当前层是第 2 层或者第 3 层，则取列表中的最后一个路径作为新
                          路径
                        if i in [1, 2]:
                            selected_poinst.append(level_i[-1])
                        # 如果当前层是第 1 层，则取列表中的第一条路径作为新路径
                        else:
                            selected_poinst.append(level_i[0])
                    else:
                        # 否则，随机选择一条路径
                        selected_poinst.append(level_i[random.randint
[0, len(level_i)]])
                else:
                    # 判断，如果下一行的元素列表为 1，则说明有多个连接点
                    selected_poinst.append(level_i[0])

                print(f'当前已有的选择点列表：{selected_poinst = }')
                i += 1
            else:
                keep_while = False
                return selected_poinst
    selected_poinst = level_link()
    print(f'\n 最终的选择点列表为{selected_poinst = }')

    # 根据节点集合输出连接路径与权重和
```

```
    all_w = 0
    all_link = points[0] + '->'
    for p_w_i in range(len(selected_poinst)):
        p_w = selected_poinst[p_w_i]
        if p_w_i != len(selected_poinst)-1:
            all_link += points[p_w[0]] + '->'
        else:
            all_link += points[p_w[0]]
        all_w += p_w[1]

    print(f'\n 输出连接路径为{all_link = }')
    print(f'各连接点的权重之和为{all_w = }')

# 测试
# 定义各节点集合
points = ['A', 'B', 'C', 'D', 'E', 'F', 'G', 'H', 'I', 'J']
# 通过二维表定义各个点之间的连通状态与权重
points_table = [
    # A B C D E F G H I J
    [0, 1, 0, 0, 0, 1, 0, 0, 0, 0], # A
    [0, 0, 2, 0, 0, 0, 0, 0, 0, 0], # B
    [0, 0, 0, 1, 1, 0, 0, 0, 0, 0], # C
    [0, 0, 0, 0, 0, 0, 0, 0, 0, 2], # D
    [0, 0, 0, 0, 0, 0, 0, 0, 0, 1], # E
    [0, 0, 0, 0, 0, 0, 3, 0, 0, 0], # F
    [0, 0, 0, 0, 0, 0, 0, 1, 2, 0], # G
    [0, 0, 0, 0, 0, 0, 0, 0, 0, 2], # H
    [0, 0, 0, 0, 0, 0, 0, 0, 0, 1], # I
    [0, 0, 0, 0, 0, 0, 0, 0, 0, 0] # J
]
dynamic_plan(points, points_table)
```

输出：

```
当前分析层为第 1 层
下一行的元素列表：level_i = [[1, 1], [5, 1]]
当前已有的选择点列表：selected_poinst = [[1, 1]]

当前分析层为第 2 层
下一行的元素列表：level_i = [[2, 2]]
当前已有的选择点列表：selected_poinst = [[1, 1], [2, 2]]

当前分析层为第 3 层
下一行的元素列表：level_i = [[3, 1], [4, 1]]
当前已有的选择点列表：selected_poinst = [[1, 1], [2, 2], [4, 1]]

当前分析层为第 4 层
下一行的元素列表：level_i = [[9, 1]]
当前已有的选择点列表：selected_poinst = [[1, 1], [2, 2], [4, 1], [9, 1]]
```

```
当前分析层为第 5 层
下一行的元素列表：level_i = []

最终的选择点列表为 selected_poinst = [[1, 1], [2, 2], [4, 1], [9, 1]]

输出连接路径为 all_link = 'A->B->C->E->J'
各连接点的权重之和为 all_w = 5
```

5.7 迭代算法思想

迭代法也称辗转法，就是层层迭代，本层的输出将会作为下一次层的输入。通过不断地由旧变量计算而迭代新变量，使得算法的结果不断地逼近所求值。在迭代法中，旧值被新值更新迭代是在同一个计算过程中，即重复执行相同的步骤，使得获取的新值不断地逼近直至达到所求值的过程。根据迭代法获取结果的精确程度，可以将迭代分为精确迭代和近似迭代。迭代算法在人工智能领域的机器学习中有广泛应用。

5.7.1 迭代的原理

迭代算法就是不断地通过更新旧参数或者旧值来逼近所求的目标值，直至获取算法所求结果的过程。

迭代的核心就是重复执行，因此迭代算法与循环设计紧密相连。

迭代操作可以简单理解为：不断地在旧的基础上进行相同步骤的调优，以获得新的更好的结果。

因此，迭代操作有一个特点，即重复执行的操作步骤是相同的。

如图 5.25 所示，使用 ei (i=0, 1, 2, 3)表示第 i 次执行后的执行结果与所求目标结果的逼近度，使用 in_i (i=0, 1, 2, 3)表示第 i 次执行的输入，使用 out_i (i=0, 1, 2, 3)表示第 i 次执行的输出，使用 op 表示每次执行的相同步骤。

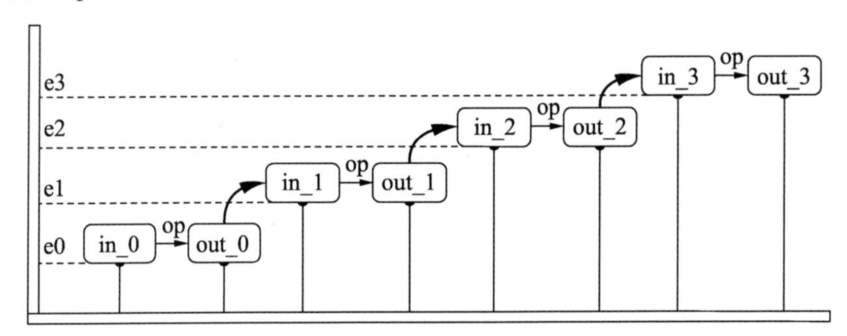

图 5.25　迭代的基本原理示意

通过分析可知，第 i 次执行的输出将作为第 i+1 次执行的输入。

具体的迭代实现是不断地将本次执行的输出结果作为下一次执行的输入，同时每次执行都使用相同的执行步骤，不断地更新算法获取的输出结果值 ei，使得 ei 不断逼近所求的目的值。

在每次迭代执行的步骤中，op 遵循相同的迭代公式进行相似的操作。

5.7.2　用迭代算法求平方

牛顿迭代法是数学中的一个重要的方法，由牛顿提出，主要用于求方程的近似根。牛顿迭代法可以用于迭代地求某个数的平方根，在计算机算法设计领域也有广泛应用。

使用牛顿迭代法求解某数 N 的平方根，遵循的迭代公式如下：

$$X_{n+1}=\frac{\left(X_n+\dfrac{N}{X_n}\right)}{2}$$

下面基于上述迭代公式，分析迭代的原理与实现过程。

使用牛顿迭代法求平方时，至少要进行两次迭代公式的运算。

如图 5.26 所示，假设使用牛顿迭代法求数 N 的平方。首先设置一个相减界限值 e。然后通过迭代公式分别求得第 1 次的迭代结果 X_n+1 与第 2 次的迭代结果 X_n+2。

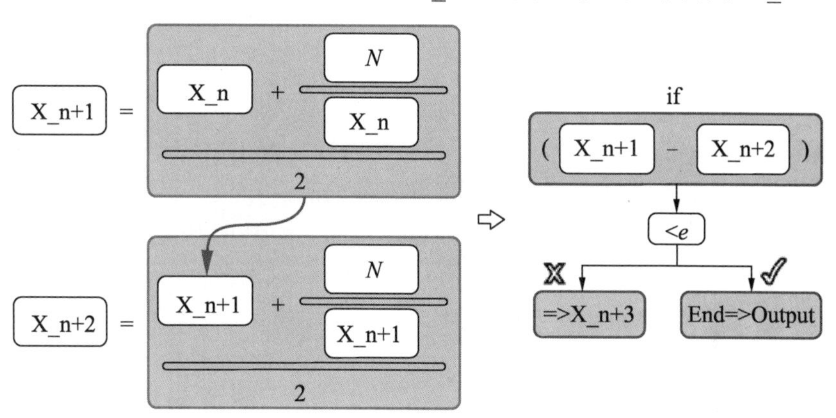

图 5.26　牛顿迭代法求平方

然后使用 X_n+1 减去 X_n+2，判断其差是否小于 e。如果小于 e，则结束迭代，输出平方根 X_n+2。如果不小于 e，则继续计算 X_n+3，重复上述步骤，直至推出迭代条件满足，即 $X\_n+1-X\_n+2<e$。

下面结合上述分析，通过具体的代码来理解迭代算法的具体应用与实现过程。

代码实现：

```
# 迭代算法
def iteration(N, e):
    Xn = N/2
    while True:
        Xn1 = (Xn + N/Xn)/2
        if abs(Xn - Xn1) < e: break
        Xn = Xn1
    print(str(N)+'的近似平方根为：'+str(Xn1))
```

```
# 测试
N = 9
e = 0.001
for i in range(1, 10):
    N = i
    iteration(N, e)
```

输出：

```
1 的近似平方根为：1.0000000464611474
2 的近似平方根为：1.4142135623746899
3 的近似平方根为：1.7320508100147274
4 的近似平方根为：2.0
5 的近似平方根为：2.2360679779158037
6 的近似平方根为：2.4494897959183675
7 的近似平方根为：2.6457513110646933
8 的近似平方根为：2.8284271247493797
9 的近似平方根为：3.0000000000393214
```

5.8 回溯算法思想

回溯思想的方法体现称为回溯法。回溯思想通常基于深度优先算法实现其主要应用与路径规划和路径搜索相关。回溯思想对应的回溯法也称为试探法。与使用穷举的枚举思想不同，回溯思想侧重的是不断尝试深度探索并逐步前进，如果不行则退回到上一步最近的岔口，换另一条路前进。相对于贪心思想而言，回溯思想侧重搜索的全面性，因此更容易找到最优解。

5.8.1 回溯的原理

所谓回溯，就是原路返回。回溯思想的原路返回是返回上一个触发岔口，而不是直接返回到触发点。因此回溯思想是通过深度优先算法来实现的。

如果将某个问题的所有求解路径够长的空间或者结合称为解空间，则对于解空间中的众多求解路径而言，回溯思想通过不断地前进与后退，再换方向前进的策略，遍历整个解空间，从而必定能找到问题对应的最优解。

在前面章节中已经讲述了深度优先算法与广度优先算法的异同点。如图 5.27 所示，（a）图展示的是深度优先算法的搜索过程，（b）图展示的是广度优先算法的搜索过程。

在图 5.27 中，使用数字 1、2、3、4、5、6 表示搜索的步骤顺序。同时用灰色弯箭头表示深度优先算法的方向变化，用灰色直箭头表示广度优先算法的方向变化。由此可见，在深度优先算法中具有明显的返回性的方向改变，即回溯。

上述过程可以添加层的概念来辅助理解。图 5.27（a）与图 5.27（b）都可以按照节点所在的行分为 4 层，1～4 层用集合可表示为[A],[B,G],[C,F],[D,E]。

由图 5.27 可知，深度优先算法在方向改变时会返回上一层的操作，而广度优先算法是先遍历完本层再前往下一层，不会返回上一层。

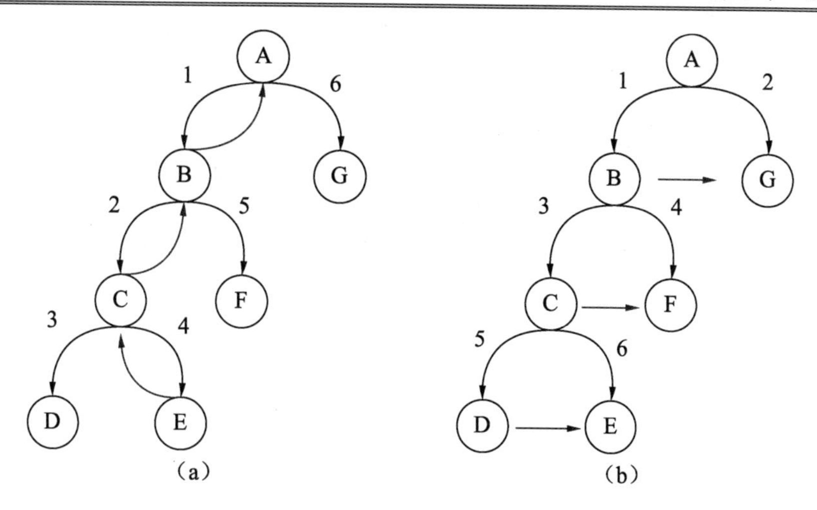

图 5.27　深度优先与广度优先策略

因此，深度优先算法中的返回与回溯思想的返回有密切的对应关系。而在实际的算法设计中，出现“不行则返”的设计构思，就是应用了回溯思想。

5.8.2　用回溯算法求八皇后问题

八皇后问题是回溯算法的经典应用之一。

要了解八皇后问题，先要了解八皇后问题的定义：如图 5.28 所示，现在有一个长和宽为 N=8 的棋盘，要求往里面放入 N=8 个皇后（用笑脸表示），使得这 N=8 个皇后所放的位置在水平线(L3,L7)、竖直线(L1,L5)与两对角线(L2,L6,L4,L8)上不相交。

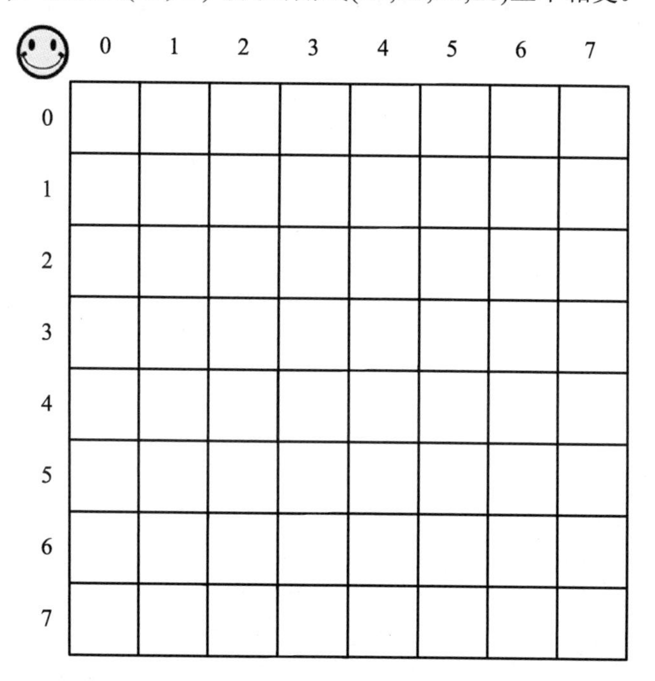

图 5.28　八皇后问题棋格

如图 5.29 所示，当棋盘上放了一个棋子后，对应的灰色格子将被该棋子辐射，其他棋子只能放在尚未辐射的白色格子上。任意一个棋子都可以向四周辐射八条射线，从而形成辐射区。

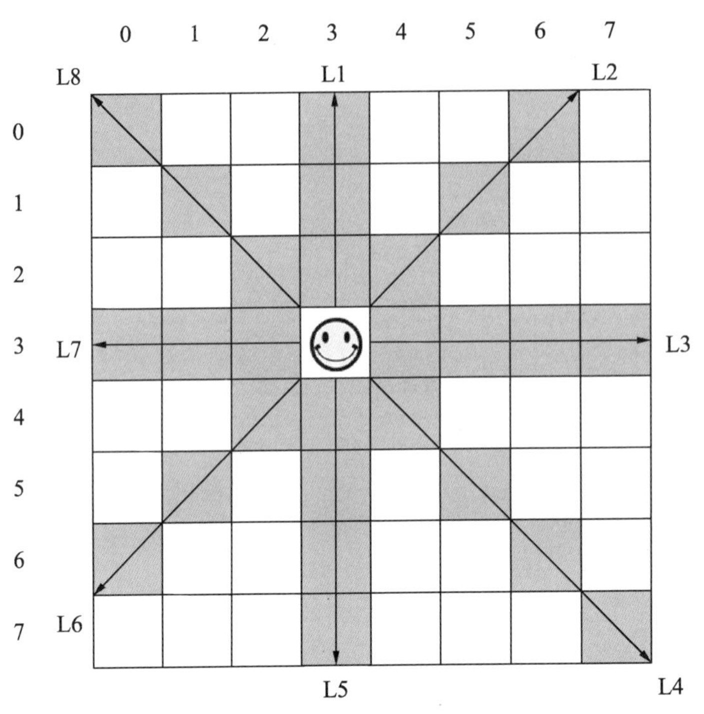

图 5.29　棋子八个方向的八条射线

如图 5.30 所示，由于八皇后问题求解步骤比较多，过程比较复杂，所以这里只列出一种解法作为展示。

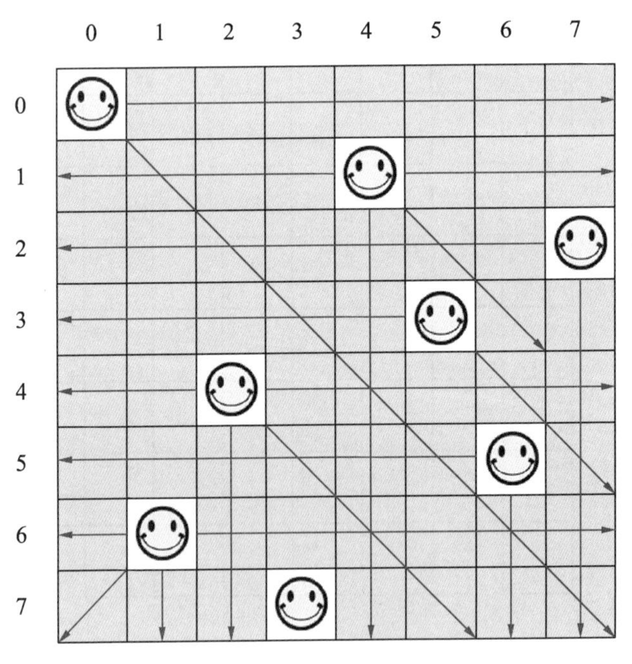

图 5.30　八皇后问题的一种首位解

从图 5.30 中我们还发现，如果棋盘中存在的八个棋子构成了满足条件的布局，棋盘中的非棋子的位置都变成灰色。说明八皇后的解是一个确定分布的解，不可再多一个棋子，也不缺少一个棋子。

如果将图 5.30 中的每个棋子的八条射线都绘制出来，将得到如图 5.31 所示的结果。从图 5.31 中可知，任意一个棋子的八条射线，都不会与其他的棋子相交。

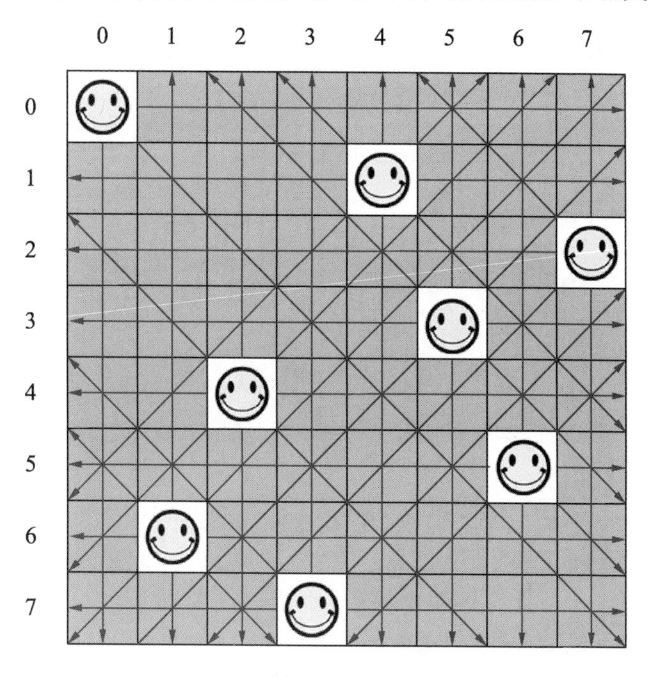

图 5.31　八皇后问题解的全辐射

由于八皇后问题求一个解的过程过于复杂，所以为了方便阐述其原理，下面引入四皇后问题进行逐步讲解。

八皇后问题与四皇后问题都是属于 N 皇后问题的范畴，因此理解四皇后问题对理解八皇后问题具有重要的意义。

如图 5.32 所示，四皇后问题是指将四个皇后棋子（依然使用笑脸表示）按照相互不辐射的分布，摆在一个 4×4 的棋盘中。

注意，与八皇后问题相同，四皇后问题中的每个棋子都遵循如图 5.29 所示的八条射线独占规则。同理，N 皇后问题也应该遵循这个规则。

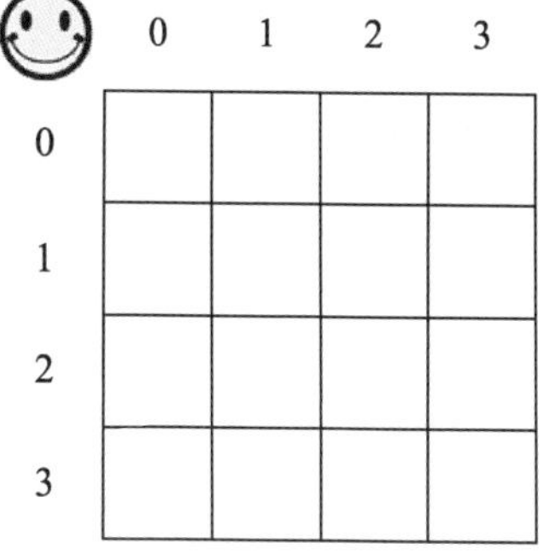

图 5.32　四皇后问题棋盘

下面通过一个具体的实例，即当第一个棋子在(0,0)位置时（这里使用(r,c)坐标表示棋子所在的棋格为 r 行 c 列），其是否对应有四皇后问题的一个可行解，如果对应，则求其解的具体分布。

如果在坐标(0,0)处放置第一个棋子，则该棋子将立即辐射八条射线，最终形成的禁止区域如图 5.33（a）的灰色格子所示，只剩下[(1,2),(1,3),(2,1),(2,3),(3,1),(3,2)]这 6 个白色留空棋格。

按照顺序选择的原理，选择第一个棋格坐标(1,2)作为下一个棋子的落子点。当将第 2 个棋子放在(1,2)格子上时，对应的禁止区域如图 5.33（b）的灰色格子所示。

此时观察到，图 5.33（b）中的第 2 行已经全部为灰色格子，证明该行已经无法再被放置其他棋子。

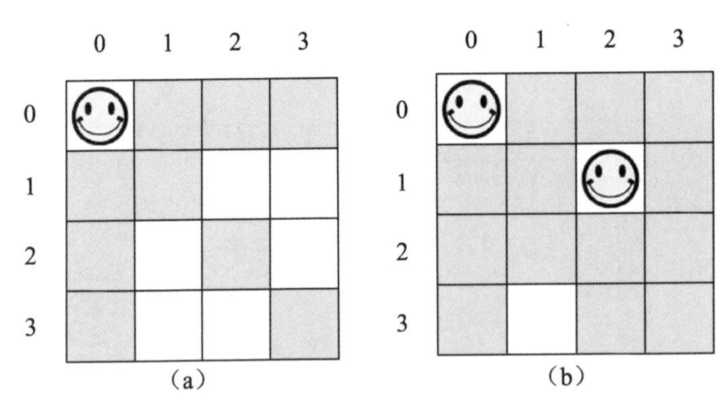

图 5.33　四皇后问题实例求解 1

根据 N 皇后的问题可以推出，在解决 N 皇后问题时，棋盘的每行或每列有且只有一个棋子。如果某一行没有棋子，那么另外一行必然会多出一个棋子，显然不满足棋子的八条射线相互独立不干扰的原则，因此棋盘的任意一行上只能有一个棋子，同理应用于列。

另外，根据这个规则，我们还可以提前判断某棋子下子之后，后面的步骤是否还有继续的意义。即，如果某一行上存在两个棋子，则当前方向错误，需要返回到上一个分支路口，这里体现的就是回溯。

例如，如果图 5.33（b）中的(1,2)棋子的位置错误，即第 2 行落子错误，则需要重新回到第 2 行选择其他位置落子。

如图 5.34（a）所示，回到第 2 行后，在可供选择落子的坐标列表[(1,2),(1,3),(2,1),(2,3),(3,1),(3,2)]中，顺序选择除了之前选择过的坐标(1,2)以外的其他坐标，即之前坐标的后一个坐标(1,3)。

然后按照八条射线辐射原理，最终得到图 5.34（a）所示的禁止区域，发现还剩下两个白色留空格子，即满足条件：剩余可落格子的个数等于未下子的行数。

结合前面的分析可知，在 N 皇后问题中，如果当前方式是可行的，则需满足剩余可落格子的个数大于或等于未下子的行数。

在上述分析中引入了一个加速判断定理，即：如果在 N 皇后问题的解中，剩余可落格子的个数小于未下子的行数，则当前方向不可行，需要回溯。

另外，通过分析图 5.34（b）可知，如果在剩余的格子中存在对角线相遇的两个以上的格子，则当前方向不可行，如图 5.34（a）的(2,1)与(3,2)。

此处的分析中又可以引入另一个加速判断定理，即：在 N 皇后问题的解中，如果在剩余的格子中存在对角线相遇的两个以上的格子，则当前方向不可行，需要回溯。

上述定义的证明很简单，假设将下一个落子放在两个对角线相遇的其中一个格子上，那么下次在另外一个格子上落子时，必定会产生与之前落子的格子相遇的八条射线，即不符合 N 皇后问题的落子规定。

如图 5.34（b）图即为（a）图所示的落子在(2,1)坐标位置上形成的第 3 行全部为灰色禁止区域。

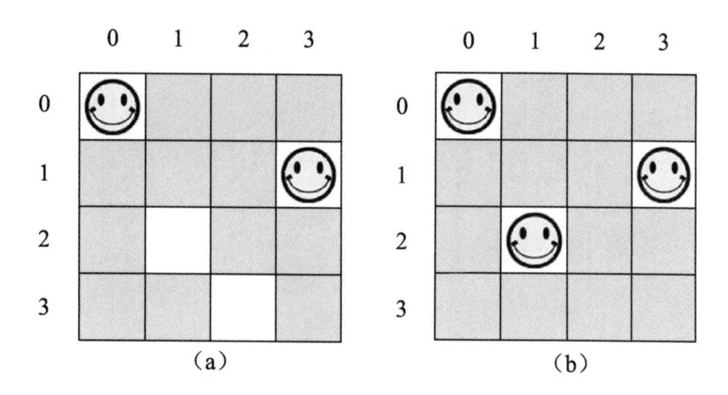

图 5.34　四皇后问题实例求解 2

因此，结合上述分析，又可以引入一个加速判断定理，即：如果在 N 皇后问题的解中，当前落子使得某一行中的可落子格子的个数为 0，即该行全部变灰，成为禁止区域，则当前方向不可行，需要回溯。

上述定理对应我们之前讨论过的一个定理：在 N 皇后问题的落子解中，每行必须有且有一个落子。

如图 5.35（a）所示，由于第 0 行的(0,0)格子，在下一行即第 1 行对应的可行子格子只有两个，即(1,2)和(1,3)。

如图 5.34（b）所示，如果第 0 行在当前行（第 1 行）的所有的格子即(1,2)和(1,3)对应的路径都无法走通，则上一行的棋子的落子坐标(0,0)是错误的。

然后回溯到上一行（第 0 行），该行对应的可选落子坐标列表为[(0,0)，(0,1),(0,2),(0,3)]，顺序选择下一个坐标(0,1)，继续进行下一行落子搜索。

如图 5.35（b）所示，上一行落子(0,1)对应的下一行可选落子坐标只有(1,3)，所以第 1 行直接落子在(1,3)。落子在(1,3)格子上后，下一行的可选落子坐标只有(2,0),因此，下一行也只能落子在(2,0)格子上。

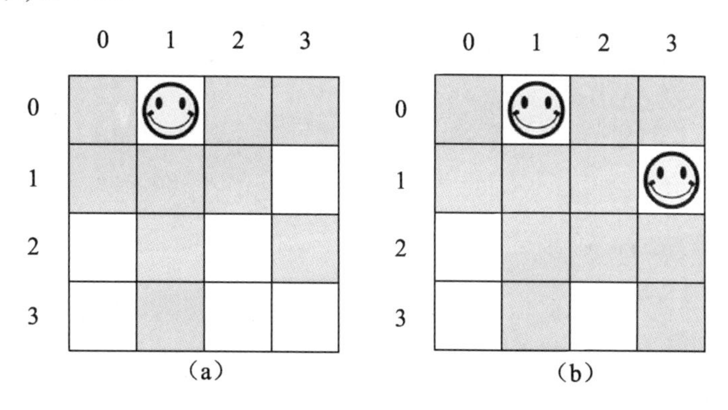

图 5.35　四皇后问题实例求解 3

如图 5.36 所示，在第 2 行落子在(2,0)格子上后，对应的下一行的可选落子坐标只有(3,2)，因此，第 3 行直接落子在(3,2)格子上。

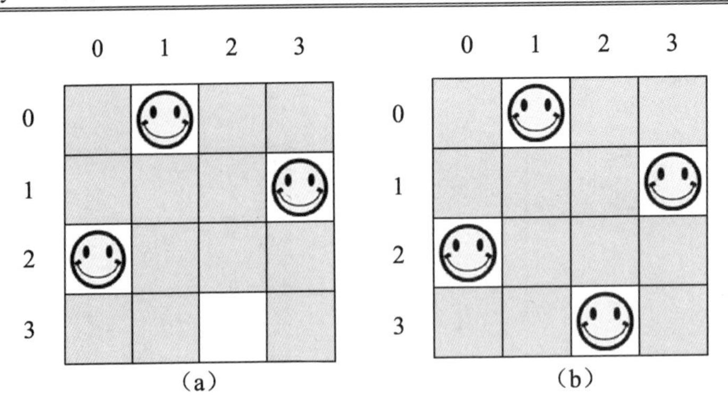

图 5.36　四皇后问题实例求解 4

此时已经完成了 4 个落子，每个落子都在互异的一行，而且不同落子之间不存在八条射线干扰问题，所以本次的四皇后问题得到一个解。

通过上述分析可知，四皇后问题在开头坐标为(0,0)路径上落子无法得解，在开头坐标为(0,1)的路径上落子可得一解。

在 *N* 皇后问题中，可以存在一个或多个解。上面为了方便讲述，只选择了一个开头坐标为(0,1)的解进行讲解。

注意，在 *N* 皇后问题中同一个开头可以有多种解。每种解都必须且只能包含 *N* 个棋子，而且一行中只能存在一个棋子。

对四皇后问题的分析与理解，有助于我们对 *N* 皇后问题的理解，这就是算法设计中的类比思想。类比思想比较简单，读者可以自行理解。

下面将结合上述实例与分析，通过具体的代码实现求解 *N* 皇后问题的各种解答方案。

代码实现：

```
# 回溯算法
# 打印当前的棋盘落子情况
def print_board(count):
    global board
    print('第'+str(count)+'种成功落子方案为：')
    # 逐行打印，有落子为 i，无落子为 o
    for r in board:
        c_line = ''
        for c in r:
            if c == 0: c_line+=' o '
            elif c == 1: c_line+=' i '
        print(c_line)
    print()


# 判断在当前位置 r_c 上落子是否会造成冲突
def if_not_conflict(n, r_c):
    global board
    # 此处代码就是采用回溯思想
    # 即往前面看是否存在冲突
    # 查看当前列是否有落子
```

```
    for r in range(n):
        if board[r][r_c[1]] == 1:
            return False
    # 查看之前行在当前位置的左上角对角线上是否有落子
    for r_ind, c_ind in zip(range(r_c[0]-1, -1, -1), range(r_c[1]-1, -1, -1)):
        if board[r_ind][c_ind] == 1:
            return False
    # 查看之前行在当前位置的右上角对角线上是否有落子
    for r_ind, c_ind in zip(range(r_c[0]-1, -1, -1), range(r_c[1]+1, n)):
        if board[r_ind][c_ind] == 1:
            return False
    return True


# 下棋主函数
# 在 r 行 n 列落子
def play_chess(r, n):
    # 如果成功落子第 r 行，则说明当前的解决方案正确
    if r == n:
        global count
        # 成功落子完成，方案计数加 1
        count+=1
        # 输出当前解决方案的落子图示
        print_board(count)
        return

    # 如果未成功落子第 n 行，则继续落子
    for c in range(n):
        # 遍历各列，判断在落子行的当前列落子是否冲突
        if if_not_conflict(n, [r, c]):
            # 如果不冲突就直接落子
            board[r][c] = 1
            # 递归调用，判断并落子下一行
            play_chess(r+1, n)
            # 递归完后，未落子的其他区域补 0
            board[r][c] = 0
        # 如果冲突则忽略
        else: pass


# 测试
# 解决方案计数
count = 0
# N 皇后问题的 N
n = 4
# 初始化棋盘
board = [[0 for i in range(n)] for i in range(n)]
# 从第 0 行开始下棋
```

```
play_chess(0, n)
print(f'解决方案总计数为：{count = }')
```

输出：

```
第 1 种成功落子方案为：
 o  i  o  o
 o  o  o  i
 i  o  o  o
 o  o  i  o

第 2 种成功落子方案为：
 o  o  i  o
 i  o  o  o
 o  o  o  i
 o  i  o  o

解决方案总计数为：count = 2
```

如果想直接使用前面的方法设计回溯算法，可以参考下面给出的一些相关的辅助函数代码。

代码实现：

```
# 回溯算法辅助函数
# 判断表中的某行是否全为某个特定的数
def if_r_all_a(table,r,a):
    all_is = True
    for r_it in table[r]:
        if r_it != a:
            all_is = False
    return all_is


# 计算二维表中等于某个数值的 a 的元素个数
def count_a(atable, a):
    count = 0
    for row in atable:
        for it in row:
            if it == a:
                count+=1
    return count


# 判断列表中的棋子是否全呈对角线分布
def if_all_diagonal(alist):
    print(f'{alist = }')
    all_diagonal = True
    for i in range(1, len(alist)):
        now_it = alist[i]
        pre_it = alist[i-1]
```

```
        if pre_it[0]+1 != now_it[0] or pre_it[1]+1 != now_it[1]:
            all_diagonal = False
            break
    return all_diagonal


# 输出在n×n棋盘中，坐标为(r,c)的落子对应的所有辐射禁止区域的格子坐标
def forbid_grids(n, r_c):
    [r, c] = r_c
    fb_grid_list = []

    # 添加左上角元素
    for i in range(0, r):
        if c-i >= 0:
            fb_grid_list.append([r-i, c-i])
        else: break
    # 添加左下角元素
    for i in range(r+1, n):
        if c-(i-r) >= 0:
            fb_grid_list.append([i, c-(i-r)])
        else: break

    # 添加右上角元素
    for i in range(0, r):
        if c+i+1 < n:
            fb_grid_list.append([i, c+i+1])
        else: break
    # 添加右下角元素
    for i in range(r+1, n):
        if c+(i-r) < n:
            fb_grid_list.append([i, c+(i-r)])
        else: break

    # 添加正上方元素
    for i in range(0, r):
        fb_grid_list.append([i, c])
    # 添加正下方元素
    for i in range(r+1, n):
        fb_grid_list.append([i, c])

     # 添加正左方元素
    for i in range(0, c):
        fb_grid_list.append([r, i])
    # 添加正右方元素
    for i in range(c+1, n):
        fb_grid_list.append([r, i])

    # 加上棋子自身坐标
```

```
    fb_grid_list.append([r,c])
    return fb_grid_list


# 根据当前禁止区域棋子的坐标列表获取非禁止区域棋子的坐标列表
def able_grids(n, fb_grid_list):
    able_grid_list = []
    for i in range(n):
        for j in range(n):
            if [i, j] not in fb_grid_list:
                able_grid_list.append([i, j])
    return able_grid_list
```

5.9 模拟算法思想

模拟算法，即将算法问题的需求或者条件等通过文字或数学关系或表示出来。因为计算机算法最终是通过程序来实现的，所以结合具体的编程语言的特性，将算法问题的需求表示出来就是侧重于模拟算法。模拟算法在化繁为简，将抽象问题转为具体问题的实现上具有重要的作用。例如，常见的有使用伪随机数生成模拟随机数，使用多维列表来表示多维数组关系等。

5.9.1 模拟的原理

一般使用模拟思想的原因是算法问题比较复杂，通过模拟算法进行简化表达或者加速计算。

模拟思想没有固定的算法逻辑或者实现方法，侧重的是一种通用的方法论。模拟思想的基本目的是将算法问题中抽象、复杂的需求或者条件，通过简明的方式来实现。

如图 5.37 展示的就是模拟思想的示意。

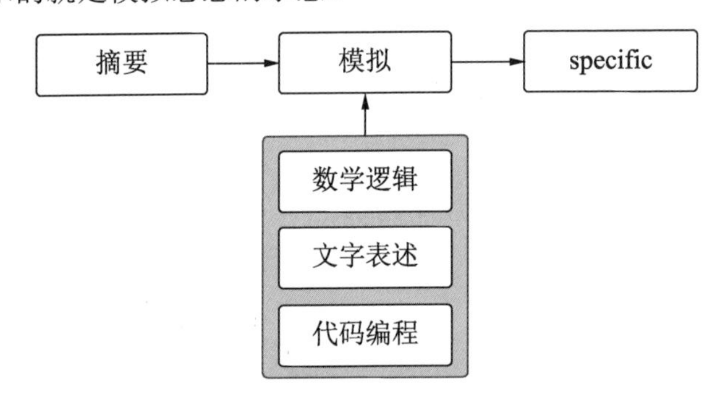

图 5.37　模拟思想示意

在图 5.37 中，模拟思想在将算法问题由抽象转化为具体的表达关系时，借助的主要方法有 3 种：数学逻辑文字表述及代码编程。并不是说只能借助这 3 种方法，通过其他合理的方法也可以实现模拟思想。

5.9.2　用一维列表模拟一维关系

在进行算法设计时，经常要处理有多个点构成的一维关系。这些数据点通常具有时间顺序或者排序关系，因此很适合使用编程中的列表变量类型来实现，即用一维列表模拟一维关系。

假设有多点：A、B、C、D、E、F、G、H、I、J。这多个点具有前后相连或者能够构成一个集合的关系。可以通过图 5.38 所示的下层框的相连模式来表示上层框的原始数据。

进一步，可以将一维关系通过一维列表来表示，如图 5.39 所示。

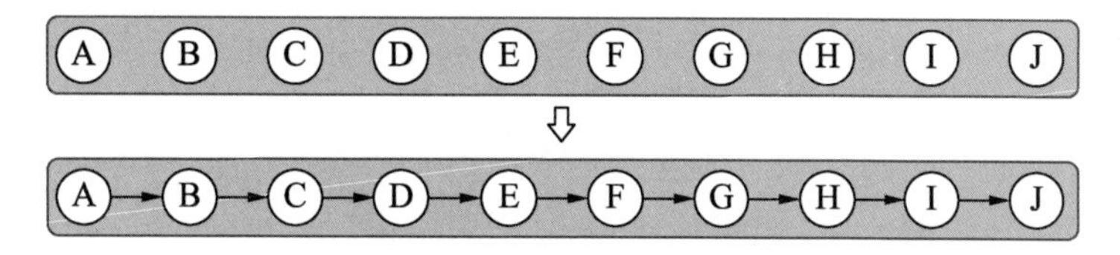

图 5.38　多点构成的一维关系

如图 5.39 所示，在由一维关系转为一维列表的过程中，一维关系中的各个点包含的数据量，通过一维列表对应位置的元素值来表示。例如，假设 A 点的原数据量为 0，那么对应的一维列表中该位置的值就为 0。

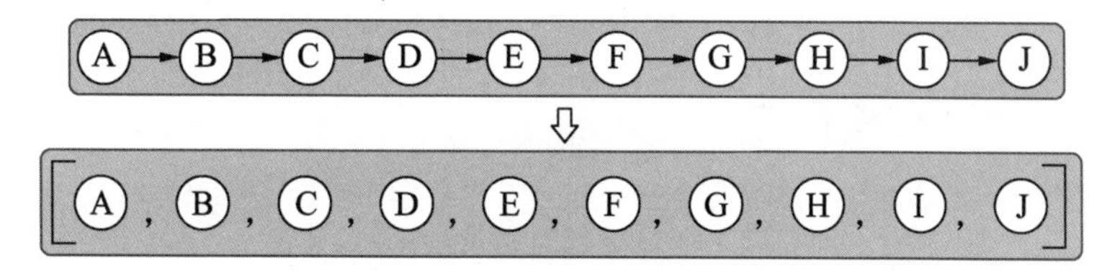

图 5.39　由一维关系转为一维列表

使用一维列表表示一维关系，在具有前后相连的数据点集合中经常使用。

同理，通过 N 维列表可以表示 N 维关系。

5.9.3　用二维列表模拟二维关系

二维关系在算法问题中经常使用。如果说多点的一维关系指多点之间前后相连的关系，那么二维关系就是指多点之间的互相关系。

一维关系侧重的是多点成线，而二维关系侧重的是多点成面。

如图 5.40 所示，有多点：A、B、C、D、E、F、G、H、I、J。这几个点构成两两相互连接的二维关系。

假设不使用二维列表而是使用一维列表来表示二维关系，上述关系如图 5.41 所示，即需要使用多个一维列表来表示二维关系。这显然是不够便捷的。

在图 5.41 中，多个一维列表中都含有相同的元素点，因此可以将多个一维列表合并，从而组合成二维列表，以消除重复的元素，这样可以更加直观地表示多点之间的相互关系。

如图 5.42 所示，设置行与列同为多点的二维列表。然后用行坐标表示两点相连的开始点，用列坐标表示两点相连的结束点。

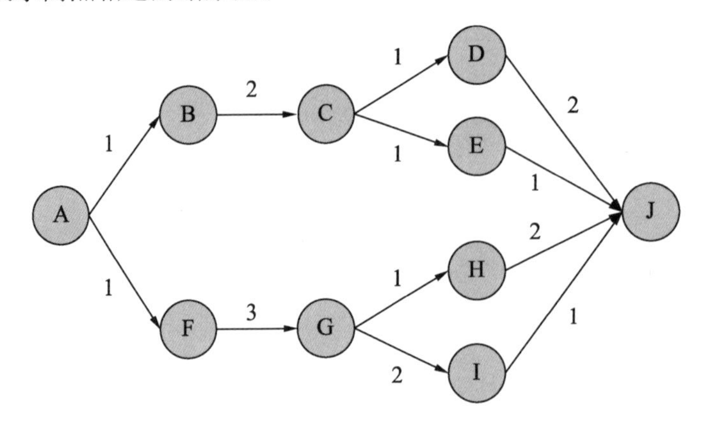

图 5.40　由多点构成的二维关系

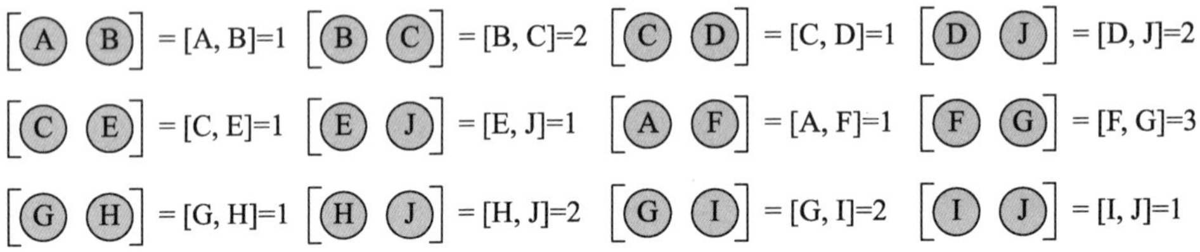

[A B] = [A, B]=1　[B C] = [B, C]=2　[C D] = [C, D]=1　[D J] = [D, J]=2

[C E] = [C, E]=1　[E J] = [E, J]=1　[A F] = [A, F]=1　[F G] = [F, G]=3

[G H] = [G, H]=1　[H J] = [H, J]=2　[G I] = [G, I]=2　[I J] = [I, J]=1

图 5.41　由多个一维列表表示二维关系

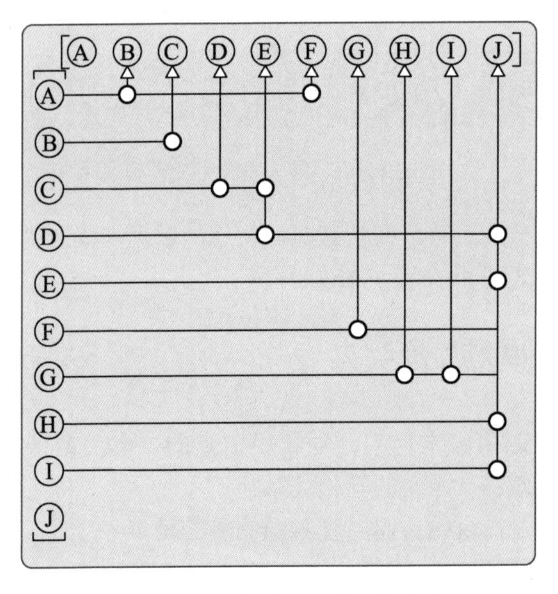

图 5.42　二维列表表示二维关系

在图 5.42 中，加粗圆圈表示具体相连的数据点，该数据点有两个数据，如果为[A,B]，则表示从 A 点到 B 点的连线关系。

如图 5.43（a）所示，结合图 5.40 所示的多点数值关系，按照上述原理，将各个两点互连的关系通过对应行列位置的数值来表示，不存在相连关系的位置直接赋值为 0，如图 5.43（b）所示。

有了如图 5.43（b）所示的二维列表，可以方便地获取算法问题对应的二维空间中各个点的连接关系及对应的路径数值。这样可以更加方便地通过操作该二维列表来获取相关信息并解决问题。

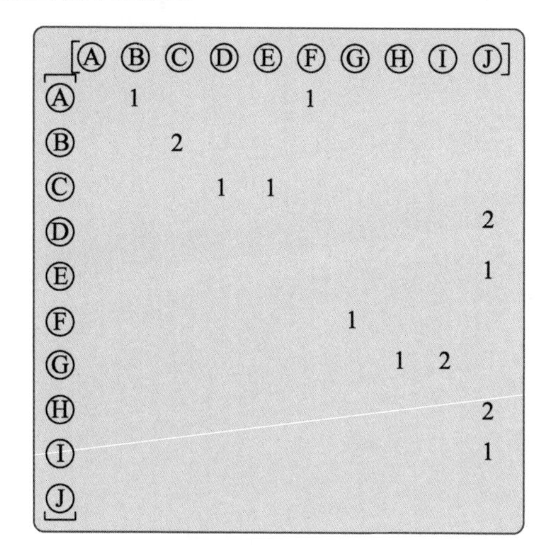

	Ⓐ	Ⓑ	Ⓒ	Ⓓ	Ⓔ	Ⓕ	Ⓖ	Ⓗ	Ⓘ	Ⓙ
Ⓐ	0	1	0	0	0	1	0	0	0	0
Ⓑ	0	0	2	0	0	0	0	0	0	0
Ⓒ	0	0	0	1	1	0	0	0	0	0
Ⓓ	0	0	0	0	0	0	0	0	0	2
Ⓔ	0	0	0	0	0	0	0	0	0	1
Ⓕ	0	0	0	0	0	0	1	0	0	0
Ⓖ	0	0	0	0	0	0	0	1	2	0
Ⓗ	0	0	0	0	0	0	0	0	0	2
Ⓘ	0	0	0	0	0	0	0	0	0	1
Ⓙ	0	0	0	0	0	0	0	0	0	1

图 5.43　二维列表表示二维关系

例如，假设需要获取图 5.40 所示的从 A 点到 J 的所有可行路径。通过直接观察可知共有 4 条可行路径。但是在路径长度比较大、路径数量比较多的问题中，直接观察法显然是不够的。

因此需要引入算法来解决。对于上述问题，可以通过结合图 5.43 右图所示的二维列表来解决。

下面结合上述实例与分析，通过具体的代码进一步理解模拟算法的设计原理与实现过程。

代码实现：

```
# 模拟算法
# 生成二维树
def tree(points_table, start):
    # 获取连接的可行路径
    def linkps(link_l):
        copy_link_l = link_l.copy()
        len_copy_link_l = len(copy_link_l)
        # 循环添加连接点
        for p_g_i in range(len(link_l)):
            row_i = link_l[p_g_i][-1]
            row = points_table[row_i]
            # 遍历当前行，添加连接点
            for n_r_i in range(len(row)):
                n_r = row[n_r_i]
                if n_r != 0:
                    copy_link_l.append(link_l[p_g_i]+[n_r_i])
        # 更新连接列表
```

```
        copy_link_l = copy_link_l[len_copy_link_l:]
        return copy_link_l
    # 开始点的代号索引
    copy_link_l = [[points_table[start[0]][start[1]]]]
    # 持续递归调用，获取所有可行路径
    while copy_link_l != []:
        copy_link_l = linkps(copy_link_l)
        if linkps(copy_link_l) == []:
            return copy_link_l


# 测试
# 定义各点集合
points = ['A', 'B', 'C', 'D', 'E', 'F', 'G', 'H', 'I', 'J']
# 通过二维表定义各个点之间的连通与权重
points_table = [
    # A B C D E F G H I J
    [0, 1, 0, 0, 0, 1, 0, 0, 0, 0], # A
    [0, 0, 2, 0, 0, 0, 0, 0, 0, 0], # B
    [0, 0, 0, 1, 1, 0, 0, 0, 0, 0], # C
    [0, 0, 0, 0, 0, 0, 0, 0, 0, 2], # D
    [0, 0, 0, 0, 0, 0, 0, 0, 0, 1], # E
    [0, 0, 0, 0, 0, 0, 3, 0, 0, 0], # F
    [0, 0, 0, 0, 0, 0, 0, 1, 2, 0], # G
    [0, 0, 0, 0, 0, 0, 0, 0, 0, 2], # H
    [0, 0, 0, 0, 0, 0, 0, 0, 0, 1], # I
    [0, 0, 0, 0, 0, 0, 0, 0, 0, 0], # J]


# 测试
# 设置起点坐标
start = [0, 0]
link_l = tree(points_table, start)
print(f'树的各个连接路径列表为：{link_l = }')
print('\n 树的各个连接路径为：')
for route in link_l:
    route_str = ''
    for p_i in range(len(route)):
        p = route[p_i]
        if p_i < len(route)-1:
            route_str += points[p] + '-->'
        else:
            route_str += points[p]
    print(route_str)
```

输出：

```
树的各个连接路径列表为：link_l = [[0, 1, 2, 3, 9], [0, 1, 2, 4, 9], [0, 5, 6,
 7, 9], [0, 5, 6, 8, 9]]
```

```
树的各个连接路径为：
A-->B-->C-->D-->J
A-->B-->C-->E-->J
A-->F-->G-->H-->J
A-->F-->G-->I-->J
```

5.10　本 章 小 结

本章主要讲解了经典算法的设计原理与实现。

学习算法，除了要学习经典算法的设计原理与具体实现外，理解经典算法的思想也是非常重要的。

所谓算法思想，其实就是算法设计时应该采用的指导方法或设计思路。

算法思想与算法实现是一对多的关系，即一种算法思想能够对应多种算法。

在算法设计中，一种算法设计通常会包含多种算法思想，因此在学习或者设计算法时，需要关注算法思想的具体应用与实现。

除了本章讲述的经典算法，还有很多算法，读者在实际学习与使用时需要多观察、多思考、多融合、多创新。

得意春风千重度，自在算法万里行。